普通高等学校土木工程专业新编系列教材
中国土木工程学会教育工作委员会　审订

弹性力学及有限元

（第 3 版）

主　编　赵均海　汪梦甫

武汉理工大学出版社
·武　汉·

【内容提要】

本书为普通高等学校土木工程专业新编系列教材之一，分为弹性力学和有限元两篇，共11章，内容有绪论、应力和应变、弹性力学平面问题的解法及一般定理、用直角坐标解平面问题、用极坐标解平面问题、空间问题的解答、薄板弯曲问题、能量原理与变分法、平面问题的有限元法、弹性力学平面问题的高精度单元、空间问题的有限元法、板壳问题的有限元法及附录。

本书以习近平新时代中国特色社会主义教育思想为指导，融入新工科建设和课程思政理念，可作为普通高等学校土木工程专业的教材，也可供土建类其他专业作为弹性力学和有限元的参考教材，还可供土建工程技术人员参考。

【主编简介】

赵均海　男，工学博士，长安大学原副校长，二级教授，博士生导师，政府特殊津贴获得者。主要从事固体力学、结构工程、生物力学、古建筑结构性能等的教学和研究工作。曾主持和参加的科研项目有国家自然科学基金、教育部博士点基金、陕西省自然科学基金等20多项。已在国内外科技期刊、学术会议上发表论文300余篇，其中150多篇被美国科学索引(SCI)和美国工程索引(EI)收录，出版专著4部、教材5部，获批授权国家发明专利10多项。曾获陕西省科技进步奖一等奖、华夏建设科学技术奖一等奖、陕西省高等学校优秀科学研究成果一等奖等10项，省级精品课程1门，省级精品资源共享课1门，组建陕西普通高等学校教学团队1个。

E-mail：zhaojh@chd.edu.cn

汪梦甫　男，湖南大学教授，博士，香港大学高级访问学者。主持完成国家发改委资助项目、教育部博士点基金项目、“九五”科技攻关项目、湖南省自然科学基金项目6项，主持完成各种横向课题7项。在国内外重要学术刊物发表论文60余篇，出版学术专著2部，获省部级科技成果奖5项。

E-mail：mfwang@hnu.net.cn

图书在版编目(CIP)数据

弹性力学及有限元/赵均海，汪梦甫主编. —3版. —武汉：武汉理工大学出版社，2024.6. —ISBN 978-7-5629-7121-4

Ⅰ. O343；O241.82

中国国家版本馆CIP数据核字第2024K9X114号

出版发行：武汉理工大学出版社(武汉市武昌珞狮路122号　邮政编码：430070)

https://www.wutp.com.cn

印　刷　者：武汉市籍缘印刷厂

经　销　者：各地新华书店

开　　　本：889×1194　1/16

印　　　张：17

字　　　数：526千字

版　　　次：2024年6月第3版

印　　　次：2024年6月第1次印刷　　总第11次印刷

印　　　数：26001～29000册

定　　　价：42.50元

普通高等学校土木工程专业新编系列教材

编 审 委 员 会

第 3 版前言

本次修订以习近平新时代中国特色社会主义教育思想为指导，落实立德树人根本任务，以适应我国对培养社会主义建设者与接班人的需求。结合新工科建设，坚持 OBE 教育理念，以学生为中心，关注学生的需求、兴趣及个体特征，通过系统学习可实现有关知识、能力、情感态度与价值观等方面的课程目标。

牢固树立课程思政理念，做好党代会精神及时、全面、准确进课程，将党中央的决策部署落实到课程建设中，使价值塑造、知识传授和能力培养三者融为一体，在课程教学中融入设计思政元素，确保课程育人目标的达成。例如，对中国科学家钱伟长、钱学森、徐芝纶、胡海昌等在弹性力学及有限元的发展，特别是在中国的推广应用中作出的重要贡献进行单独介绍，激发学生的学习兴趣、培养学生的家国情怀与国际视野、增强学生的民族自信与文化自信、赋予学生勇于担当的使命感与责任感；审美与求知并存，教师在传授枯燥、深奥的力学专业知识的同时，引导学生去分析和发现弹性力学的各种理性美，提高审美修养的同时能使学生较为轻松地进入并保持深度学习，以美育来促进德育和智育的发展；弹性力学及有限元也充满着辩证法哲学思想，可帮助学生将学习中的思想和方法内化为一种理性精神、批判精神，使学生能正确看待和处理身边的一切事物，创造智慧、健康的人生。

结合本书多年的使用情况与读者及同行的意见，本次修订的主要内容如下：纠正书中文字和图形存在的一些错误或疏漏；更改个别公式的表达形式；删除习题中的不准确之处；部分章节增加了课程思政内容。

本书第 3 版编写工作仍由原作者完成，其中绪论和第 4 章由赵均海编写，第 1、2、3 章由王敏强编写，第 5、6、7 章由王晓春编写，第 8、9 章及附录由马石城编写，第 10、11 章由汪梦甫编写，全书由赵均海修改定稿。

长安大学张常光、朱倩参与了本书第 3 版的编写工作，在此表示感谢！

由于作者水平有限，书中难免存在不妥之处，恳请各位同行和广大读者在使用后继续提出宝贵意见，以便进一步修改完善。

编　者

2023 年 11 月

目　　录

第二篇　有限元

0 绪 论

0.1 弹性力学的内容

弹性力学是固体力学的一个分支学科，它是研究可变形固体在外部因素（力、温度变化、约束变动等）作用下所产生的应力、应变和位移的经典科学。

弹性力学的任务与材料力学、结构力学的任务原则上是一样的，但也有区别，主要是：

(1) 材料力学在解决问题时常常需要一些特殊的假设，如平截面假设，且往往采用简化了的数学模型；弹性力学则不需要这种附加的基本假设，而是采用较精确的数学模型。

(2) 弹性力学解决问题的范围比材料力学、结构力学要大得多。如孔边应力集中、深梁的应力分析等问题用材料力学和结构力学的理论是无法求解的，而弹性力学则可以解决这类问题。对于板和壳体结构，则必须以弹性力学为基础，才能进行研究。

(3) 尽管有些工程问题可以用材料力学和结构力学求解，但无法就本身理论的精确度给出适当的评价，而弹性力学对这些初等理论的可靠性与结果的精确度可以给出适当的评价。

(4) 弹性力学为进一步研究板、壳等空间结构的强度、振动、稳定性等力学问题提供了理论依据，它还是进一步学习塑性力学、断裂力学等其他力学课程的基础。

0.2 弹性力学中的几个基本概念

(1) 体力

这种力是分布在物体体积内的力，如重力、惯性力等。

如图 0.1 所示，假设作用于 ΔV 的体力是 $\Delta \boldsymbol{Q}$，则体力的平均集度为 $\Delta \boldsymbol{Q}/\Delta V$。现令：

$$\lim_{\Delta V \to 0} \frac{\Delta \boldsymbol{Q}}{\Delta V} = \boldsymbol{F} \tag{0.1}$$

式中，$\boldsymbol{F}$ 是矢量，即物体在 P 点所受体力的集度，$\boldsymbol{F}$ 的方向就是 $\Delta \boldsymbol{Q}$ 的极限方向。$\boldsymbol{F}$ 在坐标轴 x、y、z 上的分量分别是 X、Y、Z，称为体力分量。

(2) 面力

这种力是分布在物体表面上的力，如流体压力、接触力。

如图 0.2 所示，假设作用在物体表面 ΔS 上的面力为 $\Delta \boldsymbol{T}$，则面力的平均集度为 $\Delta \boldsymbol{T}/\Delta S$。令：

$$\lim_{\Delta S \to 0} \frac{\Delta \boldsymbol{T}}{\Delta S} = \boldsymbol{F}_S \tag{0.2}$$

式中，$\boldsymbol{F}_S$ 也是矢量。$\boldsymbol{F}_S$ 在坐标轴 x、y、z 上的分量分别是 X_N、Y_N、Z_N，称为面力分量。

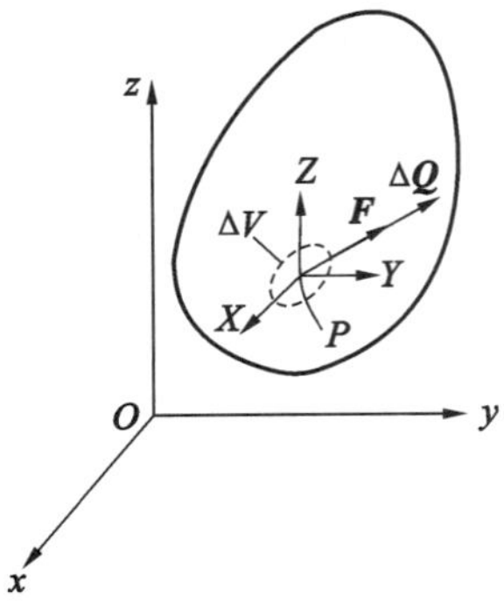

图 0.1　体力示意图

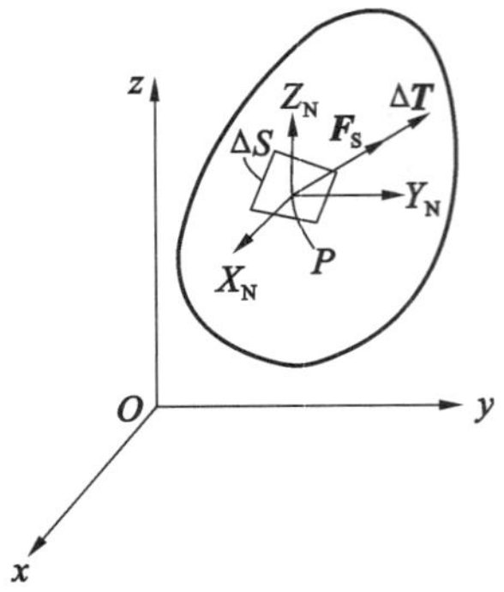

图 0.2　面力示意图

(3) 应力

这种力是分布在物体内部任意点上的力，所以，实质上它是面力的一种。

用过 P 点的任意截面把物体分为 A 和 B 两部分(图 0.3)。如将 B 部分移去，则 B 对 A 的作用应代之以 B 部分对 A 部分的作用力。这种力在 B 部分移去以前是物体内 A、B 间在截面 $m—n$ 上的内力，且为分布力。如从 $m—n$ 面上任一点 P 的某个小领域取出一个包括 P 点在内的微小面积元素 ΔA，而 ΔA 上的内力矢量为 $\Delta \boldsymbol{T}$，则有：

$$\boldsymbol{S}=\lim_{\Delta A\to 0}\frac{\Delta \boldsymbol{T}}{\Delta A} \tag{0.3}$$

这个极限矢量 $\boldsymbol{S}$ 就是物体在截面 $m—n$ 上 P 点的应力。在材料力学里我们已经知道应力的法向分量为正应力，用 σ 记之；应力的切向分量为切应力，用 τ 记之。

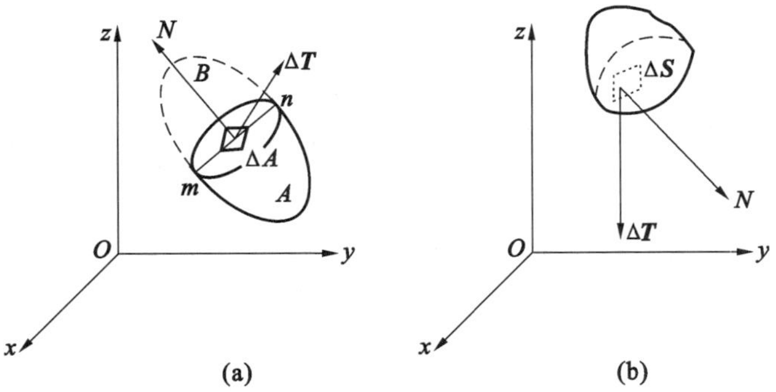

图 0.3　应力示意图

由上面的分析可知，过 P 点可以作无数个平面，也就是说，在物体内同一点 P，不同截面上的应力是不相同的。所以，为了描述任一点的应力，我们不仅要知道它的大小、方向，而且还要知道其作用面。因此，必须将应力理解成张量。因为它不仅与确定一个矢量所必需的大小和方向有关，而且还与表征其作用面的矢量有关。下面我们详述应力张量诸分量的记法。

如果截面 $m—n$ 的外法线方向 N 和 y 轴一致(图 0.4)，则称截面 $m—n$ 为正面。作用在正面上 P 点的应力的正方向应与坐标轴的正方向一致。应力 $\boldsymbol{\sigma}_{ij}$ 的第一个角标表示微分面的外法线方向，第二个角标表示应力分量的指向(与坐标轴的正方向一致)。于是，σ_{yy} 即应力作用的微分面的外法线方向是 y 轴(第一个角标)，这个应力指向 y 轴的正方向(第二个角标)。再如该微分面上的切应力 τ_{yz}，第一个角标表示 τ_{yz} 的作用面的外法线方向与 y 轴一致；第二个角标表示这个切应力分量指向 z 轴的正方向。其他正面上的应力分量可以此类推。如图 0.5 所示，由于截面 $m—n$ 的外法线方向与 y 轴相反，则我们称这个截面为负面。作用在负面上 P 点的应力的正方向与坐标轴的正方向相反。

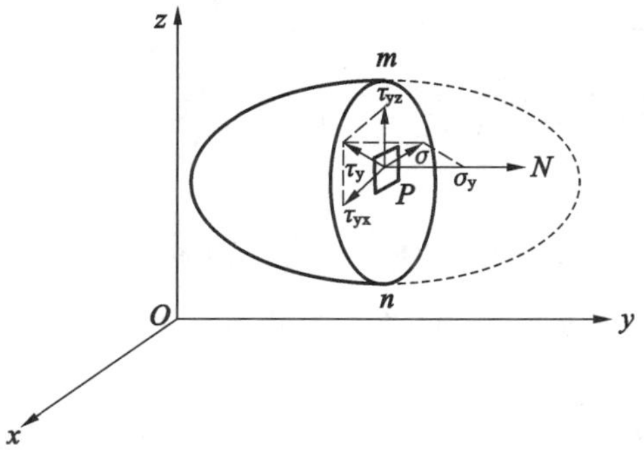

图 0.4 应力张量示意图

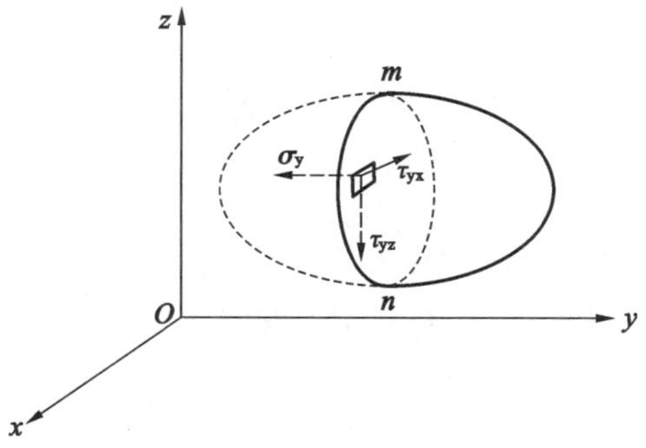

图 0.5 负面应力示意图

如上所述,不同面上的应力是不同的。于是,我们不禁要问:究竟如何描绘一点处的应力状态?与材料力学的截面法不同,在弹性力学中,我们总是用一个微小的平行六面体作为分析、研究问题用的力学模型。

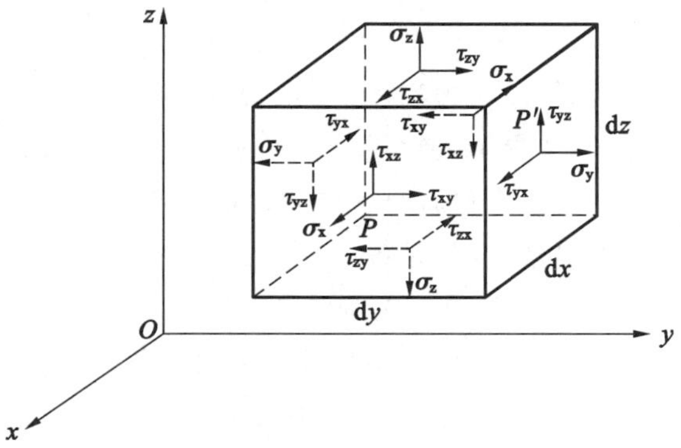

图 0.6 平行六面单元体

为研究 P 点处的应力状态,我们在 P 点处沿坐标轴 x、y、z 方向取一个微小的平行六面体(图 0.6),其六个面的外法线方向分别与三个坐标轴的正负方向重合,各边长分别为 $\mathrm{d}x$、$\mathrm{d}y$、$\mathrm{d}z$。由于各个微分面很小,故可认为应力在各面上均匀分布。因此,各面上的应力便可用一个作用在各面中心点的应力向量来表示。每个面上的应力向量又可分解为一个正应力和两个切应力分量。按前面约定的表示法,图 0.6 给出的各应力分量均为正方向。

不难想象,当微小的平行六面体趋近于无穷小时,微分六面体上的应力就代表 P 点处的应力。因此,P 点处的应力分量共有九个,为

$$\boldsymbol{\sigma}_{ij}=\begin{bmatrix}\sigma_{xx} & \tau_{xy} & \tau_{xz}\\ \tau_{yx} & \sigma_{yy} & \tau_{yz}\\ \tau_{zx} & \tau_{zy} & \sigma_{zz}\end{bmatrix} \tag{0.4}$$

式中 $\boldsymbol{\sigma}_{ij}$——应力张量,此处 $i,j=x,y,z$。

(4) 应变

应变是描述物体受力后发生变形的相对概念的力学量,包括正应变和切应变。

正应变——平行六面体每边长的单位长度的相对伸缩;

切应变——平行六面体各边之间直角的改变,用弧度表示。

所以,正应变有三个,即 ε_{xx}、ε_{yy}、ε_{zz};切应变有六个,即 ε_{xy}、ε_{xz}、ε_{yx}、ε_{yz}、ε_{zx}、ε_{zy},或记作:

$$\boldsymbol{\varepsilon}_{ij}=\begin{bmatrix}\varepsilon_{xx} & \varepsilon_{xy} & \varepsilon_{xz}\\ \varepsilon_{yx} & \varepsilon_{yy} & \varepsilon_{yz}\\ \varepsilon_{zx} & \varepsilon_{zy} & \varepsilon_{zz}\end{bmatrix} \tag{0.5}$$

式中 $\boldsymbol{\varepsilon}_{ij}$——应变张量,此处 $i,j=x,y,z$。

(5) 位移

物体内任一点位置的移动称为位移。物体内任一点 P 的位移,可用它在坐标轴 x、y、z 上的分量 u、v、w 来表示,切应变分别是 u、v、w 对 x、y、z 的偏导数的线性组合。以后我们将证明 $\varepsilon_{xy}=\frac{1}{2}\gamma_{xy}=\frac{1}{2}\left(\frac{\partial v}{\partial x}+\frac{\partial u}{\partial y}\right)$,等等。

0.3　弹性力学的基本假设和解题基本方法

为了使线弹性力学能够统一下述两个矛盾问题：① 尽可能准确地描述真实材料在外力作用下所呈现的性态；② 在数学上能够简单地对大部分问题作出最后的解答，我们需要引入下列假设。

(1) 物体是连续介质

此假设指物体内部无空隙，因此物体中每点处的应力、应变、位移等参量是连续的，可以用坐标的连续函数表示。这样不仅避免了数学上的困难，更重要的是根据这一假设所作出的力学分析，与大量的工程实践和试验研究的结论是一致的。

(2) 物体是均匀的和各向同性的

此假设认为物体内部各点及各方向上的介质相同，它们的物理力学特性相同。这样，表征这些特性的力学参量(弹性模量、泊松系数等)与位置和方向无关，是常量。必须指出，并非所有材料都是各向同性的，木材就是各向异性的材料，其顺纹和横纹的弹性性质有很大的差别。此外，许多经过碾压的金属材料也都是各向异性的。

(3) 物体是完全弹性的

此假设是说物体在外部因素(荷载、温度、约束条件的改变等)的作用下产生变形，当外部因素去掉后，物体恢复其原来的形状而没有任何残余变形，这种性质我们称为弹性。具有这种性质的物体，我们称为弹性体，今后我们仅研究材料在弹性极限内的各种性态。当然，在这种前提下，材料是服从虎克定律的，也即应力与应变成正比。

(4) 物体内无初应力

此假设认为物体在外部因素作用之前，处于一种无应力的自然状态，这就是说，弹性力学所求得的应力仅仅是外部因素所产生的。

(5) 物体的变形是很小的

此假设认为在外部因素作用下，物体的变形与物体原来的尺寸相比是很小的。这样使得我们在研究问题时就可以用变形之前的几何尺寸来代替变形之后的几何尺寸。也就是说，在具体计算时，可以把各点的应变和位移的二阶微量略去不计，从而使得几何变形线性化。

在上述基本假设中，除假设(5)属于几何假设外，其余均属于物理假设。

上列假设的根本目的在于把原来一个非线性的问题变成线性的问题，从而用线性化的理论去解决。所以，本书所讨论的理论也称为小变形的线弹性力学。

弹性力学解决问题与材料力学是不同的。众所周知，在材料力学中常用的是截面法，而在弹性力学中，常用的分离体是平行六面体或四面体，考虑这些分离体的平衡，可写出一组平衡微分方程，但未知的应力数总是超出微分方程数，所以，弹性力学的问题总是超静定的。因此，仅有静力平衡方程是不能求解出所有的未知应力的，必须考虑变形的条件。由上述假设(1)可知，物体发生变形后还是一个连续体，即应变必须协调，因此可得到一组表示应变协调的微分方程。此外，由虎克定律表示应力与应变之间的关系。由微分方程理论知道，解上述偏微分方程，还必须知道边界条件，这才能使问题有唯一确定的解。综上所述，求解弹性力学问题，必须考虑静力平衡方程、几何方程、物理方程以及边界条件，这就是所谓的偏微分方程的边值问题。

由于弹性力学涉及的都是偏微分方程式(个别的也有常微分方程)，通解往往不易求得，故常用逆解法。即先假设一个解答，若这个解答能满足所有的微分方程，同时也满足边界条件，则这个解答就是正确的，也是唯一的。有时也用半逆解法，即先设一部分解答，另一部分在解题过程中求出。

我们知道，偏微分方程的解析解一般不易求得，所以人们一般通过两个途径去求近似解：一种是数学上的近似，如差分法、加权残数法等；另一种是物理上的近似，如有限单元法。

0.4 有限元的基本概念及内容

有限单元法是随着电子计算机技术的进步而发展起来的一种新兴数值分析方法，它在数值分析方法研究领域内具有重大突破性的进展。它的数学逻辑严谨、物理概念清晰、易于理解和掌握、应用范围广泛，能够灵活地处理和求解各种复杂问题，特别是它采用矩阵形式表达基本公式，便于运用计算机编程运算，这些优点赋予了有限单元法强大的生命力。

有限单元法的基本思想是将连续的求解区域离散为一系列几何形状比较简单的子域(如三角形、四边形、四面体、六面体等，这个子域称为单元或元素)，并且按一定的方式把单元相互联结在一起，形成单元组合体。由于单元能按不同的联结方式进行组合，且单元本身又可以有不同形状，因此可以模型化几何形状复杂的求解域。有限单元法作为数值分析方法的另一个重要特点，是利用在每一个单元内假设的近似函数来分片地表示全求解域上待求的未知场函数。单元内的近似函数通常由未知函数或其导数在单元的各个节点的数值和其插值函数来表达。这样一来，在一个问题的有限元分析中，未知场函数或其导数在各个节点上的数值就成为新的未知量(也即自由度)，从而使一个连续的无限自由度问题变成离散的有限自由度问题。一旦求解出这些未知量，就可以通过插值函数计算出各个单元内场函数的近似解，从而得到整个求解域上的近似解。显然随着单元数目的增加，也即单元尺寸的缩小，或者随着单元自由度的增加及插值函数精度的提高，解的近似程度将不断改进。如果单元是满足收敛要求的，近似解最后将收敛于精确解。

有限单元法的基本思路是将结构物看成由有限个划分的单元组成的整体，以单元节点位移或节点力作为基本未知量求解。按选取基本未知量的不同，可分为位移法、力法和混合法。位移法选取节点位移作为基本未知量，力法选取节点力作为基本未知量，而混合法选取一部分节点位移和一部分节点力作为基本未知量。在结构力学中常称杆件结构的有限单元法为结构矩阵分析法，并分为矩阵位移法、矩阵力法等，这只是名称的不同而已。由于位移法应用最广泛，本书只介绍有限元位移法。

从应用数学角度来看，有限单元法基本思想的提出可以追溯到 Courant 在 1943 年的工作，他第一次尝试应用定义在三角形区域上的分片连续函数和最小位能原理相结合来求解 St. Venant 扭转问题。一些应用数学家、物理学家和工程师由于各种原因都涉足过有限单元的概念。但直到 1960 年以后，随着电子数值计算机的广泛应用和发展，有限单元法的发展速度才显著加快。

有限单元法由于节点可任意配置，对复杂形状的物体可以使边界节点完全落在区域边界上，因而在边界上给出良好的逼近；对由几种材料组合而成的物体，可以把单元的一边取在分界面上而得到较好的处理，并可根据实际需要，在一部分求解区域中(如应力集中处)配置较为密集的节点，而在另一部分求解区域中配置较稀疏的节点，使其在不过分增加节点总数的情况下提高计算精度。有限单元法与以往的数值计算方法比较，既有许多共同之处，亦有其特别的优点，主要表现在：

(1) 节点可任意配置，边界适应性良好，能用不同形态、不同大小和不同类型的单元划分任意几何形状的结构物；

(2) 能够适应任意支承条件和任意荷载，包括温度荷载；

(3) 能够模拟由不同结构元件组成的复合结构。例如，带加强筋板的壳体是板、梁、块体的组合体；

(4) 有限单元法计算过程已形成一定的规格，国内外已有大型通用结构分析程序可供使用，掌握亦较容易。

这一方法最初应用于航天工程，并迅速推广于造船、土木建筑、机电工业等行业。

有限单元法未来的发展主要是在各工程中的应用、提高，并完善有限单元法的基本技巧。随着计算机辅助设计(CAD)在工程设计中日益广泛地应用，有限单元法程序包已成为CAD常用的计算方法库中不可缺少的内容之一。并与优化设计形成集成系统，即通过计算机建立模型→有限单元法分析→最优化结构设计→结果图形显示→判断决策→修改结构形状→有限单元法分析重复进行，直至满足设计要求为止。

有限单元法在今后一段时间内的发展趋势是：

(1) 在完善各种特殊领域内的线性有限单元法软件的同时，大力研制高效率的非线性有限单元法软件；

(2) 逐步完善大型有限单元法软件的自适应性，以提高其运行效率，并尽量减少设计人员对软件系统的干涉；

(3) 配备功能较强的前、后置处理程序块，没有前、后置处理及不包含CAD技术的大型有限单元软件，将会逐步失去竞争力；

(4) 结构分析的有限单元-优化一体化程序的发展，其中心是减少在结构优化计算过程中有限单元法分析的次数、缩短计算时间、提高计算效率、减少计算费用。

从长远来看，将会有更多的有限单元法软件引进人工智能技术，逐步形成比较完善的专家系统，从而实现有限单元法分析的智能化。

中国科学家钱伟长、钱学森、徐芝纶、胡海昌等对弹性力学及有限元的发展，特别是在中国的推广应用方面作出了重要贡献。弹性力学及有限元在课程内容上审美与求知并存，学生会发现各种理性美，提高自身审美修养的同时也较为轻松地进入并保持深度学习，以美育来促进德育和智育的发展。弹性力学及有限元充满着辩证法哲学思想，呈现给学生一种理性精神、批判精神，使学生能正确看待和处理身边事物，创造智慧、健康的人生。

第一篇　弹性力学

1　应力和应变

本 章 提 要

本章主要任务是建立弹性力学的基本方程。先通过弹性体内的微元体平衡建立平衡微分方程，应用斜面应力与应力分量的关系进行应力分析；再通过变形分析给出应变分量与位移分量的几何关系，以及变形协调方程；最后将应力分量表达为应变分量的线性组合，建立正交各向异性、正交各向同性、各向同性材料的应力-应变关系的物理方程。

1.1　平衡微分方程

如果一个物体在外力作用下处于平衡状态，则将其分割成若干个任意的小块以后，每一个小块都处于平衡状态；反之，分割后每一个小块是平衡的，则整个物体也平衡。平衡微分方程就是要研究物体内部微元体的静力平衡所必须满足的条件，或简称平衡条件。如果微元体满足这些条件，则物体内部是平衡的。此外，我们还有必要研究边界上的微元体与外力的平衡必须满足的条件，称为静力边界条件，如果每个边界上的微元体均满足这些条件，则物体在边界上是平衡的。如果物体内部和边界上都是平衡的，则物体是平衡的。

微元体是在物体内部取出的、边长分别为 $\mathrm{d}x$、$\mathrm{d}y$、$\mathrm{d}z$ 的微分六面体，它是用三组假想的平行于三个坐标的平面截面组截开物体形成的（图 1.1）。为了叙述方便，常常把微元体上微面的外法线与坐标轴相同的微面，叫作正面；反之为负面。负面上的应力分量为 σ_x、τ_{xy}、τ_{xz}、σ_y、τ_{yx}、τ_{yz}、σ_z、τ_{zy}、τ_{zx}，由于平行六面体的每一个面都是微分面，所以作用在这些面上的应力都可看作是均匀分布的，而且是随坐标改变而改变的。例如，在 x 的微分面上的 $\sigma_x(x,y,z)$，在 $x+\mathrm{d}x$ 的增量微分面上时，由于 x 的增量 $\mathrm{d}x$ 改变了微分面上的应力，成为 $\sigma_x'(x+\mathrm{d}x,y,z)$，这个应力可由泰勒级数展开公式求得，即

$$\sigma_x' = \sigma_x + \frac{\partial \sigma_x}{\partial x}\mathrm{d}x + \frac{1}{2!}\frac{\partial^2 \sigma_x}{\partial x^2}(\mathrm{d}x)^2 + \cdots \tag{1.1}$$

略去高阶小量，可有：

$$\sigma_x' = \sigma_x + \frac{\partial \sigma_x}{\partial x}\mathrm{d}x$$

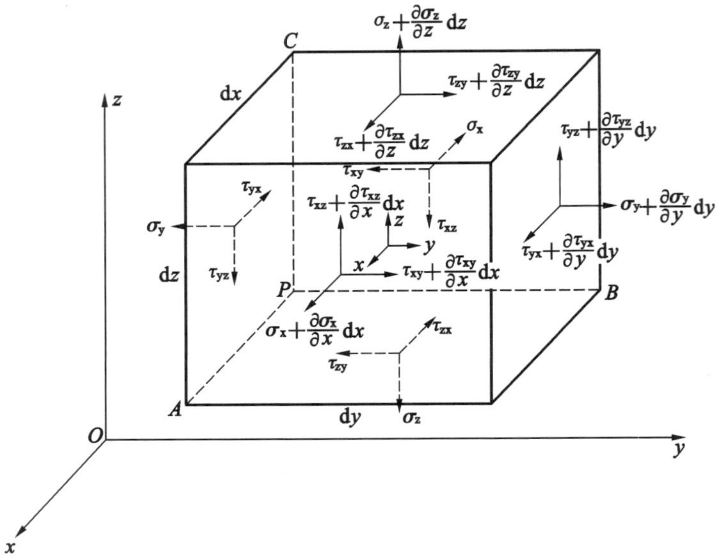

图 1.1　微元体应力

同理，有：

$$\tau_{xy}'=\tau_{xy}+\frac{\partial\tau_{xy}}{\partial x}dx,\quad \tau_{xz}'=\tau_{xz}+\frac{\partial\tau_{xz}}{\partial x}dx$$

以此类推，对于 y、z 方向各增量微分面上的应力分量(图 1.1)为

$$\sigma_y'=\sigma_y+\frac{\partial\sigma_y}{\partial y}dy,\quad \tau_{yx}'=\tau_{yx}+\frac{\partial\tau_{yx}}{\partial y}dy,\quad \tau_{yz}'=\tau_{yz}+\frac{\partial\tau_{yz}}{\partial y}dy$$

$$\sigma_z'=\sigma_z+\frac{\partial\sigma_z}{\partial z}dz,\quad \tau_{zy}'=\tau_{zy}+\frac{\partial\tau_{zy}}{\partial z}dz,\quad \tau_{zx}'=\tau_{zx}+\frac{\partial\tau_{zx}}{\partial z}dz$$

现在建立微元体的静力平衡方程。一个空间物体的平衡包括第一组三个力的平衡和第二组三个矩的平衡，分别写为

第一组，力的平衡：

$$\sum F_x=0,\quad \sum F_y=0,\quad \sum F_z=0$$

第二组，力矩的平衡：

$$\sum M_x=0,\quad \sum M_y=0,\quad \sum M_z=0$$

第一组的第一个方程是将作用于微元体上的应力和外力(体积力)转化为力，再投影到 x 方向并累加，即

$$\left(\sigma_x+\frac{\partial\sigma_x}{\partial x}dx\right)dy\cdot dz-\sigma_x dy\cdot dz+\left(\tau_{yx}+\frac{\partial\tau_{yx}}{\partial y}dy\right)dz\cdot dx-\tau_{yx}dz\cdot dx$$
$$+(\tau_{zx}+\frac{\partial\tau_{zx}}{\partial z}dz)dx\cdot dy-\tau_{zx}dx\cdot dy+X dx\cdot dy\cdot dz=0$$

化简后可得 x 方向的微元体静力平衡方程式：

$$\frac{\partial\sigma_x}{\partial x}+\frac{\partial\tau_{yx}}{\partial y}+\frac{\partial\tau_{zx}}{\partial z}+X=0 \tag{1.2a}$$

由另外两个方程分别可以得到 y、z 方向的平衡方程：

$$\frac{\partial\tau_{xy}}{\partial x}+\frac{\partial\sigma_y}{\partial y}+\frac{\partial\tau_{zy}}{\partial z}+Y=0 \tag{1.2b}$$

$$\frac{\partial\tau_{xz}}{\partial x}+\frac{\partial\tau_{yz}}{\partial y}+\frac{\partial\sigma_z}{\partial z}+Z=0 \tag{1.2c}$$

必须指出，应力是一个二阶张量①，只有乘以所在微面的面积成为力，才能投影和建立平衡关系。用张量表示的平衡微分方程为

$$\sigma_{ij,j} + X_i = 0 \tag{1.3}$$

式中　i,j——自由下标，此处自由下标 $i,j=x,y,z$。

第二组方程给出的是力矩的平衡方程。由 $\sum M_x=0$ 条件，注意到取矩平衡与参考轴的位置无关，所以可对取过微元体中心且平行于 x 轴的直线取矩(图 1.1)，注意到所有正应力产生的矩均为零，故有：

$$\left(\tau_{yz}+\frac{\partial\tau_{yz}}{\partial y}\mathrm{d}y\right)\mathrm{d}z\cdot\mathrm{d}x\frac{\mathrm{d}y}{2}+\tau_{yz}\mathrm{d}z\cdot\mathrm{d}x\frac{\mathrm{d}y}{2}-\left(\tau_{zy}+\frac{\partial\tau_{zy}}{\partial z}\mathrm{d}z\right)\mathrm{d}x\cdot\mathrm{d}y\frac{\mathrm{d}z}{2}-\tau_{zy}\mathrm{d}x\cdot\mathrm{d}y\frac{\mathrm{d}z}{2}=0$$

上式两边同除以 $\mathrm{d}x\,\mathrm{d}y\,\mathrm{d}z$，并忽去小量项，得：

$$\tau_{yz}=\tau_{zy} \tag{1.4a}$$

同理，由第二组的其他两个力矩平衡方程，可得：

$$\left.\begin{array}{l}\tau_{xz}=\tau_{zx}\\ \tau_{xy}=\tau_{yx}\end{array}\right\} \tag{1.4b}$$

或

$$\sigma_{ij}=\sigma_{ji}\quad(i,j=x,y,z,\text{且 } i\neq j) \tag{1.5}$$

这就是材料力学中给出的、比它具有更为广泛意义的切应力互等定理。它表明：在两个相互垂直的平面上，与两平面的交线垂直的切应力分量的大小相等、方向指向或背离这条交线。该定理还表明：式(1.2)中包含的 9 个应力分量中只有 6 个是独立的，这 6 个应力分量描述了物体内任意一点的应力状态。

考虑到切应力互等定理，通常把式(1.2)或式(1.3)称为微元体的平衡微分方程，又称 Navier 方程，给出了各应力分量和体积力的关系。它表明：物体内各应力分量与体积力相关联，应该满足平衡微分方程。

【例 1.1】 若不计体力，试证明下列应力分量给出的应力场是不可能的。

$$\sigma_x=xy^2+z,\quad \sigma_y=\sin x+3z,\quad \sigma_z=10z$$

$$\tau_{xy}=\tau_{yx}=3xz+4y,\quad \tau_{yz}=\tau_{zy}=-\frac{3}{2}z^2,\quad \tau_{xz}=\tau_{zx}=-z(y^2+4)$$

【解】 要检验应力分量给出的应力场是否可能，必须检验它们是否满足所有的平衡微分方程。由式(1.2)得：

$$\frac{\partial\sigma_x}{\partial x}+\frac{\partial\tau_{yx}}{\partial y}+\frac{\partial\tau_{zx}}{\partial z}+X=y^2+4-y^2-4+0=0$$

$$\frac{\partial\tau_{xy}}{\partial x}+\frac{\partial\sigma_y}{\partial y}+\frac{\partial\tau_{zy}}{\partial z}+Y=3z+0-3z+0=0$$

$$\frac{\partial\tau_{xz}}{\partial x}+\frac{\partial\tau_{yz}}{\partial y}+\frac{\partial\sigma_z}{\partial z}+Z=0+0+10+0\neq 0$$

平衡方程不能全部满足，所以给出的应力场是不可能的。

应当指出，式(1.2)中包含了 9 个应力分量，在考虑切应力互等的式(1.4)后，还有 6 个是独立的，三个平衡方程[式(1.2)]不能够确定这 6 个应力分量，还需要借助其他方程才能求解。

---

①　二阶张量有两个自由下标，当两个自由下标相同时，约定为求和。如 $\sigma_{ii}=\sigma_{xx}+\sigma_{yy}+\sigma_{zz}$，又如式(1.3)的 $\sigma_{ij,j}$ 表示式(1.2)等号左边的前三项。求和约定详见参考文献[4]的附录 A。

1.2　应力状态分析

物体在外荷载作用下产生应力场，描述了物体内任意一点的应力状态可以用 6 个应力分量表示，但是这 6 个应力分量是与所给的坐标系所截得的微元体相关，当截面方向发生改变时，独立的 6 个应力分量也会发生改变，应力状态分析就是寻找各截面应力分量之间的相互关系。

1.2.1　任意斜截面上应力

物体内一点 P，其应力分量为 σ_x、σ_y、σ_z、$\tau_{xy}=\tau_{yx}$、$\tau_{yz}=\tau_{zy}$、$\tau_{xz}=\tau_{zx}$，P 点的某一斜面 ABC 的法线方向为 N，方向余弦为

$$(l,m,n)=[\cos(x,N),\cos(y,N),\cos(z,N)]$$

截得的微元体为微四面体，如图 1.2 所示，根据几何关系，斜面 ABC 的微面积 Δ_{ABC}，与 PBC、PAC、PAB 的微面积的关系分别为

$$\Delta_{PBC}=l\Delta_{ABC},\quad \Delta_{PAC}=m\Delta_{ABC},\quad \Delta_{PAB}=n\Delta_{ABC}$$

斜面上应力一方面可以用正应力 σ_N 和切应力 τ_N 表示，另一方面还可以用沿坐标轴方向的三个应力 X_N、Y_N、Z_N 表示，其全应力为 S_N，如图 1.2 所示。

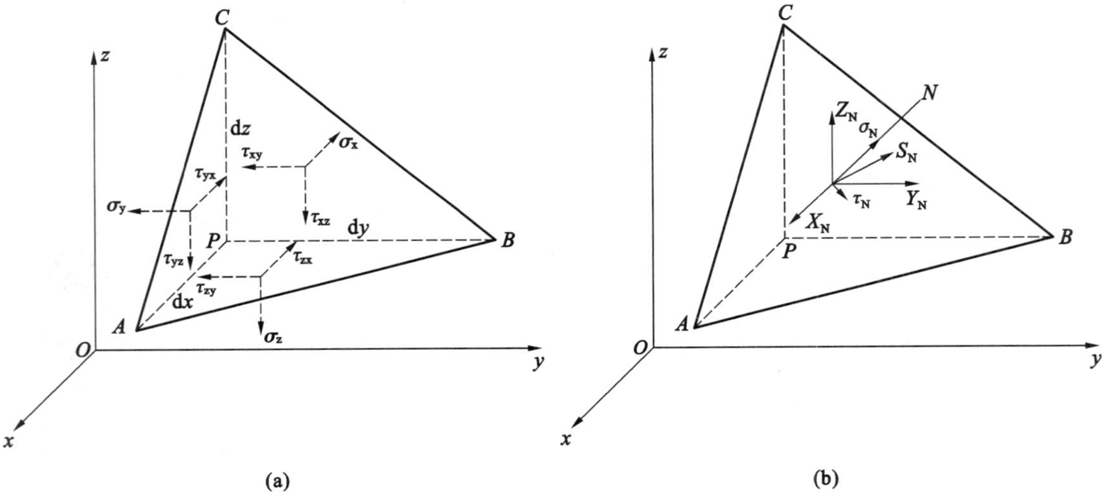

图 1.2　斜面应力

考察微四面体的平衡，先由 $\sum F_x=0$，有：

$$X_N\Delta_{ABC}-\sigma_x\Delta_{PBC}-\tau_{yx}\Delta_{PAC}-\tau_{zx}\Delta_{PAB}+X\Delta V=0 \tag{1.6}$$

稍加整理，得：

$$l\sigma_x+m\tau_{yx}+n\tau_{zx}=X_N+X\frac{\Delta V}{\Delta_{ABC}}$$

并且注意到微四面体体积 ΔV 是比微面积 Δ_{ABC} 高一阶的微量，因此上式等号右边的第二项略去。同时，考虑 $\sum F_y=0$、$\sum F_z=0$ 容易得到其他两个方向上的表达式，连同上式可以写成：

$$\left.\begin{aligned}l\sigma_x+m\tau_{yx}+n\tau_{zx}&=X_N\\ l\tau_{xy}+m\sigma_y+n\tau_{zy}&=Y_N\\ l\tau_{xz}+m\tau_{yz}+n\sigma_z&=Z_N\end{aligned}\right\} \tag{1.7a}$$

张量表示为

$$\sigma_{ij}n_j = T_i \quad (i,j=x,y,z) \tag{1.7b}$$

式中 $n_j=\cos(x_j,N)$；

$T_i = X_N, Y_N, Z_N$。

现在研究斜面的应力。斜面上全应力 S_N 可以由下式确定：

$$S_N^2 = X_N^2 + Y_N^2 + Z_N^2 \tag{1.8}$$

而正应力 σ_N 和切应力 τ_N 可以用沿坐标轴方向的三个应力 X_N、Y_N、Z_N 表示，它们是同一面上的应力，将后者投影到斜面的法线方向有：

$$\sigma_N = X_N\cos(x,N) + Y_N\cos(y,N) + Z_N\cos(z,N) \tag{1.9a}$$

将式(1.7)代入上式，并考虑切应力互等，有：

$$\sigma_N = l^2\sigma_x + m^2\sigma_y + n^2\sigma_z + 2lm\tau_{xy} + 2mn\tau_{yz} + 2nl\tau_{zx} \tag{1.9b}$$

斜面上的总切应力 τ_N 可通过全应力示出，全应力与正应力 σ_N 和切应力 τ_N 的关系是：

$$S_N^2 = \sigma_N^2 + \tau_N^2 \tag{1.10a}$$

考虑式(1.8)，有：

$$\tau_N^2 = X_N^2 + Y_N^2 + Z_N^2 - \sigma_N^2 \tag{1.10b}$$

综上所述，当已知一点的应力分量时，可以确定通过该点的任意一个斜面上沿坐标轴方向的应力，也可以确定该斜面上的正应力 σ_N 和切应力 τ_N。换句话说，已知一点的 6 个应力分量，可以确定任意方向上的应力，该点的应力状态完全确定。

【例 1.2】 已知弹性体内一点的应力分量为

$$\sigma_x = 50\ \text{MPa},\quad \sigma_y = 0,\quad \sigma_z = -30\ \text{MPa}$$

$$\tau_{xy} = 50\ \text{MPa},\quad \tau_{yz} = -75\ \text{MPa},\quad \tau_{zx} = 80\ \text{MPa}$$

试计算方向余弦为 $(l,m,n)=\left(\frac{1}{2},\frac{1}{2},\frac{1}{\sqrt{2}}\right)$ 的斜面上的全应力、正应力 σ_N 和切应力 τ_N。

【解】 (1) 先计算 X_N、Y_N、Z_N，由式(1.7a)得：

$$X_N = l\sigma_x + m\tau_{yx} + n\tau_{zx} = \frac{1}{2}\times 50 + \frac{1}{2}\times 50 + \frac{1}{\sqrt{2}}\times 80 = 106.6\ \text{MPa}$$

$$Y_N = l\tau_{xy} + m\sigma_y + n\tau_{zy} = \frac{1}{2}\times 50 + \frac{1}{2}\times 0 + \frac{1}{\sqrt{2}}\times(-75) = -28\ \text{MPa}$$

$$Z_N = l\tau_{xz} + m\tau_{yz} + n\sigma_z = \frac{1}{2}\times 80 + \frac{1}{2}\times(-75) + \frac{1}{\sqrt{2}}\times(-30)$$

$$= -18.7\ \text{MPa}$$

(2) 再计算斜面上的全应力，由式(1.8)得：

$$S_N^2 = X_N^2 + Y_N^2 + Z_N^2 = 106.6^2 + (-28)^2 + (-18.7)^2 = 12497.3$$

所以

$$S_N = 111.8\ \text{MPa}$$

(3) 最后计算斜面上的正应力和切应力，由式(1.9a)有

$$\sigma_N = lX_N + mY_N + nZ_N = \frac{1}{2}\times 106.6 + \frac{1}{2}\times(-28) + \frac{1}{\sqrt{2}}\times(-18.7) = 26.1\ \text{MPa}$$

再由式(1.10a)，有：

$$\tau_N^2 = S_N^2 - \sigma_N^2 = 12497.3 - 26.1^2 = 11816.1$$

所以

$$\tau_N = 108.7\ \text{MPa}$$

上述计算表明，斜面的各应力分量与方向余弦有关，当方向余弦发生变化时，各应力将随之改变。

1.2.2 主应力与主切应力

1.2.2.1 主应力

通常来说，过一点的任意斜面上的应力都包括正应力和切应力，并且随着斜面的方向角的变化而变化。如果某一斜面上只有正应力，没有切应力，则把这个正应力叫作主应力，这个斜面叫作主平面。

设方向余弦为(l,m,n)的斜面为主平面，按照主应力的定义，令：

$$\tau_N=0,\quad \sigma_N=\sigma$$

则 x、y、z 三个方向上的应力等于主应力 σ 在各方向的投影，即

$$X_N=l\sigma,\quad Y_N=m\sigma,\quad Z_N=n\sigma$$

将上式代入式(1.7)，得：

$$\left.\begin{aligned}l\sigma_x+m\tau_{yx}+n\tau_{zx}=l\sigma\\ l\tau_{xy}+m\sigma_y+n\tau_{zy}=m\sigma\\ l\tau_{xz}+m\tau_{yz}+n\sigma_z=n\sigma\end{aligned}\right\}\tag{1.11}$$

或

$$\left.\begin{aligned}l(\sigma_x-\sigma)+m\tau_{yx}+n\tau_{zx}=0\\ l\tau_{xy}+m(\sigma_y-\sigma)+n\tau_{zy}=0\\ l\tau_{xz}+m\tau_{yz}+n(\sigma_z-\sigma)=0\end{aligned}\right\}\tag{1.12}$$

此处，还有方向余弦必须满足的条件为

$$l^2+m^2+n^2=1\tag{1.13}$$

将式(1.12)、式(1.13)联立，可以求得 l、m、n 及 σ。但是考虑到式(1.12)是一个齐次方程组，不能直接求出这四个变量。然而由于方向余弦不能全为零，式(1.12)成立必须满足系数行列式为零，即

$$\begin{vmatrix}\sigma_x-\sigma & \tau_{yx} & \tau_{zx}\\ \tau_{xy} & \sigma_y-\sigma & \tau_{zy}\\ \tau_{xz} & \tau_{yz} & \sigma_z-\sigma\end{vmatrix}=0\tag{1.14}$$

将 $\tau_{yz}=\tau_{zy}$、$\tau_{xz}=\tau_{zx}$、$\tau_{xy}=\tau_{yx}$ 代入上式，展开并稍作化简，得到关于 σ 的三次方程：

$$\sigma^3-(\sigma_x+\sigma_y+\sigma_z)\sigma^2+(\sigma_y\sigma_z+\sigma_z\sigma_x+\sigma_x\sigma_y-\tau_{yz}^2-\tau_{zx}^2-\tau_{xy}^2)\sigma$$
$$-(\sigma_x\sigma_y\sigma_z+2\tau_{xy}\tau_{yz}\tau_{zx}-\sigma_x\tau_{yz}^2-\sigma_y\tau_{zx}^2-\sigma_z\tau_{xy}^2)=0\tag{1.15a}$$

上式称为应力状态特征方程，它有三个实根，记作 σ_1、σ_2、σ_3，则有：

$$(\sigma-\sigma_1)(\sigma-\sigma_2)(\sigma-\sigma_3)=0\tag{1.15b}$$

这三个实根称作三个主应力，通常按代数值大小排列为 $\sigma_1\geqslant\sigma_2\geqslant\sigma_3$，其中 σ_1、σ_3 分别叫作最大主应力、最小主应力。

将某一主应力代入式(1.12)，并与式(1.13)联立求解，得到该主应力所对应的主方向的方向余弦，从而确定主方向。不难证明，三个主方向是相互垂直的。

【例 1.3】 已知弹性体内某一点的应力状态为 $\sigma_x=-10$ MPa，$\sigma_y=-50$ MPa，$\sigma_z=12$ MPa，$\tau_{xy}=-15$ MPa，$\tau_{yz}=\tau_{zx}=0$，试求该点的主应力及其主方向。

【解】 首先计算主应力。由式(1.14)列出行列式如下：

$$\begin{vmatrix}-10-\sigma & -15 & 0\\ -15 & -50-\sigma & 0\\ 0 & 0 & 12-\sigma\end{vmatrix}=0$$

用代数余子式展开上式，得：

$$(12-\sigma)[(10+\sigma)(50+\sigma)-15^2]=0$$

解得

$$\sigma = -5\ \text{MPa},\quad \sigma = -55\ \text{MPa},\quad \sigma = 12\ \text{MPa}$$

所以

$$\sigma_1 = 12\ \text{MPa},\quad \sigma_2 = -5\ \text{MPa},\quad \sigma_3 = -55\ \text{MPa}$$

再计算方向余弦。第一主方向，将 $\sigma_1 = 12$ MPa 及各应力分量代入式(1.12)，且与式(1.13)联立，有：

$$\begin{cases} -22l - 15m = 0 \\ -15l - 62m = 0 \\ l^2 + m^2 + n^2 = 1 \end{cases}$$

求解上列方程组，得：

$$(l_1, m_1, n_1) = (0, 0, \pm 1)$$

所以，$\sigma_1 = 12$ MPa 所在的方向就是一个主方向，±1 表明这个主方向有两个相差 180°的面。

第二主方向，将 $\sigma_2 = -5$ MPa 和各应力分量代入式(1.12)，注意到第二个方程与第一个方程相关，与式(1.13)联立，有：

$$\begin{cases} -5l - 15m = 0 \\ 17n = 0 \\ l^2 + m^2 + n^2 = 1 \end{cases}$$

解得

$$(l_2, m_2, n_2) = \left(\pm\frac{3}{\sqrt{10}}, \mp\frac{1}{\sqrt{10}}, 0\right)$$

同理，将 $\sigma_3 = -55$ MPa 代入式(1.12)，可求得第三主方向为

$$(l_3, m_3, n_3) = \left(\pm\frac{1}{\sqrt{10}}, \mp\frac{3}{\sqrt{10}}, 0\right)$$

不难证明，主方向是相互正交的。

1.2.2.2 应力不变量

式(1.15a)还可写成：

$$\sigma^3 - I_1\sigma^2 + I_2\sigma - I_3 = 0 \tag{1.15c}$$

这里 I_1、I_2、I_3 分别叫作第一、第二、第三应力不变量。将上式展开，并与式(1.15a)和式(1.15b)的展开式比较，有不变量：

$$\left.\begin{aligned} I_1 &= \sigma_1 + \sigma_2 + \sigma_3 = \sigma_x + \sigma_y + \sigma_z \\ I_2 &= \sigma_1\sigma_2 + \sigma_2\sigma_3 + \sigma_3\sigma_1 = \sigma_y\sigma_z + \sigma_z\sigma_x + \sigma_x\sigma_y - \tau_{yz}^2 - \tau_{zx}^2 - \tau_{xy}^2 \\ I_3 &= \sigma_1\sigma_2\sigma_3 = \sigma_x\sigma_y\sigma_z + 2\tau_{xy}\tau_{yz}\tau_{zx} - \sigma_x\tau_{yz}^2 - \sigma_y\tau_{zx}^2 - \sigma_z\tau_{xy}^2 = \begin{vmatrix} \sigma_x & \tau_{yx} & \tau_{zx} \\ \tau_{xy} & \sigma_y & \tau_{zy} \\ \tau_{xz} & \tau_{yz} & \sigma_z \end{vmatrix} \end{aligned}\right\} \tag{1.16}$$

其不变的含义是指当坐标系旋转时每个应力分量都在变化，但这三个量是不变的。事实上，物体内一点的应力状态是在一定的参考坐标系中，随坐标系的改变而改变，然而主应力是唯一的，当且仅当 I_1、I_2、I_3 不变时，式(1.15b)所确定的实根才是唯一的。

1.2.2.3 主切应力

过一点的任意斜面上的正应力和切应力，随着斜面的方向角的变化而变化，如果某一斜面上的切应力取得最大值，则把这个切应力叫作主切应力。主切应力的研究是在主应力状态下进行的。设三个主应力方向分别与坐标轴方向重合(图 1.3)，利用 $\sum F_x = 0$、$\sum F_y = 0$、$\sum F_z = 0$，可得斜面上沿

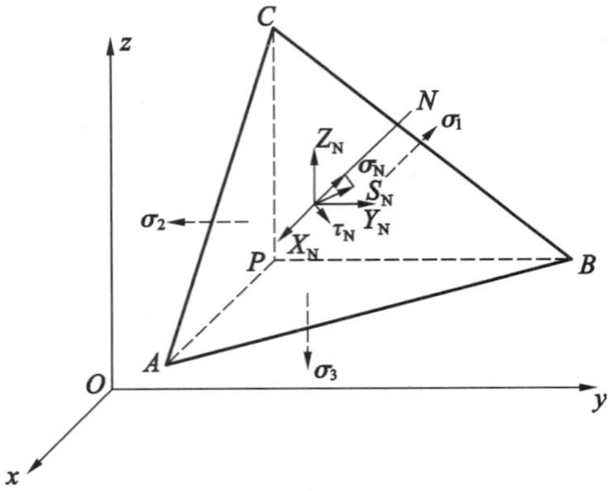

图 1.3　主应力状态下的斜面应力

坐标轴方向的斜面应力为

$$X_N = l\sigma_1,\quad Y_N = m\sigma_2,\quad Z_N = n\sigma_3$$

由式(1.9)可知,斜面法向应力可以表示为

$$\sigma_N = l^2\sigma_1 + m^2\sigma_2 + n^2\sigma_3 \tag{1.17a}$$

将上式代入式(1.10),得:

$$\tau_N^2 = \sigma_1^2 l^2 + \sigma_2^2 m^2 + \sigma_3^2 n^2 - (\sigma_1 l^2 + \sigma_2 m^2 + \sigma_3 n^2)^2 \tag{1.17b}$$

在各应力分量一定的情况下,τ_N^2 的极值依赖方向余弦,把式(1.13)代入上式,消除一个方向余弦,如 n,并令 $\frac{\partial \tau_N^2}{\partial l}=0$ 及 $\frac{\partial \tau_N^2}{\partial m}=0$,并加以整理,于是:

$$\left.\begin{aligned}\{(\sigma_1-\sigma_3)-2[(\sigma_1-\sigma_3)l^2+(\sigma_2-\sigma_3)m^2]\}(\sigma_1-\sigma_3)l=0\\ \{(\sigma_2-\sigma_3)-2[(\sigma_1-\sigma_3)l^2+(\sigma_2-\sigma_3)m^2]\}(\sigma_2-\sigma_3)m=0\end{aligned}\right\} \tag{a}$$

上式分三种情况讨论。

(1) 三个主应力互不相等

如果 $\sigma_1 \neq \sigma_2 \neq \sigma_3$,将式(a)的第一、第二式分别除以$(\sigma_1-\sigma_3)$和$(\sigma_2-\sigma_3)$,得:

$$\left.\begin{aligned}\{(\sigma_1-\sigma_3)-2[(\sigma_1-\sigma_3)l^2+(\sigma_2-\sigma_3)m^2]\}l=0\\ \{(\sigma_2-\sigma_3)-2[(\sigma_1-\sigma_3)l^2+(\sigma_2-\sigma_3)m^2]\}m=0\end{aligned}\right\} \tag{b}$$

方程组有三种解答:

$$①\begin{cases}l=0\\ m=0\\ n=\pm 1\end{cases};\quad ②\begin{cases}l=0\\ m=\pm\frac{\sqrt{2}}{2}\\ n=\pm\frac{\sqrt{2}}{2}\end{cases};\quad ③\begin{cases}l=\pm\frac{\sqrt{2}}{2}\\ m=0\\ n=\pm\frac{\sqrt{2}}{2}\end{cases} \tag{c}$$

再把式(c)中的三式分别代入式(1.17),可求出对应的切应力。

同理,可从式(1.17b)中分别消去 l 或 m,再重复以上过程,可得到六组余弦解答,见表 1.1。

表 1.1　主应力与主切应力

l	0	0	± 1	0	$\pm\frac{\sqrt{2}}{2}$	$\pm\frac{\sqrt{2}}{2}$
m	0	± 1	0	$\pm\frac{\sqrt{2}}{2}$	0	$\pm\frac{\sqrt{2}}{2}$
n	± 1	0	0	$\pm\frac{\sqrt{2}}{2}$	$\pm\frac{\sqrt{2}}{2}$	0
τ_N^2	0	0	0	$\left(\frac{\sigma_2-\sigma_3}{2}\right)^2$	$\left(\frac{\sigma_1-\sigma_3}{2}\right)^2$	$\left(\frac{\sigma_1-\sigma_2}{2}\right)^2$
σ_N	σ_3	σ_2	σ_1	$\frac{1}{2}(\sigma_2+\sigma_3)$	$\frac{1}{2}(\sigma_1+\sigma_3)$	$\frac{1}{2}(\sigma_1+\sigma_2)$

表 1.1 的前三列是在 τ_N^2 取得极小值时的方向余弦,极小值为 0;后三列为 τ_N^2 取得极大值时的方向余弦,方向余弦角均为±45°,平分两主平面,如图 1.4 所示,对应的 τ_N 值即为主切应力:

$$\left.\begin{aligned}\tau_{12}&=\pm\frac{1}{2}(\sigma_1-\sigma_2)\\ \tau_{23}&=\pm\frac{1}{2}(\sigma_2-\sigma_3)\\ \tau_{13}&=\pm\frac{1}{2}(\sigma_1-\sigma_3)\end{aligned}\right\}\tag{1.18}$$

如果 $\sigma_1\geqslant\sigma_2\geqslant\sigma_3$，则最大切应力为

$$\tau_{max}=\frac{1}{2}(\sigma_1-\sigma_3)\tag{1.19}$$

它所在的微分斜面的方向余弦垂直于 σ_2 方向，并平分 σ_1、σ_3 这两个主方向[图 1.4(b)]。

将主切应力所在斜面的方向余弦，以及表 1.1 中后三个方向余弦代入式(1.17a)，可以得到主切应力面上的正应力 σ_N，分别为 $\frac{1}{2}(\sigma_2+\sigma_3)$，$\frac{1}{2}(\sigma_1+\sigma_3)$，$\frac{1}{2}(\sigma_1+\sigma_2)$。

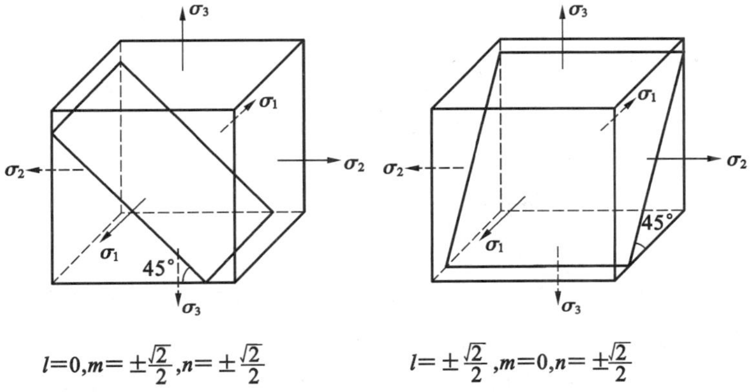

图 1.4 主切应力方向与主方向

(2) 两个主应力相等

设 $\sigma_1\neq\sigma_2=\sigma_3$，式(a)的第二式恒满足，将式(a)的第一式除以$(\sigma_1-\sigma_3)$，并加以整理，得：

$$(1-2l^2)l=0\tag{d}$$

可以有两组解答：

$$①\begin{cases}l=0\\ m^2+n^2=1\end{cases};\qquad ②\begin{cases}l=\pm\frac{\sqrt{2}}{2}\\ m^2+n^2=\frac{1}{2}\end{cases}\tag{e}$$

考虑到 $\sigma_2=\sigma_3$，再把式(e)的①代入式(1.17b)，得主切应力 $\tau_N^2=0$，不是要求的主切应力，舍去；又将式(e)的②代入式(1.17b)，得主切应力为

$$\tau_{12}=\frac{1}{2}(\sigma_1-\sigma_2)$$

其作用面由式(e)的②确定，第一式在空间组成一个与 x 轴恒成 45°，且关于 yOz 对称的对顶锥面，如图 1.5 所示。主切应力发生在和一个锥面相切的微分面上。

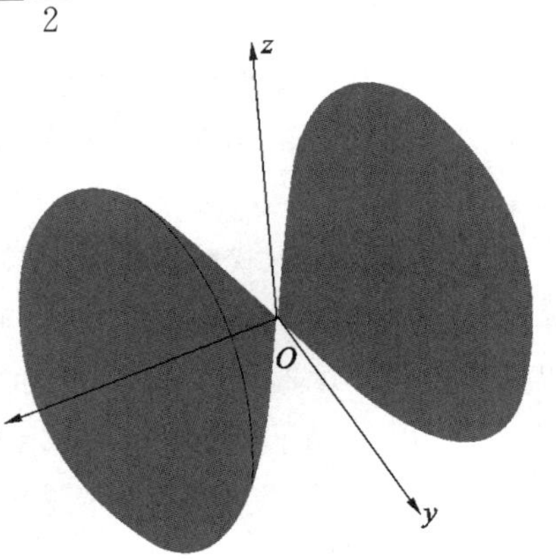

图 1.5 主切应力锥面

(3) 三个主应力都相等

由式(a)可知，$\tau_N^2\equiv 0$，表明过该点的任何一个微分面上都

没有切应力。因此,只有当主应力存在差值时,才会出现切应力和主切应力。

1.2.2.4　应力状态的几何表示

空间应力状态的另一种表示方法是几何图示法,称为 Mohr 应力圆。设微元体处在主应力状态(图 1.3),斜面上存在下列关系:

$$\left.\begin{aligned}&\sigma_N = l^2\sigma_1 + m^2\sigma_2 + n^2\sigma_3\\&\sigma_N^2 + \tau_N^2 = l^2\sigma_1^2 + m^2\sigma_2^2 + n^2\sigma_3^2\\&l^2 + m^2 + n^2 = 1\end{aligned}\right\} \tag{1.20}$$

由上式解得方向余弦,进而可有:

$$\left.\begin{aligned}&\left(\sigma_N - \frac{\sigma_2+\sigma_3}{2}\right)^2 + \tau_N^2 = l^2(\sigma_1-\sigma_2)(\sigma_1-\sigma_3) + \left(\frac{\sigma_2-\sigma_3}{2}\right)^2\\&\left(\sigma_N - \frac{\sigma_3+\sigma_1}{2}\right)^2 + \tau_N^2 = m^2(\sigma_2-\sigma_3)(\sigma_2-\sigma_1) + \left(\frac{\sigma_3-\sigma_1}{2}\right)^2\\&\left(\sigma_N - \frac{\sigma_1+\sigma_2}{2}\right)^2 + \tau_N^2 = n^2(\sigma_3-\sigma_1)(\sigma_3-\sigma_2) + \left(\frac{\sigma_1-\sigma_2}{2}\right)^2\end{aligned}\right\} \tag{1.21}$$

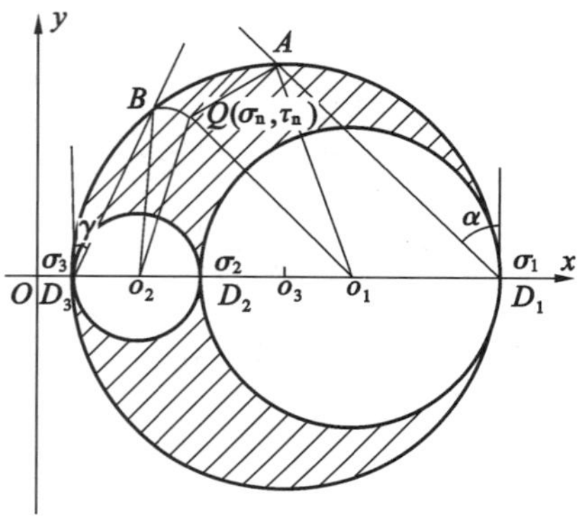

图 1.6　Mohr 应力圆

分别令上式 $l=0$、$m=0$、$n=0$,可作出三个应力圆,如图 1.6 所示。可以证明,任意斜面上的应力都在这三个应力圆所围成的阴影面积内。

下面利用 Mohr 圆求作方向角为 α,β,γ 的斜面应力 σ_n,τ_n。设三个主应力 $\sigma_1 \geqslant \sigma_2 \geqslant \sigma_3$,参考图 1.6,有:

第一步,根据 σ_1、σ_2 作应力圆 o_1,根据 σ_2、σ_3 作应力圆 o_2,根据 σ_1、σ_3 作应力圆 o_3;

第二步,过 D_1 沿逆时针转过 α 交应力圆 o_3 于 A,过 D_3 沿顺时针转过 γ 交应力圆 o_3 于 B;

第三步,以 o_1 为圆心、o_1A 为半径画圆弧,又以 o_2 为圆心、o_2B 为半径画圆弧,交于 Q;

第四步,量取 Q 点应力值,即 σ_n、τ_n。

1.3　几何方程及应变协调方程

1.3.1　位移和应变

在外力或温度作用下,弹性体内各点产生位移,位移不均匀会产生各点之间的相对运动,相对运动则产生形变。沿坐标轴各方向的位移称为位移分量,用 u、v、w 表示,且以与坐标轴方向一致的位移为正。

形变是物体形状的改变。假设未变形前的弹性体内有一个微元体 $dx \times dy \times dz$,受力后该微元体除了产生位置变化外,还会产生形状改变(即形变),由原来的正六边形变成任意的六边形。形变可以用棱边长度的改变和两棱之间的角度改变来描述。棱边长度的改变量与原棱长之比称为正应变,用 ε_x、ε_y 及 ε_z 表示,其中下标表示与棱边平行的坐标轴;原成直角的两棱之间的角度改变量称为角应变,用 γ_{xy}、γ_{yz}、γ_{zx} 等表示,下标表示与两棱边平行的坐标轴。正应变与角应变合起来称为应变分量,共 6 个,用张量记为

$$\boldsymbol{\varepsilon}_{ij}=\begin{bmatrix}\varepsilon_x & \frac{1}{2}\gamma_{xy} & \frac{1}{2}\gamma_{xz}\\ \frac{1}{2}\gamma_{xy} & \varepsilon_y & \frac{1}{2}\gamma_{yz}\\ \frac{1}{2}\gamma_{xz} & \frac{1}{2}\gamma_{yz} & \varepsilon_z\end{bmatrix} \tag{1.22}$$

一般约定位移分量以沿坐标轴方向的位移为正；正应变以棱边长度伸长产生的应变为正；角应变以使原直角减小的角应变为正。反之亦然。

1.3.2 几何方程与体积应变

1.3.2.1 几何方程

应变是描述相对位移的物理量，应变和位移之间是相互关联的，几何方程描述了应变和位移之间的关系。设点 $P(x,y,z)$ 变形后移到 P'，如图 1.7 所示。为了研究位移与应变的关系，先将微元体的棱边及其变形投影到三个坐标平面，在小变形假定下，变形后的棱长和角度的改变量可以近似地用投影量代替。连续性假定要求物体在变形前后都保持为连续体，具有连续导数。对于微元体的两棱边 PA、PB 在 xOy 坐标面内的投影，如图 1.8 所示，点 A'、B' 的位移分量可以在 P 点进行泰勒级数展开，并且略去二阶以上小量，分别有：

$$u_A=u+\frac{\partial u}{\partial x}\mathrm{d}x,\quad v_A=v+\frac{\partial v}{\partial x}\mathrm{d}x$$

$$u_B=u+\frac{\partial u}{\partial y}\mathrm{d}y,\quad v_B=v+\frac{\partial v}{\partial y}\mathrm{d}y$$

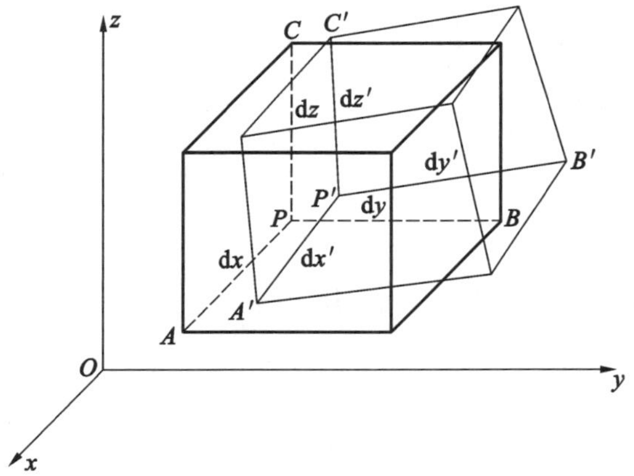

图 1.7 微元体位移与变形

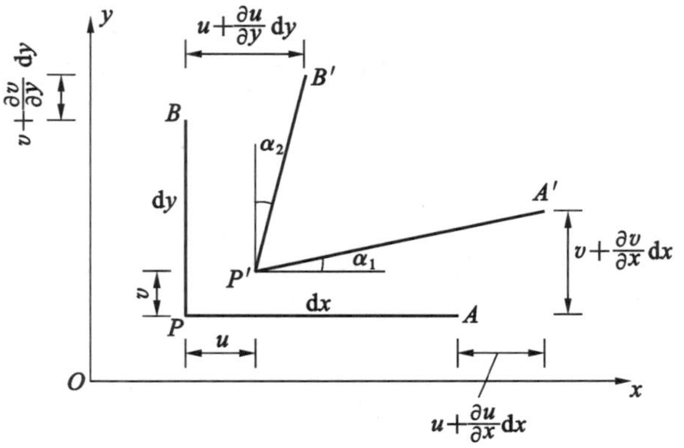

图 1.8 位移与变形

根据应变的定义，沿 x 轴的正应变为

$$\varepsilon_x=\frac{P'A'-PA}{PA}\approx\frac{\left(x+\mathrm{d}x+u+\frac{\partial u}{\partial x}\mathrm{d}x\right)-(x+u)-\mathrm{d}x}{\mathrm{d}x}=\frac{\partial u}{\partial x}$$

同理

$$\varepsilon_y=\frac{\partial v}{\partial y}$$

$$\varepsilon_z=\frac{\partial w}{\partial z}$$

微段 $\mathrm{d}x$、$\mathrm{d}y$ 分别转过了 α_1 和 α_2，因为是小变形，所以，有：

$$\alpha_1 \approx \frac{\left(v+\frac{\partial v}{\partial x}\mathrm{d}x\right)-v}{\mathrm{d}x}=\frac{\partial v}{\partial x}$$

$$\alpha_2 \approx \frac{\left(u+\frac{\partial u}{\partial y}\mathrm{d}y\right)-u}{\mathrm{d}y}=\frac{\partial u}{\partial y}$$

那么角度的改变量，即切应变为

$$\gamma_{xy}=\alpha_1+\alpha_2=\frac{\partial v}{\partial x}+\frac{\partial u}{\partial y}$$

依次轮换 x、y、z 与 u、v、w，则可以得到其他两个切应变分量，而且与下标位置交换无关。将它们罗列起来，得到六个关系式：

$$\left.\begin{aligned}
\varepsilon_x &= \frac{\partial u}{\partial x}\\
\gamma_{xy} &= \frac{\partial v}{\partial x}+\frac{\partial u}{\partial y}\\
\varepsilon_y &= \frac{\partial v}{\partial y}\\
\gamma_{yz} &= \frac{\partial w}{\partial y}+\frac{\partial v}{\partial z}\\
\varepsilon_z &= \frac{\partial w}{\partial z}\\
\gamma_{zx} &= \frac{\partial w}{\partial x}+\frac{\partial u}{\partial z}
\end{aligned}\right\} \tag{1.23a}$$

上式称为几何方程，又叫 Cauchy 方程，给出了六个应变分量与三个位移分量之间的关系。由上式可知，只要知道了弹性体的位移分布，就可以求得相应的应变分布。上式还可以用张量表示如下：

$$\boldsymbol{\varepsilon}_{ij}=\frac{1}{2}(u_{i,j}+u_{j,i})\quad (i,j=x,y,z) \tag{1.23b}$$

1.3.2.2　体积应变

仿照应变的定义，体积应变可以定义成单位体积的改变量，用 θ 表示，其值为

$$\theta=\frac{\Delta \mathrm{d}V}{\mathrm{d}V}=\frac{\mathrm{d}V'-\mathrm{d}V}{\mathrm{d}V} \tag{1.24}$$

微元体变形以后的体积为

$$\mathrm{d}V'=\mathrm{d}x'\mathrm{d}y'\mathrm{d}z'=(\mathrm{d}x+\varepsilon_x\mathrm{d}x)(\mathrm{d}y+\varepsilon_y\mathrm{d}y)(\mathrm{d}z+\varepsilon_z\mathrm{d}z)$$

将上式展开，并略去应变的二次、三次乘积项，有

$$\mathrm{d}V'=\mathrm{d}x\mathrm{d}y\mathrm{d}z(1+\varepsilon_x+\varepsilon_y+\varepsilon_z)$$

于是，体积应变为

$$\theta=\varepsilon_x+\varepsilon_y+\varepsilon_z \tag{1.25}$$

1.3.3　应变协调方程

式(1.23)给出的六个方程是通过三个位移分量表示的六个应变分量。如果已知弹性体的位移场，容易求得相应的应变场；反之，如果已知应变场，却很难求得位移场。这是因为从数学角度上讲，已知方程左边的六个应变分量的分布函数，通过式(1.23)确定三个位移分量的分布函数，方程的个数超过了未知数的个数，方程组要么是矛盾的，要么是相关的。这一事实很重要，它告诉我们：在寻找弹性体的应变场时，应变分量之间必须满足一定的条件，必须存在一定的函数关系，使得物体变形后保

持连续,这些关系称为应变协调方程,又叫形变连续方程。这种协调方程分为两类:一类是平面内的应变协调;另一类是平面与平面之间的应变协调。

首先建立平面内的应变协调方程。

把式(1.23a)中的 ε_x 对 y 求二阶偏导数,ε_y 对 x 求二阶偏导数,然后相加,再利用 γ_{xy} 的表达式化简,有:

$$\frac{\partial^2 \varepsilon_y}{\partial x^2}+\frac{\partial^2 \varepsilon_x}{\partial y^2}=\frac{\partial^2}{\partial x\,\partial y}\left(\frac{\partial v}{\partial x}+\frac{\partial u}{\partial y}\right)=\frac{\partial^2 \gamma_{xy}}{\partial x\,\partial y}$$

用同样的方法,可以得到另外两个类似方程,与上式合并在一起,有:

$$\left.\begin{aligned}\frac{\partial^2 \varepsilon_y}{\partial x^2}+\frac{\partial^2 \varepsilon_x}{\partial y^2}=\frac{\partial^2 \gamma_{xy}}{\partial x\,\partial y}\\ \frac{\partial^2 \varepsilon_y}{\partial z^2}+\frac{\partial^2 \varepsilon_z}{\partial y^2}=\frac{\partial^2 \gamma_{yz}}{\partial y\,\partial z}\\ \frac{\partial^2 \varepsilon_z}{\partial x^2}+\frac{\partial^2 \varepsilon_x}{\partial z^2}=\frac{\partial^2 \gamma_{xz}}{\partial x\,\partial z}\end{aligned}\right\}\tag{1.26a}$$

其次建立平面与平面之间的应变协调方程。

将式(1.23a)中的 γ_{xy} 对 z 求偏导数,γ_{yz} 对 x 求偏导数,γ_{xz} 对 y 求偏导数,有:

$$\begin{aligned}\frac{\partial \gamma_{xy}}{\partial z}&=\frac{\partial^2 v}{\partial x\,\partial z}+\frac{\partial^2 u}{\partial y\,\partial z}\\ \frac{\partial \gamma_{yz}}{\partial x}&=\frac{\partial^2 w}{\partial x\,\partial y}+\frac{\partial^2 v}{\partial x\,\partial z}\\ \frac{\partial \gamma_{zx}}{\partial y}&=\frac{\partial^2 u}{\partial y\,\partial z}+\frac{\partial^2 w}{\partial x\,\partial y}\end{aligned}$$

如果将第一式、第二式相加,并减去第三式,得:

$$\frac{\partial \gamma_{xy}}{\partial z}+\frac{\partial \gamma_{yz}}{\partial x}-\frac{\partial \gamma_{zx}}{\partial y}=2\,\frac{\partial^2 v}{\partial x\,\partial z}$$

再将上式对 y 求偏导,注意到式(1.23a)中的 ε_y,有:

$$\frac{\partial}{\partial y}\left(\frac{\partial \gamma_{xy}}{\partial z}+\frac{\partial \gamma_{yz}}{\partial x}-\frac{\partial \gamma_{zx}}{\partial y}\right)=2\,\frac{\partial^2 \varepsilon_y}{\partial x\,\partial z}$$

用同样的方法,可以得到另外两个方程,与上式合并在一起,有:

$$\left.\begin{aligned}\frac{\partial}{\partial y}\left(\frac{\partial \gamma_{xy}}{\partial z}+\frac{\partial \gamma_{yz}}{\partial x}-\frac{\partial \gamma_{zx}}{\partial y}\right)=2\,\frac{\partial^2 \varepsilon_y}{\partial x\,\partial z}\\ \frac{\partial}{\partial z}\left(\frac{\partial \gamma_{yz}}{\partial x}+\frac{\partial \gamma_{zx}}{\partial y}-\frac{\partial \gamma_{xy}}{\partial z}\right)=2\,\frac{\partial^2 \varepsilon_z}{\partial x\,\partial y}\\ \frac{\partial}{\partial x}\left(\frac{\partial \gamma_{zx}}{\partial y}+\frac{\partial \gamma_{xy}}{\partial z}-\frac{\partial \gamma_{yz}}{\partial x}\right)=2\,\frac{\partial^2 \varepsilon_x}{\partial z\,\partial y}\end{aligned}\right\}\tag{1.26b}$$

式(1.26)又称为 Saint-Venant 方程。

可以证明,应变分量满足应变协调方程,是保证物体连续的充分必要条件。

【例 1.4】 试问下列应变分量能否满足应变协调方程?如果能满足,试确定常系数或系数的性质。

$$\varepsilon_x=A_0+A_1(x^2+y^2)+x^4+y^4,\quad \varepsilon_y=B_0+B_1(x^2+y^2)+x^4+y^4$$
$$\varepsilon_z=A_1(x^2-z^2)+B_1xy,\quad \gamma_{xy}=C_0+C_1xy(x^2+y^2+C_2)$$
$$\gamma_{yz}=0,\quad \gamma_{zx}=2xz$$

【解】 先求式(1.26)的左右两边的表达式,即

$$\frac{\partial^2\varepsilon_y}{\partial x^2}+\frac{\partial^2\varepsilon_x}{\partial y^2}=2A_1+12y^2+2B_1+12x^2,\quad \frac{\partial^2\gamma_{xy}}{\partial x\partial y}=3C_1x^2+3C_1y^2+C_1C_2,$$

$$\frac{\partial^2\varepsilon_y}{\partial z^2}+\frac{\partial^2\varepsilon_z}{\partial y^2}=0,\quad \frac{\partial^2\gamma_{yz}}{\partial y\partial z}=0$$

$$\frac{\partial^2\varepsilon_z}{\partial x^2}+\frac{\partial^2\varepsilon_x}{\partial z^2}=2A_1,\quad \frac{\partial^2\gamma_{xz}}{\partial x\partial z}=2$$

$$\frac{\partial}{\partial y}\left(\frac{\partial\gamma_{xy}}{\partial z}+\frac{\partial\gamma_{yz}}{\partial x}-\frac{\partial\gamma_{zx}}{\partial y}\right)=\frac{\partial}{\partial y}(0+0-0)=0,\quad 2\frac{\partial^2\varepsilon_y}{\partial x\partial z}=0$$

$$\frac{\partial}{\partial z}\left(\frac{\partial\gamma_{yz}}{\partial x}+\frac{\partial\gamma_{zx}}{\partial y}-\frac{\partial\gamma_{xy}}{\partial z}\right)=\frac{\partial}{\partial z}(0+0-0)=0,\quad 2\frac{\partial^2\varepsilon_z}{\partial x\partial y}=2B_1$$

$$\frac{\partial}{\partial x}\left(\frac{\partial\gamma_{zx}}{\partial y}+\frac{\partial\gamma_{xy}}{\partial z}-\frac{\partial\gamma_{yz}}{\partial x}\right)=\frac{\partial}{\partial x}(0+0-0)=0,\quad 2\frac{\partial^2\varepsilon_x}{\partial z\partial y}=0$$

将上述各式代入式(1.26)，能否满足应变协调方程，只需下列方程成立：

$$2(A_1+B_1)+12(x^2+y^2)=C_1C_2+3C_1(x^2+y^2)$$

$$2A_1=2$$

$$2B_1=0$$

显然对于常系数，上式能够成立。比较左右两边系数，可得：

$$2(A_1+B_1)=C_1C_2,\quad C_1=4,\quad A_1=1,\quad B_1=0$$

解得 $A_1=1$、$B_1=0$、$C_1=4$、$C_2=1/2$。而 A_0、B_0、C_0 可以为任意常量。当满足这些关系式后，应变是协调的，形变是连续的。

1.4　应变状态分析

与应力分量一样，物体内某一点的 6 个应变分量随着坐标系的旋转而改变，同样也可以找到这样一个坐标系，在这个坐标系下，只有正应变分量，没有切应变分量。即过某一点可以找到三个相互垂直的方向，在物体发生变形后，沿这三个方向的微分线段只是各自长度发生改变，其相互之间的夹角仍然保持为直角。具有这样性质的三个方向称为应变主方向，这三个方向的应变称为主应变。

设某一点微分线段 AB 的主应变为 ε，其方向为 (l,m,n)，经变形后，至 $A'B'$，研究其方向余弦的变化，并认为在微小变形下，略去转动位移，有：

$$\left.\begin{aligned}&(\varepsilon_x-\varepsilon)l+\frac{1}{2}\gamma_{yx}m+\frac{1}{2}\gamma_{zx}n=0\\&\frac{1}{2}\gamma_{xy}l+(\varepsilon_y-\varepsilon)m+\frac{1}{2}\gamma_{zy}n=0\\&\frac{1}{2}\gamma_{xz}l+\frac{1}{2}\gamma_{yz}m+(\varepsilon_z-\varepsilon)n=0\end{aligned}\right\}\tag{1.27}$$

上式若有非零解，必须有：

$$\begin{vmatrix}\varepsilon_x-\varepsilon & \frac{1}{2}\gamma_{xy} & \frac{1}{2}\gamma_{xz}\\ \frac{1}{2}\gamma_{xy} & \varepsilon_y-\varepsilon & \frac{1}{2}\gamma_{yz}\\ \frac{1}{2}\gamma_{xz} & \frac{1}{2}\gamma_{yz} & \varepsilon_z-\varepsilon\end{vmatrix}=0\tag{1.28}$$

展开后，写成：

$$\varepsilon^3 - J_1\varepsilon^2 + J_2\varepsilon - J_3 = 0 \tag{1.29}$$

这里 J_1、J_2、J_3 分别叫作第一、第二、第三应变不变量，且有：

$$J_1 = \varepsilon_x + \varepsilon_y + \varepsilon_z$$

$$J_2 = \varepsilon_y\varepsilon_z + \varepsilon_z\varepsilon_x + \varepsilon_x\varepsilon_y - \frac{1}{4}(\gamma_{yz}^2 + \gamma_{zx}^2 + \gamma_{xy}^2)$$

$$J_3 = \begin{vmatrix} \varepsilon_x & \frac{1}{2}\gamma_{xy} & \frac{1}{2}\gamma_{xz} \\ \frac{1}{2}\gamma_{xy} & \varepsilon_y & \frac{1}{2}\gamma_{yz} \\ \frac{1}{2}\gamma_{xz} & \frac{1}{2}\gamma_{yz} & \varepsilon_z \end{vmatrix} = \varepsilon_x\varepsilon_y\varepsilon_z + \frac{1}{4}(\gamma_{xy}\gamma_{yz}\gamma_{zx} - \varepsilon_x\gamma_{yz}^2 - \varepsilon_y\gamma_{zx}^2 - \varepsilon_z\gamma_{xy}^2)$$

式(1.29)有 3 个实根，即为 3 个主应变 ε_1、ε_2、ε_3。主应变也有以下三种情况：

(1) 如果 $\varepsilon_1 \neq \varepsilon_2 \neq \varepsilon_3$，则三个主应变方向必相互垂直；

(2) 如果 $\varepsilon_1 = \varepsilon_2 \neq \varepsilon_3$，则与 ε_3 对应的方向必同时垂直于 ε_1、ε_2 所对应的主应变方向，而 ε_1、ε_2 所对应的方向之间可以垂直，也可以不垂直；

(3) 如果 $\varepsilon_1 = \varepsilon_2 = \varepsilon_3$，则三个主应变方向可以相互垂直，也可以不垂直，事实上任何一个方向均为主应变方向。

总之，过物体内一点，至少可以找到三个相互垂直的方向，沿着这三个方向的微分线段在物体变形后仍然保持垂直。

1.5 物理方程式(应力-应变的关系)

物体受荷载作用后在体内产生效应，出现应力、应变和位移，它们相辅相成，存在着相互关系。例如，低碳钢构件在单向拉伸应力状态下，弹性阶段的应力与应变关系可以用虎克定律描述为

$$\sigma = E\varepsilon \tag{a}$$

式中 E——弹性模量。

上式表明了应力与应变的相互关系随荷载的改变而改变，反映了材料在某一阶段所固有的物理特性。

在三维应力状态下，弹性体内任一点的应力分量有 9 个，考虑了切应力互等定理以后，独立的应力分量只有 6 个，与之相应的应变分量也有 6 个。应力与应变相互关联，与式(a)相仿，一般情况下，线弹性阶段的应力分量关系可以用应变分量的线性组合表达，即

$$\left.\begin{aligned} \sigma_x &= C_{11}\varepsilon_x + C_{12}\varepsilon_y + C_{13}\varepsilon_z + C_{14}\gamma_{xy} + C_{15}\gamma_{yz} + C_{16}\gamma_{zx} \\ \sigma_y &= C_{21}\varepsilon_x + C_{22}\varepsilon_y + C_{23}\varepsilon_z + C_{24}\gamma_{xy} + C_{25}\gamma_{yz} + C_{26}\gamma_{zx} \\ \sigma_z &= C_{31}\varepsilon_x + C_{32}\varepsilon_y + C_{33}\varepsilon_z + C_{34}\gamma_{xy} + C_{35}\gamma_{yz} + C_{36}\gamma_{zx} \\ \tau_{xy} &= C_{41}\varepsilon_x + C_{42}\varepsilon_y + C_{43}\varepsilon_z + C_{44}\gamma_{xy} + C_{45}\gamma_{yz} + C_{46}\gamma_{zx} \\ \tau_{yz} &= C_{51}\varepsilon_x + C_{52}\varepsilon_y + C_{53}\varepsilon_z + C_{54}\gamma_{xy} + C_{55}\gamma_{yz} + C_{56}\gamma_{zx} \\ \tau_{zx} &= C_{61}\varepsilon_x + C_{62}\varepsilon_y + C_{63}\varepsilon_z + C_{64}\gamma_{xy} + C_{65}\gamma_{yz} + C_{66}\gamma_{zx} \end{aligned}\right\} \tag{1.30a}$$

对于各向同性材料，材料的物理性质与方向无关，即材料在任意一个方向上因应力作用产生的应变效应相同，反映在数学上是当坐标转轴变换时，应力与应变的关系不会改变。例如，将坐标系 $Oxyz$ 绕 z 轴转动 180°到 $O'x'y'z'$ 后(图 1.9)，得到一组新的应力、应变分量，它们应该满足式(1.30a)，有：

$$\left.\begin{aligned}
\sigma_{x'} &= C_{11}\varepsilon_{x'} + C_{12}\varepsilon_{y'} + C_{13}\varepsilon_{z'} + C_{14}\gamma_{x'y'} + C_{15}\gamma_{y'z'} + C_{16}\gamma_{z'x'} \\
\sigma_{y'} &= C_{21}\varepsilon_{x'} + C_{22}\varepsilon_{y'} + C_{23}\varepsilon_{z'} + C_{24}\gamma_{x'y'} + C_{25}\gamma_{y'z'} + C_{26}\gamma_{z'x'} \\
\sigma_{z'} &= C_{31}\varepsilon_{x'} + C_{32}\varepsilon_{y'} + C_{33}\varepsilon_{z'} + C_{34}\gamma_{x'y'} + C_{35}\gamma_{y'z'} + C_{36}\gamma_{z'x'} \\
\tau_{x'y'} &= C_{41}\varepsilon_{x'} + C_{42}\varepsilon_{y'} + C_{43}\varepsilon_{z'} + C_{44}\gamma_{x'y'} + C_{45}\gamma_{y'z'} + C_{46}\gamma_{z'x'} \\
\tau_{y'z'} &= C_{51}\varepsilon_{x'} + C_{52}\varepsilon_{y'} + C_{53}\varepsilon_{z'} + C_{54}\gamma_{x'y'} + C_{55}\gamma_{y'z'} + C_{56}\gamma_{z'x'} \\
\tau_{z'x'} &= C_{61}\varepsilon_{x'} + C_{62}\varepsilon_{y'} + C_{63}\varepsilon_{z'} + C_{64}\gamma_{x'y'} + C_{65}\gamma_{y'z'} + C_{66}\gamma_{z'x'}
\end{aligned}\right\} \tag{1.30b}$$

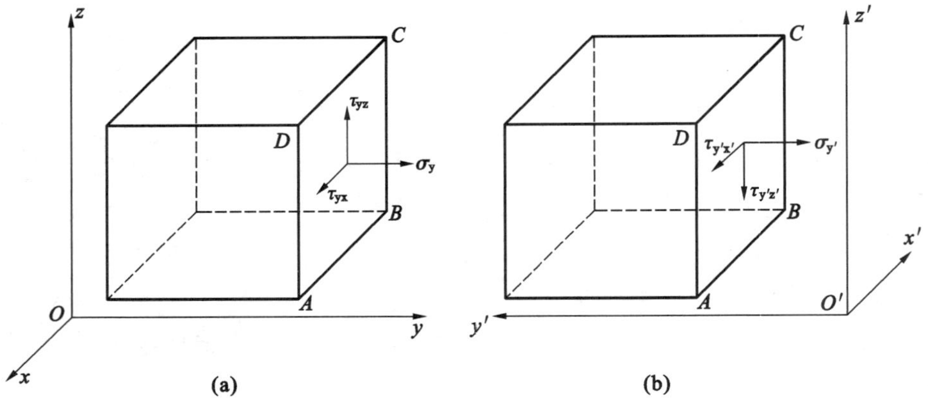

图 1.9　不同坐标系中的微元体应力

与原坐标系的各分量的对应关系是：

$$\left.\begin{aligned}
\sigma_x &= \sigma_{x'} \\
\sigma_y &= \sigma_{y'} \\
\sigma_z &= \sigma_{z'} \\
\tau_{xy} &= \tau_{x'y'} \\
\tau_{yz} &= -\tau_{y'z'} \\
\tau_{xz} &= -\tau_{x'z'}
\end{aligned}\right\} \tag{b}$$

应变分量的关系是：

$$\left.\begin{aligned}
\varepsilon_x &= \varepsilon_{x'} \\
\varepsilon_y &= \varepsilon_{y'} \\
\varepsilon_z &= \varepsilon_{z'} \\
\gamma_{xy} &= \gamma_{x'y'} \\
\gamma_{yz} &= -\gamma_{y'z'} \\
\gamma_{xz} &= -\gamma_{x'z'}
\end{aligned}\right\} \tag{c}$$

注意到式(1.30a)和式(1.30b)，有：

$$\begin{cases}
C_{15}\gamma_{yz} + C_{16}\gamma_{zx} = 0 \\
C_{25}\gamma_{yz} + C_{26}\gamma_{zx} = 0 \\
C_{35}\gamma_{yz} + C_{36}\gamma_{zx} = 0 \\
C_{45}\gamma_{yz} + C_{46}\gamma_{zx} = 0 \\
C_{51}\varepsilon_x + C_{52}\varepsilon_y + C_{53}\varepsilon_z + C_{54}\gamma_{xy} = 0 \\
C_{61}\varepsilon_x + C_{62}\varepsilon_y + C_{63}\varepsilon_z + C_{64}\gamma_{xy} = 0
\end{cases}$$

欲使上式成立，必有：

$$\begin{cases} C_{15}=C_{16}=C_{25}=C_{26}=C_{35}=C_{36}=C_{45}=C_{46}=0 \\ C_{51}=C_{52}=C_{53}=C_{54}=C_{61}=C_{62}=C_{63}=C_{64}=0 \end{cases}$$

改写式(1.30a),为

$$\left.\begin{aligned} \sigma_x &= C_{11}\varepsilon_x + C_{12}\varepsilon_y + C_{13}\varepsilon_z + C_{14}\gamma_{xy} \\ \sigma_y &= C_{21}\varepsilon_x + C_{22}\varepsilon_y + C_{23}\varepsilon_z + C_{24}\gamma_{xy} \\ \sigma_z &= C_{31}\varepsilon_x + C_{32}\varepsilon_y + C_{33}\varepsilon_z + C_{34}\gamma_{xy} \\ \tau_{xy} &= C_{41}\varepsilon_x + C_{42}\varepsilon_y + C_{43}\varepsilon_z + C_{44}\gamma_{xy} \\ \tau_{yz} &= C_{55}\gamma_{yz} + C_{56}\gamma_{zx} \\ \tau_{zx} &= C_{65}\gamma_{yz} + C_{66}\gamma_{zx} \end{aligned}\right\} \tag{1.30c}$$

按照同样方法,再将坐标系统 y 轴转动 180°,作类似的比较,最后可以得到:

$$\left.\begin{aligned} \sigma_x &= C_{11}\varepsilon_x + C_{12}\varepsilon_y + C_{13}\varepsilon_z \\ \sigma_y &= C_{21}\varepsilon_x + C_{22}\varepsilon_y + C_{23}\varepsilon_z \\ \sigma_z &= C_{31}\varepsilon_x + C_{32}\varepsilon_y + C_{33}\varepsilon_z \\ \tau_{xy} &= C_{44}\gamma_{xy} \\ \tau_{yz} &= C_{55}\gamma_{yz} \\ \tau_{zx} &= C_{66}\gamma_{zx} \end{aligned}\right\} \tag{1.31}$$

这里只剩下 9 个独立的弹性常数,它们再也不会因为坐标系转动 180°而改变,从而保证了沿每个坐标轴正负方向的弹性性质相同,即是正交各向异性的情形。

如果将坐标系转动 90°,容易得到:

$$C_{12}=C_{21}=C_{13}=C_{31}=C_{23}=C_{32}=C_2$$
$$C_{11}=C_{22}=C_{33}=C_1$$
$$C_{44}=C_{55}=C_{66}=C_3$$

只剩下 3 个独立的材料常数,这表明沿三个相互垂直的坐标轴方向的材料性质相同,改写式(1.31),得到:

$$\left.\begin{aligned} \sigma_x &= C_1\varepsilon_x + C_2\varepsilon_y + C_2\varepsilon_z \\ \sigma_y &= C_2\varepsilon_x + C_1\varepsilon_y + C_2\varepsilon_z \\ \sigma_z &= C_2\varepsilon_x + C_2\varepsilon_y + C_1\varepsilon_z \\ \tau_{xy} &= C_3\gamma_{xy} \\ \tau_{yz} &= C_3\gamma_{yz} \\ \tau_{zx} &= C_3\gamma_{zx} \end{aligned}\right\} \tag{1.32a}$$

如果令

$$C_2=\lambda,\quad C_2-C_1=2\mu,\quad C_3=\mu'$$

且引入体积应变 $\theta=\varepsilon_x+\varepsilon_y+\varepsilon_z$,则式(1.32a)改写成为

$$\left.\begin{aligned} \sigma_x &= \lambda\theta + 2\mu\varepsilon_x \\ \sigma_y &= \lambda\theta + 2\mu\varepsilon_y \\ \sigma_z &= \lambda\theta + 2\mu\varepsilon_z \\ \tau_{xy} &= \mu'\gamma_{xy} \\ \tau_{yz} &= \mu'\gamma_{yz} \\ \tau_{zx} &= \mu'\gamma_{zx} \end{aligned}\right\} \tag{1.32b}$$

如果将坐标系转动任意角度,可以证明此时有:

$$\mu=\mu'$$

这样，无论坐标系如何转动变换，都会得到相同的结果，从而保证了沿任意一个方向的弹性性质相同，即是各向同性的材料。因此，各向同性材料的应力-应变关系为

$$\left.\begin{aligned}\sigma_x&=\lambda\theta+2\mu\varepsilon_x\\\sigma_y&=\lambda\theta+2\mu\varepsilon_y\\\sigma_z&=\lambda\theta+2\mu\varepsilon_z\\\tau_{xy}&=\mu\gamma_{xy}\\\tau_{yz}&=\mu\gamma_{yz}\\\tau_{zx}&=\mu\gamma_{zx}\end{aligned}\right\}\tag{1.33}$$

这两个常数 λ、μ 叫 Lame 常数，上式是用 Lame 常数表示的广义虎克定律。用弹性模量 E 和泊松比 υ 表示的广义虎克定律，常写为下面的形式：

$$\left.\begin{aligned}\varepsilon_x&=\frac{1}{E}[\sigma_x-\upsilon(\sigma_y+\sigma_z)]\\\varepsilon_y&=\frac{1}{E}[\sigma_y-\upsilon(\sigma_z+\sigma_x)]\\\varepsilon_z&=\frac{1}{E}[\sigma_z-\upsilon(\sigma_x+\sigma_y)]\\\gamma_{xy}&=\frac{\tau_{xy}}{G}\\\gamma_{yz}&=\frac{\tau_{yz}}{G}\\\gamma_{zx}&=\frac{\tau_{zx}}{G}\end{aligned}\right\}\tag{1.34a}$$

其中，$G=\dfrac{E}{2(1+\upsilon)}$。上式还可以用张量表示为

$$\boldsymbol{\varepsilon}_{ij}=\frac{1-\upsilon}{E}\boldsymbol{\sigma}_{ij}-\frac{\upsilon}{E}\sigma_{kk}\delta_{ij}\tag{1.34b}$$

顺便指出，产生变形的原因可能是外荷载，如面力、体积力等，也可能是温度变化。材料都具有热胀冷缩的特性，如果胀缩是自由的，则材料产生变形但不产生应力；如果变形受到约束，或各部分温度变化不均匀，将会引起附加应力。由于热胀冷缩特性是材料的固有性质，在物理方程中还要附加表征材料热力学性质这一项，基本方程中还要增加温度方程，此处不再赘述。

本 章 小 结

弹性力学的基本方程包括平衡微分方程、几何方程和物理方程。

本章从力学基本概念出发，通过微元体的平衡建立了空间问题的平衡微分方程。平衡方程描述弹性体内应力分量之间的相互关系，这是一种微分关系，与自重及外荷载有关；空间弹性体的平衡方程有 6 个，其中 3 个力矩方程建立的是切应力互等定理，一方面说明应力张量是对称的，另一方面表明在切应力互等定理的条件下应力分量只有 6 个，独立的平衡微分方程只有 3 个。

从应力的定义可知，应力既与微元面上力的大小有关，还与微元面的方向有关，因此它是二阶张量。一组坐标系下对应的一组应力分量和另外一组坐标系下对应的另一组应力分量，它们是等效的应力分量，共同描述微元体趋近于零后的那一点的应力状态，所以应力分析就是研究应力分量随坐标系转动时的应力变化，从中找到最大的正应力（主应力）、最大切应力（主切应力）和一些重要结论等。斜面应力与应力分量的关系是进行应力分析的钥匙，是学习的难点，是进一步学习的重要理论基础。

当斜面与边界重合时，给出了斜面趋近于零时所包含的那一点的应力边界条件。

几何方程给出应变分量与位移分量的关系，是对坐标的导数关系。形变用应变分量描述，正因为如此，应变协调方程又称为形变连续条件。形变连续条件包含了三个在坐标面内的各应变分量的连续条件和三个坐标面之间的形变连续。毫无疑问，如果是平面问题，那么只要面内协调即可，这时只需一个协调方程。

由应变协调方程的建立可知，如果以已知位移求应变，则无须满足应变协调方程；如果已知应变求位移，则一定要满足应变协调方程。这就告诉我们，如果以位移作为未知数得到的解答(位移法)无须满足应变协调方程；如果以已知应力作为未知数(力法)的解答则一定要满足应变协调方程。

应力分量表达为应变分量的线性组合是一种应力-应变关系，这种依从关系是材料具有的物理性质。常见的工程材料有正交各向异性、正交各向同性、各向同性材料等，它们具有不同的应力-应变关系，统称为广义虎克定律，其中应用最广泛的是各向同性材料。不难证明，主应力空间与主应变空间重合，即主应力状态对应主应变状态，没有剪切变形；主应变状态对应主应力状态，没有切应力。

本章所学习的内容中，除了物理方程外，都具有普遍意义，适用于其他固体力学问题。

思　考　题

1.1　什么叫作一点的应力状态？如何表示一点的应力状态？

1.2　什么是主应力？什么是主切应力？它们的大小和方向如何确定？它们的关系如何？

1.3　应力不变量有哪几个？为什么叫应力不变量？

1.4　物体内某一点的正应力都等于零，且 $\tau_{xy}=0$，你能判断这是什么应力状态并求出其主应力的大小吗？

习　　题

1.1　试由下式求出应变分量，并指出物体受力的状态。

$$u=f_1(x,y)+Az^2+Dyz+\alpha y-\beta z+a$$
$$v=f_2(x,y)+Bz^2-Dxz-\alpha x-\gamma z+b$$
$$w=f_3(x,y)-z(2Ax+2By+C)+\beta x+\gamma y+c$$

式中 A、B、C、D、a、b、c、α、β、γ 是常数。

1.2　已知弹性体内某一点的应力状态为

$$\sigma_x=-75\ \text{MPa},\quad \sigma_y=0,\quad \sigma_z=-30\ \text{MPa},$$
$$\tau_{xy}=50\ \text{MPa},\quad \tau_{yz}=-75\ \text{MPa},\quad \tau_{zx}=80\ \text{MPa}$$

试求方向余弦为$\left(\frac{1}{2},\frac{1}{2},\frac{\sqrt{2}}{2}\right)$的微分面上的全应力 S_N、正应力 σ_N 以及切应力 τ_N。

1.3　已知一点的应力状态为

$$\sigma_x=55\ \text{MPa},\quad \sigma_y=0,\quad \sigma_z=-30\ \text{MPa}$$
$$\tau_{xy}=0,\quad \tau_{yz}=0,\quad \tau_{zx}=40\ \text{MPa}$$

试求该点的第一及第二应力不变量，并求主应力、主方向和主切应力的大小。

1.4　试证明在$\left(\frac{\sqrt{3}}{3},\frac{\sqrt{3}}{3},\frac{\sqrt{3}}{3}\right)$方向上的正应力 σ_N 和切应力 τ_N 与不变量的关系为

$$\sigma_N=\frac{1}{3}I_1,\quad \tau_N=\frac{1}{3}\sqrt{2(I_1^2-3I_2)}$$

1.5　试利用坐标轴旋转证明各向同性的线弹性体的主应力状态与主应变状态重合。

2　弹性力学平面问题的解法及一般定理

本 章 提 要

本章先将弹性力学基本方程归结为弹性力学问题，研究弹性力学问题的解的叠加原理和唯一性。再以平面问题为主线，给出弹性力学问题的边界条件、圣维南原理及其具体写法。在求解方法中，探讨位移解法、应力解法以及应力函数解法等常用解法所必须满足的方程。

2.1　弹性力学问题的提法

弹性力学问题求解的目的在于给出弹性体受外界因素作用下的位移场、应力场。弹性力学问题的一般提法是指在给定弹性体全部边界的外界因素作用(如边界力)或内部的外界作用(如体积力、温度)条件下求解弹性体内产生的位移场、应力场。具体来说，在弹性体内的每一点的各物理量、应力分量、位移分量、应变分量都必须满足平衡方程、几何方程、物理方程等基本方程，这些方程只是一组泛定方程，求得的是通解形式。外界因素作用是产生弹性体内位移、应力的原因，得到的解答还要满足边界条件，不同的边界使得通解具有不同的表达式形式，称之为定解条件。定解条件包括边界条件和初始条件。仅由边界条件可以确定的问题叫作边值问题。

弹性力学的基本方程的个数(三维问题 15 个，平面问题 8 个，见表 2.1)与所含的未知数的个数完全相同，形成一个封闭的偏微分方程组，这组方程并不能解决具体问题。在所有的满足基本方程的应力、应变和位移分布函数中，只有与边界条件相符合的解答才是所需要的解答。因此，边界条件对于求解弹性力学问题是非常重要的。

表 2.1　基本方程与未知数

基本方程	空间问题		平面问题	
	方程数个数	未知数个数	方程数个数	未知数个数
平衡微分方程	3	6(应力)	2	3(应力)
几何方程 (应变相容方程)	6 (6)	6(应变) 3(位移)	3 (1)	3(应变) 2(位移)
物理方程	6	0	3	0
共计	15	15	8	8

注：取矩平衡产生的方程描述的是切应力互等定理，不计入平衡方程及方程数内。

由此可见，弹性力学基本方程给出的是控制体内应力、应变、位移之间的普遍规律，而定解条件则是具体给出每一个具体问题的特定规律，具体问题反映在各自的定解条件上。这些条件的个数必须给得合适，如果给多了，就找不到满足所有条件的解；如果给少了，又会有许多解满足条件，从而无法判断哪些解是正确的；只有不多不少，才能得到正确解答。这样一来，弹性力学问题的提法必须使所考虑的定解问题是适合确定的。即首先，问题必须有解；其次，解必须唯一；最后，解要稳定。

从理论上讲，封闭的方程组提供了足够的方程数求解未知数，而且对于实际弹性体的应力、应变及位移，只要边界条件和求解方法合适，即有解。

边界条件一般分为位移边界条件、应力边界条件和混合边界条件。已知位移的边界叫位移边界，用 S_u 表示；已知边界力的边界叫应力边界，用 S_σ 表示；如果边界上既已知一部分位移又已知一部分边界力，称之为混合边界，用 $S_{u\sigma}$ 表示。

对于位移边界条件 S_u，可以用张量形式写为

$$u_i = \bar{u}_i$$

式中　$\bar{u}_i$——边界上的已知位移分量。

对于应力边界条件 S_σ，认为直角四面体的斜面可以拟合任何弹性体边界，斜面每个方向上的应力 X_{Ni} 可以看成是边界面上的每一点的分布力 $\overline{X}_i$，则由式(1.7a)可以用张量形式写为

$$\sigma_{ij} n_j = \overline{X}_i$$

式中　$\overline{X}_i$——边界上的已知面力分量。

这样，弹性力学边值问题较为严格和完整的提法是：

在体内

$$\sigma_{ij,j} + X_i = 0 \tag{2.1a}$$

$$\varepsilon_{ij} = \frac{1-\upsilon}{E}\sigma_{ij} - \frac{\upsilon}{E}\sigma_{kk}\delta_{ij} \tag{2.1b}$$

$$\varepsilon_{ij} = \frac{1}{2}(u_{i,j} + u_{j,i}) \tag{2.1c}$$

在边界应力上

$$\sigma_{ij} n_j = \overline{X}_i \tag{2.1d}$$

在边界位移上

$$u_i = \bar{u}_i \tag{2.1e}$$

满足以上这些条件的称为弹性力学问题的解答。

根据边界条件的类型不同，常常分为以下三类：

第一类边值问题：应力边值问题。如果问题的所有边界均为应力边界，在这种边界条件下，可以求解平衡状态下的应力场和位移场。

第二类边值问题：位移边值问题。如果问题的所有边界均为位移边界，在这种边界条件下，可以求解平衡状态下的应力场和位移场。

第三类边值问题：混合边值问题。如果问题的部分边界为位移边界，部分边界为应力边界，或者还存在着混合边界，或者部分边界给出应力与位移的关系，在这种边界条件下，可以求解平衡状态下的应力场和位移场。

边值问题的求解通常有三类方法，即

(1) 位移法

以位移作为基本未知数来求解边值问题。求解过程中需要将其他未知数和基本方程都用位移来表示，求得位移后，再通过基本方程求出其他未知数。

(2) 应力法

以应力作为基本未知数来求解边值问题。求解过程中需要将其他未知数和基本方程都用应力来表示，求得应力后，再通过基本方程求出其他未知数。

(3) 混合法

以一部分位移和一部分应力作为基本未知数来求解边值问题。求解过程中需要将其他未知数和基本方程用这些位移和应力来表示，然后混合求解，求得这些位移和应力后，再通过基本方程求出其他未知数。

解的稳定性是指如果定解条件作一个微小的变化，只引起解答的一个微小变化。

2.2　解的叠加原理及解的唯一性定理

2.2.1　解的叠加原理

实际构件往往同时受几种荷载作用，如果直接求解所有荷载作用下的弹性力学问题，可能很复杂，而求解单一荷载作用下的弹性力学问题要简单得多。那么，能否把各种荷载单独作用下得到的解答进行叠加，以求得所有荷载作用下的总的解答呢？下述叠加原理提供了理论依据：在小变形和线弹性情况下，作用在物体上的几组荷载产生的总效应（应力和变形）等于每一组荷载单独作用的效应总和。

叠加原理只有在所有方程和边界条件都是线性的情况下才成立，换句话说，材料必须是线弹性的，变形必须是微小的。叠加原理不适用于非线弹性、塑性材料或有限变形问题。

2.2.2　解的唯一性定理

现在讨论弹性力学解的唯一性问题。为了克服数学上的困难，弹性力学问题的求解常常采用逆解法和半逆解法，这就提出了一个问题：按照这种试凑方法或其他不同的解法得到的解是否唯一，即是否可能找到两种或两种以上的解答，这些解答同时满足同样的弹性力学基本方程和边界条件。下述定理否定了这种可能性。

解的唯一性定理[或称克希霍夫(Kirchhoff)定理]：在给定的荷载作用下处于平衡状态的弹性体，其内部各点的应力、应变的解是唯一的，如果刚体位移受到约束，则位移解也是唯一的。

此定理的证明可以采用反证法。设对应于一组荷载 X_i、$\overline{X}_i$、u_i 存在着两组不同的解答，分别记为 σ_{ij}'、ε_{ij}'、u_i' 和 σ_{ij}''、ε_{ij}''、u_i''。

它们满足基本方程和边界条件，即

在体内

$$\sigma_{ij,j}' + X_i' = 0 \qquad \sigma_{ij,j}'' + X_i'' = 0$$

$$\varepsilon_{ij}' = \frac{1-\upsilon}{E}\sigma_{ij}' - \frac{\upsilon}{E}\sigma_{kk}'\delta_{ij} \qquad \varepsilon_{ij}'' = \frac{1-\upsilon}{E}\sigma_{ij}'' - \frac{\upsilon}{E}\sigma_{kk}''\delta_{ij}$$

$$\varepsilon_{ij}' = \frac{1}{2}(u_{i,j}' + u_{j,i}') \qquad \varepsilon_{ij}'' = \frac{1}{2}(u_{i,j}'' + u_{j,i}'')$$

在边界上

$$\sigma_{ij}'n_j = \overline{X}_i \qquad \sigma_{ij}''n_j = \overline{X}_i$$

$$u_i' = \overline{u}_i \qquad u_i'' = \overline{u}_i$$

现在考察两应力解的差构成的新问题，即令一组分量：

$$\sigma_{ij}=\sigma_{ij}'-\sigma_{ij}'',\quad \varepsilon_{ij}=\varepsilon_{ij}'-\varepsilon_{ij}'',\quad u_i=u_i'-u_i''$$

如果这一组分量为零,则解是唯一的。根据叠加原理,上述解也应该满足下列弹性力学方程和边界条件,即

在体内

$$\sigma_{ij,j}=0$$

$$\varepsilon_{ij}=\frac{1-\upsilon}{E}\sigma_{ij}-\frac{\upsilon}{E}\sigma_{\mathrm{kk}}\delta_{ij}$$

$$\varepsilon_{ij}=\frac{1}{2}(u_{i,j}+u_{j,i})$$

在边界上

$$\sigma_{ij}n_j=0$$

$$u_i=0$$

这组条件表明,新问题的体积力 X_i、边界力 $\overline{X}_i$ 和边界位移 u_i 均等于零,这时,外力功应该等于零,并利用平衡方程和应力边界条件代换,得到:

$$W=\int_\Omega X_i u_i\mathrm{d}\Omega+\int_S \overline{X}_i u_i\mathrm{d}S=-\int_\Omega \sigma_{ij,j}u_i\mathrm{d}\Omega+\int_S \sigma_{ij}n_i u_j\mathrm{d}S=0$$

考虑到复合函数求导数$(\sigma_{ij}u_i)_{,j}=\sigma_{ij,j}u_i+\sigma_{ij}u_{i,j}$ 和奥氏求积公式,将对体积的积分转化为对边界的积分,有:

$$W=\int_\Omega \sigma_{ij}u_{i,j}\mathrm{d}\Omega=0$$

利用应变张量对称性及式(1.23b),又有:

$$W=\int_\Omega \sigma_{ij}u_{i,j}\mathrm{d}\Omega=\int_\Omega \sigma_{ij}\ \frac{1}{2}(u_{i,j}+u_{j,i})\mathrm{d}\Omega=\int_\Omega \sigma_{ij}\varepsilon_{ij}\mathrm{d}\Omega=0$$

欲使上式成立,必有:

$$\varepsilon_{ij}=0$$

再由广义虎克定律推知:

$$\sigma_{ij}=0$$

因为零应变状态对应于刚体位移,所以两个解相差刚体位移,令刚体位移为零,最后有:

$$\sigma_{ij}'=\sigma_{ij}'',\quad \varepsilon_{ij}'=\varepsilon_{ij}'',\quad u_i'=u_i''$$

这表明两种解完全相同,亦即解是唯一的。但对不加约束条件的物体,两种解可以相差一个刚体位移。

对于解的稳定性是指如果定解条件有一个微小的变化,只引起解答的一个微小变化,在此不赘述。

2.3 平面应力和平面应变问题

任何一个弹性体都具有三个方向尺度,都是空间体。在研究某一弹性体时,如果同时需要考虑三个方向的尺度,各物理量都是 x、y、z 的函数,那么这种问题属于空间问题。应该说,弹性力学空间问题的偏微分方程的边值问题求解实际上是非常复杂和困难的,然而,许多工程问题的结构形式和受力情况具有平面特征,只要经过适当化简和力学处理,就可以归结为弹性力学的平面问题。如果只需要考虑两个或三个方向尺度,但各物理量都只是 x、y 的函数,那么这种问题属于平面问题。平面问题可以分为平面应力问题和平面应变问题。

2.3.1 平面应力问题

平面应力问题(图 2.1)是指应力分量只是两个坐标的函数,而与第三个坐标无关的问题。习惯上在 xOy 平面内表示,据此,应力分量有 σ_x、σ_y、$\tau_{xy}=\tau_{yx}$,其他与坐标轴 z 方向有关的各应力分量均为零,即

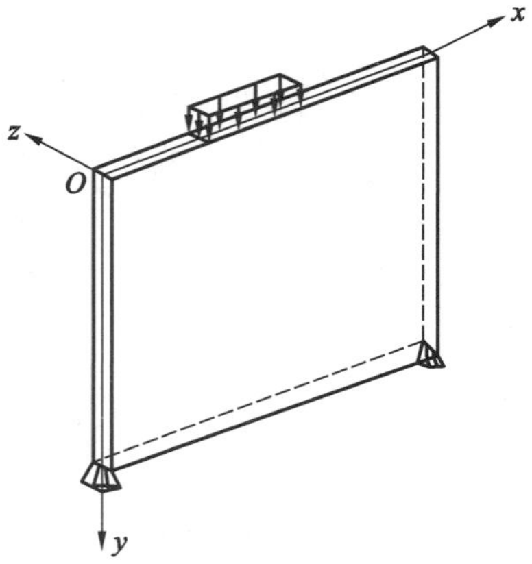

图 2.1　平面应力问题

$$\sigma_z=\tau_{yz}=\tau_{zy}=\tau_{zx}=\tau_{xz}=0 \tag{2.2}$$

为此,从几何和对外荷载的要求上需要满足下列条件:

(1) xOy 平面的尺寸远大于 z 方向的尺度的等厚薄片,厚度的中点连成的平面记为 xOy 平面;

(2) 荷载必须作用在平行于 xOy 平面的平面内,且沿厚度方向不变,支承条件也沿厚度方向不变;

(3) 在薄片的两侧,即 $z=\pm\dfrac{1}{2}h$ 时,没有外荷载作用。

由条件(3)可知,在 $z=\pm\dfrac{1}{2}h$ 处没有外荷载作用,所以在两侧,式(2.2)能够满足。又由条件(1)、(2)可知,考虑到应力分量是连续变化的,在体内即使各应力分量不为零,也必然很小;即使 σ_x、σ_y、$\tau_{xy}=\tau_{yx}$ 沿 z 方向可能会有变化,但因为很薄,变化也不可能太大,所以存在:

$$\sigma_x=\sigma_x(x,y),\quad \sigma_y=\sigma_y(x,y),\quad \tau_{xy}=\tau_{xy}(x,y) \tag{2.3}$$

2.3.2 平面应变问题

平面应变问题是一种可化为平面问题的空间问题,它在 z 方向的尺寸很大。图 2.2 所示的是一长方形弹性体置于完全刚性的凹槽内,弹性体与凹槽接触面完全光滑。上表面受均布荷载 q 作用后,体内沿 z 方向的位移 $w=0$,每一平行于 xOy 平面的截面都具有相同的位移和应力分布,因此该弹性体的问题可以简化为某一单位厚度的薄片问题来研究。容易证明,取出的单位厚度薄片有:

$$\varepsilon_z=0,\quad \gamma_{yz}=\gamma_{zy}=0,\quad \gamma_{xz}=\gamma_{zx}=0$$

位移分量为

$$u=u(x,y),\quad v=v(x,y),\quad w=0$$

由于任意单位厚度的薄片应变均相同,因此,有:

$$\left.\begin{aligned}\varepsilon_x&=\varepsilon_x(x,y)\\ \varepsilon_y&=\varepsilon_y(x,y)\\ \gamma_{xy}&=\gamma_{xy}(x,y)\end{aligned}\right\} \tag{2.4}$$

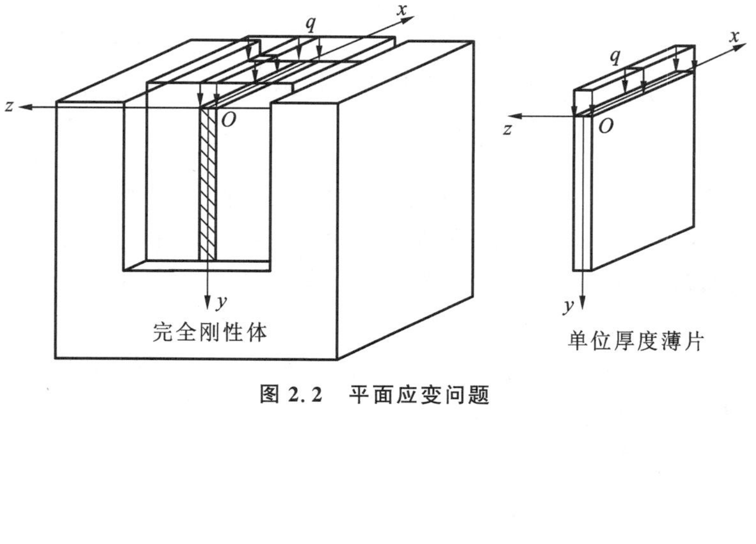

图 2.2　平面应变问题

在这种状态下，应变与 z 坐标无关，即应变是平面的。

一般来说，平面应变问题在几何上沿着 z 方向的尺寸很大，沿 z 方向的各横截面形状相同，外荷载沿 z 方向分布相同，这样产生的变形 $w=0$。在土木、水利水电工程中属于平面应变问题的例子很多，如受自重及水压力作用的重力坝，受内水压力作用的圆管、挡土墙等。计算平面应变问题时常在物体的中间截取一个单位厚度的薄片作为代表。

2.4 弹性力学平面问题的基本方程

按照应力符号约定，平面问题的微元体应力如图 2.3 所示。

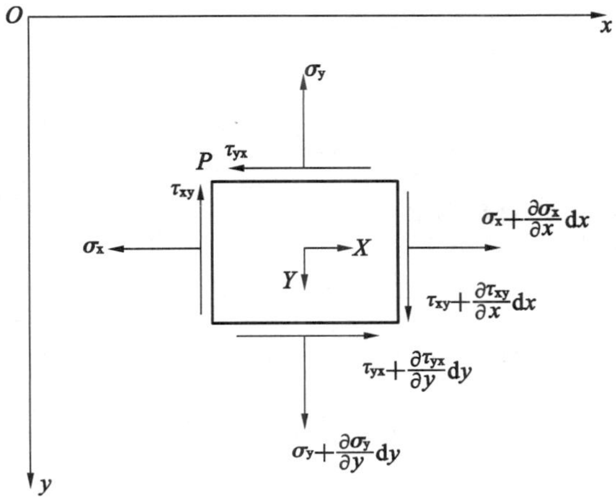

图 2.3 平面问题直角坐标系下微元体应力

2.4.1 平衡微分方程

由式(1.2)得平面问题的平衡微分方程为

$$\left.\begin{aligned}\frac{\partial\sigma_x}{\partial x}+\frac{\partial\tau_{yx}}{\partial y}+X=0\\ \frac{\partial\tau_{xy}}{\partial x}+\frac{\partial\sigma_y}{\partial y}+Y=0\end{aligned}\right\}\tag{2.5}$$

式中，$\tau_{xy}=\tau_{yx}$。

2.4.2 几何方程与应变协调方程

2.4.2.1 几何方程

由式(1.23a)得平面问题的几何方程为

$$\left.\begin{aligned}\varepsilon_x&=\frac{\partial u}{\partial x}\\ \varepsilon_y&=\frac{\partial v}{\partial y}\\ \gamma_{xy}&=\frac{\partial v}{\partial x}+\frac{\partial u}{\partial y}\end{aligned}\right\}\tag{2.6}$$

2.4.2.2 应变协调方程

平面问题的应变协调条件不需要考虑面与面之间的协调关系，因此应变协调条件只有一个，即

$$\frac{\partial^2 \varepsilon_y}{\partial x^2}+\frac{\partial^2 \varepsilon_x}{\partial y^2}=\frac{\partial^2 \gamma_{xy}}{\partial x \partial y} \tag{2.7}$$

2.4.3 物理方程式(应力-应变关系)

物理方程给出的是应力与应变之间的相互关系。

(1) 对于平面应力问题，$\sigma_z=\tau_{yz}=\tau_{zy}=\tau_{zx}=\tau_{xz}=0$，有：

$$\left.\begin{aligned}\varepsilon_x&=\frac{1}{E}(\sigma_x-\upsilon\sigma_y)\\ \varepsilon_y&=\frac{1}{E}(\sigma_y-\upsilon\sigma_x)\\ \gamma_{xy}&=\frac{\tau_{xy}}{G}\end{aligned}\right\} \tag{2.8a}$$

附加关系式

$$\varepsilon_z=\frac{\upsilon}{E}(\sigma_x+\sigma_y) \tag{2.8b}$$

而且材料常数 E、υ、G 三者之间的关系如下：

$$G=\frac{E}{2(1+\upsilon)} \tag{2.9}$$

(2) 对于平面应变问题，$\varepsilon_z=0$，$\gamma_{yz}=\gamma_{zy}=0$，$\gamma_{xz}=\gamma_{zx}=0$，有：

$$\left.\begin{aligned}\varepsilon_x&=\frac{1-\upsilon^2}{E}\left(\sigma_x-\frac{\upsilon}{1-\upsilon}\sigma_y\right)\\ \varepsilon_y&=\frac{1-\upsilon^2}{E}\left(\sigma_y-\frac{\upsilon}{1-\upsilon}\sigma_x\right)\\ \gamma_{xy}&=\frac{\tau_{xy}}{G}\end{aligned}\right\} \tag{2.10a}$$

附加关系式

$$\sigma_z=\upsilon(\sigma_x+\sigma_y) \tag{2.10b}$$

值得注意的是，除了附加关系外，在平面应变问题的物理方程中只要令：

$$\left.\begin{aligned}E'&=\frac{E}{1-\upsilon^2}\\ \upsilon'&=\frac{\upsilon}{1-\upsilon}\end{aligned}\right\} \tag{2.11}$$

并且注意到 $G'=G$，就与平面应力问题的物理方程完全相同。此时，平面应力问题就与平面应变问题具有相同的基本方程，并把它们统称为平面问题。因此，在求解时无论是平面应力问题还是平面应变问题，都按平面应力问题求解；而对于平面应变问题，只需将 E 换成$\frac{E}{1-\upsilon^2}$、υ 换成$\frac{\upsilon}{1-\upsilon}$即可。

2.5 边界条件及圣维南原理

2.5.1 边界条件

按照边界条件的不同，弹性力学问题分为位移边界条件、应力边界条件和混合边界条件。

(1) 位移边界条件

当边界上的位移为已知时，物体边界点上的位移与给定的位移相等。设给定位移的边界为 S_u，则在此边界的位移分量有：

$$\left.\begin{aligned} u &= \bar{u} \\ v &= \bar{v} \end{aligned}\right\} \tag{2.12}$$

式中 $\bar{u}$，$\bar{v}$——S_u 上沿 x、y 方向已知的位移分量。

(2) 应力边界条件

当边界上面力已知时，面力可以用应力分量来表示，故称为应力边界条件。应力边界通常用 S_σ 表示，边界上面力在 x、y 方向上的分量分别为 $\overline{X}$、$\overline{Y}$。下面介绍边界条件的求法。

① 比较法

工程中许多构件在选用合适的坐标系时，边界的外法线方向或与坐标轴平行，或与坐标轴垂直，在这种情形下，求应力边界条件只需将微元体“移到”边界附近，把应力与边界面上的面力 $\overline{X}$、$\overline{Y}$ 进行比较就可以得到。通过下面的例题来说明比较法。

【例 2.1】 试写出图 2.4 所示的悬臂构件的应力边界条件。

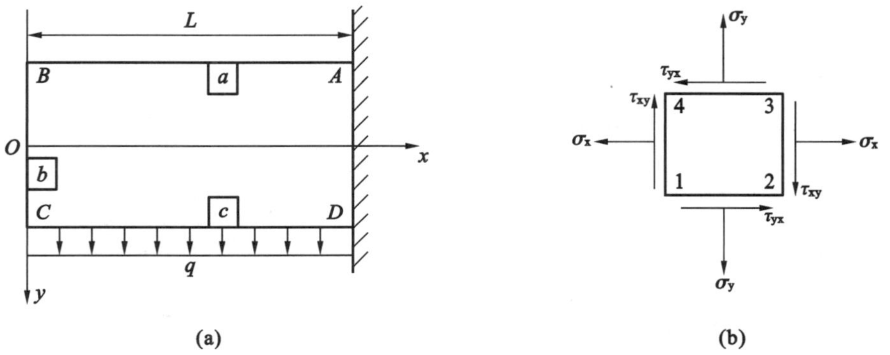

图 2.4 悬臂构件应力边界示意图

【解】 首先，确定应力边界：悬臂梁的 AB、BC、CD 边界为应力边界。

其次，画出所给坐标系的微元体，如图 2.4(b)所示。

将微元体“移到”AB 边界的边界微元 a，微元体的 34 边与边界重合，并比较有：

$$\sigma_y = 0, \quad \tau_{yx} = 0$$

又将微元体“移到”BC 边界的边界微元 b，微元体的 14 边与边界重合，并比较有：

$$\sigma_x = 0, \quad \tau_{xy} = 0$$

同理，再比较边界微元 c，有：

$$\sigma_y = q, \quad \tau_{yx} = 0$$

【例 2.2】 已知极坐标系下的微元体应力如图 2.5(b)所示，试写出图示曲杆的 AC、BD 边的应力边界条件。

【解】 将微元体“移到”AC，使微元体的 14 边与边界微元 a 的边界重合并比较，有：

$$\sigma_r = -q, \quad \tau_{r\theta} = 0$$

再将微元体“移到”BD 边界的边界微元 b，微元体的 23 边与边界重合并比较，有：

$$\sigma_r = 0, \quad \tau_{r\theta} = s$$

从上述两例可以看出，用比较法写边界条件是非常方便的。

② 公式法

当物体的边界上给定面力时，边界上的微元体应该处于平衡状态。平面构件的应力边界如

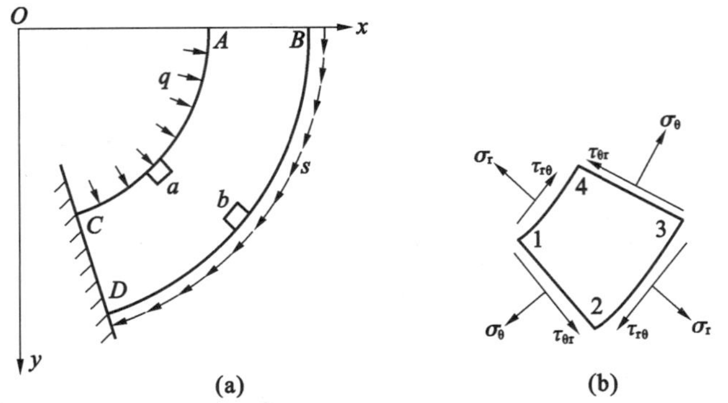

图 2.5　曲杆应力边界示意图

图 2.6(a)所示，厚度为 t。从曲线边界上取出楔形体微元，两直角边长分别为 dx、dy，斜边边长为 ds，如图 2.6(b)所示。体积力 X、Y，边界力 q 分解到 x、y 方向分别为 $\bar{X}$、$\bar{Y}$，它们均以沿着坐标轴方向为正，研究其 x 方向平衡，即 $F_x=\sum\limits_i F_{xi}=0$，可有：

$$\bar{X}\cdot ds\cdot t-\sigma_x\cdot dy\cdot t-\tau_{yx}\cdot dx\cdot t+\frac{1}{2}X\cdot dx\cdot dy\cdot t=0$$

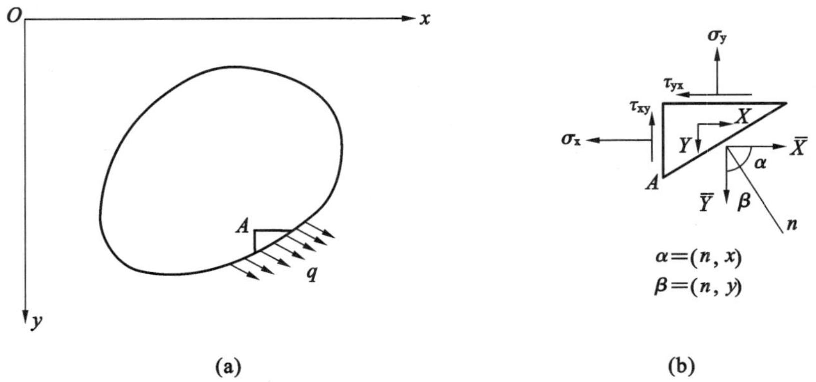

图 2.6　平面问题应力边界条件示意图

考虑到 $dx=\cos(y,n)\cdot ds=m\cdot ds$，$dy=\cos(x,n)\cdot ds=l\cdot ds$，略去高阶小量，化简得：

$$l\sigma_x+m\tau_{yx}=\bar{X}$$

同理，再由 y 方向平衡可得到另外一个类似的方程，与前一式合写为

$$\left.\begin{aligned} l(\sigma_x)_s+m(\tau_{yx})_s=\bar{X}\\ l(\tau_{xy})_s+m(\sigma_y)_s=\bar{Y}\end{aligned}\right\}\tag{2.13}$$

式中　l,m——边界对 x、y 轴的方向余弦。

式(2.13)也可以直接从式(1.7)退化到平面问题得到。式(2.13)称为平面问题的应力边界条件，它建立了应力边界面上的应力分量与面力分量之间的关系。

(3) 混合边界条件

混合边界条件，就是在边界上既给出部分外力，又给出部分位移。这包含以下两种情况：

① 在整个边界上，一部分已知外力，则边界条件由式(2.13)给出，另一部分已知位移，则用位移边界条件式(2.12)。这种情况相当于给出了两种边界。

② 在同一个边界上，已知部分位移和部分应力。

上述两种情况，在应用时要注意。

2.5.2　圣维南原理

在应用弹性理论解题时，要严格满足应力边界条件往往很难做到，同时造成解题的困难，这时，圣维南原理提供了很大的帮助。

圣维南原理可以表述为：在弹性体的一小部分边界上，将所作用的面力作静力等效变换，只对力作用处附近的应力有影响，对离力作用处较远的应力几乎无影响。例如，很难找到受集中力作用的轴向拉压杆的弹性力学的应力解答，但是用两端受均布荷载的解答代替，只是在集中力附近产生差别，在较远处的应力几乎是相同的。

圣维南原理是一个局部荷载等效原理，在结构的局部作用一组等效荷载，产生的影响是局部的。例如，悬臂梁端部作用集中荷载，有下列三种静力等效方式：

(1) 在 A 点作用 1000 kN 的集中力；

(2) 在 B 点作用 1000 kN 的集中力；

(3) 在 A、B、C 点分别作用 300 kN、300 kN、400 kN 的集中力。

它们的应力等值线如图 2.7 所示，这三种不同方式作用产生的应力分布，除了在悬臂端附近有所不同以外，在大多数区域是完全相同的。对于这大多数区域，可以认为它们同解。事实上，这三种方式的弹性力学解答都没有找到，而在悬臂端作用按抛物线分布的切力的解答作为悬臂梁端部作用集中荷载的解答，就是在圣维南原理下的解析解。

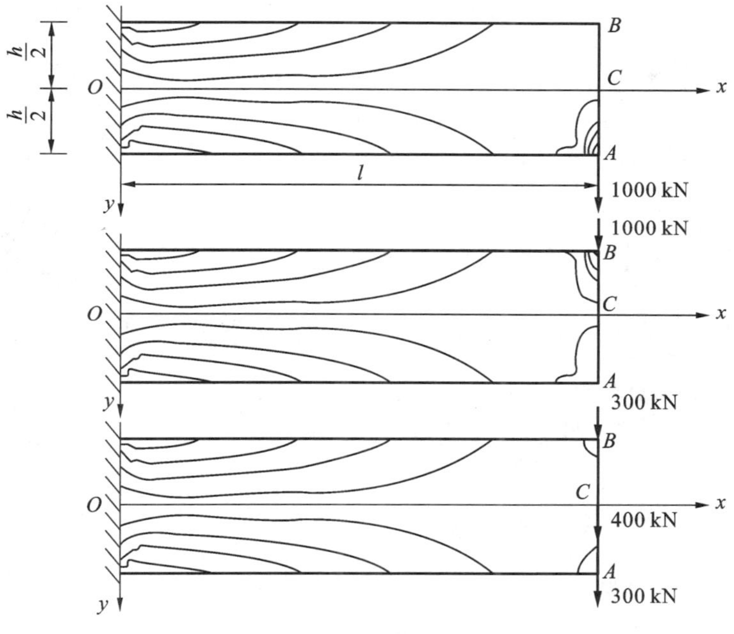

图 2.7　不同端荷载作用的悬臂梁应力分布示意图

弹性力学的应力边界不能处理带有集中力和集中力偶矩的边界，对此只能采用圣维南原理，寻找等效的、近似的边界条件，在边界附近处的应力场是不正确的，只有在较远处才能够反映正确的应力分布。

圣维南原理的推论形式为：在弹性体的一小部分边界上作用一组平衡力系，则只对力作用的边界附近的应力有影响，而对力作用的边界较远处的应力几乎无影响。例如，用钢丝钳剪断金属丝，虽然在施力点附近区域产生很大的应力，足以将金属丝剪断，但是稍稍离开施力点，应力几乎完全消失，不引起任何应力。

必须指出，对于薄壁构件或壳体，应用圣维南原理应该谨慎，静力平衡的小区域必须相对于作用

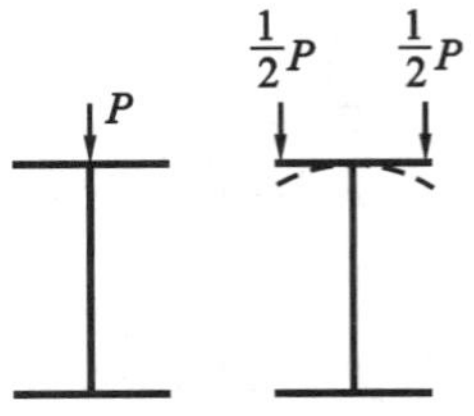

图 2.8　工字钢等效力系

的位置和壁厚，否则静力平衡力系或等效力系将会引起很大的影响。例如，“工”字形截面悬臂梁，在悬臂端受集中力作用，如果将图 2.8(a)用图 2.8(b)代替，则改变原来构件的受力和变形特征，故不能应用圣维南原理。

圣维南原理等效应力边界条件的写法通常有等效力方法和边界微段平衡方法，设某小部分边界上作用有外力的合力 $\bar{F}_x$、$\bar{F}_y$ 和合力矩 $\bar{M}_z$，则等效力方法可写为

$$\left.\begin{aligned}\bar{F}_x &= \sum_i \bar{F}_{xi} = \int_s \bar{X}\,ds \\ \bar{F}_y &= \sum_i \bar{F}_{yi} = \int_s \bar{Y}\,ds \\ \bar{M}_z &= \sum_i \bar{M}_{zi} = \int_s (\bar{X}y + \bar{Y}x)\,ds\end{aligned}\right\} \tag{2.14a}$$

边界微段平衡方法：取微段，由微段平衡得到

$$\left.\begin{aligned}\bar{F}_x - \int_s \sigma_x dy &= 0 \\ \bar{F}_y - \int_s \tau_{xy} dy &= 0 \\ \bar{M}_z - \int_s \sigma_x y dy &= 0\end{aligned}\right\} \quad 或 \quad \left.\begin{aligned}\sum \bar{F}_{xi} - \int_s \sigma_x dy &= 0 \\ \sum \bar{F}_{yi} - \int_s \tau_{xy} dy &= 0 \\ \sum \bar{M}_{zi} - \int_s \sigma_x y dy &= 0\end{aligned}\right\} \tag{2.14b}$$

【例 2.3】　已知悬臂梁的应力分布为

$$\sigma_x = \frac{Mty}{I} = \frac{Pt(l-x)y}{I}$$

$$\sigma_y = 0$$

$$\tau_{xy} = \frac{QS}{It} = \frac{Pt}{I}\left(\frac{h^2}{8} - \frac{y^2}{2}\right)$$

其中 $P = 1000$ kN，$I = \frac{1}{12}th^3$，试验证它们满足图 2.7 所示悬臂梁 AB 边的圣维南边界条件。

【解】　由于 AB 边界上作用了集中力，不能写出其精确的应力边界条件，只能写出圣维南边界条件。下面分别用等效力方法和边界微段平衡方法写边界条件。

(1) 等效力方法

利用应力场写出等效的边界力分布，由式(2.13)可知，AB 边界上 $l=1$，$m=0$，有：

$$\bar{X} = \sigma_x = 0$$

$$\bar{Y} = \tau_{xy} = \frac{6P}{h^3}\left(\frac{h^2}{4} - y^2\right)$$

将 $\bar{X}$、$\bar{Y}$ 的值代入式(2.14a)，则边界条件分别写为

$$F_x = \int_s \bar{X}\,ds = 0$$

$$F_y = \int_s \bar{Y}\,ds = \int_{-\frac{1}{2}h}^{\frac{1}{2}h} \tau_{xy} dy = P$$

$$M_z = 0$$

(2) 边界微段平衡方法

取微段平衡，$\bar{F}_x = 0$，$\bar{F}_y = Pt$，$\bar{M}_z = 0$，有：

$$\int_{-\frac{h}{2}}^{\frac{h}{2}} \sigma_x \Big|_{x=l} \mathrm{d}y - 0 = 0$$

$$\int_{-\frac{h}{2}}^{\frac{h}{2}} \frac{Pt}{I}\left(\frac{h^2}{8} - \frac{y^2}{2}\right) \mathrm{d}y - Pt = 0$$

$$\int_{-\frac{h}{2}}^{\frac{h}{2}} \sigma_x \Big|_{x=l} y\mathrm{d}y - 0 = 0$$

2.6 弹性力学问题的解法

2.6.1 位移解法(以位移表示的平衡方程)

位移解法是以位移作为未知数的一种求解方法。为此,需要将基本方程和应力边界条件中的其他物理量用位移表示。对于平面问题,位移分量 u、v 只需要两个独立的方程即可求解,它们就是平衡方程。因此,式(2.8a)可以写成:

$$\left.\begin{aligned} \sigma_x &= \frac{E}{1-\upsilon^2}(\varepsilon_x + \upsilon\varepsilon_y) \\ \sigma_y &= \frac{E}{1-\upsilon^2}(\upsilon\varepsilon_x + \varepsilon_y) \\ \tau_{xy} &= G\gamma_{xy} \end{aligned}\right\} \tag{2.15}$$

考虑到几何方程,用位移分量表示的应力分量为

$$\left.\begin{aligned} \sigma_x &= \frac{E}{1-\upsilon^2}\left(\frac{\partial u}{\partial x} + \upsilon\frac{\partial v}{\partial y}\right) \\ \sigma_y &= \frac{E}{1-\upsilon^2}\left(\upsilon\frac{\partial u}{\partial x} + \frac{\partial v}{\partial y}\right) \\ \tau_{xy} &= \frac{E}{2(1+\upsilon)}\left(\frac{\partial u}{\partial y} + \frac{\partial v}{\partial x}\right) \end{aligned}\right\} \tag{2.16}$$

将上式代入平面问题的平衡方程[式(2.5)],化简后,有:

$$\left.\begin{aligned} \frac{E}{1-\upsilon^2}\left(\frac{\partial^2 u}{\partial x^2} + \frac{1-\upsilon}{2}\frac{\partial^2 u}{\partial y^2} + \frac{1+\upsilon}{2}\frac{\partial^2 v}{\partial x\partial y}\right) + X = 0 \\ \frac{E}{1-\upsilon^2}\left(\frac{\partial^2 v}{\partial y^2} + \frac{1-\upsilon}{2}\frac{\partial^2 v}{\partial x^2} + \frac{1+\upsilon}{2}\frac{\partial^2 u}{\partial x\partial y}\right) + Y = 0 \end{aligned}\right\} \tag{2.17}$$

对于一个应力边值问题的求解,除了在弹性体内部满足基本方程外,在边界上还必须满足应力边界条件。应力边界条件也要求用位移来表示,只需把应力边界条件的应力分量用式(2.16)代之,由式(2.13)可知,有:

$$\left.\begin{aligned} \frac{E}{1-\upsilon^2}\left[l\left(\frac{\partial u}{\partial x} + \upsilon\frac{\partial v}{\partial y}\right)_s + m\,\frac{1-\upsilon}{2}\left(\frac{\partial v}{\partial x} + \frac{\partial u}{\partial y}\right)_s\right] = \bar{X} \\ \frac{E}{1-\upsilon^2}\left[l\,\frac{1-\upsilon}{2}\left(\frac{\partial v}{\partial x} + \frac{\partial u}{\partial y}\right)_s + m\left(\frac{\partial v}{\partial y} + \upsilon\frac{\partial u}{\partial x}\right)_s\right] = \bar{Y} \end{aligned}\right\} \tag{2.18}$$

对于一个位移边值问题,在边界上还必须满足位移边界条件

$$u = \bar{u}, \quad v = \bar{v} \tag{2.19}$$

然而对于一个混合边值问题,除了在应力边界上应该满足应力边界条件外,在位移边界上还必须满足位移边界条件。

应该指出，上述方程是在平面应力条件下建立的，但是如果将 E 换成 $\frac{E}{1-\upsilon^2}$、υ 换成 $\frac{\upsilon}{1-\upsilon}$，即可用于平面应变问题的求解。按位移求解的方法适用范围比较广泛，它既可以用于求解位移边值问题，也可以用于求解应力边值问题，还可以用于求解混合边值问题。然而，按应力求解却只能求解应力边值问题，这是因为位移边界条件无法用应力表示，所以无法满足位移边界条件，因此只能求解应力边值问题。

【例 2.4】 左右两端无限长的薄平板，仅受竖向重力 ρg 作用，如图 2.9 所示。试证明下列位移分量是本问题的弹性力学问题解答。

$$u=0,\quad v=-\frac{1-\upsilon^2}{2E}\rho g y(b-y)$$

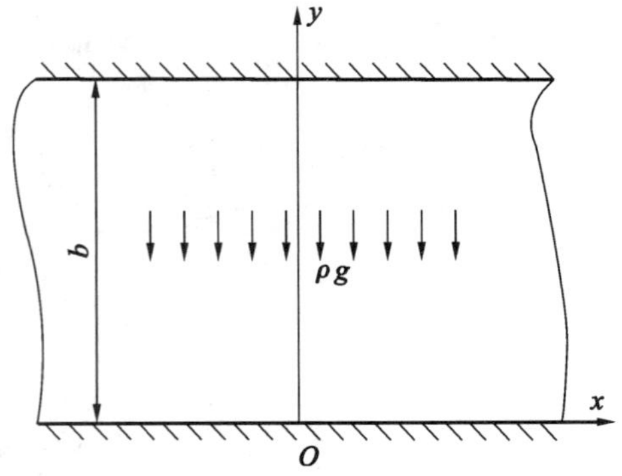

图 2.9　例 2.4 图

【解】 这是一个位移边值问题。欲证明这一组位移分量是本问题的弹性力学解答，只需证明在弹性体内满足平衡方程，在位移边界上能够满足位移边界条件即可。

将这一组位移分量代入位移表示的平衡方程，注意到体积力 $X=0$、$Y=-\rho g$，由式(2.17)有：

$$\text{左边}=\frac{E}{1-\upsilon^2}(0+0+0)+0=0=\text{右边}$$

$$\text{左边}=\frac{E}{1-\upsilon^2}\left[-\frac{1-\upsilon^2}{2E}\rho g(-2)+0+0\right]-\rho g=0$$

$$=\text{右边}$$

两式均满足。再考虑位移边界条件，由于任何平行于 y 方向的轴都是对称的，所以 $u=0$，且因为无论是 $y=0$ 或 $y=b$，均有 $v=0$，所以能够满足位移边界条件，问题得证。

2.6.2　应力解法（以应力表示的协调方程）

按应力求解平面问题时，作为未知数的应力分量有 3 个，即 σ_x、σ_y、$\tau_{xy}=\tau_{yx}$，只用两个平衡方程是不能确定这 3 个未知数的，还必须考虑补充条件，这就是变形协调条件。将平面应力问题的虎克定律式(2.8a)代入应变协调条件式(2.7)，注意到弹性常数之间的相互关系，有：

$$\frac{\partial^2}{\partial y^2}(\sigma_x-\upsilon\sigma_y)+\frac{\partial^2}{\partial x^2}(\sigma_y-\upsilon\sigma_x)=2(1+\upsilon)\frac{\partial^2\tau_{xy}}{\partial x\partial y}\tag{a}$$

为了得到更加简单的表达式，可利用平衡方程式(2.5)消去上式中的 τ_{xy} 项。将式(2.5)改写为

$$\left.\begin{aligned}\frac{\partial\tau_{yx}}{\partial y}&=-\frac{\partial\sigma_x}{\partial x}-X\\ \frac{\partial\tau_{xy}}{\partial x}&=-\frac{\partial\sigma_y}{\partial y}-Y\end{aligned}\right\}\tag{b}$$

将式(b)的第一式对 x 求导数，将式(b)的第二式对 y 求导数，然后相加，得：

$$2\frac{\partial^2\tau_{xy}}{\partial x\partial y}=-\frac{\partial^2\sigma_x}{\partial x^2}-\frac{\partial^2\sigma_y}{\partial y^2}-\frac{\partial X}{\partial x}-\frac{\partial Y}{\partial y}\tag{c}$$

将上式代入式(a)，得：

$$\frac{\partial^2}{\partial y^2}(\sigma_x-\upsilon\sigma_y)+\frac{\partial^2}{\partial x^2}(\sigma_y-\upsilon\sigma_x)=-(1+\upsilon)\left(\frac{\partial^2\sigma_x}{\partial x^2}+\frac{\partial^2\sigma_y}{\partial y^2}\right)-(1+\upsilon)\left(\frac{\partial X}{\partial x}+\frac{\partial Y}{\partial y}\right)\tag{d}$$

将上式移项、展开、化简后，有：

$$\frac{\partial^2\sigma_x}{\partial x^2}+\frac{\partial^2\sigma_x}{\partial y^2}+\frac{\partial^2\sigma_y}{\partial x^2}+\frac{\partial^2\sigma_y}{\partial y^2}=-(1+\upsilon)\left(\frac{\partial X}{\partial x}+\frac{\partial Y}{\partial y}\right)\tag{e}$$

即

$$\left(\frac{\partial^2}{\partial x^2}+\frac{\partial^2}{\partial y^2}\right)\sigma_x+\left(\frac{\partial^2}{\partial x^2}+\frac{\partial^2}{\partial y^2}\right)\sigma_y=-(1+\upsilon)\left(\frac{\partial X}{\partial x}+\frac{\partial Y}{\partial y}\right)$$

最后可得：

$$\left(\frac{\partial^2}{\partial x^2}+\frac{\partial^2}{\partial y^2}\right)(\sigma_x+\sigma_y)=-(1+\upsilon)\left(\frac{\partial X}{\partial x}+\frac{\partial Y}{\partial y}\right)\tag{2.20}$$

这就是平面应力情形下用应力表示的应变协调方程。如果将式中的 υ 换成 $\frac{\upsilon}{1-\upsilon}$，则可得平面应变情形下用应力表示的应变协调方程，即

$$\left(\frac{\partial^2}{\partial x^2}+\frac{\partial^2}{\partial y^2}\right)(\sigma_x+\sigma_y)=-\frac{1}{1-\upsilon}\left(\frac{\partial X}{\partial x}+\frac{\partial Y}{\partial y}\right)\tag{2.21}$$

式(2.20)和式(2.21)都作为补充方程。平衡方程式(2.5)与式(2.20)联立，3 个方程求解 3 个未知数，并结合边界条件[式(2.12)]，就可以求解平面应力问题；同理，若以式(2.21)为补充方程，则可以求解平面应变问题。一旦应力求出后，可以通过虎克定律求出应变，再利用几何方程求出位移。

当体积力 X、Y 为常数时，如重力，则式(2.20)和式(2.21)的右端为

$$\left.\begin{aligned}\frac{\partial X}{\partial x}=0\\\frac{\partial Y}{\partial y}=0\end{aligned}\right\}\tag{2.22}$$

于是，式(2.20)和式(2.21)成为同一个表达式，写成：

$$\left(\frac{\partial^2}{\partial x^2}+\frac{\partial^2}{\partial y^2}\right)(\sigma_x+\sigma_y)=0\tag{2.23a}$$

或用拉普拉斯算子表示为

$$\nabla^2(\sigma_x+\sigma_y)=0\tag{2.23b}$$

式中，拉普拉斯算子 $\nabla^2=\frac{\partial^2}{\partial x^2}+\frac{\partial^2}{\partial y^2}$。

把平衡方程和应力表示的应变协调方程写在一起，有：

$$\left.\begin{aligned}&\frac{\partial\sigma_x}{\partial x}+\frac{\partial\tau_{yx}}{\partial y}+X=0\\&\frac{\partial\tau_{xy}}{\partial x}+\frac{\partial\sigma_y}{\partial y}+Y=0\\&\left(\frac{\partial^2}{\partial x^2}+\frac{\partial^2}{\partial y^2}\right)(\sigma_x+\sigma_y)=0\end{aligned}\right\}\tag{2.24}$$

应用式(2.24)求得的 3 个应力分量就是弹性力学解，只要再满足某个具体问题的边界条件，则此解答即成为该具体问题的弹性力学解。

反过来，如果有一组应力解答，在弹性体内部满足式(2.24)，在应力边界上能够满足式(2.13)给出的应力边界条件(或在短边上满足圣维南原理的边界条件)，那么这组解答必定是这个问题的弹性力学解答。所以，满足式(2.24)及式(2.13)是弹性力学问题解答的充分且必要条件。

【例 2.5】 如图 2.10 所示薄片，周边作用有法向均布荷载 q，不计体积力。试证明下列一组应力分量是本问题的弹性力学问题解答。

$$\sigma_x=-q,\quad \sigma_y=-q,\quad \tau_{xy}=0$$

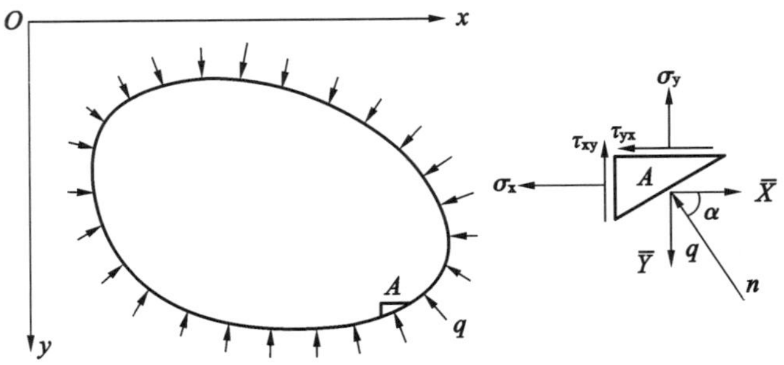

图 2.10 例 2.5 图

【解】 欲证明此组应力分量是否是弹性力学解答，只需证明在弹性体内部能否满足式(2.24)，在应力边界上能否满足式(2.13)。

将这一组应力分量代入平衡方程及应力表示的应变协调方程[式(2.24)]，注意到 q 为常量，且不计体积力，$X=0$，$Y=0$，式(2.24)三式均恒满足。

再考察边界条件，取边界上 A 点，有：

因为

$$\overline{X}=-q\cos\alpha,\quad \overline{Y}=-q\sin\alpha$$

又因为

$$l=\cos\alpha,\quad m=\cos\left(\frac{\pi}{2}-\alpha\right)$$

将上述条件代入应力边界方程式(2.13)，有：

$$\begin{cases} l\sigma_x+m\tau_{yx}=-q\cos\alpha+0=\overline{X} \\ l\tau_{xy}+m\sigma_y=0-q\cos\left(\dfrac{\pi}{2}-\alpha\right)=\overline{Y} \end{cases}$$

因此，所给的应力分量是本问题的弹性力学问题解答。

2.7 弹性力学中的应力函数

按应力求解平面问题时的基本未知数是根据 2 个平衡方程和 1 个应力函数表示的变形协调方程联立的偏微分方程组求得的。然而，3 个偏微分方程组成的方程组求解 3 个未知数的问题还可以进一步化简为一个偏微分方程求解一个未知数的问题。为此，先考察没有体力的平衡方程，它是一个齐次微分方程组，即

$$\left.\begin{aligned} \frac{\partial\sigma_x}{\partial x}+\frac{\partial\tau_{yx}}{\partial y}=0 \\ \frac{\partial\tau_{xy}}{\partial x}+\frac{\partial\sigma_y}{\partial y}=0 \end{aligned}\right\} \tag{a}$$

由式(a)的第一式有：

$$\frac{\partial\sigma_x}{\partial x}=\frac{\partial(-\tau_{yx})}{\partial y} \tag{b}$$

注意到存在着一个函数 $A=A(x,y)$，有：

$$\frac{\partial^2 A}{\partial x\partial y}=\frac{\partial}{\partial x}\left(\frac{\partial A}{\partial y}\right)=\frac{\partial}{\partial y}\left(\frac{\partial A}{\partial x}\right) \tag{c}$$

将式(c)与式(b)比较，令：

$$\left.\begin{aligned}\sigma_x &= \frac{\partial A}{\partial y}\\ \tau_{yx} &= -\frac{\partial A}{\partial x}\end{aligned}\right\}\tag{d}$$

同理，由式(a)的第二式，且存在 $B=B(x,y)$，则有：

$$\left.\begin{aligned}\sigma_y &= \frac{\partial B}{\partial x}\\ \tau_{xy} &= -\frac{\partial B}{\partial y}\end{aligned}\right\}\tag{e}$$

所以

$$\frac{\partial A}{\partial x}=\frac{\partial B}{\partial y}\tag{f}$$

仿照上述做法，存在另一个函数 $\varphi=\varphi(x,y)$，有：

$$A=\frac{\partial \varphi}{\partial y},\quad B=\frac{\partial \varphi}{\partial x}$$

将上式分别代入式(d)、式(e)中，得到：

$$\sigma_x=\frac{\partial^2\varphi}{\partial y^2},\quad \sigma_y=\frac{\partial^2\varphi}{\partial x^2},\quad \tau_{xy}=-\frac{\partial^2\varphi}{\partial x\partial y}\tag{g}$$

上式恒满足式(a)要求，是平衡微分方程的齐次解，函数 $\varphi(x,y)$ 称为应力函数，最早由 Ariy 提出，故称为 Ariy 应力函数。如果考虑体力且体力为常量时，满足平衡方程还必须加上一组特解，即

$$\left.\begin{aligned}\sigma_x &= -Xx\\ \sigma_y &= -Yy\\ \tau_{xy} &= 0\end{aligned}\right\}\tag{h}$$

最后得到构成满足平衡方程的通解为

$$\left.\begin{aligned}\sigma_x &= \frac{\partial^2\varphi}{\partial y^2}-Xx\\ \sigma_y &= \frac{\partial^2\varphi}{\partial x^2}-Yy\\ \tau_{xy} &= -\frac{\partial^2\varphi}{\partial x\partial y}\end{aligned}\right\}\tag{2.25}$$

满足平衡方程的用应力函数表示的应力分量，如果是弹性力学解，还必须满足用应力分量表示的协调方程，即式(2.24)的第三式，将式(2.25)代入式(2.24)的第三式，可得：

$$\left(\frac{\partial^2}{\partial x^2}+\frac{\partial^2}{\partial y^2}\right)\left(\frac{\partial^2\varphi}{\partial y^2}-Xx+\frac{\partial^2\varphi}{\partial x^2}-Yy\right)=0\tag{i}$$

因为体力为常量，上式变成：

$$\left(\frac{\partial^2}{\partial x^2}+\frac{\partial^2}{\partial y^2}\right)\left(\frac{\partial^2\varphi}{\partial y^2}+\frac{\partial^2\varphi}{\partial x^2}\right)=0\tag{2.26a}$$

用拉普拉斯算子表示为

$$\nabla^2\nabla^2\varphi=0\tag{2.26b}$$

上式还可以完全展开为

$$\frac{\partial^4\varphi}{\partial x^4}+2\frac{\partial^4\varphi}{\partial x^2\partial y^2}+\frac{\partial^4\varphi}{\partial y^4}=0\tag{2.26c}$$

式(2.26)是用应力函数表示的协调方程，它在数学上是一个双调和方程。

从理论上讲，由于应力分量按式(2.25)给出，会自动满足平衡方程，所以当按应力函数寻求弹性

力学解答时，只要从式(2.26)中求得应力函数 $\varphi(x,y)$，再代入式(2.25)中求出应力分量。如果这一组应力分量在应力边界上能够满足应力边界条件，那么这组解答就是这个问题的弹性力学解。

顺便指出，应力函数是有物理意义的。从量纲分析可知，因为 $\sigma_x=\dfrac{\partial^2\varphi}{\partial y^2}-Xx$，所以应力函数 φ 的量纲为[N]。在平面问题中，边界面力 $\bar{X}$ 具有与应力相同的量纲$[NL^{-2}]$，集中力就具有$[NL^{-1}]$的量纲，弯矩就具有[N]的量纲，与应力函数的量纲相同。因此，可以粗略地认为，应力函数是对平面内某一点的矩。应力函数的物理意义为分析应力函数表达式的基本形式提供了一种分析方法。

最后值得指出的是，从应力解法可以看到，方程式(2.24)与材料性质无关，说明了解答 σ_x、σ_y、τ_{xy} 与材料性质无关，因此，在研究弹性体的应力场时可以用其他材料代替，这就为光弹性试验奠定了理论基础，这就是研究大坝的应力分布常常用石膏材料或光学性能好的环氧树脂，而不用混凝土材料的缘故。

本章小结

弹性力学问题可以归结为边值问题。在弹性体内必须满足基本方程；在应力边界上应该满足应力边界条件；在位移边界上应该满足位移边界条件；在混合边界上应该满足相应的应力边界和位移边界条件。满足基本方程的解答叫作弹性力学解；既满足基本方程，又满足边界条件的解答叫做弹性力学问题的解。

弹性力学解答叠加原理是一个重要原理，但是这一原理的应用需要谨慎，只能在所有基本方程都是线性的情况下才能成立。

应力边界条件是学习的重点和难点。在按照式(2.1d)或式(2.13)写应力边界条件时，应力边界上的每一点都要满足，故称为精确边界条件。当边界的外法线方向与坐标轴方向相同时，可以用比较法。比较法可以从公式法推得。

圣维南原理是一个局部原理，在小区域内用一组等效力系或平衡力系代替，影响是局部的。采用等效力系是因为原来的力系分布无法求得解答，或因为无法按式(2.1d)或式(2.13)给出弹性力学的边界条件。因此它是放宽了边界条件的要求，这样的处理方法是不得已而为之的，但带来的影响只是局部的。圣维南原理的失效与否，要看其主要变形和受力特征是否发生改变。图 2.8(a)所示是以悬臂梁弯曲变形为主要特征，而图 2.8(b)所示是以两翼板受力带动梁的变形，有着根本的差别。

利用圣维南原理写应力边界条件有等效力方法和边界微段平衡方法。两者差别在于：前者需要利用式(2.13)，将应力转换为边界面力，边界面力与边界上外力的合力($\bar{F}_x$、$\bar{F}_y$)和合力矩($\bar{M}_z$)等效；后者则是直接利用平衡关系，给出应力和边界上外力的合力、合力矩的关系。在已知应力分量的情况下，边界微段平衡方法便捷，不易出错。

在求解方法中，位移解法只需满足平衡方程，应力解法必须满足平衡方程和应变协调方程。应力函数解法是从应力解法派生出来的。应力函数与应力的关系以取式(2.25)的形式自动满足平衡方程，所以只需满足应变协调方程，这就归结为一个方程求解一个未知数的问题。用应力函数表示的应变协调方程 $\nabla^2\nabla^2\varphi=0$ 在体力为常数情况下成立。

一般来说，寻找应力函数就是寻找弹性力学解答。寻找适合一定边界条件的应力函数就是寻找弹性力学问题的解答。寻找弹性力学解答是简单的，但是寻找弹性力学问题的解答却是困难的。第 3 章就给出了寻找各种问题解答的应力函数的主要方法，以及求解的基本步骤。

思 考 题

2.1　采用位移法求解是否要满足应变协调方程？为什么？

2.2　应力函数的量纲是什么？

2.3　试证明应力函数与应力分量的关系写成：

$$\begin{cases} \sigma_x = \dfrac{\partial^2 \varphi}{\partial y^2} \\ \sigma_y = \dfrac{\partial^2 \varphi}{\partial x^2} \\ \tau_{xy} = -\dfrac{\partial^2 \varphi}{\partial x \partial y} - Xy - Yx \end{cases}$$

可以满足平衡方程。

习　题

2.1　单位厚度矩形截面悬臂梁如图 2.11 所示，不计体积力，位移分量表示为

$$u = -\frac{M}{EI}(l-x)y, \quad v = -\frac{M}{2EI}(l-x)^2 - \upsilon \frac{M}{2EI}y^2$$

其中，$I=h^3/12$。试证明这一组位移分量是本问题的弹性力学问题解答。

2.2　已知应力分量为

$$\sigma_x = qxy, \quad \sigma_y = 0, \quad \tau_{xy} = C\left(\frac{h^2}{4} - y^2\right)$$

若不计体积力，试证明它是弹性力学问题的解，并确定系数 C，在图 2.12 所示平面构件边界上画出边界面力分布。

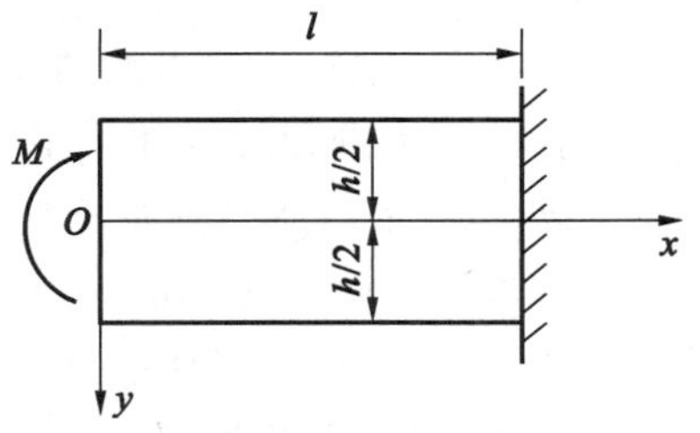

图 2.11　习题 2.1 图

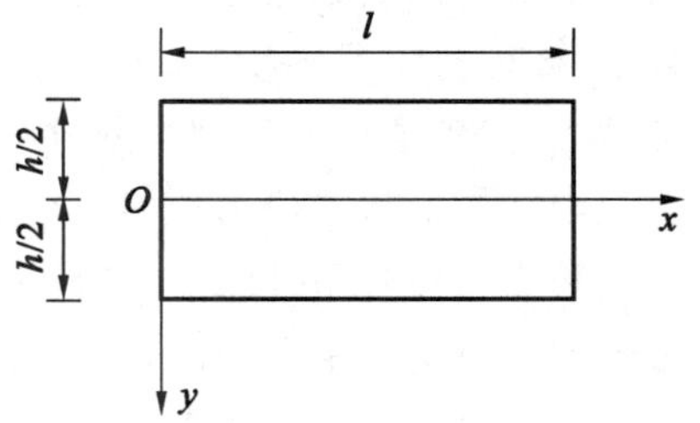

图 2.12　习题 2.2 图

3 用直角坐标解平面问题

本章提要

本章以平面问题为对象，给出弹性力学问题的求解方法。以例题方式介绍寻找弹性力学问题的应力函数的主要方法，及其基本求解步骤，并将解答与材料力学结果进行简单比较，得出一些结论。

按应力求解平面问题时，常常把应力用应力函数表示。当体力为常量时，只需由$\nabla^2\nabla^2\varphi=0$找到应力函数$\varphi$，再写出应力分量$\sigma_x$、$\sigma_y$、$\tau_{xy}$，使这些应力分量满足应力边界条件，成为弹性力学问题的解答。但是，要想找到这个四阶偏微分方程的通解是很困难的，而满足这个方程的解却很多，这些解还必须适合一定结构形状的应力边界。根据边界面力的分布，从已知函数中构造出应力函数，使之满足双调和方程和应力边界条件，寻求弹性力学解答，这就是实际问题求解过程中常用的逆解法。其实，构造应力函数有时是非常困难的，甚至是不可能的，需要借助边界面力的分布规律或其他分析方法（如因次分析法、材料力学方法等），得出整个或某个应力分量的分布规律，由此找到应力函数的表达式，使之满足应力边界条件，寻求弹性力学解答，这种分析方法叫半逆解法（图 3.1）。

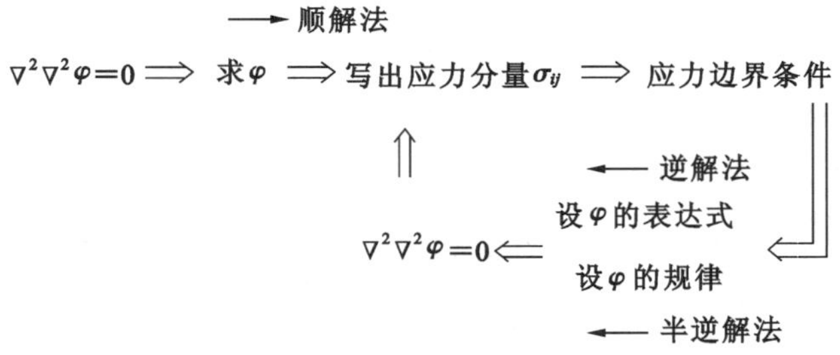

图 3.1 应力函数求解方法

本章先研究应力函数的多项式形式所对应的边界面力，再通过两个例子分别介绍逆解法和半逆解法。

3.1 用多项式解平面问题

许多弹性力学问题的边界力都是均匀分布、线性分布等简单分布形式，这就导致了应力函数呈多项式形式。在线弹性范围内，边界力可以累加，从而构造应力边界所对应的应力函数，得到解答。为了讨论方便起见，设多项式各系数均大于零，且不计体力。

(1) 应力函数取为一次多项式

$$\varphi = a_0 + a_1 x + b_1 y \tag{3.1}$$

作为应力函数，应该满足应力函数表示的协调方程，将式(3.1)代入式(2.26)中，恒满足。应力分量写为

$$\sigma_x = \varphi_{yy} = 0, \quad \sigma_y = \varphi_{xx} = 0, \quad \tau_{xy} = -\varphi_{xy} = 0$$

所以，无论 a_0、a_1、b_1 为何值，一次多项式的应力函数所对应的总是零应力状态。所以，在应力函数中加上或减去一个一次多项式，对应力场没有任何影响。

(2) 应力函数取为二次多项式

$$\varphi = a_2 x^2 + b_2 xy + c_2 y^2 \tag{3.2}$$

将式(3.2)代入式(2.26)，恒满足应力函数表示的协调方程，可以作为应力函数。应力分量写为

$$\sigma_x = \varphi_{yy} = 2c_2, \quad \sigma_y = \varphi_{xx} = 2a_2, \quad \tau_{xy} = -\varphi_{xy} = -b_2$$

代表了一个完整的二次多项式所表示的应力场。特别地，对于平面矩形构件，有：

① 当 $b_2 = 0$、$c_2 = 0$、$\sigma_y = 2a_2$ 时，可以用比较法，在边界上画出边界面力，表示 y 方向单向拉伸状态，如图 3.2(a)所示；

② 当 $a_2 = 0$、$\tau_{xy} = -b_2$、$c_2 = 0$ 时，表示边界上存在纯剪切的边界面力，如图 3.2(b)所示。

然而，如果要表示在 x 方向的单向拉伸状态，必须满足 $\sigma_x = 2c_2$、$a_2 = 0$、$b_2 = 0$；自然，一个二次多项式表达的应力函数可以解决图 3.2(c)所示的弹性力学问题。

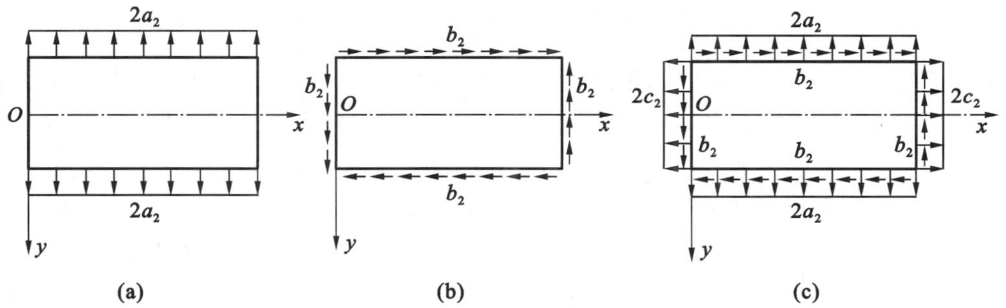

图 3.2 应力函数为二次多项式时的边界面力

(3) 应力函数取为三次多项式

$$\varphi = a_3 x^3 + b_3 x^2 y + c_3 x y^2 + d_3 y^3 \tag{3.3a}$$

同样，将式(3.3a)代入式(2.26)，恒满足应力函数表示的协调方程，可以作为应力函数。

为了简单起见，我们先研究 $a_3 = b_3 = c_3 = 0$、$d_3 > 0$ 的情况，这时，有：

$$\varphi = d_3 y^3 \tag{3.3b}$$

应力分量写为

$$\sigma_x = \varphi_{yy} = 6d_3 y, \quad \sigma_y = \varphi_{xx} = 0, \quad \tau_{xy} = -\varphi_{xy} = 0$$

这个应力函数 $\varphi = d_3 y^3$，或者说这一组应力分量代表了一个 σ_x 沿 y 轴呈线性分布的应力场[图 3.3(a)]。

同理，$\varphi = a_3 x^3$ 给出的是一个 σ_y 沿 x 轴呈线性分布的应力场，同时对应着图 3.3(a)转过 90°的坐标系下平面矩形柱构件的边界力分布。而第二项的应力函数为 $\varphi = b_3 x^2 y$，有应力分量：

$$\sigma_x = \varphi_{yy} = 0, \quad \sigma_y = \varphi_{xx} = 2b_3 y, \quad \tau_{xy} = -\varphi_{xy} = -2b_3 x$$

边界上面力分布由图 3.3(b)、图 3.3(d)的两边界面力叠加得到。仿此可得式(3.3)的第三项。

对于高于三次的多项式也可以按照这样的方法讨论，得到相应的边界面力分布。但是此时由于必须满足协调方程，应力函数的各系数间存在一定的依赖关系。考虑到实际上的高次项构造应力函数的难度太大，故不再讨论。

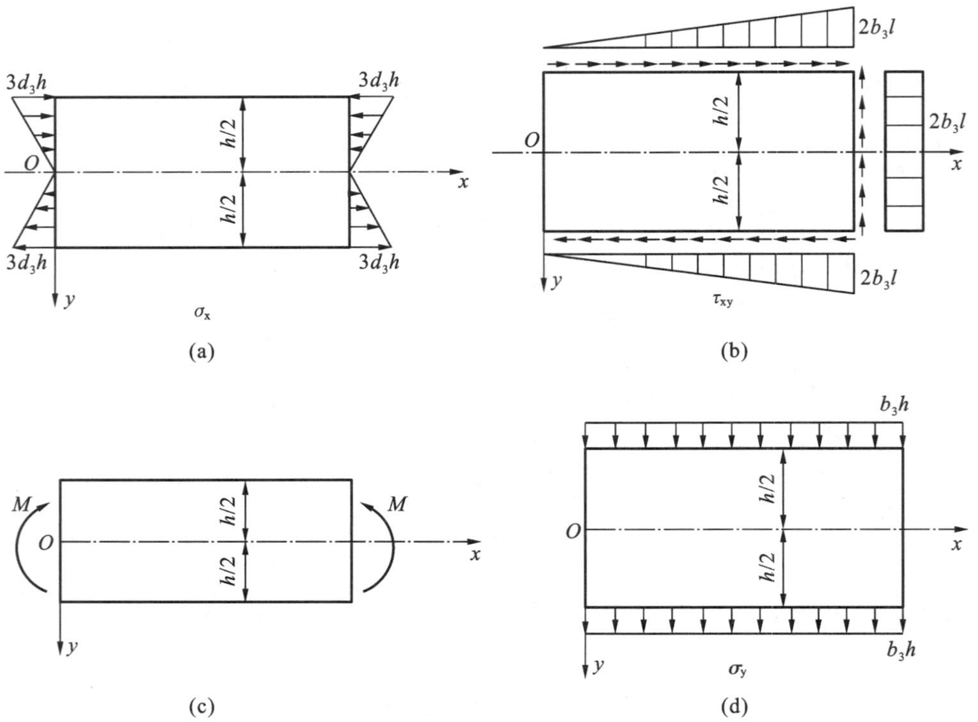

图 3.3　应力函数为三次多项式时的边界面力

有了这些应力函数多项式形式后，不难构造出简单问题的应力函数表达式。如果需要构造一个双向受拉或受压，或者一向受拉另一向受压构件的应力函数，只需令 $\varphi=Ax^2+By^2$ 即可。

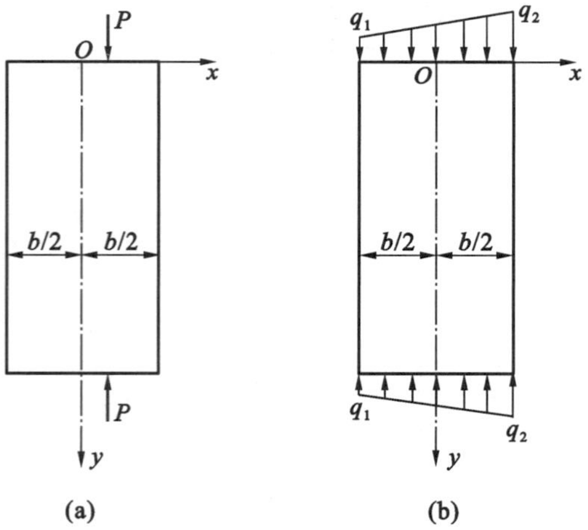

图 3.4　受偏心荷载作用的边界面力

如果需要确定两端边界受集中弯矩作用的构件[图 3.3(c)]的应力函数，由于弯矩不能直接用面力表示，但是弯矩与图 3.3(a)中分布荷载是静力等效的，于是，根据圣维南原理，图 3.3(c)所示的问题就可以利用图 3.3(a)所示的边值问题模型求得。

再例如，图 3.4(a)所示的受偏心荷载作用的柱，可以根据圣维南原理转换成图 3.4(b)所示的应力边值问题，其应力函数应该由一个均布的和过原点的线分布的 σ_y 所对应的应力函数组成，即

$$\varphi=Ax^2+Bx^3$$

因此，对于简单结构的简单边界面力情形，用这种方式确定应力函数的一般的、较为简洁的形式是方便的。诚然，应力函数所画出来的边界力还与坐标系有关。

3.2　矩形截面梁的纯弯曲

在考察了多项式形式的应力函数所对应的问题的解答后，现在来讨论一个具体的典型例子——矩形截面梁的纯弯曲，这是材料力学研究梁弯曲的一个非常重要的例子。与材料力学不同的是，这里的梁是深梁，即梁的高度与跨度之比较大的梁。

设梁宽度为 t，高度为 h，两端作用了大小相等、方向相反的弯矩，单位宽度上的弯矩大小为 M，

不计体力，产生向下的弯曲变形。坐标原点设在梁的左端的截面中心，如图 3.5(a)所示。

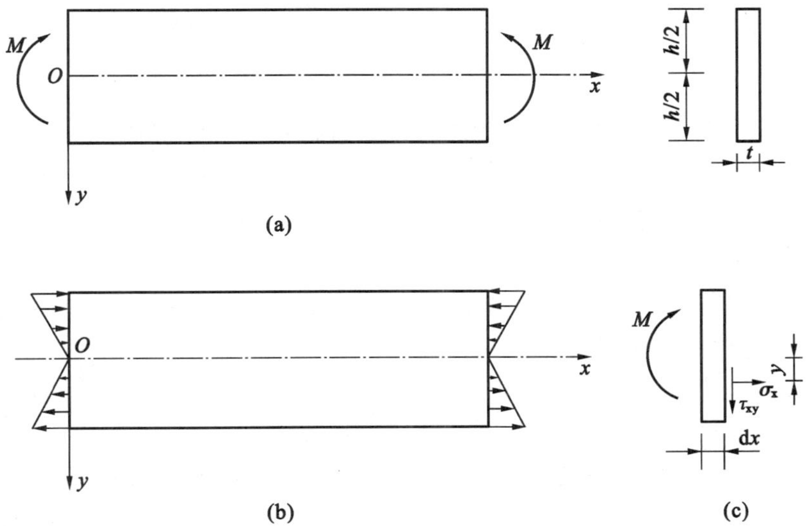

图 3.5　受纯弯曲作用的矩形截面梁

事实上，我们无法找到图 3.5(a)所示的弹性力学解答，因为精确的弯矩分布规律未知。但是，如前所述，我们可以利用圣维南原理找到一个小区域边界荷载等效的模型[图 3.5(b)]，寻求它的近似解答，这个解答除了在弯矩作用的两端附近有所不同以外，在稍离端部以外的大部分区域上都是正确的。

对于图 3.5(b)，边界都是应力边界，因此属于第二类边值问题，即应力边值问题，而且面力呈线分布或为零面力，采用多项式应力函数形式的逆解法求解。

(1) 应力函数

从 3.1 节的多项式所表示的应力函数可以解决的问题中可知，不计体力时，应力函数设为

$$\varphi = Ay^3 \tag{a}$$

它是满足协调方程的。

(2) 满足平衡方程的应力分量

因为不计体力，故 $X=0$、$Y=0$，将所假设的应力函数代入式(2.25)，则应力分量为

$$\left.\begin{aligned} \sigma_x &= \frac{\partial^2 \varphi}{\partial y^2} - Xx = 6Ay \\ \sigma_y &= \frac{\partial^2 \varphi}{\partial x^2} - Yy = 0 \\ \tau_{xy} &= -\frac{\partial^2 \varphi}{\partial x \partial y} = 0 \end{aligned}\right\} \tag{b}$$

(3) 应力边界条件

现在考察式(b)所示的应力分量能否满足所有的应力边界条件，或者说，A 取何值时才能满足边界条件。边界条件必须考察图 3.5(a)所示模型。

先考察图 3.5(a)中的 $y=\pm\frac{1}{2}h$ 的长边界，这个边界对于解答的正确性产生重要的影响，应该精确满足。在这两个边界上没有面力，由比较法可知：

$$(\sigma_y)_{y=\pm\frac{1}{2}h}=0,\quad (\tau_{xy})_{y=\pm\frac{1}{2}h}=0$$

式(b)表明 $\sigma_y\equiv 0$、$\tau_{xy}\equiv 0$，所以，上式恒成立。

再考察左右端面。由于存在的是弯矩，故要用圣维南原理。若梁长 $l \gg h$，可以用静力等效力系代替。对于左端，参考图 3.5(c)，有：

$$\left.\begin{aligned}\sum F_{xi}=0,\quad &\int_{-\frac{1}{2}h}^{\frac{1}{2}h}(\sigma_x)_{x=0}\mathrm{d}y=0\\ \sum F_{yi}=0,\quad &\int_{-\frac{1}{2}h}^{\frac{1}{2}h}(\tau_{xy})_{x=0}\mathrm{d}y=0\\ \sum M_{zi}=0,\quad &\int_{-\frac{1}{2}h}^{\frac{1}{2}h}(\sigma_x)_{x=0}y\mathrm{d}yt-Mt=0\end{aligned}\right\} \tag{c}$$

将式(b)的各应力分量代入上式，并注意奇函数在对称区间的积分等于零，则式(c)的第一式、第二式积分恒满足，由式(c)的第三式稍作化简后，解得：

$$A=\frac{2M}{h^3} \tag{d}$$

也就是说，只有当上式满足时，左端边界条件才能满足。可以证明，这时的右端边界条件也是满足的。所以，所有应力边界条件都能够得到满足。

(4) 应力分量解答

将式(d)给出的常数 A 代入式(b)，应力分量的最后表达式为

$$\left.\begin{aligned}\sigma_x&=\frac{12M}{h^3}y\\ \sigma_y&=0\\ \tau_{xy}&=0\end{aligned}\right\} \tag{3.4}$$

这就是矩形截面梁在纯弯状态下的弹性力学解答。

(5) 分析与讨论

① 将式(3.4)稍加改写，令 $I_z=\frac{th^3}{12}$，且注意到 Mt 为截面上的总弯矩，有：

$$\sigma_x=\frac{Mt}{I_z}y,\quad \sigma_y=0,\quad \tau_{xy}=0$$

上式与材料力学得出的结果完全相同，这表明材料力学的纯弯曲梁的结果是精确的，即：

a. 对于纯弯曲梁而言，平面假定是正确的，因此得到的横截面上应力呈线性分布也是正确的，中性轴的下半部受拉，上半部受压；

b. 纵向纤维之间相互挤压所致的结果，$\sigma_y=0$ 也是正确的；

c. 梁内没有切应力。

② 由式(3.3b)给出的应力分量解答只有在弯矩是由线性分布的面力[图 3.3(a)]产生时才是完全精确的解答，否则解答是有误差的。根据圣维南原理，在梁端的集中弯矩作用处是不正确的，只有在距离两端较远的地方，误差可以忽略不计。因此，圣维南原理下的这个弹性力学解答，对于高度很大的深梁是不合适的。

3.3　简支梁受均布荷载

设有一矩形截面简支梁，梁宽取一个单位，梁高为 h，梁长为 $2l$，作用均布荷载为 q，两端反力为 ql，不计体力。坐标原点 O 选在跨中截面中心，x 和 y 的方向如图 3.6 所示。

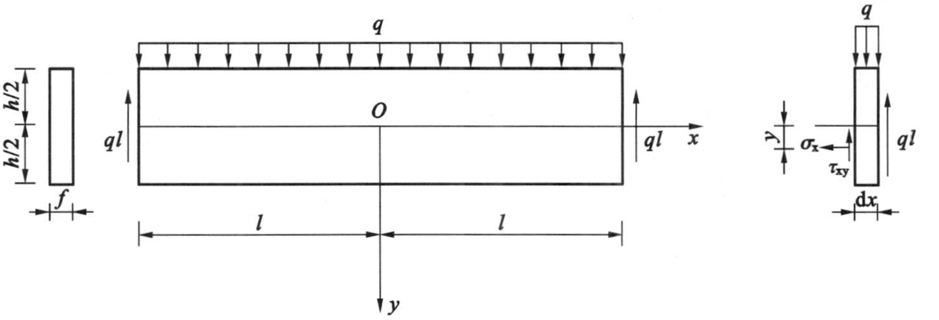

图 3.6 简支梁受均布荷载

用比较法容易得出沿梁的上下两边应该满足的应力边界条件：

$$\left.\begin{aligned} y &= -\frac{1}{2}h \\ \sigma_y &= -q \\ \tau_{xy} &= 0 \end{aligned}\right\} \tag{a1}$$

$$\left.\begin{aligned} y &= \frac{1}{2}h \\ \sigma_y &= 0 \\ \tau_{xy} &= 0 \end{aligned}\right\} \tag{a2}$$

在梁的两端，支座反力用剪力代替，剪力应等于切应力产生的合力，即：
当 $x=-l$ 时

$$\int_{-\frac{1}{2}h}^{\frac{1}{2}h} \overline{Y} \mathrm{d}y = ql \tag{b1}$$

当 $x=l$ 时

$$\int_{-\frac{1}{2}h}^{\frac{1}{2}h} \overline{Y} \mathrm{d}y = -ql \tag{b2}$$

上式中面力都是以沿着坐标轴方向为正。此外，在梁的两端没有水平力和力矩，因此，当 $x=\pm l$ 时，有：

$$\left.\begin{aligned} \int_{-\frac{1}{2}h}^{\frac{1}{2}h} \overline{X} \mathrm{d}y &= 0 \\ \int_{-\frac{1}{2}h}^{\frac{1}{2}h} \overline{X} y \mathrm{d}y &= 0 \end{aligned}\right\} \tag{b3}$$

这样简支梁受均布荷载作用的问题成为第二类边值问题，即应力边值问题。下面研究它的弹性力学解答。

(1) 应力函数

这一问题企图拼凑出一个应力函数，完全满足所有应力边界条件是非常困难的，可以用半逆解法求解。

由材料力学可知，弯曲应力 σ_x 主要是由弯矩引起的，切应力 τ_{xy} 主要是由剪力引起的，而纵向纤维之间的挤压应力 σ_y 主要是由直接荷载 q 引起的，现在 q 沿 x 是常量，因而可以假设不随 x 而变化，仅仅是 y 的函数，即假设：

$$\sigma_y = f(y) \tag{c}$$

于是由式(2.25)可知，并注意到 $Y=0$，有：

$$\frac{\partial^2 \varphi}{\partial x^2} = f(y) \tag{d}$$

对 x 积分两次，得：

$$\varphi = \frac{1}{2}x^2 f(y) + x f_1(y) + f_2(y) \tag{e}$$

式中　$f_1(y)$、$f_2(y)$——由积分产生的与 x 坐标无关的任意待定函数。

如果式(e)能够作为应力函数，则其应该满足协调方程。为此，将式(e)求四阶导数后代入应力函数表示的协调方程式(2.26)，有：

$$\frac{1}{2}f^{(4)}(y)x^2 + f_1^{(4)}(y)x + f_2^{(4)}(y) + 2f''(y) = 0 \tag{f}$$

这是一个关于 x 的二次方程，但是它的系数及自由项却是变量。因为 x 是任意的，欲满足协调方程，各待定函数应满足方程：

$$f^{(4)}(y) = 0 \tag{g1}$$

$$f_1^{(4)}(y) = 0 \tag{g2}$$

$$f_2^{(4)}(y) + 2f''(y) = 0 \tag{g3}$$

所以，将式(g1)、式(g2)直接积分得：

$$f(y) = Ay^3 + By^2 + Cy + D \tag{h1}$$

$$f_1(y) = Ey^3 + Fy^2 + Gy + I_1 \tag{h2}$$

再将式(h1)代入式(g3)，得：

$$f_2^{(4)}(y) = -12Ay - 4B$$

积分后得：

$$f_2(y) = -\frac{A}{10}y^5 - \frac{B}{6}y^4 + Hy^3 + Ky^2 + I_2 y + I_3 \tag{h3}$$

这样就由控制方程中的协调方程确定了三个待定的函数 $f(y)$、$f_1(y)$和 $f_2(y)$，分别由式(h1)、式(h2)、式(h3)给出，将它们代入式(e)。注意到应力函数中的一次项及常数项不影响应力分量，因此被略去，最后得到应力函数的表达式为

$$\varphi = \frac{1}{2}x^2(Ay^3 + By^2 + Cy + D) + x(Ey^3 + Fy^2 + Gy) - \frac{A}{10}y^5 - \frac{B}{6}y^4 + Hy^3 + Ky^2 \tag{i}$$

应力函数确定后，就可以按照半逆解法的求解方法确定弹性力学应力解答了。

顺便指出，式(i)给出的应力函数的表达式是一个复杂的函数，这个函数要想通过拼凑的办法得到是不现实的。另外，式(i)给出的应力函数是适合 $\sigma_y = f(y)$的条件，且可以作为这一类问题的弹性力学解的通解，对于具体的问题，还要依据其结构形状、边界条件等确定待定的常数，使之成为具体问题的解答。

(2) 满足平衡方程的应力分量

应力函数满足平衡方程是通过应力函数和应力分量之间的关系确定的，根据式(2.25)，不计体力，得应力分量：

$$\left.\begin{aligned}
\sigma_x &= \frac{\partial^2 \varphi}{\partial y^2} - Xx = \frac{1}{2}x^2(6Ay + 2B) + x(6Ey + 2F) \\
&\qquad - 2Ay^3 - 2By^2 + 6Hy + 2K \\
\sigma_y &= \frac{\partial^2 \varphi}{\partial x^2} - Yy = Ay^3 + By^2 + Cy + D \\
\tau_{xy} &= -\frac{\partial^2 \varphi}{\partial x \partial y} = -x(3Ay^2 + 2By + C) - (3Ey^2 + 2Fy + G)
\end{aligned}\right\} \tag{j1}$$

式中包含了 A、B、C、…、K 等 9 个待定常数。如果根据边界条件确定出这些常数，则式(j1)表示的应力分量就是真正的答案，因为它们已满足了平衡方程及协调方程，又满足了边界条件，所以是真正的解答。

(3) 边界条件

我们研究的受均布荷载作用的简支梁，在图 3.6 所示的坐标系下是一个对称结构，跨中横截面是梁和荷载的对称面，我们可以利用这一对称条件。对称结构在对称荷载作用下，梁的正应力 σ_x 和挤压应力 σ_y 的分布应该是正对称于对称面的，因此，它们应该是关于 x 的偶函数；而对于切应力 τ_{xy}，按其正负号约定，应该反对称于对称面，它应该是关于 x 的奇函数。从式(j1)的第一式可知，E、F 在 x 的奇次项中；在式(j1)的第三式中，E、F、G 为 x 的偶次项(包括零次项)，因此，应该有：

$$E = F = G = 0$$

即

$$\left.\begin{aligned} \sigma_x &= \frac{1}{2}x^2(6Ay + 2B) - 2Ay^3 - 2By^2 + 6Hy + 2K \\ \sigma_y &= Ay^3 + By^2 + Cy + D \\ \tau_{xy} &= -x(3Ay^2 + 2By + C) \end{aligned}\right\} \tag{j2}$$

毫无疑问，不利用对称性，而应用应力边界条件，最终也可以得出它们为零的结果，不过计算过程要复杂一些。

现在来考虑梁上、下边的边界。一般情况下，梁的跨度比梁的高度大许多，梁的上、下两个边界占全部边界的绝大部分，因而上、下边是主要应力边界。在主要应力边界上，边界条件必须精确满足，有：

对于上缘边界

$$(\sigma_y)_{y=-\frac{h}{2}} = -q$$

$$(\tau_{xy})_{y=-\frac{h}{2}} = 0$$

对于下缘边界

$$(\sigma_y)_{y=\frac{h}{2}} = 0$$

$$(\tau_{xy})_{y=\frac{h}{2}} = 0$$

将各应力分量代入式(j2)，可得：

$$-\frac{1}{8}Ah^3 + \frac{1}{4}Bh^2 - \frac{1}{2}Ch + D = -q$$

$$\frac{3}{4}Ah^2 - Bh + C = 0$$

$$\frac{1}{8}Ah^3 + \frac{1}{4}Bh^2 + \frac{1}{2}Ch + D = 0$$

$$\frac{3}{4}Ah^2 + Bh + C = 0$$

由于上列 4 个方程是相互独立的，且只含 4 个未知常数，因此，联立求解，可求出 4 个未知常数，分别为

$$A = -\frac{2}{h^3}q$$

$$B = 0$$

$$C = \frac{3}{2h}q$$

$$D=-\frac{1}{2}q$$

这 4 个常数求出来后，式(j2)的后两式已经确定，在第一式中，还有 H、K 两个常数需要确定。在上、下缘边界条件中没有关于 σ_x 的边界条件，因此要确定 H、K，必须引入左、右两端的边界条件。由于对称性已经用过，所以只需考虑一端，例如右端，只要右端的边界条件能够满足，左端的边界条件也能满足。

在梁的右端，没有水平面力，这就要求 $x=l$ 时，不论 y 为何值，在区间 $\left[-\frac{1}{2}h,\frac{1}{2}h\right]$ 都有 $\sigma_x=0$。但从式(j2)可见，除非 $q=0$，否则是不可能完全满足的。然而，考虑到梁的左、右边界是很小部分的边界，属于次要边界，因此可以应用圣维南原理，使应力边界得到近似满足。所谓近似满足，是指不能要求 $\sigma_x=0$，但是可以要求在边界上合力的总和为零，而且由 $\sigma_x=0$ 构成的力矩总和也为零。换句话说，在右端边界取出微段，微段应该满足平衡条件，即

$$\left.\begin{aligned}&\sum F_{xi}=0,\quad \int_{-\frac{1}{2}h}^{\frac{1}{2}h}(\sigma_x)_{x=l}\,dy=0\\&\sum F_{yi}=0,\quad \int_{-\frac{1}{2}h}^{\frac{1}{2}h}(\tau_{xy})_{x=l}\,dy+ql=0\\&\sum M_{zi}=0,\quad \int_{-\frac{1}{2}h}^{\frac{1}{2}h}(\sigma_x)_{x=l}y\,dy=0\end{aligned}\right\}\tag{k}$$

将式(j2)代入式(k)，并注意奇函数在对称区间的积分等于零，则将式(k)的第一、第三式积分后稍作化简，解得：

$$K=0$$

$$H=\frac{ql^2}{h^3}-\frac{q}{10h}$$

至此，式(j1)中包含的 9 个待定常数全部求出。式(k)的第二式成为一个校核条件，它是恒成立的，即

$$\int_{-\frac{1}{2}h}^{\frac{1}{2}h}(\tau_{xy})_{x=l}\,dy=\int_{-\frac{1}{2}h}^{\frac{1}{2}h}\left(\frac{6ql}{h^3}y^2-\frac{3ql}{2h}\right)dy=-ql$$

表示右端边界总体满足平衡条件。同理，左端边界条件亦可满足。因此，图 3.6 所示构件的所有应力边界条件都能够得到满足。

(4) 应力分量的最终结果

把所确定的 9 个待定常数一并代入式(j2)，可以得到应力分量的最后表达式：

$$\left.\begin{aligned}&\sigma_x=\frac{6q}{h^3}(l^2-x^2)y+q\,\frac{y}{h}\left(4\frac{y^2}{h^2}-\frac{3}{5}\right)\\&\sigma_y=-\frac{q}{2}\left(1+\frac{y}{h}\right)\left(1-\frac{2y}{h}\right)^2\\&\tau_{xy}=-\frac{6q}{h^3}x\left(\frac{h^2}{4}-y^2\right)\end{aligned}\right\}\tag{3.5a}$$

为了方便与材料力学比较，我们令截面惯性矩 $I=\frac{h^3}{12}$，截面静矩 $S=\frac{h^2}{8}-\frac{y^2}{2}$，且梁的任意截面上的弯矩和剪力分别为

$$M=ql(l-x)-\frac{q}{2}(l-x)^2=\frac{1}{2}q(l^2-x^2)$$

$$Q=-ql+q(l-x)=-qx$$

用材料力学中这些熟悉的内力表示应力分量，则式(3.5a)可以变成以下形式：

$$\left.\begin{aligned}\sigma_x&=\frac{M}{I}y+q\,\frac{y}{h}\left(4\,\frac{y^2}{h^2}-\frac{3}{5}\right)\\ \sigma_y&=-\frac{q}{2}\left(1+\frac{y}{h}\right)\left(1-\frac{2y}{h}\right)^2\\ \tau_{xy}&=\frac{QS}{I}\end{aligned}\right\}\tag{3.5b}$$

(5) 分析与讨论

在跨中附近画出各横截面上应力分量的分布，如图 3.7 所示。与材料力学的结果比较，可作如下简单分析：

① 横截面上正应力 σ_x。如果令 $\sigma_{x1}=\dfrac{qhl^2}{4I}$，$\sigma_{x2}=\dfrac{qh^3}{60I}$，则在梁跨中的上、下缘处应力为 $(\sigma_x)_{\substack{y=\frac{h}{2}\\x=0}}=\sigma_{x1}+\sigma_{x2}$。其中第一项 σ_{x1} 给出的与材料力学公式完全一样，反映了简支梁的主要应力特征；第二项 σ_{x2} 是弹性力学给出的修正项，在材料力学解附近变化。对通常的浅梁，即长而低的梁，修正项很小，可以忽略不计；而对深梁，σ_{x2} 是以 σ_{x1} 的 h^2 倍的速度迅速增加的，必须考虑修正项。这就是在应用材料力学公式时要求梁的跨度与高度之比较大的原因。

② 梁的应力分析精度。σ_{x2} 与 σ_{x1} 之比，即 $\dfrac{\sigma_{x2}}{\sigma_{x1}}=\dfrac{4}{15}\left(\dfrac{h}{2l}\right)^2$，反映了用材料力学方法的最大应力分析精度与梁的跨高比相关，如：

当 $\dfrac{2l}{h}=10$ 时，第二项是第一项的 0.3%；

当 $\dfrac{2l}{h}=4$ 时，第二项是第一项的 1.7%；

当 $\dfrac{2l}{h}=2$ 时，第二项是第一项的 6.7%。

反过来，如果要求分析误差小于 5.0%，容易求得 $2l/h=2.3$。这个要求是很低的，由此可见，材料力学的解答已具有足够的精度了。

③ 梁的纵向纤维互不挤压假定。这一假定是近似的，弹性力学结果表明纵向纤维之间存在相互作用的挤压应力，在梁的上边缘作用外荷载 q，在下边缘为零，分布如图 3.7 所示。

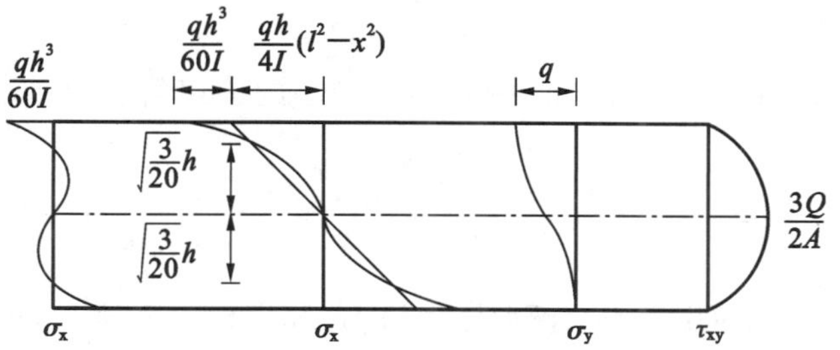

图 3.7　受均布荷载简支梁的应力分布

④ 切应力与材料力学推导的公式完全一样(这里假设梁宽为单位 1，当梁宽为 b 时，$\tau_{xy}=\dfrac{QS}{Ib}$)。

⑤ 梁两端的 σ_x。梁两端的 σ_x 是不等于零的，所以两端的应力边界不能精确满足，但是在两端面上的合力和合力矩都等于零，根据圣维南原理，它们只影响支座附近的小部分区域，在支座较远处没有影响。

3.4　受自重和静水压力作用的楔形体

设有下端无限长的楔形体，承受液体压力和自重作用，如图 3.8 所示。液体的密度为 γ，楔形体的密度为 ρ，左边界铅直，右边界与铅直面成 α 角。设楔形体沿 z 轴线方向很长，可以认为趋于无限长，这时成为平面应变问题。计算时，沿楔形体轴线取出单位厚度。

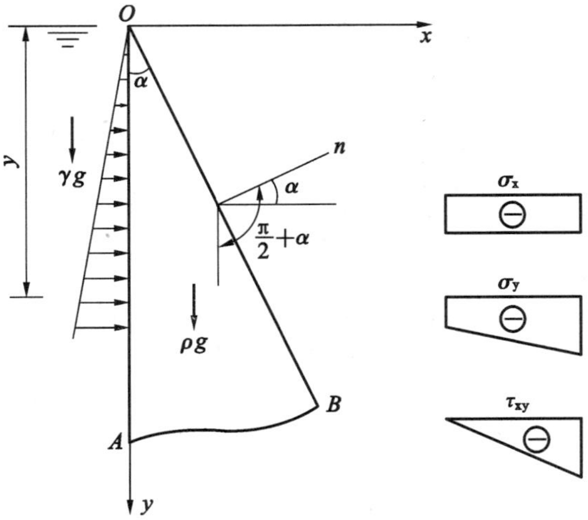

图 3.8　受自重和静水压力作用的楔形体

(1) 确定应力函数

得到这个问题的应力函数通常采用因次分析法。因次分析法是对于受力物体各有关物理量的因次进行分析，估计出应力的大体表达式。例如，梁构件受集中力 P 作用，已知梁的挠度 v 与弹性模量 E、惯性矩 I 和梁长 l 有关，因此可设：

$$v = AP^{\alpha}E^{\beta}I^{\gamma}l^{\delta} \tag{3.6}$$

上式中的 A 为无量纲的常数，量纲有：

$$[\mathrm{L}^1] = [\mathrm{N}^{\alpha+\beta}\mathrm{L}^{-2\beta+4\gamma+\delta}]$$

比较上式两边，有：

$$\alpha + \beta = 0$$

$$-2\beta + 4\gamma + \delta = 1$$

注意到线弹性问题 $\alpha = 1$，所以 $\beta = -1$，$4\gamma + \delta = -1$，最小的一组解有 $\gamma = -1$，$\delta = 3$，挠度 v 的表达式为

$$v = A\frac{Pl^3}{EI}$$

对于楔形体应力函数，应与液体压力 γg、楔形体重力 ρg 和坐标 x、y 有关，因而 φ 的形式可设为

$$\varphi = C(\gamma g)^{m}x^{n} \tag{a}$$

上式两边的量纲有：

$$[\mathrm{N}] = [\mathrm{N}^{m}\mathrm{L}^{-3m+n}] \tag{b}$$

所以 $m = 1$，$-3m + n = 0$，$n = 3$。考虑到 γg 与 ρg 具有相同的量纲，且都是常量，可以在待定常数中反映，因此应力函数的表达式形式应为完整的三次式，即

$$\varphi = Ax^3 + Bx^2y + Cxy^2 + Dy^3 \tag{c}$$

这个应力函数显然满足相容方程，待定常数 A、B、C、D 与 γg 和 ρg 有关。

(2) 满足平衡方程的应力分量

因为体力 $X=0, Y=\rho g$，应力分量为

$$\left.\begin{aligned}\sigma_x &= \frac{\partial^2\varphi}{\partial y^2} - Xx = 2Cx + 6Dy \\ \sigma_y &= \frac{\partial^2\varphi}{\partial x^2} - Yy = 6Ax + 2By - \rho g y \\ \tau_{xy} &= -\frac{\partial^2\varphi}{\partial x\,\partial y} = -2(Bx + Cy)\end{aligned}\right\} \tag{d}$$

(3) 边界条件

本问题的边界都是主要边界，必须精确满足。

对 OA 边，$x=0$，由比较法有：

$$(\sigma_x)_{x=0} = -\gamma g y$$

得 $D=-\dfrac{\gamma g}{6}$。

$$(\tau_{xy})_{x=0} = 0$$

得 $C=0$。

对 OB 边，$x=y\tan\alpha$，$\overline{X}=0$，$\overline{Y}=0$，有：

$$l(\sigma_x)_{x=y\tan\alpha} + m(\tau_{xy})_{x=y\tan\alpha} = 0$$

$$l(\tau_{xy})_{x=y\tan\alpha} + m(\sigma_y)_{x=y\tan\alpha} = 0$$

将应力分量代入上式，且 $l=\cos\alpha$，$m=\cos(90°+\alpha)=-\sin\alpha$，有：

$$\cos\alpha(2Cy\tan\alpha + 6Dy) + 2\sin\alpha(By\tan\alpha + Cy) = 0$$

$$-2\cos\alpha(By\tan\alpha + Cy) - \sin\alpha(6Ay\tan\alpha + 2By - \rho g y) = 0$$

解得：

$$B = \frac{\gamma g}{2}\cot^2\alpha$$

$$A = \frac{\rho g}{6}\cot\alpha - \frac{\gamma g}{3}\cot^3\alpha$$

(4) 所求得的应力分量

$$\left.\begin{aligned}\sigma_x &= -\gamma g y \\ \sigma_y &= (\rho g\cot\alpha - 2\gamma g\cot^3\alpha)x + (\gamma g\cot^2\alpha - \rho g)y \\ \tau_{xy} &= -\gamma g x\cot^2\alpha\end{aligned}\right\} \tag{3.7}$$

(5) 与材料力学结果的比较与分析

将应力分量的表达式与材料力学中偏心受压公式计算应力对比可见，σ_y 结果是相同的。对于 σ_x，材料力学有梁理论的纵向纤维互不挤压假定，故 $\sigma_x=0$，但这里，在 $y=h$ 处 σ_x 为均匀分布的压应力。切应力 τ_{xy} 则有较大差别，材料力学中呈抛物线分布，这里却呈线性分布，如图 3.8 所示。

另外，材料力学的结果在斜边上应力不满足边界条件，因此它是近似的。

上述解答被认为是三角形重力坝中应力的基本解答，但应用时要注意简化。例如，实际坝顶有一定宽度，此处没有，因此坝顶附近应力与实际有差别；在坝基处，我们假定坝的下面为无限长，而实际上是有基础约束的，不能自由地变形。

3.5 分离变量法求解平面问题

应力函数采用多项式形式求解，需要拼凑应力函数的形式，或利用边界力的分布规律导出应力函

数的表达式,这样的做法都有很大的局限性。它除了要求边界力在物体的主要边界上连续分布外,还要能表示为多项式形式。如果这些条件不能得到满足,则可以采用分离变量法求解。

假定应力函数沿着 x、y 分别具有独立的分布形式,并可以分离成为两函数的乘积形式,则有:

$$\varphi(x,y)=X(x)Y(y) \tag{3.8}$$

将上式代入双调和方程,有:

$$X^{(4)}(x)Y(y)+2X''(x)Y''(y)+X(x)Y^{(4)}(y)=0 \tag{3.9}$$

等号两边同时除以 $X(x)Y(y)$,有:

$$\frac{X^{(4)}(x)}{X(x)}+2\frac{X''(x)Y''(y)}{X(x)Y(y)}+\frac{Y^{(4)}(y)}{Y(y)}=0 \tag{3.10}$$

将上式对 y 求一阶偏导数,得:

$$2\frac{X''(x)}{X(x)}\left[\frac{Y''(y)}{Y(y)}\right]'+\left[\frac{Y^{(4)}(y)}{Y(y)}\right]'=0 \tag{3.11}$$

若要式(3.11)成立,必须有:

$$\frac{X''(x)}{X(x)}=-\frac{\left[\frac{Y^{(4)}(y)}{Y(y)}\right]'}{2\left[\frac{Y''(y)}{Y(y)}\right]'}=-\lambda^2 \tag{3.12}$$

其中 λ 为常数,分别列出的方程有:

$$X''(x)+\lambda^2X(x)=0 \tag{3.13}$$

$$\left[\frac{Y^{(4)}(y)}{Y(y)}\right]'-2\lambda^2\left[\frac{Y''(y)}{Y(y)}\right]'=0 \tag{3.14}$$

方程式(3.13)的通解为

$$X(x)=K_1\cos\lambda x+K_2\sin\lambda x \tag{3.15}$$

式中,K_1、K_2 为任意的待定常数。

由式(3.14)可知:

$$Y^{(4)}(y)-2\lambda^2Y''(y)+C_0Y(y)=0 \tag{3.16}$$

将式(3.12)代入式(3.9),可以得到上式中的 $C_0=\lambda^4$,于是:

$$Y^{(4)}(y)-2\lambda^2Y''(y)+\lambda^4Y(y)=0$$

它的通解为

$$Y(y)=A'\text{ch}\lambda y+B'\text{sh}\lambda y+C'y\text{ch}\lambda y+D'y\text{sh}\lambda y \tag{3.17}$$

所求得的应力函数可以把式(3.15)和式(3.17)一起代入式(3.8),有:

$$\varphi(x,y)=(K_1\cos\lambda x+K_2\sin\lambda x)(A'\text{ch}\lambda y+B'\text{sh}\lambda y+C'y\text{ch}\lambda y+D'y\text{sh}\lambda y) \tag{3.18}$$

这里的 K_1、K_2、A'、B'、C'、D' 及 λ 为与边界条件相关的任意常数,如果取不同的值,就可以得到各种解答。例如,当梁两端的法向应力为零时,有:

$$(\sigma_x)_{x=0}=0,\quad (\sigma_x)_{x=l}=0$$

当 $(\sigma_x)_{x=0}$ 时　　$K_1=0$

当 $(\sigma_x)_{x=l}=0$ 时　　$K_2\sin\lambda l=0$

K_1、K_2 不能同时为零,故有:

$$\lambda_i=\frac{i\pi}{l}\quad (i=1,2,3,\cdots)$$

$$\varphi(x,y)=\sum_{i=1,2,\cdots}\sin\lambda_i x(A\text{ch}\lambda_i y+B\text{sh}\lambda_i y+Cy\text{ch}\lambda_i y+Dy\text{sh}\lambda_i y) \tag{3.19}$$

更一般的情况下,式(3.19)可以写成:

$$\varphi(x,y)=\sum_{i=1,2,\cdots}\sin\lambda_i x(A_1\text{ch}\lambda_i y+B_1\text{sh}\lambda_i y+C_1 y\,\text{ch}\lambda_i y+D_1 y\,\text{sh}\lambda_i y)$$
$$+\sum_{i=1,2,\cdots}\cos\lambda_i' x(A_2\text{ch}\lambda_i' y+B_2\text{sh}\lambda_i' y+C_2 y\,\text{ch}\lambda_i' y+D_2 y\,\text{sh}\lambda_i' y) \qquad (3.20)$$

由上式得到的解答常常称为三角级数解答。正因为解答采用的是级数形式,所以可以满足复杂的应力边界条件。借助三角级数,可以求得很多问题的解答。

例如对于图 3.9(a)所示的问题,可以作为本节的一种情况,得到的应力解答分布规律如图 3.9(b)所示,在分布力分布的很小范围内出现应力峰值。分布力分布集中程度越高,应力峰值越大,附近应力迅速减小,以此可以来分析圣维南局部原理的正确性。

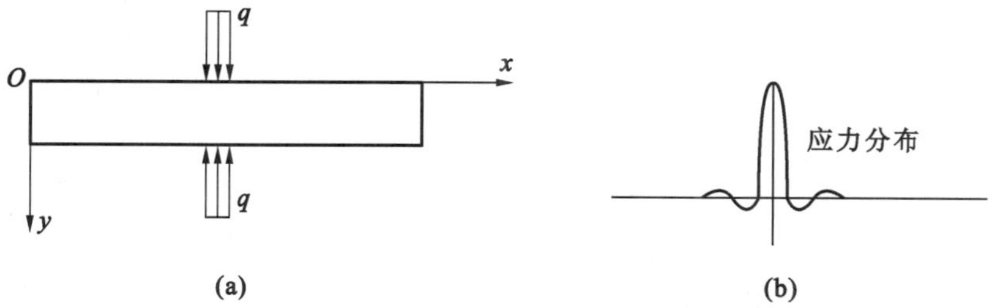

图 3.9 小范围分布荷载作用应力分布示意图

本章小结

本章的中心内容是学习求解弹性力学问题的基本方法。解题的思路和主要步骤如下:

(1) 从边界条件和受力出发,寻找满足应变协调方程的应力函数;

(2) 按自动满足平衡方程的应力函数和应力分量之间的关系写出应力分量表达式;

(3) 根据应力边界条件确定待定的常数;

(4) 给出最后确定的应力分量;

(5) 根据物理方程和几何关系,再由应力分量,得到位移表达式;

(6) 由位移边界条件确定待定常数;

(7) 给出最后确定的位移分量;

(8) 对解答的结果进行简单分析,得到一些结论。

其中关键问题是寻找能够满足应力边界条件的应力函数。确定应力函数表达式的途径很多,主要有基于多项式"试凑法"的逆解法,还有基于部分已知应力分布规律、因次分析的半逆解法,以及基于分离变量法的三角级数法。事实上,还可以根据应力函数的物理意义确定,等等。

多项式"试凑法"适合矩形构件边界受常体力、均布荷载、线性分布荷载等简单边界问题,结合圣维南原理,应用最为广泛;半逆解法非常灵活;分离变量法适合非连续应力分布的复杂问题。

需要指出,因为弹性力学问题的解是唯一的,所以同一个问题即使用不同的方法去寻找应力函数并进行求解,得到的解答也是相同的。

思考题

3.1 图 3.10 所示平面构件,满足边界条件的应力函数分别取什么形式?

3.2 什么是逆解法?什么是半逆解法?为什么弹性力学平面问题的求解要采用逆解法或半逆解法?

3.3 将受自重和液体压力作用的楔形体作为变截面悬臂梁,试按材料力学方法求出应力的表达式。

3.4 利用式(3.7)建立 $x=0$ 时不出现拉应力的条件。若楔形体为混凝土构件,$\rho=25\ \text{kN/m}^3$,液体的密度 $\gamma=10\ \text{kN/m}^3$,试求出 $x=0$ 时不出现拉应力的最小角度 α。

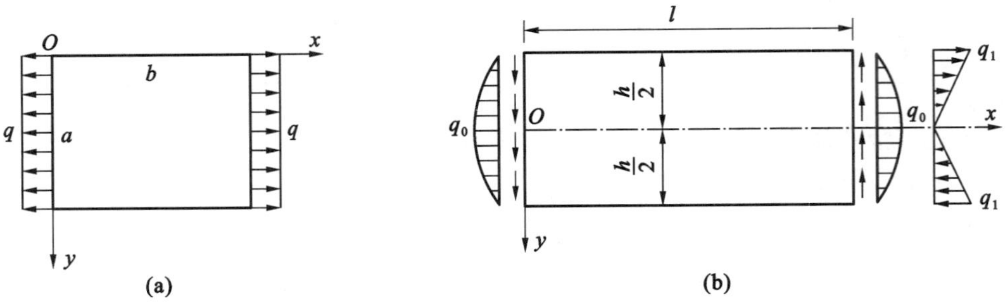

图 3.10 思考题 3.1 图

习 题

3.1 已知应力函数 $\varphi=A(x^3+xy^2)$，$A>0$，试求其应力分量(不计体力)，并画出对于图 3.11 所示正方形板在坐标系中的边界面力。

3.2 试证明表达式 $\varphi=\dfrac{P}{2h^3}xy(3h^2-4y^2)$ 是一个应力函数，试画出对于图 3.12 所示矩形板在坐标系中的边界面力。如果 $h\ll l$，短边面力用一组合力表示，则适合解决什么问题(不计体力)？

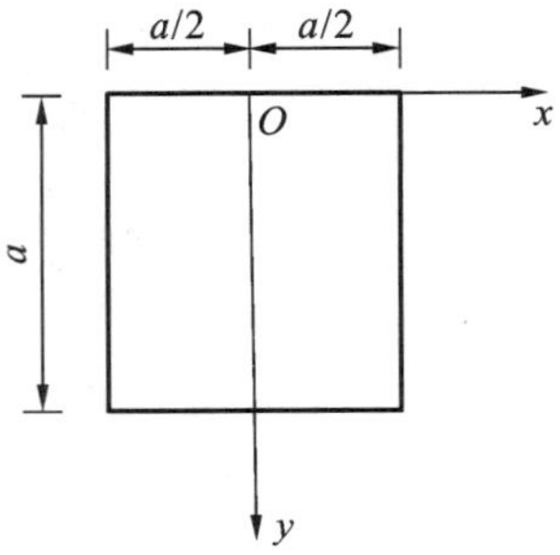

图 3.11 习题 3.1 图

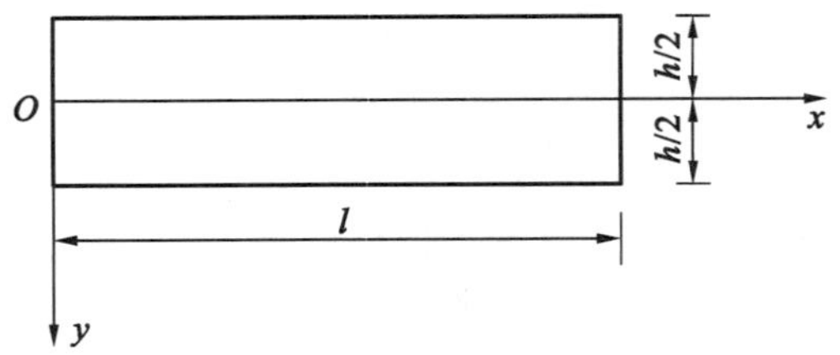

图 3.12 习题 3.2 图

3.3 试给出 $\varphi=Ay^5+Bx^2y^3+Cy^3+Dx^2+Ex^2y$ 可以作为应力函数的条件，确定用于图 3.13 所示受均布荷载作用的单位厚度矩形悬臂梁时的各系数及应力分量($h\ll l$，且不计体力)。

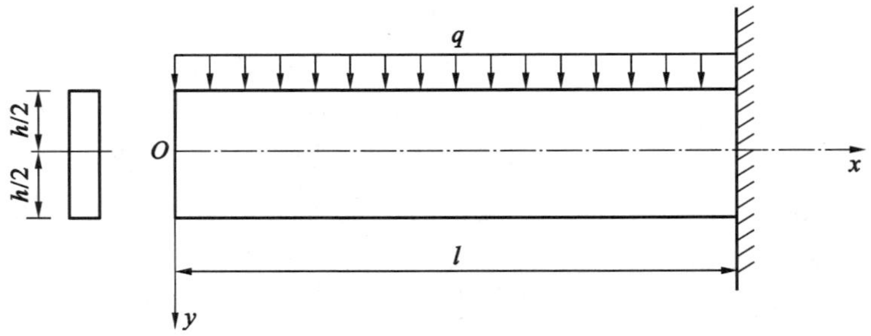

图 3.13 习题 3.3 图

答案：

$$\sigma_x=-\frac{q}{h^3}y\left(\frac{3}{5}h^2+6x^2-4y^2\right)$$

$$\sigma_y=-\frac{q}{2}\left(1-\frac{3y}{h}+\frac{4y^3}{h^3}\right)$$

$$\tau_{xy}=\frac{3}{2}\frac{q}{h}x\left(1-\frac{4y^2}{h^2}\right)$$

3.4 受端荷载作用的单位厚度矩形悬臂梁如图 3.14 所示，试取应力函数形式：

$$\varphi = Axy+Bxy^2+Cxy^3$$

确定各系数及应力分量($h \ll l$,且不计体力)。

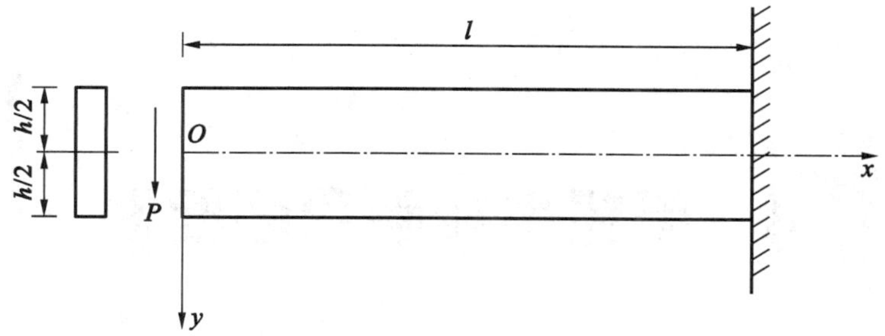

图 3.14 习题 3.4 图

答案:

$$\sigma_x = -\frac{12P}{h^3}xy$$

$$\sigma_y = 0$$

$$\tau_{xy} = -\frac{3}{2}\frac{P}{h} + \frac{6P}{h^3}y^2$$

3.5 设有单位厚度三角形悬臂梁(图 3.15),密度为 ρ,试取应力函数为纯三次多项式:

$$\varphi = Ax^3 + Bx^2y + Cxy^2 + Dy^3$$

求应力分量。

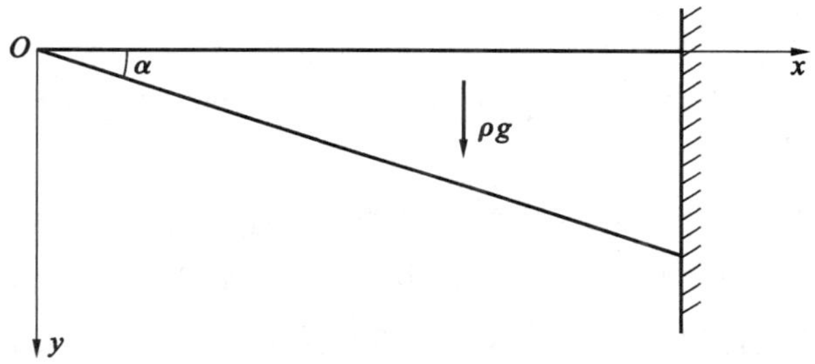

图 3.15 习题 3.5 图

答案:

$$\sigma_x = \rho g(x\cot\alpha - 2y\cot^2\alpha)$$

$$\sigma_y = -\rho g y$$

$$\tau_{xy} = -\rho g y \cot\alpha$$

3.6 设有单位厚度矩形截面柱,密度为 ρ,在柱的一边侧面受均布荷载作用,如图 3.16 所示。已知 $a \ll h$,设 $\sigma_x = 0$ 或 $\tau_{xy} = f(x)$,试采用半逆解法求应力分量。

答案:

$$\sigma_x = 0$$

$$\sigma_y = 2q\frac{y}{a}\left(1 - \frac{3x}{a}\right) - \rho g y$$

$$\tau_{xy} = q\frac{x}{a}\left(3\frac{x}{a} - 2\right)$$

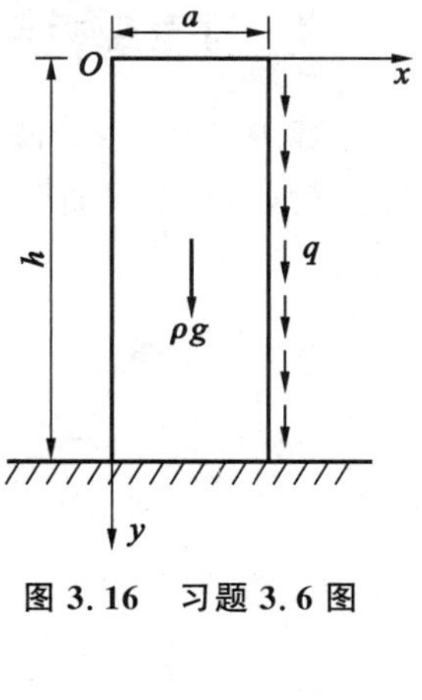

图 3.16 习题 3.6 图

4 用极坐标解平面问题

本章提要

本章采用坐标变换的方法，推导出了极坐标下弹性力学平面问题的基本方程。利用基本方程给出了工程中常用的轴对称平面问题、厚壁圆筒问题、部分圆环的弯曲问题、板中圆孔的应力集中问题、楔体顶端受集中力及半无限平面边界受集中力问题等的应力和位移计算公式。

在第 3 章我们用直角坐标求解平面问题，但对于圆形边界的问题，例如曲梁、圆环、厚壁圆筒等，用极坐标求解就方便得多。

由于弹性力学基本方程的本质对直角坐标与极坐标都是一样的，所以，我们不再“另起炉灶”，重新推导用极坐标表示的平衡方程、几何方程、物理方程、应变协调方程、边界条件等，而直接利用现成的坐标变换公式，将用直角坐标表示的弹性力学基本方程转变为用极坐标表示的弹性力学基本方程。

4.1 用极坐标表示的基本方程

4.1.1 直角坐标与极坐标的关系

在极坐标中，平面上一点的位置取决于与坐标原点的距离 r，以及 r 的方向与某一轴 Ox 之间的夹角 θ(图 4.1)。直角坐标可用极坐标表示为

$$\left.\begin{aligned} x &= r\cos\theta \\ y &= r\sin\theta \end{aligned}\right\} \tag{4.1}$$

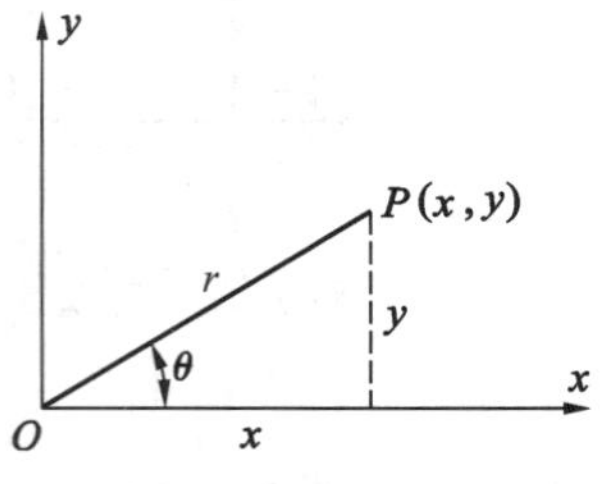

图 4.1 直角坐标与极坐标的关系

极坐标也可用直角坐标表示为

$$\left.\begin{aligned} r &= \sqrt{x^2+y^2} \\ \theta &= \arctan\frac{y}{x} \end{aligned}\right\} \tag{4.2}$$

垂直于图示平面的坐标为 z(r,θ,z 组成柱坐标)，对于平面问题，我们认为物体在 z 轴方向的尺寸或者很大(平面应变)，或者非常小(平面应力)。在以下的推导过程中，还假设物体在 z 轴方向的尺寸为一个单位。

由方程式(4.1)和式(4.2)得：

$$\frac{\partial r}{\partial x}=\frac{x}{r}=\cos\theta \tag{4.3a}$$

$$\frac{\partial r}{\partial y}=\frac{y}{r}=\sin\theta \tag{4.3b}$$

$$\frac{\partial \theta}{\partial x}=-\frac{1}{r}\sin\theta \tag{4.3c}$$

$$\frac{\partial \theta}{\partial y}=\frac{1}{r}\cos\theta \tag{4.3d}$$

4.1.2 直角坐标系与极坐标系下的应力转换

在极坐标中，与直角坐标中的正应力 σ_x、σ_y 和切应力 τ_{xy} 相对应的，有正应力 σ_r、σ_θ 和切应力 $\tau_{r\theta}$。这两组应力分量之间的关系可直接利用转轴时应力分量的变换关系确定。

我们知道，物体内一点的应力状态取决于通过该点并和坐标轴 x、y、z 相垂直的三个微分面上的 9 个应力分量，即

$$\boldsymbol{\sigma}_{ij}=\begin{bmatrix}\sigma_{xx} & \tau_{xy} & \tau_{xz}\\ \tau_{yx} & \sigma_{yy} & \tau_{yz}\\ \tau_{zx} & \tau_{zy} & \sigma_{zz}\end{bmatrix} \tag{a}$$

当坐标轴转动为 x'、y'、z'时，应力张量的分量必然随之而改变，但该点的应力状态绝不会随坐标轴的方向改变而改变。换言之，该点的应力张量本身是不会因坐标轴转动而改变的，可以写为

$$\boldsymbol{\sigma}_{ij}=\begin{bmatrix}\sigma_{x'x'} & \tau_{x'y'} & \tau_{x'z'}\\ \tau_{y'x'} & \sigma_{y'y'} & \tau_{y'z'}\\ \tau_{z'x'} & \tau_{z'y'} & \sigma_{z'z'}\end{bmatrix} \tag{b}$$

显然，式(a)和式(b)中的应力分量是不相同的，不过它们之间一定存在着某种关系。我们现在建立它们之间的这种关系。

表 4.1 新旧坐标的方向余弦

	x	y	z
x'	l_1	m_1	n_1
y'	l_2	m_2	n_2
z'	l_3	m_3	n_3

设新坐标(x',y',z')对原来的坐标(x,y,z)的方向余弦分别为 l_1、m_1、n_1，l_2、m_2、n_2，l_3、m_3、n_3，可简记如表 4.1 形式。

显然，这里的 l_i、m_i、n_i($i=1,2,3$)必须适合下列条件：

$$l_i^2+m_i^2+n_i^2=1 \tag{c}$$

$$\left.\begin{aligned} l_1^2+l_2^2+l_3^2=1\\ m_1^2+m_2^2+m_3^2=1\\ n_1^2+n_2^2+n_3^2=1\end{aligned}\right\} \tag{d}$$

考虑到新旧坐标系都是正交的，故还有下面的关系：

$$\left.\begin{aligned} l_1l_2+m_1m_2+n_1n_2=0\\ l_2l_3+m_2m_3+n_2n_3=0\\ l_3l_1+m_3m_1+n_3n_1=0\\ l_1m_1+l_2m_2+l_3m_3=0\\ m_1n_1+m_2n_2+m_3n_3=0\\ n_1l_1+n_2l_2+n_3l_3=0\end{aligned}\right\} \tag{e}$$

过 M 点作一微分面与 x'轴垂直，则这个微分面上的应力向量 $\boldsymbol{F}_{x'}$($\boldsymbol{F}_{x'}=X_{x'}\boldsymbol{i}+Y_{x'}\boldsymbol{j}+Z_{x'}\boldsymbol{k}$)在三个新坐标轴 x'、y'、z'上的分量(用 $\boldsymbol{i}'$、$\boldsymbol{j}'$、$\boldsymbol{k}'$表示新坐标的单位向量)为

$$\left.\begin{aligned}X_{x'}&=\sigma_{xx}l_1+\tau_{xy}m_1+\tau_{xz}n_1\\Y_{x'}&=\tau_{yx}l_1+\sigma_{yy}m_1+\tau_{yz}n_1\\Z_{x'}&=\tau_{zx}l_1+\tau_{zy}m_1+\sigma_{zz}n_1\end{aligned}\right\}\tag{f}$$

将 $\boldsymbol{F}_{x'}$ 向法线方向(x'方向)投影，便可求出与 x' 垂直的微分面上的法向应力，同理，将$\boldsymbol{F}_{x'}$ 向切线方向(y',z'方向)投影，即

$$\left.\begin{aligned}\sigma_{x'}&=F_{x'}i'=(X_{x'}i+Y_{x'}j+Z_{x'}k)(l_1i+m_1j+n_1k)=X_{x'}l_1+Y_{x'}m_1+Z_{x'}n_1\\\tau_{x'y'}&=F_{x'}j'=X_{x'}l_2+Y_{x'}m_2+Z_{x'}n_2\\\tau_{x'z'}&=F_{x'}k'=X_{x'}l_3+Y_{x'}m_3+Z_{x'}n_3\end{aligned}\right\}\tag{g}$$

把式(f)代入式(g)，整理得：

$$\left.\begin{aligned}\sigma_{x'}&=\sigma_x l_1^2+\sigma_y m_1^2+\sigma_z n_1^2+2\tau_{yz}m_1n_1+2\tau_{xz}l_1n_1+2\tau_{xy}l_1m_1\\\tau_{x'y'}&=\sigma_x l_1l_2+\sigma_y m_1m_2+\sigma_z n_1n_2+\tau_{yz}(m_1n_2+m_2n_1)+\tau_{xz}(l_1n_2+l_2n_1)+\tau_{xy}(l_1m_2+l_2m_1)\\\tau_{x'z'}&=\sigma_x l_1l_3+\sigma_y m_1m_3+\sigma_z n_1n_3+\tau_{yz}(m_1n_3+m_3n_1)+\tau_{xz}(l_1n_3+l_3n_1)+\tau_{xy}(l_1m_3+l_3m_1)\end{aligned}\right\}\tag{4.4a}$$

用同样的方法，不难得出法线方向为 y'和 z'的微分面上的应力分量：

$$\left.\begin{aligned}\sigma_{y'}&=\sigma_x l_2^2+\sigma_y m_2^2+\sigma_z n_2^2+2\tau_{yz}m_2n_2+2\tau_{xz}l_2n_2+2\tau_{xy}l_2m_2\\\sigma_{z'}&=\sigma_x l_3^2+\sigma_y m_3^2+\sigma_z n_3^2+2\tau_{yz}m_3n_3+2\tau_{xz}l_3n_3+2\tau_{xy}l_3m_3\\\tau_{y'z'}&=\sigma_x l_2l_3+\sigma_y m_2m_3+\sigma_z n_2n_3+\tau_{yz}(m_2n_3+m_3n_2)+\tau_{xz}(l_2n_3+l_3n_2)+\tau_{xy}(l_2m_3+l_3m_2)\end{aligned}\right\}\tag{4.4b}$$

在平面的情况下，若 y'与 y 轴的夹角为 θ，则新旧坐标系的关系见表 4.2。

表 4.2 平面情况下新旧坐标关系

	x	y	z
x'	$\cos\theta$	$\sin\theta$	0
y'	$-\sin\theta$	$\cos\theta$	0
z'	0	0	1

所以，由式(4.4)可以直接写出：

$$\left.\begin{aligned}\sigma_{x'}&=\sigma_x l_1^2+\sigma_y m_1^2+2\tau_{xy}l_1m_1\\\sigma_{y'}&=\sigma_x l_2^2+\sigma_y m_2^2+2\tau_{xy}l_2m_2\\\tau_{x'y'}&=\sigma_x l_1l_2+\sigma_y m_1m_2+\tau_{xy}(l_1m_2+l_2m_1)\end{aligned}\right\}\tag{4.5}$$

把表 4.2 的关系代入式(4.5)，有：

$$\left.\begin{aligned}\sigma_{x'}&=\sigma_x\cos^2\theta+\sigma_y\sin^2\theta+\tau_{xy}\sin2\theta\\\sigma_{y'}&=\sigma_x\sin^2\theta+\sigma_y\cos^2\theta-\tau_{xy}\sin2\theta\\\tau_{x'y'}&=\cos\theta\sin\theta(\sigma_y-\sigma_x)+(\cos^2\theta-\sin^2\theta)\tau_{xy}\end{aligned}\right\}\tag{4.6}$$

这就是材料力学中用来解释莫尔圆的二次应力转换式。

将直角坐标与极坐标的关系直接代入式(4.6)和式(4.5)，得：

$$\left.\begin{aligned}\sigma_r&=\sigma_x\cos^2\theta+\sigma_y\sin^2\theta+\tau_{xy}\sin2\theta\\\sigma_\theta&=\sigma_x\sin^2\theta+\sigma_y\cos^2\theta-\tau_{xy}\sin2\theta\\\tau_{r\theta}&=(\sigma_y-\sigma_x)\sin\theta\cos\theta+\tau_{xy}\cos2\theta\end{aligned}\right\}\tag{4.7}$$

或者

$$\left.\begin{aligned}\sigma_x&=\sigma_r\cos^2\theta+\sigma_\theta\sin^2\theta-\tau_{r\theta}\sin2\theta\\\sigma_y&=\sigma_r\sin^2\theta+\sigma_\theta\cos^2\theta+\tau_{r\theta}\sin2\theta\\\tau_{xy}&=(\sigma_r-\sigma_\theta)\sin\theta\cos\theta+\tau_{r\theta}\cos2\theta\end{aligned}\right\}\tag{4.8}$$

4.1.3 极坐标系下的平衡方程

将式(4.8)代入直角坐标系下的平衡方程第一式$\dfrac{\partial\sigma_x}{\partial x}+\dfrac{\partial\tau_{xy}}{\partial y}+f_x=0$，得：

$$\frac{\partial}{\partial x}(\sigma_r\cos^2\theta+\sigma_\theta\sin^2\theta-\tau_{r\theta}\sin2\theta)+\frac{\partial}{\partial y}[(\sigma_r-\sigma_\theta)\sin\theta\cos\theta+\tau_{r\theta}\cos2\theta]+f_r\cos\theta-f_\theta\sin\theta=0$$

式中 f_r 和 f_θ 为体力在 r 与 θ 方向的分量。上式经过整理得：

$$\left(\frac{\partial\sigma_r}{\partial r}+\frac{1}{r}\frac{\partial\tau_{r\theta}}{\partial\theta}+\frac{\sigma_r-\sigma_\theta}{r}+f_r\right)\cos\theta-\left(\frac{1}{r}\frac{\partial\sigma_\theta}{\partial\theta}+\frac{\partial\tau_{r\theta}}{\partial r}+\frac{2\tau_{r\theta}}{r}+f_\theta\right)\sin\theta=0$$

将式(4.8)代入直角坐标系下的平衡方程第二式 $\frac{\partial\tau_{xy}}{\partial x}+\frac{\partial\sigma_y}{\partial y}+f_y=0$，整理后得：

$$\left(\frac{\partial\sigma_r}{\partial r}+\frac{1}{r}\frac{\partial\tau_{r\theta}}{\partial\theta}+\frac{\sigma_r-\sigma_\theta}{r}+f_r\right)\sin\theta+\left(\frac{1}{r}\frac{\partial\sigma_\theta}{\partial\theta}+\frac{\partial\tau_{r\theta}}{\partial r}+\frac{2\tau_{r\theta}}{r}+f_\theta\right)\cos\theta=0$$

因为 θ 不为零，是任意的，所以 $\sin\theta$ 和 $\cos\theta$ 均不能同时为零，因此，上列两式要成立，必须满足条件：

$$\left.\begin{aligned}&\frac{\partial\sigma_r}{\partial r}+\frac{1}{r}\frac{\partial\tau_{r\theta}}{\partial\theta}+\frac{\sigma_r-\sigma_\theta}{r}+f_r=0\\&\frac{1}{r}\frac{\partial\sigma_\theta}{\partial\theta}+\frac{\partial\tau_{r\theta}}{\partial r}+\frac{2\tau_{r\theta}}{r}+f_\theta=0\end{aligned}\right\}\tag{4.9}$$

上式就是用平面极坐标表示的平衡方程。从推导过程可以看出，式(4.9)是与直角坐标系下的平衡方程式一样的，只是自变量(坐标)改变了而已。式(4.9)也可以从单元体的平衡条件得到。

4.1.4　极坐标系下的物理方程

现在来推导物理方程。将式(4.8)代入直角坐标系下的物理方程的第一式 $\varepsilon_x=\frac{1}{E}(\sigma_x-\upsilon\sigma_y)$，得：

$$\begin{aligned}\varepsilon_x&=\frac{1}{E}(\sigma_x-\upsilon\sigma_y)\\&=\frac{1}{E}[(\sigma_r\cos^2\theta+\sigma_\theta\sin^2\theta-\tau_{r\theta}\sin2\theta)-\upsilon(\sigma_r\sin^2\theta+\sigma_\theta\cos^2\theta+\tau_{r\theta}\sin2\theta)]\\&=\frac{1}{E}\left\{[(\sigma_r-\upsilon\sigma_\theta)\cos^2\theta]+[(\sigma_\theta-\upsilon\sigma_r)\sin^2\theta]-(1+\upsilon)\tau_{r\theta}\sin2\theta\right\}\end{aligned}$$

在上式中，当 $\theta\to0°$ 时，有 $\varepsilon_x\to\varepsilon_r$，因此，有：

$$\varepsilon_r=\frac{1}{E}(\sigma_r-\upsilon\sigma_\theta)$$

同理，可得 ε_θ 和 $\gamma_{r\theta}$。所以，极坐标表示的物理方程为

$$\left.\begin{aligned}\varepsilon_r&=\frac{1}{E}(\sigma_r-\upsilon\sigma_\theta)\\\varepsilon_\theta&=\frac{1}{E}(\sigma_\theta-\upsilon\sigma_r)\\\gamma_{r\theta}&=\frac{2(1+\upsilon)}{E}\tau_{r\theta}\end{aligned}\right\}\tag{4.10}$$

对于平面应变问题，只需在式(4.10)中将 E 换为 $\frac{E}{1-\upsilon^2}$ 和 υ 换为 $\frac{\upsilon}{1-\upsilon}$，方程的形式不变。

4.1.5　极坐标系下的几何方程与应变协调方程

在推导几何方程之前，我们先给出几个辅助的算式。回顾式(4.3)，可写出：

$$\frac{\partial\varphi}{\partial x}=\frac{\partial\varphi}{\partial r}\frac{\partial r}{\partial x}+\frac{\partial\varphi}{\partial\theta}\frac{\partial\theta}{\partial x}=\frac{\partial\varphi}{\partial r}\cos\theta-\frac{1}{r}\frac{\partial\varphi}{\partial\theta}\sin\theta$$

$$\frac{\partial\varphi}{\partial y}=\frac{\partial\varphi}{\partial r}\frac{\partial r}{\partial y}+\frac{\partial\varphi}{\partial\theta}\frac{\partial\theta}{\partial y}=\frac{\partial\varphi}{\partial r}\sin\theta+\frac{1}{r}\frac{\partial\varphi}{\partial\theta}\cos\theta$$

因此，我们可把下列两个记号：

$$\frac{\partial}{\partial x}=\cos\theta\,\frac{\partial}{\partial r}-\frac{1}{r}\sin\theta\,\frac{\partial}{\partial\theta} \tag{4.11a}$$

$$\frac{\partial}{\partial y}=\sin\theta\,\frac{\partial}{\partial r}+\frac{1}{r}\cos\theta\,\frac{\partial}{\partial\theta} \tag{4.11b}$$

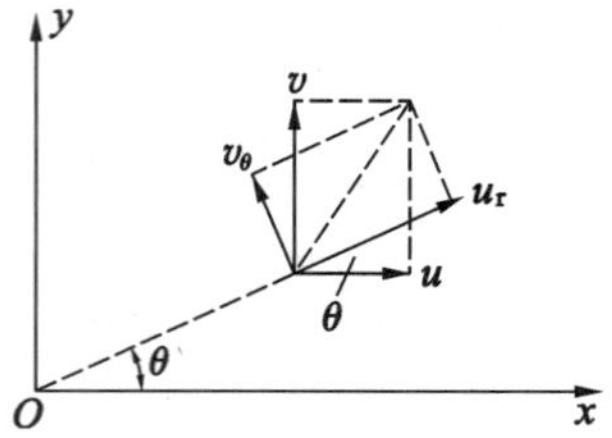

图 4.2　直角坐标系与极坐标系下的位移关系

在进行数学运算时当作算符，这样将使今后的推导较为方便。

根据图 4.2 可以立即写出 r、θ 方向的位移 u_r、v_θ 与直角坐标表示的位移 u、v 之间的关系式，即

$$u=u_r\cos\theta-v_\theta\sin\theta \tag{4.12a}$$

$$v=u_r\sin\theta+v_\theta\cos\theta \tag{4.12b}$$

将上述两式代入直角坐标系下的几何方程 $\varepsilon_x=\frac{\partial u}{\partial x}$、$\varepsilon_y=\frac{\partial v}{\partial y}$、$\gamma_{xy}=\frac{\partial v}{\partial x}+\frac{\partial u}{\partial y}$中，则它们分别为

$$\begin{aligned}\varepsilon_x=\frac{\partial u}{\partial x}&=\left(\cos\theta\,\frac{\partial}{\partial r}-\frac{1}{r}\sin\theta\,\frac{\partial}{\partial\theta}\right)(u_r\cos\theta-v_\theta\sin\theta)\\&=\cos^2\theta\,\frac{\partial u_r}{\partial r}-\sin\theta\cos\theta\,\frac{\partial v_\theta}{\partial r}-\frac{1}{r}\sin\theta\cos\theta\,\frac{\partial u_r}{\partial\theta}+\frac{1}{r}u_r\sin^2\theta\\&\quad+\frac{1}{r}\sin^2\theta\,\frac{\partial v_\theta}{\partial\theta}+\frac{1}{r}v_\theta\sin\theta\cos\theta\end{aligned}$$

在上式中，当 $\theta\to0°$时，$u\to u_r$，所以 $\varepsilon_x\to\varepsilon_r$，因此，有：

$$\varepsilon_r=\frac{\partial u_r}{\partial r} \tag{4.13a}$$

同样：

$$\begin{aligned}\varepsilon_y=\frac{\partial v}{\partial y}&=\left(\sin\theta\,\frac{\partial}{\partial r}+\frac{1}{r}\cos\theta\,\frac{\partial}{\partial\theta}\right)(u_r\sin\theta+v_\theta\cos\theta)\\&=\sin^2\theta\,\frac{\partial u_r}{\partial r}+\sin\theta\cos\theta\,\frac{\partial v_\theta}{\partial r}+\frac{1}{r}\sin\theta\cos\theta\,\frac{\partial u_r}{\partial\theta}+\frac{1}{r}u_r\cos^2\theta\\&\quad+\frac{1}{r}\cos^2\theta\,\frac{\partial v_\theta}{\partial\theta}-\frac{1}{r}v_\theta\cos\theta\sin\theta\end{aligned}$$

在上式中，当 $\theta\to0°$时，$u\to u_r$，$v\to v_\theta$，所以 $\varepsilon_y\to\varepsilon_\theta$，因此，有：

$$\varepsilon_\theta=\frac{1}{r}\frac{\partial v_\theta}{\partial\theta}+\frac{u_r}{r} \tag{4.13b}$$

切应变的变换是：

$$\begin{aligned}\gamma_{xy}&=\frac{\partial u}{\partial y}+\frac{\partial v}{\partial x}=\left(\sin\theta\,\frac{\partial}{\partial r}+\frac{1}{r}\cos\theta\,\frac{\partial}{\partial\theta}\right)(u_r\cos\theta-v_\theta\sin\theta)+\left(\cos\theta\,\frac{\partial}{\partial r}-\frac{1}{r}\sin\theta\,\frac{\partial}{\partial\theta}\right)(u_r\sin\theta+v_\theta\cos\theta)\\&=\sin\theta\left(\cos\theta\,\frac{\partial u_r}{\partial r}-\sin\theta\,\frac{\partial v_\theta}{\partial r}\right)+\frac{1}{r}\cos\theta\left(-u_r\sin\theta+\cos\theta\,\frac{\partial u_r}{\partial\theta}-v_\theta\cos\theta-\sin\theta\,\frac{\partial v_\theta}{\partial\theta}\right)\\&\quad+\cos\theta\left(\sin\theta\,\frac{\partial u_r}{\partial r}+\cos\theta\,\frac{\partial v_\theta}{\partial r}\right)-\frac{1}{r}\sin\theta\left(u_r\cos\theta+\sin\theta\,\frac{\partial u_r}{\partial\theta}-v_\theta\sin\theta+\cos\theta\,\frac{\partial v_\theta}{\partial\theta}\right)\end{aligned}$$

上式中，当 $\theta\to0°$时，$u\to u_r$，$v\to v_\theta$，所以 $\gamma_{xy}\to\gamma_{r\theta}$，因此，有：

$$\gamma_{r\theta}=\frac{1}{r}\frac{\partial u_r}{\partial\theta}-\frac{v_\theta}{r}+\frac{\partial v_\theta}{\partial r} \tag{4.13c}$$

平面问题最后归结为求解双调和方程的边值问题，因此，现在来推导用极坐标表示的双调和方程。为此，先要算出二阶算符，即

$$\frac{\partial^2\varphi}{\partial x^2}=\frac{\partial}{\partial x}\left(\frac{\partial\varphi}{\partial x}\right)=\frac{\partial}{\partial r}\left(\frac{\partial\varphi}{\partial x}\right)\frac{\partial r}{\partial x}+\frac{\partial}{\partial\theta}\left(\frac{\partial\varphi}{\partial x}\right)\frac{\partial\theta}{\partial x}$$

$$=\frac{\partial}{\partial r}\left(\cos\theta\frac{\partial\varphi}{\partial r}-\frac{1}{r}\sin\theta\frac{\partial\varphi}{\partial\theta}\right)\cos\theta+\frac{\partial}{\partial\theta}\left(\cos\theta\frac{\partial\varphi}{\partial r}-\frac{1}{r}\sin\theta\frac{\partial\varphi}{\partial\theta}\right)\left(-\frac{1}{r}\sin\theta\right)$$

$$=\cos^2\theta\frac{\partial^2\varphi}{\partial r^2}-\frac{2}{r}\sin\theta\cos\theta\frac{\partial^2\varphi}{\partial r\partial\theta}+\frac{1}{r}\sin^2\theta\frac{\partial\varphi}{\partial r}+\frac{2}{r^2}\sin\theta\cos\theta\frac{\partial\varphi}{\partial\theta}+\frac{1}{r^2}\sin^2\theta\frac{\partial^2\varphi}{\partial\theta^2}$$

同理

$$\frac{\partial^2\varphi}{\partial y^2}=\sin^2\theta\frac{\partial^2\varphi}{\partial r^2}+\frac{2}{r}\sin\theta\cos\theta\frac{\partial^2\varphi}{\partial r\partial\theta}+\frac{1}{r}\cos^2\theta\frac{\partial\varphi}{\partial r}-\frac{2}{r^2}\sin\theta\cos\theta\frac{\partial\varphi}{\partial\theta}+\frac{1}{r^2}\cos^2\theta\frac{\partial^2\varphi}{\partial\theta^2}$$

$$\frac{\partial^2\varphi}{\partial x\partial y}=\sin\theta\cos\theta\frac{\partial^2\varphi}{\partial r^2}+\frac{1}{r}\cos2\theta\frac{\partial^2\varphi}{\partial r\partial\theta}-\frac{1}{r}\sin\theta\cos\theta\frac{\partial\varphi}{\partial r}-\frac{1}{r^2}\cos2\theta\frac{\partial\varphi}{\partial\theta}-\frac{1}{r^2}\sin\theta\cos\theta\frac{\partial^2\varphi}{\partial\theta^2}$$

因此，得：

$$\frac{\partial^2\varphi}{\partial x^2}+\frac{\partial^2\varphi}{\partial y^2}=\frac{\partial^2\varphi}{\partial r^2}+\frac{1}{r}\frac{\partial\varphi}{\partial r}+\frac{1}{r^2}\frac{\partial^2\varphi}{\partial\theta^2}$$

用极坐标表示的拉普拉斯算子为

$$\nabla^2=\frac{\partial^2}{\partial r^2}+\frac{1}{r}\frac{\partial}{\partial r}+\frac{1}{r^2}\frac{\partial^2}{\partial\theta^2}$$

所以，我们得到用极坐标表示的应力函数 $\varphi(r,\theta)$ 须满足的双调和方程式(即极坐标下的相容方程式)为

$$\nabla^2\nabla^2\varphi=\left(\frac{\partial^2}{\partial r^2}+\frac{1}{r}\frac{\partial}{\partial r}+\frac{1}{r^2}\frac{\partial^2}{\partial\theta^2}\right)\left(\frac{\partial^2}{\partial r^2}+\frac{1}{r}\frac{\partial}{\partial r}+\frac{1}{r^2}\frac{\partial^2}{\partial\theta^2}\right)\varphi=0 \tag{4.14}$$

最后，我们建立应力函数与应力分量用极坐标表示的关系式。当 $\theta\to0°$ 时，$\sigma_r\to\sigma_x$，$\sigma_\theta\to\sigma_y$，$\tau_{r\theta}\to\tau_{xy}$，因此，我们可以写出：

$$\sigma_r=(\sigma_x)_{\theta=0°}=\left(\frac{\partial^2\varphi}{\partial y^2}\right)_{\theta=0°}=\left(\sin^2\theta\frac{\partial^2\varphi}{\partial r^2}+\frac{2}{r}\sin\theta\cos\theta\frac{\partial^2\varphi}{\partial r\partial\theta}+\frac{1}{r}\cos^2\theta\frac{\partial\varphi}{\partial r}\right.$$

$$\left.-\frac{2}{r^2}\sin\theta\cos\theta\frac{\partial\varphi}{\partial\theta}+\frac{1}{r^2}\cos^2\theta\frac{\partial^2\varphi}{\partial\theta^2}\right)_{\theta=0°}=\frac{1}{r}\frac{\partial\varphi}{\partial r}+\frac{1}{r^2}\frac{\partial^2\varphi}{\partial\theta^2} \tag{4.15a}$$

$$\sigma_\theta=(\sigma_y)_{\theta=0°}=\left(\frac{\partial^2\varphi}{\partial x^2}\right)_{\theta=0°}=\left(\cos^2\theta\frac{\partial^2\varphi}{\partial r^2}-\frac{2}{r}\sin\theta\cos\theta\frac{\partial^2\varphi}{\partial r\partial\theta}+\frac{1}{r}\sin^2\theta\frac{\partial\varphi}{\partial r}\right.$$

$$\left.+\frac{2}{r^2}\sin\theta\cos\theta\frac{\partial\varphi}{\partial\theta}+\frac{1}{r^2}\sin^2\theta\frac{\partial^2\varphi}{\partial\theta^2}\right)_{\theta=0°}=\frac{\partial^2\varphi}{\partial r^2} \tag{4.15b}$$

$$\tau_{r\theta}=\tau_{\theta r}=(\tau_{xy})_{\theta=0°}=\left(-\frac{\partial^2\varphi}{\partial x\partial y}\right)_{\theta=0°}$$

$$=-\left(\sin\theta\cos\theta\frac{\partial^2\varphi}{\partial r^2}+\frac{1}{r}\cos2\theta\frac{\partial^2\varphi}{\partial r\partial\theta}-\frac{\sin\theta\cos\theta}{r}\frac{\partial\varphi}{\partial r}-\frac{1}{r^2}\cos2\theta\frac{\partial\varphi}{\partial\theta}-\frac{1}{r^2}\sin\theta\cos\theta\frac{\partial^2\varphi}{\partial\theta^2}\right)_{\theta=0°}$$

$$=-\frac{1}{r}\frac{\partial^2\varphi}{\partial r\partial\theta}+\frac{1}{r^2}\frac{\partial\varphi}{\partial\theta}=-\frac{\partial}{\partial r}\left(\frac{1}{r}\frac{\partial\varphi}{\partial\theta}\right) \tag{4.15c}$$

式(4.15)就是极坐标形式下用应力函数 $\varphi(r,\theta)$ 来表示应力分量的关系式。从本质上说，这组方程相当于平衡方程。

4.2 轴对称平面问题

现在讨论最简单的平面问题，即应力的分布对称于通过坐标原点 O 并垂直于 xOy 平面的 z 轴，

这样的问题称为轴对称平面问题。其特点是应力分量和应变分量与幅角 θ 无关，仅仅是 r 的函数。所以，应力分量式(4.15)变为

$$\left.\begin{aligned}\sigma_r &= \frac{1}{r}\frac{\partial\varphi}{\partial r}\\ \sigma_\theta &= \frac{\partial^2\varphi}{\partial r^2}\\ \tau_{r\theta} &= 0\end{aligned}\right\} \tag{4.16}$$

由于应力分量只是 r 的函数，因此应力函数也只是 r 的函数，所以双调和方程式(4.14)为

$$\left(\frac{d^2}{dr^2}+\frac{1}{r}\frac{d}{dr}\right)\left(\frac{d^2}{dr^2}+\frac{1}{r}\frac{d}{dr}\right)\varphi(r)=0 \tag{4.17a}$$

注意，这里不用偏导数是因为自变量只有一个 r。将上式展开并乘以 r^4，得：

$$r^4\frac{d^4\varphi}{dr^4}+2r^3\frac{d^3\varphi}{dr^3}-r^2\frac{d^2\varphi}{dr^2}+r\frac{d\varphi}{dr}=0 \tag{4.17b}$$

这是欧拉方程，作变换 $r=e^t$，就可将欧拉方程变为常系数常微分方程：

$$\frac{d^4\varphi}{dt^4}-4\frac{d^3\varphi}{dt^3}+4\frac{d^2\varphi}{dt^2}=0 \tag{4.18}$$

其通解为

$$\varphi=c_1+c_2t+c_3e^{2t}+c_4te^{2t}$$

将 $t=\ln r$ 代入上式，通解就置换为由 r 表达的形式：

$$\varphi(r)=A\ln r+Br^2\ln r+Cr^2+D \tag{4.19}$$

将应力函数 $\varphi(r)$ 的表达式(4.19)代入式(4.16)，得应力分量为

$$\left.\begin{aligned}\sigma_r &= \frac{1}{r}\frac{d\varphi}{dr}=\frac{A}{r^2}+B(2\ln r+1)+2C\\ \sigma_\theta &= \frac{d^2\varphi}{dr^2}=-\frac{A}{r^2}+B(3+2\ln r)+2C\\ \tau_{r\theta} &= \tau_{\theta r}=0\end{aligned}\right\} \tag{4.20}$$

不难看出，由式(4.20)给出的应力分量其分布规律对于坐标原点是对称的。所以，也有学者称为平面圆对称问题。

现在来讨论相应的位移。

将式(4.20)代入物理方程式(4.10)的第一式，并注意到几何方程式(4.13)的第一式，我们可写出：

$$\frac{\partial u_r}{\partial r}=\varepsilon_r=\frac{1}{E}\left[\frac{(1+\upsilon)A}{r^2}+2(1-\upsilon)B\ln r+(1-3\upsilon)B+2(1-\upsilon)C\right]$$

将上式对 r 积分，得：

$$u_r=\frac{1}{E}\left[-\frac{(1+\upsilon)A}{r}+2(1-\upsilon)Br\ln r-B(1+\upsilon)r+2C(1-\upsilon)r\right]+f(\theta) \tag{a}$$

式(a)中 $f(\theta)$ 只是关于 θ 的函数。

由物理方程式(4.10)的第二式与几何方程式(4.13)的第二式，有：

$$\varepsilon_\theta=\frac{u_r}{r}+\frac{1}{r}\frac{\partial v_\theta}{\partial\theta}=\frac{1}{E}(\sigma_\theta-\upsilon\sigma_r)$$

将应力分量式(4.20)与式(a)同时代入上式，得：

$$\frac{\partial v_\theta}{\partial\theta}=\frac{4Br}{E}-f(\theta)$$

将上式对 θ 积分，得：

$$v_\theta = \frac{4Br\theta}{E} - \int f(\theta)\mathrm{d}\theta + g(r) \tag{b}$$

式(b)中 $g(r)$ 只是关于 r 的函数。

为了确定 $f(\theta)$ 和 $g(r)$，我们利用几何方程式(4.13c)。由于是轴对称的问题，一切反对称的量均须为零，因此切应力为零，即 $\tau_{r\theta}=0$，于是由物理方程式(4.10)第三式得 $\gamma_{r\theta}=0$，有：

$$\gamma_{r\theta} = \frac{1}{r}\frac{\partial u_r}{\partial\theta} + \frac{\partial v_\theta}{\partial r} - \frac{v_\theta}{r} = 0$$

把式(a)和式(b)代入上式，得：

$$\frac{1}{r}\frac{\mathrm{d}f(\theta)}{\mathrm{d}\theta} + \frac{\mathrm{d}g(r)}{\mathrm{d}r} + \frac{1}{r}\int f(\theta)\mathrm{d}\theta - \frac{1}{r}g(r) = 0$$

分离变量后，有：

$$\frac{\mathrm{d}f(\theta)}{\mathrm{d}\theta} + \int f(\theta)\mathrm{d}\theta = 0, \quad \frac{\mathrm{d}g(r)}{\mathrm{d}r} - \frac{1}{r}g(r) = 0$$

上列两个方程的解是显然的，为

$$\left.\begin{aligned} f(\theta) &= H\sin\theta + K\cos\theta \\ g(r) &= Fr \end{aligned}\right\} \tag{c}$$

式中，F、H、K 是任意常数。将式(c)代入式(a)和式(b)，得位移分量的表达式：

$$\left.\begin{aligned} u_r &= \frac{1}{E}\left[-(1+\upsilon)\frac{A}{r} + 2(1-\upsilon)Br\ln r - B(1+\upsilon)r + 2C(1-\upsilon)r\right] + H\sin\theta + K\cos\theta \\ v_\theta &= \frac{4Br\theta}{E} + Fr + H\cos\theta - K\sin\theta \end{aligned}\right\} \tag{4.21}$$

对于每个具体问题，式(4.21)中的常数 A、B、C 的值在求应力分量时可由边界条件得到；常数 F、H、K 将由问题的约束条件确定。

比较式(4.20)和式(4.21)，我们发现应力轴对称并不意味着对应的位移也是轴对称。如果作用在物体上的荷载是轴对称的，而物体的几何形状也是轴对称的，则应力状态是轴对称的；如果这时约束条件也是轴对称的，则位移也是轴对称的。这时，物体内各点都不会有环向位移，也就是说，不论 r 和 θ 取何值，都有 $v_\theta=0$，所以由式(4.21)的第二式得：

$$B = F = H = K = 0$$

这种情况下的应力分量将简化为

$$\left.\begin{aligned} \sigma_r &= \frac{A}{r^2} + 2C \\ \sigma_\theta &= -\frac{A}{r^2} + 2C \\ \tau_{r\theta} &= \tau_{\theta r} = 0 \end{aligned}\right\} \tag{4.22}$$

位移分量也将简化为

$$\left.\begin{aligned} u_r &= \frac{1}{E}\left[-(1+\upsilon)\frac{A}{r} + 2(1-\upsilon)Cr\right] \\ v_\theta &= 0 \end{aligned}\right\} \tag{4.23}$$

上述表达式也适用于平面应变问题，只需将式中的 E 换为$\frac{E}{1-\upsilon^2}$，υ 换为$\frac{\upsilon}{1-\upsilon}$。

4.3　厚壁筒问题

厚壁筒问题是弹性力学的经典问题之一，又称拉梅问题。厚壁筒内外壁分别受均布压力 p_1 和 p_2 作用，a 和 b 分别是内、外半径，如图 4.3 所示。设筒的长度比其直径大得多，故可以认为离筒两端足够远处的应力和应变分布沿筒长方向没有差异，因此这是平面应变问题。

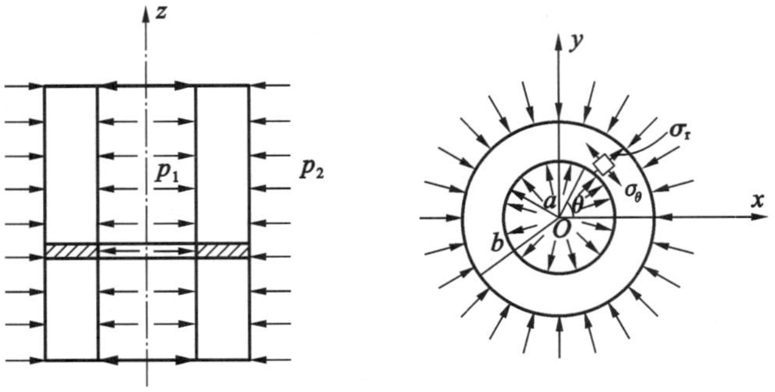

图 4.3　厚壁筒应力分析示意图

本问题的应力分量与位移分量都是对称分布的，所以可直接应用式(4.22)求得应力分量，用式(4.23)求位移分量。为此，我们写出其边界条件：

$$\left.\begin{aligned}\sigma_r &= -p_1 \quad (r=a)\\ \sigma_r &= -p_2 \quad (r=b)\end{aligned}\right\} \tag{4.24}$$

将边界条件式(4.24)代入式(4.22)的第一式，得：

$$\frac{A}{a^2}+2C=-p_1$$

$$\frac{A}{b^2}+2C=-p_2$$

解上列两式，得：

$$A=\frac{a^2b^2(p_2-p_1)}{b^2-a^2},\quad 2C=\frac{a^2p_1-b^2p_2}{b^2-a^2}$$

将这些常数代入式(4.22)，得应力分量：

$$\left.\begin{aligned}\sigma_r &= \frac{a^2b^2}{b^2-a^2}\frac{p_2-p_1}{r^2}+\frac{a^2p_1-b^2p_2}{b^2-a^2}\\ \sigma_\theta &= -\frac{a^2b^2}{b^2-a^2}\frac{p_2-p_1}{r^2}+\frac{a^2p_1-b^2p_2}{b^2-a^2}\\ \tau_{r\theta} &= \tau_{\theta r}=0\end{aligned}\right\} \tag{4.25}$$

由上式可见，σ_r 和 σ_θ 之和在截面的任一点均是常量。

位移分量为

$$u_r=\frac{1+\upsilon}{E}\left[(1-2\upsilon)\frac{a^2p_1-b^2p_2}{b^2-a^2}r-\frac{a^2b^2(p_2-p_1)}{b^2-a^2}\frac{1}{r}\right] \tag{4.26}$$

最后说明一个情况，厚壁筒问题是平面应变问题，即 $\varepsilon_z=0$，$\sigma_z=\upsilon(\sigma_r+\sigma_\theta)$，且为常量。但是，如果考虑圆筒端部可以自由伸长，即 ε_z 为常量，则应力 σ_z 为

$$\sigma_z=\upsilon(\sigma_r+\sigma_\theta)+E\varepsilon_z=C(\text{常量})$$

式中 C 可由端面上合力等于零这一条件确定，即

$$\int_a^b \sigma_z 2\pi r \mathrm{d}r = \pi C(b^2 - a^2) = 0$$

由上式得：

$$C = \sigma_z = 0$$

所以，当厚壁筒端可以自由移动时，确定应变分量必须利用平面应力状态下的应力-应变关系式。这是要注意的一个问题。

如果只有筒内压力 p_1，而 $p_2=0$，则有：

$$\left.\begin{aligned}
\sigma_r &= \frac{a^2 p_1}{b^2-a^2}\left(1-\frac{b^2}{r^2}\right)\\
\sigma_\theta &= \frac{a^2 p_1}{b^2-a^2}\left(1+\frac{b^2}{r^2}\right)\\
u_r &= \frac{1-\upsilon}{E}\frac{a^2 p_1 r}{b^2-a^2}+\frac{1+\upsilon}{E}\frac{a^2 b^2 p_1}{b^2-a^2}\frac{1}{r}
\end{aligned}\right\} \tag{4.27}$$

从上式可以看出，σ_r 总是压应力，而 σ_θ 总是拉应力。σ_θ 的最大值是在厚壁筒内壁（$r=a$）处，其值为

$$(\sigma_\theta)_{\max} = p_1 \frac{a^2+b^2}{b^2-a^2}$$

这个拉应力 σ_θ 总是大于内压力 p_1，随着 b 的增大，$(\sigma_\theta)_{\max}$ 趋近于 p_1。

当内压力 $p_1=0$，而只有外压力 p_2 作用时，应力分量为

$$\left.\begin{aligned}
\sigma_r &= \frac{b^2 p_2}{b^2-a^2}\left(\frac{a^2}{r^2}-1\right)\\
\sigma_\theta &= -\frac{b^2 p_2}{b^2-a^2}\left(\frac{a^2}{r^2}+1\right)\\
u_r &= -\left(\frac{1-\upsilon}{E}\frac{b^2 p_2}{b^2-a^2}r+\frac{1+\upsilon}{E}\frac{a^2 b^2 p_2}{b^2-a^2}\frac{1}{r}\right)
\end{aligned}\right\} \tag{4.28}$$

这种应力状态恰恰与只有内压力的情况相反，σ_θ 恒为压应力。σ_θ 的最大值是在厚壁筒外壁（$r=a$）处，其值为

$$(\sigma_\theta)_{\max} = -p_2 \frac{2b^2}{b^2-a^2}$$

4.4 部分圆环的纯弯曲

设有一个内半径为 a、外半径为 b 的矩形截面曲梁（为圆环的一部分），其宽度为单位长度，在梁的两端作用一对弯矩 M，梁轴为一圆弧，曲率中心 O 为坐标原点，极角从曲梁的任一端量起，如图 4.4 所示。

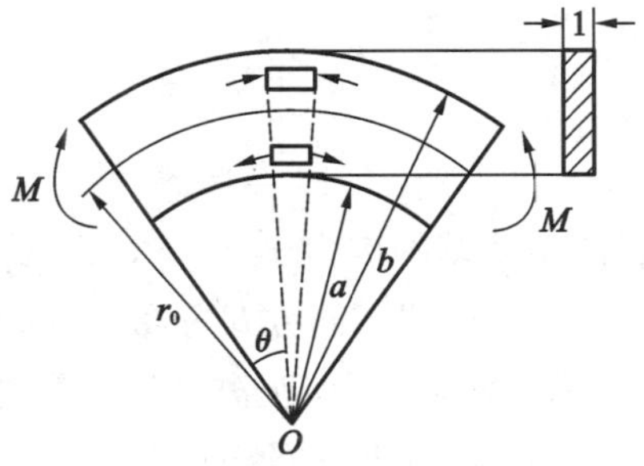

图 4.4 矩形截面曲梁应力分析示意图

由于在所有径向截面上，受到相同的弯矩 M 作用，因而可以认为各截面上应力分布相同，这就是说，应力与极角无关，于是，我们又可以直接应用 4.2 节的结果。

曲梁的受力情况是，在曲梁的凹凸两边界上没有法向外力，在两端平面上有正应力 σ_θ，但其合力为零，只有一力偶 M，在所有边界上没有切向外力。所以，曲梁的边界条件是：

(1) 在 $r=a$，$r=b$ 处，$\sigma_r=0$；

(2) 在两端面处，$\int_a^b \sigma_\theta \mathrm{d}r = 0$，$\int_a^b \sigma_\theta r \mathrm{d}r = -M$；

(3) 在所有边界上，$\tau_{r\theta} = 0$；

(4) 在 $\theta = 0$ 和 $r = r_0 = \dfrac{a+b}{2}$ 处，$u_r = v_\theta = 0$，$\dfrac{\partial v_\theta}{\partial r} = 0$。

利用式(4.20)的第一式和边界条件(1)，有：

$$\left.\begin{aligned}\frac{A}{a^2} + B(2\ln a + 1) + 2C = 0\\ \frac{A}{b^2} + B(2\ln b + 1) + 2C = 0\end{aligned}\right\} \tag{a}$$

边界条件(2)的第一式，容易证明它是自动满足的，因为

$$\int_a^b \sigma_\theta \mathrm{d}r = \int_a^b \frac{\mathrm{d}^2\varphi}{\mathrm{d}r^2}\mathrm{d}r = \left[\frac{\mathrm{d}\varphi}{\mathrm{d}r}\right]_a^b = [r\sigma_r]_a^b = 0 \tag{b}$$

又由边界条件(2)的第二式，有：

$$-M = \int_a^b \sigma_\theta r \mathrm{d}r = \int_a^b r\frac{\mathrm{d}^2\varphi}{\mathrm{d}r^2}\mathrm{d}r = r\frac{\mathrm{d}\varphi}{\mathrm{d}r}\bigg|_a^b - \int_a^b \frac{\mathrm{d}\varphi}{\mathrm{d}r}\mathrm{d}r$$

由式(b)可知

$$\left[r\frac{\mathrm{d}\varphi}{\mathrm{d}r}\right]_a^b = [r^2\sigma_r]_a^b = 0$$

所以，得：

$$-M = \varphi_a - \varphi_b$$

将 φ 的表达式(4.19)代入上式，即得：

$$A\ln\frac{b}{a} + B(b^2\ln b - a^2\ln a) + C(b^2 - a^2) = M \tag{c}$$

由式(a)和式(c)可完全确定常数 A、B、C，它们分别为

$$\left.\begin{aligned}A &= -\frac{4M}{\rho}a^2b^2\ln\frac{b}{a}\\ B &= -\frac{2M}{\rho}(b^2 - a^2)\\ C &= \frac{M}{\rho}[b^2 - a^2 + 2(b^2\ln b - a^2\ln a)]\end{aligned}\right\} \tag{4.29}$$

式中，$\rho = (b^2 - a^2)^2 - 4a^2b^2\left(\ln\dfrac{b}{a}\right)^2$。

将上述常数代入式(4.20)，得：

$$\left.\begin{aligned}\sigma_r &= -\frac{4M}{\rho}\left(\frac{a^2b^2}{r^2}\ln\frac{b}{a} + b^2\ln\frac{r}{b} + a^2\ln\frac{a}{r}\right)\\ \sigma_\theta &= -\frac{4M}{\rho}\left(-\frac{a^2b^2}{r^2}\ln\frac{b}{a} + b^2\ln\frac{r}{b} + a^2\ln\frac{a}{r} + b^2 - a^2\right)\\ \tau_{r\theta} &= 0\end{aligned}\right\} \tag{4.30}$$

若曲梁两端的应力 σ_θ 分布如式(4.30)第二式所示，则上式给出了曲梁的正确解。假如在曲梁的两端，其应力 σ_θ 按不同方式分布，则两端的应力分布将不同于由式(4.30)给出的状态。但按圣维南原理，在远离两端(例如距离等于其高度之处)处的应力分布与式(4.30)的解差别就很小了，因此，可以认为式(4.30)是很好的近似解答。

现在我们将这里的结果与材料力学中由梁的弯曲理论得到的结果予以比较。在材料力学梁的弯

曲理论中，σ_r 是假设恒等于零的；σ_θ 要和 M 平衡，因此对于中性层讲是反对称的。在材料力学中，通常假定 σ_θ 是高度方向坐标的线性函数，在内侧承受张力，外侧承受压力；张力和压力对于中性层相等的位置其大小是相等的。有时更进一步假设 σ_θ 是按双曲线分布的，则上述的张力和压力的大小就不一定相等了。这里的正确解也指出它们的大小是不相等的。现将材料力学和这里所得的结果列在表 4.3 中，极大和极小应力 σ_θ 用下式表示：

$$\sigma_\theta = m\frac{M}{a^2} \tag{4.31}$$

其中，m 是系数，我们比较时以它为标准。

表 4.3 各种弯曲理论下的 m 值[方程式(4.31)]

b/a	线性应力分布	双曲线应力分布	正确解
1.3	±66.67	+72.98 −61.27	+73.05 −61.35
2	±6.000	+7.725 −4.863	+7.755 −4.917
3	±1.500	+2.285 −1.095	+2.292 −1.130

由表 4.3 可以看出，σ_θ 的线性分布假设与正确解出入较大，双曲线分布的假设与正确解比较接近，但仍有差别，这完全是在材料力学中不考虑纵向纤维间的应力，即假设 $\sigma_r=0$ 之故。

由数值计算结果表明(表 4.4)，与 $(\sigma_\theta)_{max}$ 相比，$(\sigma_r)_{max}$ 的值很小，因此，将 σ_r 忽略不计，其所产生的误差也就不大。

表 4.4 $(\sigma_r)_{max}/(\sigma_\theta)_{max}$ 的关系

b/a	1.3	2	3
$(\sigma_r)_{max}/(\sigma_\theta)_{max}$	0.060	0.138	0.139

下面求位移。把式(4.21)代入考虑边界条件(4)的情况，得：

$$\frac{1}{E}\left[-(1+\upsilon)\frac{A}{r_0}+2(1-\upsilon)Br_0\ln r_0-B(1+\upsilon)r_0+2C(1-\upsilon)r_0\right]+K=0$$

$$Fr_0+H=0$$

$$F=0$$

由此得：

$$F=H=0$$

$$K=\frac{1}{E}\left[(1+\upsilon)\frac{A}{r_0}-2(1-\upsilon)Br_0\ln r_0+B(1+\upsilon)r_0-2C(1-\upsilon)r_0\right]$$

所以，位移表达式为

$$\left.\begin{aligned}u_r&=\frac{1}{E}\left[-(1+\upsilon)\frac{A}{r}+2(1-\upsilon)Br\ln r-B(1+\upsilon)r+2C(1-\upsilon)r\right]+K\cos\theta\\ v_\theta&=\frac{4Br\theta}{E}-K\sin\theta\end{aligned}\right\} \tag{4.32}$$

式(4.32)的第一式等号右边 υ 为泊松比，第二式等号左边 v_θ 为环向位移。式(4.32)表明，任何截面的环向位移 v_θ 由两部分组成：一部分为截面上各点都按$(-K\sin\theta)$平行移动，另一部分为截面绕曲率中心 O(图 4.4)转动一角度$\frac{4B\theta}{E}$。由此可知，纯弯曲时截面保持为平面，这说明材料力学中曲梁弯曲理论中所作的平截面假设是正确的。在式(4.32)的第二式中，当 θ 转过 2π 时，v_θ 要增加$\frac{8Br\pi}{E}$。在完全的圆环中，这当然是不合理的，因此 B 在此种情况必须为零(在 4.2 节，我们已指出过，位移对称

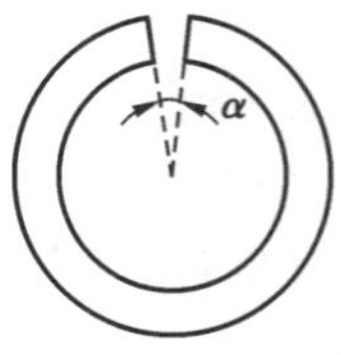

图 4.5　缺口圆环应力分析示意图

的情况 $B=0$，即 $v_\theta=0$)。在不完全的圆环中，如图 4.5 所示，为缺一角 α 的不完全圆环，用外力使两端压紧后焊接起来。焊接后两端就有力矩，这个力矩的大小就是维持 v_θ 值的(假设这个 α 很小)，则 v_θ 为

$$v_\theta=\alpha r$$

由于 α 很小，可以认为增加 2π 时，$\theta=2\pi$，此时，有：

$$v_\theta=\frac{8\pi Br}{E}$$

两者应相等，所以：

$$B=\frac{\alpha E}{8\pi}$$

将上式代入式(4.29)的第二式，即得端部应有的力矩为

$$M=-\frac{\alpha E}{8\pi}\,\frac{(b^2-a^2)^2-4a^2b^2\left(\ln\frac{b}{a}\right)^2}{2(b^2-a^2)} \tag{4.33}$$

4.5　板中圆孔所产生的应力集中

在绪论里我们曾提到过薄板在单向拉伸时，板中小孔将引起应力集中现象，这个问题是有很重要的实际意义的。例如，飞机的机身、船舶甲板的钉孔、连续材料的裂痕等，都是这一类的应力集中问题。如果圆孔很小，则根据圣维南原理，在离孔缘几倍圆孔直径处，这个应力集中的影响必然逐渐消失。

现在我们考察一矩形薄板，内部有一半径为 a 的小圆孔，板的两个垂直方向分别受均布拉力 q 和压力 q 作用，如图 4.6(a)所示。

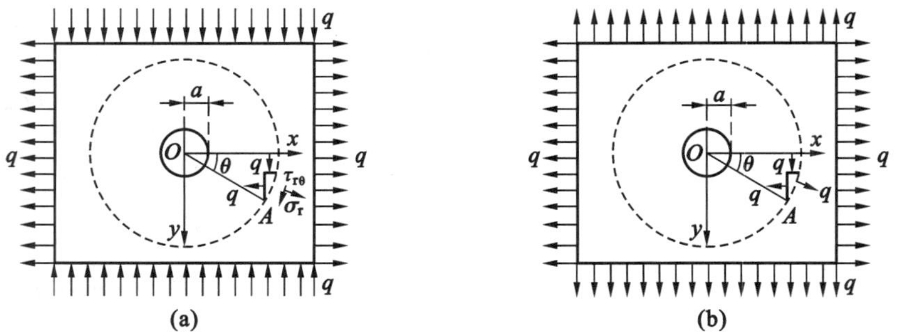

图 4.6　带孔矩形薄板应力分析示意图

这个问题有两种考虑，就直板的边界而论，宜用直角坐标；就圆孔的边界来说，宜用极坐标。究竟如何选择，应以我们考察何处的应力为依据。因为我们目前主要是考察孔边的应力，所以要用极坐标。

由圣维南原理可知，在离圆孔足够远的距离处的应力与没有圆孔的平板一样。因此，我们以坐标原点 O 为中心、b 为半径作一个大圆，如图中虚线所示($b\gg a$)。图中 A 点为大圆周边界上的点，其应力状态为简单拉压的情况。考虑 A 点处三角柱单元体的平衡条件，由 r 方向静力平衡条件，得：

$$\sigma_r r\,\mathrm{d}\theta=(qr\,\mathrm{d}\theta\cos\theta)\cos\theta-(qr\,\mathrm{d}\theta\sin\theta)\sin\theta$$

所以，当 $r=b$ 时，有：

$$(\sigma_r)_{r=b}=q\cos 2\theta \tag{a}$$

由 θ 方向的静力平衡条件，得：

$$\tau_{r\theta} r\mathrm{d}\theta + (qr\mathrm{d}\theta\cos\theta)\sin\theta + (qr\mathrm{d}\theta\sin\theta)\cos\theta = 0$$

同理，当 $r=b$ 时，有：

$$(\tau_{r\theta})_{r=b} = -q\sin 2\theta \tag{b}$$

通过上面的分析，对我们选用应力函数 $\varphi(r,\theta)$ 在形式上提供了必要的理由。也就是说，当我们采用半逆解法时，可以假设正应力 σ_r 是 r 的某一函数再乘以 $\cos 2\theta$，而切应力 $\tau_{r\theta}$ 则是 r 的某一函数乘以 $\sin 2\theta$。所以，令：

$$\varphi(r,\theta) = f(r)\cos 2\theta \tag{4.34}$$

显然，有：

$$\sigma_r = \frac{1}{r}\frac{\partial\varphi}{\partial r} + \frac{1}{r^2}\frac{\partial^2\varphi}{\partial\theta^2} \tag{c}$$

$$\tau_{r\theta} = -\frac{\partial}{\partial r}\left(\frac{1}{r}\frac{\partial\varphi}{\partial\theta}\right) \tag{d}$$

应力函数 $\varphi(r,\theta)$ 具有下列关系：

$$\frac{\partial^2\varphi}{\partial r^2} = \frac{\partial^2 f(r)}{\partial r^2}\cos 2\theta = \frac{\mathrm{d}^2 f(r)}{\mathrm{d}r^2}\cos 2\theta$$

$$\frac{1}{r}\frac{\partial\varphi}{\partial r} = \frac{1}{r}\frac{\partial f(r)}{\partial r}\cos 2\theta = \frac{1}{r}\frac{\mathrm{d}f(r)}{\mathrm{d}r}\cos 2\theta$$

$$\frac{1}{r^2}\frac{\partial^2\varphi}{\partial\theta^2} = -\frac{4}{r^2}f(r)\cos 2\theta$$

$$\frac{\partial^2\varphi}{\partial r^2} + \frac{1}{r}\frac{\partial\varphi}{\partial r} + \frac{1}{r^2}\frac{\partial^2\varphi}{\partial\theta^2} = \left[\frac{\mathrm{d}^2 f(r)}{\mathrm{d}r^2} + \frac{1}{r}\frac{\mathrm{d}f(r)}{\mathrm{d}r} - \frac{4f(r)}{r^2}\right]\cos 2\theta$$

把应力函数式(4.34)代入双调和方程式(4.14)，且留意上列关系，有：

$$\cos 2\theta\left(\frac{\mathrm{d}^2}{\mathrm{d}r^2} + \frac{1}{r}\frac{\mathrm{d}}{\mathrm{d}r} - \frac{4}{r^2}\right)\left(\frac{\mathrm{d}^2 f}{\mathrm{d}r^2} + \frac{1}{r}\frac{\mathrm{d}f}{\mathrm{d}r} - \frac{4f}{r^2}\right) = 0$$

式中，f 是 $f(r)$ 的缩写。对于任何 θ 值，上式均成立，故有：

$$\left(\frac{\mathrm{d}^2}{\mathrm{d}r^2} + \frac{1}{r}\frac{\mathrm{d}}{\mathrm{d}r} - \frac{4}{r^2}\right)\left(\frac{\mathrm{d}^2 f}{\mathrm{d}r^2} + \frac{1}{r}\frac{\mathrm{d}f}{\mathrm{d}r} - \frac{4f}{r^2}\right) = 0 \tag{4.35}$$

这是欧拉方程，它的解是我们所熟悉的。应用换元法，令 $r=\mathrm{e}^t$ 并借助算子 $D=\frac{\mathrm{d}}{\mathrm{d}t}$，有：

$$\frac{\mathrm{d}t}{\mathrm{d}r} = \frac{1}{r} \tag{e}$$

$$\frac{\mathrm{d}f}{\mathrm{d}r} = \frac{\mathrm{d}f}{\mathrm{d}t}\frac{\mathrm{d}t}{\mathrm{d}r} = \frac{1}{r}Df \tag{f}$$

$$\frac{\mathrm{d}^2 f}{\mathrm{d}r^2} = \frac{1}{r^2}D^2 f - \frac{1}{r^2}Df = \frac{1}{r^2}D(D-1)f \tag{g}$$

进而可以写出其一般表达式为

$$\frac{\mathrm{d}^n}{\mathrm{d}r^n} = \frac{1}{r^n}D(D-1)(D-2)\cdots(D-n+1) \tag{h}$$

根据上述辅助公式，式(4.35)即为

$$(D+2)(D-2)(D^2-4D)f = 0$$

通解为

$$f(r) = c_1 + c_2\mathrm{e}^{2t} + c_3\mathrm{e}^{4t} + c_4\mathrm{e}^{-2t}$$

自变量还原为 r，则有：

$$f(r)=Ar^2+Br^4+\frac{C}{r^2}+E \tag{4.36}$$

所以,应力函数 $\varphi(r,\theta)$ 为

$$\varphi(r,\theta)=\left(Ar^2+Br^4+\frac{C}{r^2}+E\right)\cos 2\theta \tag{4.37}$$

应力表达式为

$$\left.\begin{aligned}\sigma_r&=\frac{1}{r}\frac{\partial\varphi}{\partial r}+\frac{1}{r^2}\frac{\partial^2\varphi}{\partial\theta^2}=-\left(2A+\frac{6C}{r^4}+\frac{4E}{r^2}\right)\cos 2\theta\\ \sigma_\theta&=\frac{\partial^2\varphi}{\partial r^2}=\left(2A+12Br^2+\frac{6C}{r^4}\right)\cos 2\theta\\ \tau_{r\theta}&=-\frac{\partial}{\partial r}\left(\frac{1}{r}\frac{\partial\varphi}{\partial\theta}\right)=\left(2A+6Br^2-\frac{6C}{r^4}-\frac{2E}{r^2}\right)\sin 2\theta\end{aligned}\right\} \tag{4.38}$$

式中,四个积分常数由边界条件确定,边界条件是:

在 $r=a$ 处,

$$\begin{cases}\sigma_r=0\\ \tau_{r\theta}=0\end{cases}$$

在 $r=b$ 处,

$$\left.\begin{aligned}\sigma_r&=q\cos 2\theta\\ \tau_{r\theta}&=-q\sin 2\theta\end{aligned}\right\} \tag{4.39}$$

将式(4.38)代入式(4.39),得:

$$2A+\frac{6C}{a^4}+\frac{4E}{a^2}=0 \tag{i}$$

$$2A+6Ba^2-\frac{6C}{a^4}-\frac{2E}{a^2}=0 \tag{j}$$

$$2A+\frac{6C}{b^4}+\frac{4E}{b^2}=-q \tag{k}$$

$$2A+6Bb^2-\frac{6C}{b^4}-\frac{2E}{b^2}=-q \tag{l}$$

在式(l)中,两边乘以 $1/b^2$,考虑到假设的条件,板中的圆孔半径 a 很小,而 b 足够大,且 $b\gg a$,故得:

$$B=0$$

由式(i)、式(j)、式(k)解得:

$$A=-\frac{q}{2},\quad C=-\frac{q}{2}a^4,\quad E=qa^2$$

所以,应力分量的表达式为

$$\left.\begin{aligned}\sigma_r&=q\left(1-4\frac{a^2}{r^2}+3\frac{a^4}{r^4}\right)\cos 2\theta=q\left(1-\frac{a^2}{r^2}\right)\left(1-3\frac{a^2}{r^2}\right)\cos 2\theta\\ \sigma_\theta&=-q\left(1+3\frac{a^4}{r^4}\right)\cos 2\theta\\ \tau_{r\theta}&=-q\left(1+2\frac{a^2}{r^2}-3\frac{a^4}{r^4}\right)\sin 2\theta=-q\left(1-\frac{a^2}{r^2}\right)\left(1+3\frac{a^2}{r^2}\right)\sin 2\theta\end{aligned}\right\} \tag{4.40}$$

现在考虑另一种受力状态的情形。矩形板在两垂直方向受同样的均布拉力 q[图 4.6(b)]。用与上述分析同样的方法,根据圣维南原理,在半径 $r=b$ 的大圆周边界处 A 点,它的应力状态与无孔时相同,即

$$\sigma_x = q,\quad \sigma_y = q,\quad \tau_{xy} = 0$$

考虑 A 点处三角柱微单元体的平衡条件，得：

$$(\sigma_r)_{r=b} = q,\quad (\tau_{r\theta})_{r=b} = 0$$

如果我们取 $r=b$ 作一个分离体，则原来是双向均匀拉伸的问题，现在变为只有法向拉力 q 而内压力为零的圆环的应力分析问题。这个圆环的内半径为 a，外半径为 b。这个问题的解是现成的，只需在式(4.28)中令 $p_2=-q$，即得：

$$\left.\begin{aligned} \sigma_r &= q\left(1-\frac{a^2}{r^2}\right) \\ \sigma_\theta &= q\left(1+\frac{a^2}{r^2}\right) \\ \tau_{r\theta} &= 0 \end{aligned}\right\} \tag{4.41}$$

注意，上式只有在大圆周的半径远大于孔径，亦即 $b \gg a$ 时，才是适用的。

对于我们在本节一开始提出的问题，即有小圆孔的薄板单向均匀拉伸的问题，只需把式(4.40)和式(4.41)叠加，并将式中的 q 改为 $q/2$ 即可。所以，本问题的解是：

$$\left.\begin{aligned} \sigma_r &= \frac{q}{2}\left(1-\frac{a^2}{r^2}\right)+\frac{q}{2}\left(1-\frac{a^2}{r^2}\right)\left(1-3\frac{a^2}{r^2}\right)\cos 2\theta \\ \sigma_\theta &= \frac{q}{2}\left(1+\frac{a^2}{r^2}\right)-\frac{q}{2}\left(1+3\frac{a^4}{r^4}\right)\cos 2\theta \\ \tau_{r\theta} &= -\frac{q}{2}\left(1-\frac{a^2}{r^2}\right)\left(1+3\frac{a^2}{r^2}\right)\sin 2\theta \end{aligned}\right\} \tag{4.42}$$

由上式可知，对于任何 r，当 $\theta=\pm\frac{\pi}{2}$ 时，应力分量 σ_θ 的值为

$$(\sigma_\theta)_{\theta=\pm\frac{\pi}{2}} = \frac{q}{2}\left(2+\frac{a^2}{r^2}+3\frac{a^4}{r^4}\right) \tag{4.43}$$

当 $r=a$ 时，孔边处 σ_θ 达到最大值(图 4.7)，即

$$(\sigma_\theta)_{\max} = 3q \tag{4.44}$$

这就是说，若板很大而孔很小，则在孔的极角 $\theta=\pm\frac{\pi}{2}$ 的边界点的应力 σ_θ 的值最大，即三倍于均匀拉力 q。有时定义 $(\sigma_\theta)_{\max}$ 与 q 之比为应力集中因子 K，即

$$K = \frac{(\sigma_\theta)_{\max}}{q} \tag{4.45}$$

当 r 增大时，σ_θ 迅速减小；当 $r=3a$ 时，应力 σ_θ 几乎等于均匀拉力 q，因此，圆孔产生的影响是局部性质的。所以，式(4.42)也可应用于有限宽度的板。若板宽度不小于 4 个圆孔直径，则根据式(4.43)计算最大的 σ_θ，误差不会大于 6%。

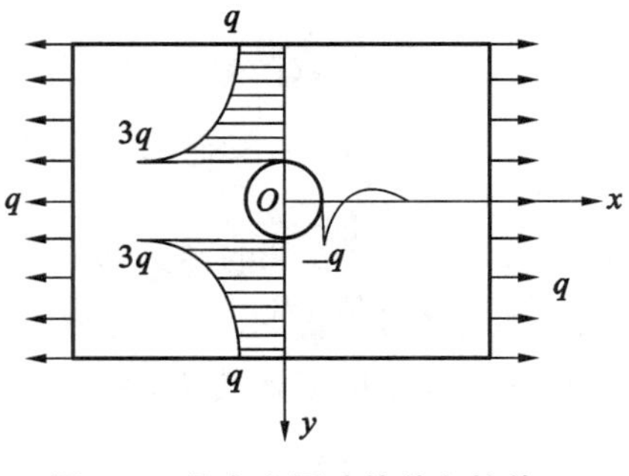

图 4.7 具有小圆孔的单向拉伸应力集中分析示意图

当 $\theta=0$ 或 $\theta=\pi$ 时，应力 σ_θ 为

$$\sigma_\theta = \frac{q}{2}\left(-3\frac{a^4}{r^4}+\frac{a^2}{r^2}\right)$$

在 $r=a$ 处，有：

$$\sigma_\theta = -q$$

即孔边沿 x 方向两点的压应力等于 q。

圆孔边的应力集中在实际工程上极其重要。以船甲板上的孔为例，当船身被弯曲时，甲板中发生

拉应力或压应力，在有孔处就有高度的应力集中。再如，在飞机机翼和机身的进出口处，也是高应力集中区。工程上简便易行的办法是用加劲环来局部增强，以降低应力集中。

4.6 楔体顶端承受集中力

设有一楔体，其顶角为 2α，集中力 P 作用在楔顶，且与楔体轴线成 β 角(图 4.8)。我们取楔体的厚度等于 1，所以 P 是一个单位厚度上均匀作用的力(线荷载)。

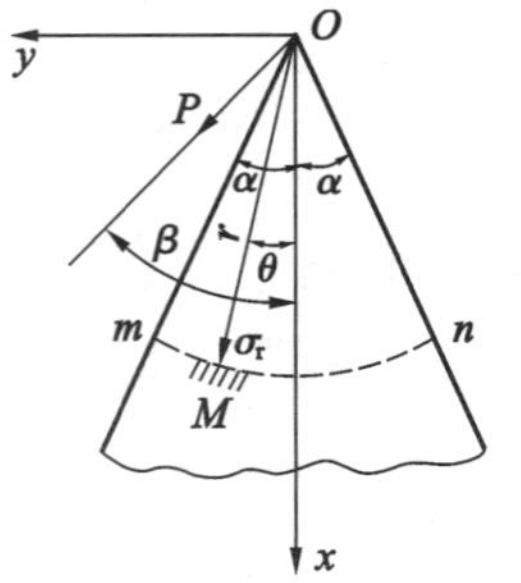

图 4.8　楔体应力分析示意图

显然，在力的作用点 O 附近，理论上应力不是有限的。但在实际的情况下，力的作用处总有一定的面积，因此实际上力的作用点处的应力绝不会是无限的。我们求得的在集中力作用下的数学解显然不适用于作用点附近的区域，但在这个区域以外，根据圣维南原理，和实际情况是相差不远的。

和直角坐标的平面问题一样，在平面极坐标情形下，也是适当选择应力函数 $\varphi(r,\theta)$，使得 $\varphi(r,\theta)$ 既满足双调和方程式(4.14)，又满足问题的边界条件。下面我们根据量纲分析法来选择应力函数 $\varphi(r,\theta)$。

楔体内任一点的应力分量应与 α、β、θ、p 和 r 这些量有关，写成函数关系为

$$\sigma_r = \sigma_r(\alpha,\beta,\theta,p,r)$$

σ_θ、$\tau_{r\theta}$ 亦然。我们知道应力的量纲是：

$$[\sigma] = [\text{力}][\text{长度}]^{-2}$$

现在作用在楔顶的力 P 的量纲是：

$$[p] = [\text{力}][\text{长度}]^{-1}$$

注意，本问题的集中力 P 是单位长度上均布的线荷载，所以量纲中还必须包含$[\text{长度}]^{-1}$。r 的量纲是：

$$[r] = [\text{长度}]$$

而 α、β、θ 是无量纲的量。因此，应力分量可以表达为下面的形式：

$$\sigma \sim \frac{p}{r}N \quad [N = N(\alpha,\beta,\theta)]$$

式中　N——α、β、θ 的函数，是以弧度计的无量纲的量。

从式(4.15)可知，应力分量比应力函数就 r 而言要低两个因次。所以，应力函数 $\varphi(r,\theta)$ 是 r 的一次式。若 θ 的函数待定，那么，类似半逆解法，可令：

$$\varphi(r,\theta) = rf(\theta) \tag{4.46}$$

并且使得上式满足应变协调方程 $\nabla^4\varphi = 0$，从而确定出 $f(\theta)$ 的表达式。为此，把式(4.46)代入式(4.14)，得：

$$\frac{d^4 f(\theta)}{d\theta^4} + 2\frac{d^2 f(\theta)}{d\theta^2} + f(\theta) = 0 \tag{4.47}$$

上述方程的通解是显然的，可以直接写出：

$$f(\theta) = A\cos\theta + B\sin\theta + C\theta\cos\theta + D\theta\sin\theta \tag{4.48}$$

其中，A、B、C、D 是四个积分常数。故应力函数为

$$\varphi(r,\theta) = Ar\cos\theta + Br\sin\theta + Cr\theta\cos\theta + Dr\theta\sin\theta \tag{4.49}$$

考虑到 $r\cos\theta = x$、$r\sin\theta = y$，所以上式的前两项是坐标 x 和 y 的线性项 $Ax + By$，对应力没有影响，

可以删去。因此，应力函数 $\varphi(r,\theta)$ 为

$$\varphi(r,\theta)=Cr\theta\cos\theta+Dr\theta\sin\theta \tag{4.50}$$

相应的应力分量是：

$$\left.\begin{aligned}\sigma_r&=\frac{1}{r}\frac{\partial\varphi}{\partial r}+\frac{1}{r^2}\frac{\partial^2\varphi}{\partial\theta^2}=-\frac{2C\sin\theta}{r}+\frac{2D\cos\theta}{r}\\\sigma_\theta&=\frac{\partial^2\varphi}{\partial r^2}=0\\\tau_{r\theta}&=-\frac{\partial}{\partial r}\left(\frac{1}{r}\frac{\partial\varphi}{\partial\theta}\right)=0\end{aligned}\right\} \tag{4.51}$$

边界条件是：

$$\left.\begin{aligned}&\theta=\pm\alpha\\&\sigma_\theta=\tau_{r\theta}=0\end{aligned}\right\} \tag{4.52}$$

应力分量式(4.51)是满足上述边界条件的。

为了确定常数 C 和 D，我们考虑楔体在任一圆柱面 m—n 以上部分的平衡。因此，有：

$\sum X=0$，得

$$\int_{-\alpha}^{\alpha}\sigma_r r\cos\theta\,\mathrm{d}\theta=-P\cos\beta$$

$\sum Y=0$，得

$$\int_{-\alpha}^{\alpha}\sigma_r r\sin\theta\,\mathrm{d}\theta=-P\sin\beta$$

将式(4.51)代入积分，得：

$$D(2\alpha+\sin2\alpha)=-P\cos\beta$$
$$C(-2\alpha+\sin2\alpha)=-P\sin\beta$$

所以

$$C=\frac{P\sin\beta}{2\alpha-\sin2\alpha},\quad D=-\frac{P\cos\beta}{2\alpha+\sin2\alpha}$$

因此，应力分量为

$$\left.\begin{aligned}\sigma_r&=-\frac{2P\cos\beta}{2\alpha+\sin2\alpha}\frac{\cos\theta}{r}-\frac{2P\sin\beta}{2\alpha-\sin2\alpha}\frac{\sin\theta}{r}\\\sigma_\theta&=0\\\tau_{r\theta}&=0\end{aligned}\right\} \tag{4.53}$$

现在来讨论两个特殊情况：

(1) 楔体顶端受竖向集中力 P 的作用，如图 4.9 所示。这种情况，即 $\beta=0$，则由式(4.53)得：

$$\left.\begin{aligned}\sigma_r&=-\frac{2P}{2\alpha+\sin2\alpha}\frac{\cos\theta}{r}\\\sigma_\theta&=0\\\tau_{r\theta}&=0\end{aligned}\right\} \tag{4.54}$$

在任一横截面 a—b 上的应力也可采用直角坐标表示式(4.8)：

$$\left.\begin{aligned}\sigma_x&=\sigma_r\cos^2\theta=-\frac{2P}{2\alpha+\sin2\alpha}\frac{x^3}{(x^2+y^2)^2}\\\sigma_y&=\sigma_r\sin^2\theta=-\frac{2P}{2\alpha+\sin2\alpha}\frac{xy^2}{(x^2+y^2)^2}\\\tau_{xy}&=\frac{1}{2}\sigma_r\sin2\theta=-\frac{2P}{2\alpha+\sin2\alpha}\frac{x^2y}{(x^2+y^2)^2}\end{aligned}\right\} \tag{4.55}$$

这些应力分量的分布表示在图 4.9 上。

(2) 楔体顶端受水平方向集中力 P 的作用，如图 4.10 所示。这种情况下，即 $\beta=\frac{\pi}{2}$，则由式(4.53)得：

$$\left.\begin{aligned}\sigma_r&=-\frac{2P}{2\alpha-\sin2\alpha}\frac{\sin\theta}{r}\\\sigma_\theta&=0\\\tau_{r\theta}&=0\end{aligned}\right\}\tag{4.56}$$

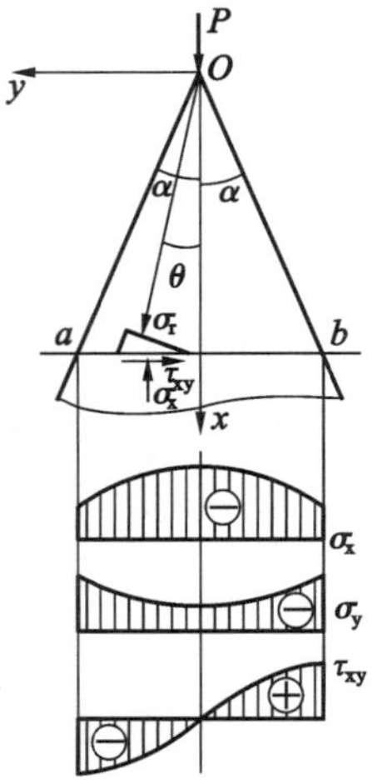

图 4.9　楔体顶端受垂直力作用应力分析示意图

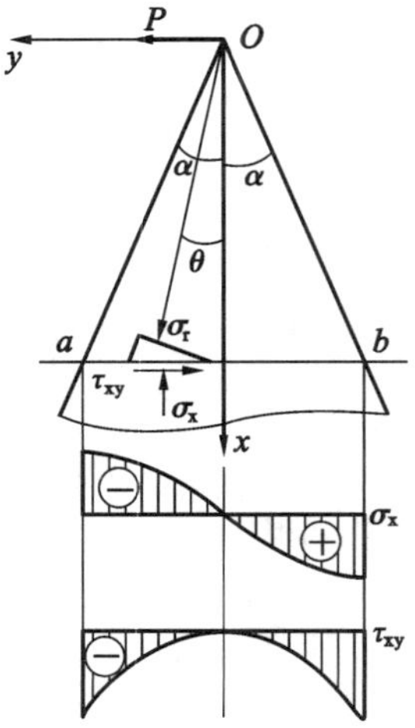

图 4.10　楔体顶端受水平力作用应力分析示意图

在任一横截面 a—b 上的应力也可用直角坐标表示[式(4.8)]，即

$$\left.\begin{aligned}\sigma_x&=\sigma_r\cos^2\theta=-\frac{2My\cos^4\theta}{(2\alpha-\sin2\alpha)x^3}\\\tau_{xy}&=\sigma_r\sin\theta\cos\theta=-\frac{2Py^2\cos^4\theta}{(2\alpha-\sin2\alpha)x^3}\end{aligned}\right\}\tag{4.57}$$

式中，$M=Px$。

如果顶角 2α 较小，可将 $\sin2\alpha$ 展开为级数，而近似地得到：

$$2\alpha-\sin2\alpha=\frac{(2\alpha)^3}{6}$$

将上式代入式(4.57)，得：

$$\left.\begin{aligned}\sigma_x&=-\frac{My}{I}\left(\frac{\tan\alpha}{\alpha}\right)^3\cos^4\theta\\\tau_{xy}&=-\frac{Py^2}{I}\left(\frac{\tan\alpha}{\alpha}\right)^3\cos^4\theta\end{aligned}\right\}\tag{4.58}$$

式中　I——该截面的惯性矩，$I=\frac{1\times(2\tan\alpha)^3}{12}$。

如果 α 很小，式中 $\left(\frac{\tan\alpha}{\alpha}\right)^3\cos^4\theta$ 项可取 1。我们发现，这里给出的近似表达式与材料力学中的公式相同，最大切应力是在 a 和 b 点(图 4.10)。在楔体的对称轴处($y=0$)，切应力等于零，其分布情况与按材料力学所得的结果大不相同。

4.7　半无限平面边界上受集中力

当建筑物地基土体作为弹性体考虑时，地表面受带状荷载作用的问题，可转化为弹性半无限平面受垂直荷载作用的问题。此外，大尺寸薄板边界受作用于板的中面且平行于板面的外力作用时，也是这一类问题。不过前者是平面应变问题，而后者则是平面应力问题。

现在我们考虑有一个均匀的弹性体，它的边界平面在一个方向伸展至无穷远处，在边界面上受沿一直线均匀分布的垂直力的作用(图 4.11)。如果取厚度方向为单位长度，则目前所研究的问题可直接利用 4.6 节的解式(4.54)，并注意式中的 $\alpha=\dfrac{\pi}{2}$ 即可，有：

$$\left.\begin{aligned}\sigma_r&=\left(-\frac{2P}{2\alpha+\sin 2\alpha}\frac{\cos\theta}{r}\right)_{\alpha=\frac{\pi}{2}}=-\frac{2P}{\pi}\frac{\cos\theta}{r}\\ \sigma_\theta&=\tau_{r\theta}=0\end{aligned}\right\}\tag{4.59}$$

这个解式(4.59)是满足边界 AB 上的条件的，除力 P 作用点 O 以外，没有其他外力作用。

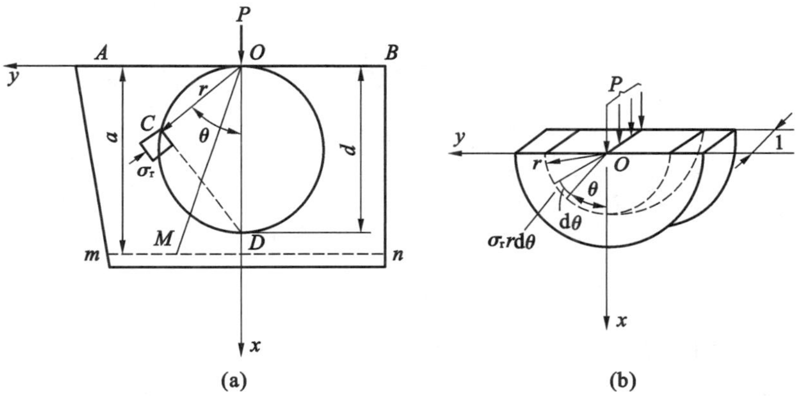

图 4.11　半无限平面作用垂直力应力分析示意图

从上面的分析，我们得到以下结论：

(1) 在任何点上，与矢径 $\boldsymbol{r}$ 垂直的微元面 c 均为主平面，因此在这个微元面上切应力为零；

(2) 直径通过 x 轴，且与 y 轴相切于 O 点的圆周上各点的径向应力为等值，这是因为在圆 OCD 上各点(图 4.11)均有：

$$\frac{\cos\theta}{r}=\frac{1}{d}$$

因此

$$\sigma_r=-\frac{2P}{\pi d}=\text{const.}\tag{4.60}$$

必须注意，刚才提到的圆 OCD 上各点须除去力 P 的作用点 O，解式(4.60)才是正确的。正如我们在 4.6 节一开始就说明的，数学解对 O 点附近的微小区域是不合适的。

与 4.6 节分析的方法一样，我们可以用直角坐标表示离边界为 x 的水平面 a—b 上的应力(图 4.12)为

$$
\left.\begin{aligned}
\sigma_x &= -\frac{2P}{\pi r}\cos^3\theta = -\frac{2P}{\pi}\frac{x^3}{(x^2+y^2)^2} \\
\sigma_y &= -\frac{2P}{\pi r}\cos\theta\sin^2\theta = -\frac{2P}{\pi}\frac{xy^2}{(x^2+y^2)^2} \\
\tau_{xy} &= -\frac{2P}{\pi r}\cos^2\theta\sin\theta = -\frac{2P}{\pi}\frac{x^2 y}{(x^2+y^2)^2}
\end{aligned}\right\} \tag{4.61}
$$

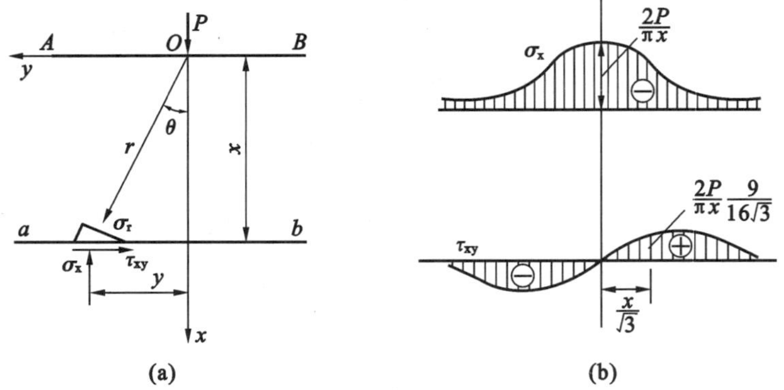

图 4.12 半无限平面作用垂直力应力分析示意图

σ_x 的绝对值的最大值位置在 x 轴上，即 $\theta=0$、$r=x$，此时，有：

$$
(\sigma_x)_{\max} = -\frac{2P}{\pi x} = -\frac{P}{1.57x} \tag{4.62}
$$

在 $y=\pm\frac{x}{\sqrt{3}}$ 处，切应力 τ_{xy} 为最大，其值为

$$
(\tau_{xy})_{\max} = -\frac{2P}{\pi x}\frac{9}{16\sqrt{3}} \tag{4.63}
$$

这些应力的分布表示在图 4.12(b)上。

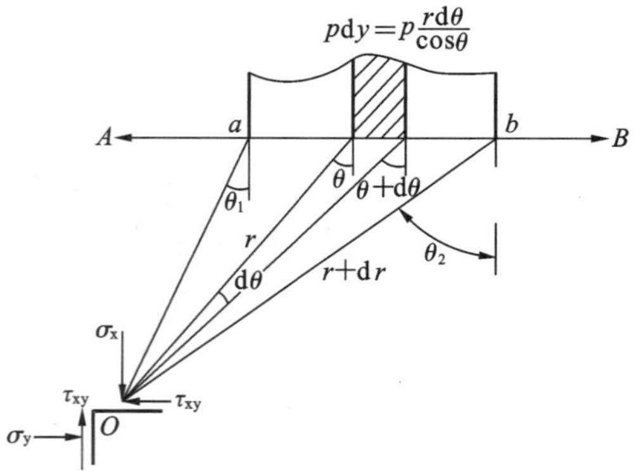

图 4.13 半无限平面作用垂直连续荷载应力分析示意图

下面我们把这个解法予以推广：

(1) 连续垂直荷载所产生的应力

在半无限平面上，受有连续分布的荷载，如图 4.13 所示。设此荷载的强度分布为 $p(y)$，在水平面 AB 上微元 dy 内的荷载是 $p(y)dy$，选任意一点 O 为原点，这样便有：

$$
p(y)dy = p(y)\frac{r d\theta}{\cos\theta} \tag{4.64}
$$

$p(y)dy$ 在 O 点所产生的应力由式(4.59)给出，为

$$
d\sigma_r = -\frac{2p(y)dy}{\pi}\frac{\cos\theta}{r} = -\frac{2p(y)}{\pi}d\theta \tag{4.65}
$$

由式(4.61)可得：

$$
\left.\begin{aligned}
d\sigma_x &= -\frac{2p(y)}{\pi}\cos^2\theta\, d\theta \\
d\sigma_y &= -\frac{2p(y)}{\pi}\sin^2\theta\, d\theta \\
d\tau_{xy} &= -\frac{2p(y)}{\pi}\sin\theta\cos\theta\, d\theta
\end{aligned}\right\} \tag{4.66}
$$

考虑整个荷载在 O 点所产生的应力，即上式对 θ 积分，θ 由 $\theta_1 \to \theta_2$，所以，有：

$$\left.\begin{aligned}\sigma_x &= -\int_{\theta_1}^{\theta_2} \frac{2p(y)}{\pi}\cos^2\theta\, d\theta \\ \sigma_y &= -\int_{\theta_1}^{\theta_2} \frac{2p(y)}{\pi}\sin^2\theta\, d\theta \\ \tau_{xy} &= -\int_{\theta_1}^{\theta_2} \frac{2p(y)}{\pi}\sin\theta\cos\theta\, d\theta\end{aligned}\right\} \tag{4.67}$$

假如是均布荷载，则 $p(y)=p$，为常数，积分的结果是：

$$\left.\begin{aligned}\sigma_x &= -\frac{p}{2\pi}(2\theta_2 - 2\theta_1 + \sin 2\theta_2 - \sin 2\theta_1) \\ \sigma_y &= -\frac{p}{2\pi}(2\theta_2 - 2\theta_1 - \sin 2\theta_2 + \sin 2\theta_1) \\ \tau_{xy} &= -\frac{p}{2\pi}(\cos 2\theta_2 - \cos 2\theta_1)\end{aligned}\right\} \tag{4.68}$$

一些实际的问题，像地基承载下陷的问题就是在半无限体上受均匀分布荷载的问题，因此这类问题是非常重要的。顺便指出，土壤是黏弹性体，因此，严格地说，要按黏弹性力学计算较为准确。

(2) 平面内受一集中水平力所产生的应力

在半无限体平面内受一集中水平力作用(图 4.14)，所产生的应力也可以用本法求解。实际上，在 4.6 节中式(4.56)就是本问题的解，只需令 $\alpha=\frac{\pi}{2}$ 即可，所以，有：

$$\left.\begin{aligned}\sigma_r &= -\frac{2P}{\pi}\frac{\sin\theta}{r} \\ \sigma_\theta &= \tau_{r\theta} = 0\end{aligned}\right\} \tag{4.69}$$

利用集中水平力的解式(4.69)和集中垂直力的解式(4.59)，我们就可以求解任意方向集中力作用在半无限平面的问题。

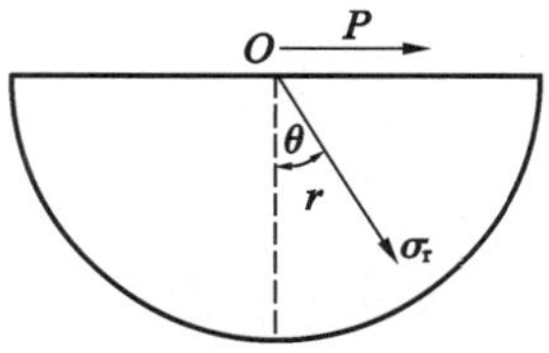

图 4.14　半无限平面受水平集中力作用应力分析示意图

现在来求位移。

假设是平面应力问题，根据式(4.59)有：

$$\sigma_r = -\frac{2P}{\pi}\frac{\cos\theta}{r},\quad \sigma_\theta = \tau_{r\theta} = 0$$

根据几何方程与物理方程，可立即写出：

$$\left.\begin{aligned}&\frac{\partial u_r}{\partial r} = \varepsilon_r = \frac{1}{E}(\sigma_r - \upsilon\sigma_\theta) = -\frac{2P}{\pi E}\frac{\cos\theta}{r} \\ &\frac{u_r}{r} + \frac{1}{r}\frac{\partial v_\theta}{\partial \theta} = \varepsilon_\theta = \frac{1}{E}(\sigma_\theta - \upsilon\sigma_r) = \upsilon\frac{2P}{\pi E}\frac{\cos\theta}{r} \\ &\frac{1}{r}\frac{\partial u_r}{\partial \theta} + \frac{\partial v_\theta}{\partial r} - \frac{v_\theta}{r} = \gamma_{r\theta} = \frac{2(1+\upsilon)}{E}\tau_{r\theta} = 0\end{aligned}\right\} \tag{4.70}$$

将式(4.70)的第一式对 r 积分，得：

$$u_r = -\frac{2P}{\pi E}\cos\theta\ln r + f(\theta) \tag{4.71}$$

将式(4.70)的第二式改写为

$$\frac{\partial v_\theta}{\partial \theta} = \upsilon\frac{2P}{\pi E}\cos\theta - u_r = \upsilon\frac{2P}{\pi E}\cos\theta + \frac{2P}{\pi E}\cos\theta\ln r - f(\theta)$$

对上式的 θ 积分，得：

$$v_\theta = \upsilon \frac{2P}{\pi E}\sin\theta + \frac{2P}{\pi E}\ln r\sin\theta - \int f(\theta)\mathrm{d}\theta + g(r) \tag{4.72}$$

将所得的 u_r、v_θ 的表达式代入式(4.70)的第三式，化简后得：

$$r\frac{\mathrm{d}g(r)}{\mathrm{d}r} - g(r) = 0$$

$$\frac{\mathrm{d}f(\theta)}{\mathrm{d}\theta} + \int f(\theta)\mathrm{d}\theta + \frac{(1-\upsilon)P}{\pi E}\sin\theta = 0$$

上述两个常微分方程的解是容易写出的，它们分别是：

$$\left.\begin{aligned} &g(r) = Cr \\ &f(\theta) = A\sin\theta + B\cos\theta - \frac{(1-\upsilon)2P}{\pi E}\theta\sin\theta \end{aligned}\right\} \tag{4.73}$$

式中，A、B、C 是积分常数，将由约束条件确定。将式(4.73)代入式(4.71)和式(4.72)，即得：

$$\left.\begin{aligned} &u_r = -\frac{2P}{\pi E}\ln r\cos\theta - \frac{(1-\upsilon)P}{\pi E}\theta\sin\theta + A\sin\theta + B\cos\theta \\ &v_\theta = \upsilon\frac{2P}{\pi E}\sin\theta + \frac{2P}{\pi E}\ln r\sin\theta - \frac{(1-\upsilon)P}{\pi E}\theta\cos\theta + \frac{(1-\upsilon)P}{\pi E}\sin\theta + A\cos\theta - B\sin\theta + Cr \end{aligned}\right\} \tag{4.74}$$

积分常数的确定方法如下：由于对称性，所以 $\theta=0$、$v_\theta=0$，即 x 轴上各点没有侧向位移，因此，由式(4.74)的第二式，得：

$$A + Cr = 0$$

因此

$$A = 0,\quad C = 0$$

为求常数 B，我们可以假设在 x 轴上离原点为 h(h 足够大)的点无竖向位移，即

$$(u_r)_{\theta=0} = -\frac{2P}{\pi E}\ln h + B = 0$$

由此，得：

$$B = \frac{2P}{\pi E}\ln h$$

将所有积分常数代入式(4.74)，得：

$$\left.\begin{aligned} &u_r = \frac{2P}{\pi E}\ln\frac{h}{r}\cos\theta - \frac{(1-\upsilon)P}{\pi E}\theta\sin\theta \\ &v_\theta = -\frac{2P}{\pi E}\ln\frac{h}{r}\sin\theta - \frac{(1-\upsilon)P}{\pi E}\theta\cos\theta + \frac{(1+\upsilon)P}{\pi E}\sin\theta \end{aligned}\right\} \tag{4.75}$$

利用式(4.75)可以求出半无限板边界面 AB 上各点的水平及竖向位移(图 4.15)。先求边界面 AB 上的水平位移，将 $\theta=\pm\frac{\pi}{2}$ 代入式(4.75)的第一式，得：

$$\left.\begin{aligned} &(u_r)_{\theta=+\frac{\pi}{2}} = -\frac{(1-\upsilon)P}{2E}\quad (\rightarrow) \\ &(u_r)_{\theta=-\frac{\pi}{2}} = -\frac{(1-\upsilon)P}{2E}\quad (\leftarrow) \end{aligned}\right\} \tag{4.76}$$

由此可见，板边的水平位移是常量，且恒指向原点 O。其次求边界面 AB 上的竖向位移，将 $\theta=\pm\frac{\pi}{2}$ 代入式(4.75)的第二式，得：

$$\left.\begin{aligned} &(v_\theta)_{\theta=+\frac{\pi}{2}} = -\frac{2P}{\pi E}\ln\frac{h}{r} + \frac{(1+\upsilon)P}{\pi E}\quad (\downarrow) \\ &(v_\theta)_{\theta=-\frac{\pi}{2}} = \frac{2P}{\pi E}\ln\frac{h}{r} - \frac{(1+\upsilon)P}{\pi E}\quad (\downarrow) \end{aligned}\right\} \tag{4.77}$$

当 $r=0$，得 $v_\theta\to\infty$，这在实际上是不可能的。因此，必须假定集中力作用点附近区域被小半径的圆柱面切去，而不予考虑。事实上，这部分已进入塑性状态。

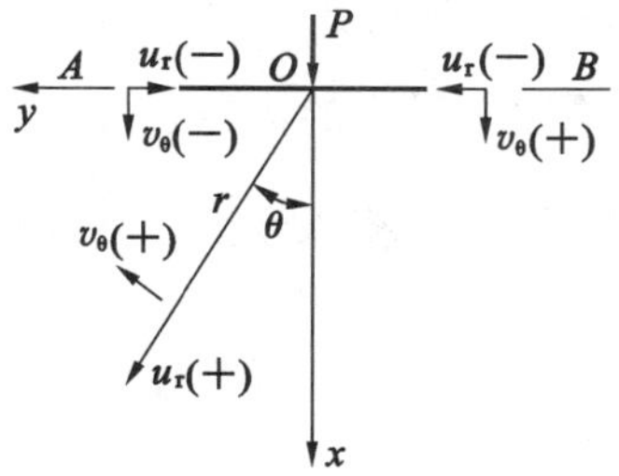

图 4.15　半无限平面受集中力作用时位移计算示意图

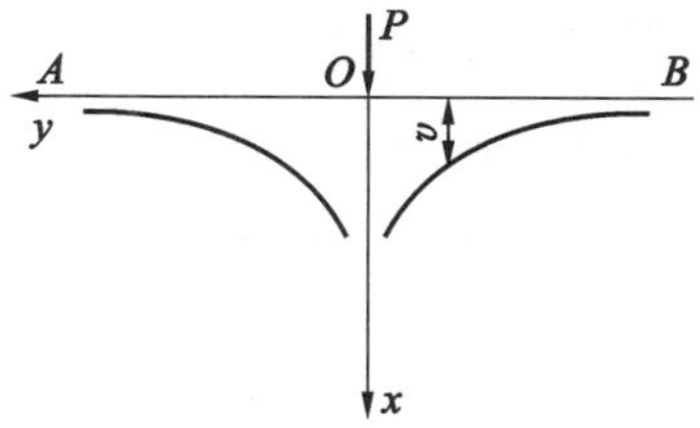

图 4.16　半无限平面受集中力作用时竖向位移分布图

边界面 AB 上各点的竖向位移的大概图线如图 4.16 所示。

如为平面应变问题，则在式(4.76)和式(4.77)中以 $\dfrac{E}{1-\upsilon^2}$ 和 $\dfrac{\upsilon}{1-\upsilon}$ 分别置换 E 和 υ，得位移为：

$$\left.\begin{aligned}(u_r)_{\theta=+\frac{\pi}{2}}=(u_r)_{\theta=-\frac{\pi}{2}}&=-\frac{(1+\upsilon)(1-2\upsilon)}{2E}P\\-(v_\theta)_{\theta=+\frac{\pi}{2}}=(v_\theta)_{\theta=-\frac{\pi}{2}}&=\frac{2(1-\upsilon^2)P}{\pi E}\ln\frac{h}{r}-\frac{(1+\upsilon)P}{\pi E}\end{aligned}\right\}\tag{4.78}$$

4.8　对心受压圆盘中的应力

现在考察两个大小相等但方向相反的力 P 沿圆盘直径 AB 对心作用的情况(图 4.17)。这个问题可直接应用式(4.59)求解。

设在半无限平面边界上 A 点作用一集中力 P，应力状态由式(4.59)给出，为

$$\left.\begin{aligned}\sigma_r&=-\frac{2P}{\pi}\frac{\cos\theta_1}{r_1}\\\sigma_\theta&=\tau_{r\theta}=0\end{aligned}\right\}\tag{a}$$

同样，在下半个无限平面边界上 B 点也作用有一集中力 P，应力状态为

$$\left.\begin{aligned}\sigma_r&=-\frac{2P}{\pi}\frac{\cos\theta_2}{r_2}\\\sigma_\theta&=\tau_{r\theta}=0\end{aligned}\right\}\tag{b}$$

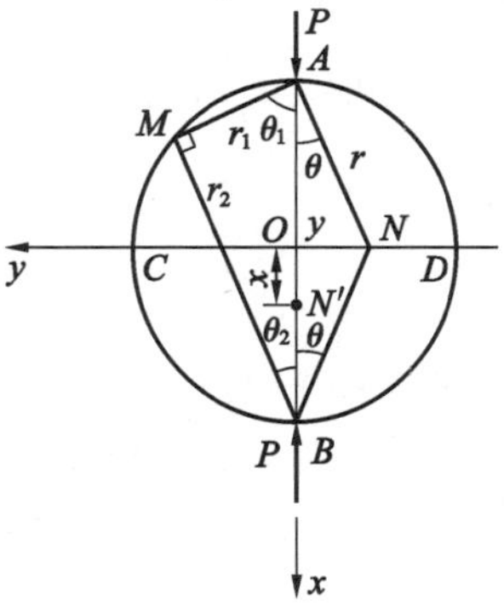

图 4.17　圆盘对顶受压应力分析示意图

把上述两种解答叠加起来，再进行适当的修正，就是我们所要求的解答了。为什么要对叠加后的解进行修正呢？这是因为我们现在讨论的问题并不是直线边界的半无限平面，而是一个圆盘(曲线边界)，且在这个圆周边界上除力的作用点 A 和 B 外，其他地方是不受外力的。为此，考虑圆盘周边上任一点 M，在点 M 上有沿 r_1 方向和 r_2 方向的压应力，分别等于 $\dfrac{2P}{\pi}\dfrac{\cos\theta_1}{r_1}$ 和 $\dfrac{2P}{\pi}\dfrac{\cos\theta_2}{r_2}$。由于 $r_1\perp r_2$，且 $\dfrac{\cos\theta_1}{r_1}=\dfrac{1}{d}=\dfrac{\cos\theta_2}{r_2}$，$d$ 是圆盘的直径，所以，这两个压应力就是点 M 上的两个主应力，大小都等于 $\dfrac{2P}{\pi d}$。这个结果就是 4.7 节的式(4.60)。因此，在经过点 M 且垂

直于圆盘平面的任一平面上，都有相同的压应力$\frac{2P}{\pi d}$作用着，即在圆盘周边上也有均布压应力$\frac{2P}{\pi d}$作用。然而，实际上圆盘周边不受力（A、B 点除外），所以，若将式(a)和式(b)叠加作为本问题的解，则必须再叠加一个均布（沿周边）拉应力$\frac{2P}{\pi d}$，这样的解才能满足周边不受力的边界条件。

现在来求圆盘水平直径 CD 截面上 N 处的应力。由于对称性，可以断定 $\tau_{xy}=0$（反对称的应力为零）。根据上面的分析，N 处的应力为[由式(4.61)给出]

$$\left.\begin{aligned}\sigma_x&=\frac{2P}{\pi d}\left[1-\frac{4d^4}{(d^2+4y^2)^2}\right]\\\sigma_y&=\frac{2P}{\pi d}\left[1-\frac{16d^2y^2}{(d^2+4y^2)^2}\right]\\\tau_{xy}&=0\end{aligned}\right\}\tag{4.79}$$

最大应力在圆盘中心，为

$$(\sigma_x)_{\max}=-\frac{6P}{\pi d}$$

在直径的两端 C、D 处，$\sigma_x=0$。

同样，可以求得在铅垂直径 AB 截面上 N' 处的应力。留意到 $r_1=\frac{d}{2}+x$，$r_2=\frac{d}{2}-x$，$\theta_1=\theta_2=0$，即得：

$$\left.\begin{aligned}\sigma_x&=-\frac{2P}{\pi}\frac{1}{d/2+x}-\frac{2P}{\pi}\frac{1}{d/2-x}+\frac{2P}{\pi d}=-\frac{8Pd}{\pi(d^2-4x^2)}+\frac{2P}{\pi d}\\\sigma_y&=\frac{2P}{\pi d}\\\tau_{xy}&=0\end{aligned}\right\}\tag{4.80}$$

由上式可见，在铅垂直径 AB 截面上的正应力是均匀拉应力$\frac{2P}{\pi d}$。所以，工程上常用圆柱的对心受压试验来求出混凝土、岩石等材料的抗拉强度。

本章小结

本章的主要内容有：

(1) 采用坐标变换的方法，推导出了极坐标下弹性力学平面问题的基本方程。

平衡方程
$$\begin{cases}\dfrac{\partial\sigma_r}{\partial r}+\dfrac{1}{r}\dfrac{\partial\tau_{r\theta}}{\partial\theta}+\dfrac{\sigma_r-\sigma_\theta}{r}+f_r=0\\\dfrac{1}{r}\dfrac{\partial\sigma_\theta}{\partial\theta}+\dfrac{\partial\tau_{r\theta}}{\partial r}+\dfrac{2\tau_{r\theta}}{r}+f_\theta=0\end{cases}$$

物理方程
（平面应力）
$$\begin{cases}\varepsilon_r=\dfrac{1}{E}(\sigma_r-\upsilon\sigma_\theta)\\\varepsilon_\theta=\dfrac{1}{E}(\sigma_\theta-\upsilon\sigma_r)\\\gamma_{r\theta}=\dfrac{2(1+\upsilon)}{E}\tau_{r\theta}\end{cases}$$

几何方程
$$\begin{cases}\varepsilon_r=\dfrac{\partial u_r}{\partial r}\\ \varepsilon_\theta=\dfrac{1}{r}\dfrac{\partial v_\theta}{\partial \theta}+\dfrac{u_r}{r}\\ \gamma_{r\theta}=\dfrac{1}{r}\dfrac{\partial u_r}{\partial \theta}-\dfrac{v_\theta}{r}+\dfrac{\partial v_\theta}{\partial r}\end{cases}$$

应变协调方程
$$\nabla^2\nabla^2\varphi=\left(\frac{\partial^2}{\partial r^2}+\frac{1}{r}\frac{\partial}{\partial r}+\frac{1}{r^2}\frac{\partial^2}{\partial\theta^2}\right)\left(\frac{\partial^2}{\partial r^2}+\frac{1}{r}\frac{\partial}{\partial r}+\frac{1}{r^2}\frac{\partial^2}{\partial\theta^2}\right)\varphi=0$$

(2) 利用基本方程给出了工程中常用的轴对称平面问题、厚壁圆筒问题、部分圆环的弯曲问题、板中圆孔的应力集中问题、楔体顶端受集中力以及半无限平面边界受集中力问题等的应力和位移计算公式。

思 考 题

4.1　极坐标下应力函数选取有哪些注意点？

4.2　比较直角坐标与极坐标形式的基本方程，试述其异同点。

4.3　试问在什么条件下，平面问题的应力分布与材料的弹性常数无关？

习 题

4.1　试证明极坐标形式的应变协调方程为
$$\left(\frac{\partial^2}{\partial r^2}+\frac{2}{r}\frac{\partial}{\partial r}\right)\varepsilon_\theta+\left(\frac{1}{r^2}\frac{\partial^2}{\partial\theta^2}-\frac{1}{r}\frac{\partial}{\partial r}\right)\varepsilon_r=\left(\frac{1}{r^2}\frac{\partial}{\partial\theta}+\frac{1}{r}\frac{\partial^2}{\partial r\partial\theta}\right)\gamma_{r\theta}$$

4.2　试计算承受内压 p_i 作用的厚壁筒的外径 d_b 与内径 d_a 之比，假设分别采用下列两种强度理论：

(a) 最大正应力理论；

(b) 最大切应力理论。

4.3　设在厚壁筒外面套以绝对刚性的外管，厚壁筒承受内压力 p_i 的作用，试求厚壁筒的应力和位移（厚壁筒内、外半径分别为 a 和 b）。

答案：位移 $u_r=\dfrac{1+\upsilon}{E(b^2-a^2)}\left[(1-2\upsilon)(p_ia^2-pb^2)r-\dfrac{a^2b^2}{r}(p-p_i)\right]$

式中，p 为 $r=b$ 处的压应力，$p=\dfrac{2(1-\upsilon)p_ia^2}{a^2+(1-2\upsilon)b^2}$。

应力：$\sigma_r=\dfrac{-\left(\dfrac{1-2\upsilon}{r^2}+\dfrac{1}{b^2}\right)}{\dfrac{1-2\upsilon}{a^2}+\dfrac{1}{b^2}}p_i$，　$\sigma_\theta=\dfrac{\dfrac{1-2\upsilon}{r^2}-\dfrac{1}{b^2}}{\dfrac{1-2\upsilon}{a^2}+\dfrac{1}{b^2}}p_i$。

4.4　试求等厚度旋转圆盘的应力和位移分布。已知圆盘的内半径为 a，外半径为 b，旋转角速度为 ω。

答案：$\sigma_r=\dfrac{\gamma(3+\upsilon)\omega^2}{8g}(b^2-r^2)\left(1-\dfrac{a^2}{r^2}\right)$

$$\sigma_\theta=\frac{\gamma(3+\upsilon)\omega^2}{8g}\left[b^2-\frac{1+3\upsilon}{3+\upsilon}r^2+a^2\left(1+\frac{b^2}{r^2}\right)\right]$$

$$u_r=\frac{\gamma(3+\upsilon)\omega^2}{8Eg}\left[(1-\upsilon)(a^2+b^2)r+\frac{(1+\upsilon)a^2b^2}{r}-\frac{1-\upsilon^2}{3+\upsilon}r^3\right]$$

（γ 为材料的比重，g 为重力加速度）

4.5　试考察应力函数 $\varphi=C\theta$ 的意义，$C>0$，求出其应力表达式（不计体力），并分别在 $a<r<b$ 的圆环和无限大板中画出边界面力。

4.6　已知圆环在 $r=a$ 的内周边界处被固定，在 $r=b$ 的圆周上作用着分布剪力 τ_0，试用应力函数 $\varphi=C\theta$ 求解圆盘的应力和位移。

答案：$\sigma_r=\sigma_\theta=0$，　$\tau_{r\theta}=\dfrac{c}{r^2}$　$(c=b^2\tau_0)$

$$u_r=0, v_\theta=\frac{Mr}{4\pi G}\left(\frac{1}{a^2}-\frac{1}{r^2}\right)(M=2\pi b^2\tau_0)$$

4.7　矩形薄板受纯剪作用，剪力强度为 q，设距板边缘较远的地方有一小孔，孔的半径为 a，试求孔边的最大和最小正应力。

答案：$(\sigma_\theta)_{max}=4q$，　$(\sigma_\theta)_{min}=-4q$

4.8　试求图 4.18 所示曲杆（四分之一圆环）的应力和位移，曲杆上端承受水平力 P 的作用。

4.9　楔体顶角为 2α，对称轴为 x 轴（图 4.19），其侧面上承受均布剪力 q 的作用，试求楔体中的应力。

答案：$\sigma_r=-q\left(\dfrac{\cos2\theta}{\sin2\alpha}+\cot2\alpha\right)$，　$\sigma_\theta=q\left(\dfrac{\cos2\theta}{\sin2\alpha}-\cot2\alpha\right)$，　$\tau_{r\theta}=q\dfrac{\sin2\theta}{\sin2\alpha}$

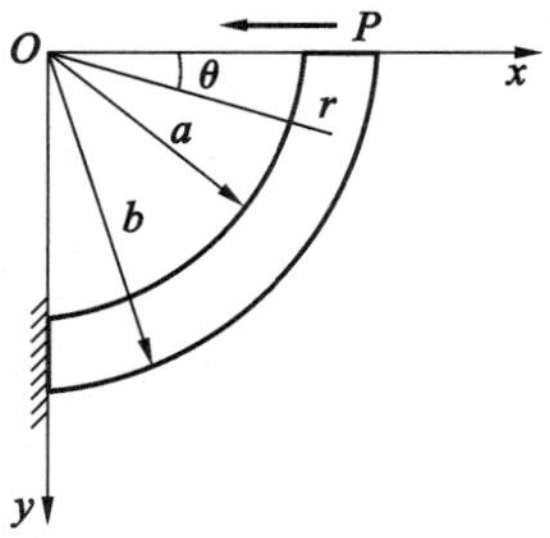

图 4.18　习题 4.8 图

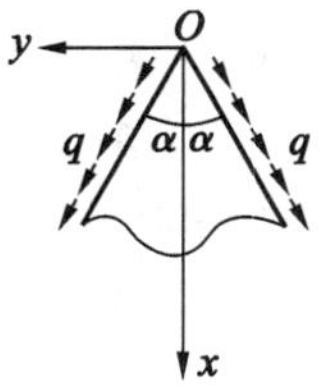

图 4.19　习题 4.9 图

5　空间问题的解答

本章提要

本章内容包括空间问题的基本方程，空间问题的位移解法，半空间体受重力及均布压力问题的解，半空间体在边界上受法向集中力的解以及空间问题的应力解法，并以等截面直杆扭转问题为例，说明应力解法的解题步骤。最后介绍扭转问题的薄膜比拟法。

5.1　空间问题的基本方程

前面几章介绍了弹性力学平面问题及其求解方法，从本章开始讨论空间问题。所谓空间问题，是指在给定的三维坐标中，问题中所有的几何量和物理量（包括位移、应变和应力分量等）均为三个坐标（例如直角坐标 x、y、z）的函数。

与弹性力学平面问题一样，空间问题的基本方程包括平衡微分方程、几何方程、物理方程，另外还有边界条件。由第 1 章可以直接给出弹性力学空间问题的基本方程，所有方程均在三维笛卡儿直角坐标系和圆柱坐标系中给出。

5.1.1　笛卡儿直角坐标系中的基本方程

这里将平衡微分方程、几何方程、物理方程和边界条件汇集在一起，以分量形式和张量形式同时列出。

（1）平衡微分方程式（联系应力分量和体力分量的方程）

$$\left.\begin{aligned}\frac{\partial\sigma_{\rm x}}{\partial x}+\frac{\partial\tau_{\rm xy}}{\partial y}+\frac{\partial\tau_{\rm xz}}{\partial z}+X=0\\ \frac{\partial\tau_{\rm yx}}{\partial x}+\frac{\partial\sigma_{\rm y}}{\partial y}+\frac{\partial\tau_{\rm yz}}{\partial z}+Y=0\\ \frac{\partial\tau_{\rm zx}}{\partial x}+\frac{\partial\tau_{\rm zy}}{\partial y}+\frac{\partial\sigma_{\rm z}}{\partial z}+Z=0\end{aligned}\right\}\tag{5.1a}$$

如果利用张量的求和约定以及求偏导数的记号，则式(5.1a)可以简写为

$$\sigma_{ij,j}+X_i=0\quad(i,j=1,2,3)\tag{5.1b}$$

这就是平衡微分方程的张量形式。式中 $X_i=X$、Y、Z 为体力分量，σ_{ij} 为应力张量的分量，当 $i=j$ 时表示正应力，当 $i\neq j$ 时表示切应力。

（2）几何方程式（联系应变和位移分量的方程）

$$\left.\begin{aligned}\varepsilon_x &= \frac{\partial u}{\partial x}\\ \varepsilon_y &= \frac{\partial v}{\partial y}\\ \varepsilon_z &= \frac{\partial w}{\partial z}\\ \gamma_{xy} &= \frac{\partial u}{\partial y}+\frac{\partial v}{\partial x}\\ \gamma_{yz} &= \frac{\partial v}{\partial z}+\frac{\partial w}{\partial y}\\ \gamma_{xz} &= \frac{\partial u}{\partial z}+\frac{\partial w}{\partial x}\end{aligned}\right\} \tag{5.2a}$$

它的张量形式为

$$\varepsilon_{ij}=\frac{1}{2}(u_{i,j}+u_{j,i})\quad (i,j=1,2,3) \tag{5.2b}$$

式中　u——位移分量；

ε_{ij}——应变张量的分量，当 $i=j$ 时表示正应变，当 $i\neq j$ 时表示切应变的一半。

（3）物理方程式(广义虎克定律:应变分量与应力分量之间成线性关系)

$$\left.\begin{aligned}\varepsilon_x &= \frac{1}{E}[\sigma_x-\upsilon(\sigma_y+\sigma_z)]\\ \varepsilon_y &= \frac{1}{E}[\sigma_y-\upsilon(\sigma_x+\sigma_z)]\\ \varepsilon_z &= \frac{1}{E}[\sigma_z-\upsilon(\sigma_x+\sigma_y)]\\ \gamma_{xy} &= \frac{\tau_{xy}}{G}\\ \gamma_{yz} &= \frac{\tau_{yz}}{G}\\ \gamma_{xz} &= \frac{\tau_{xz}}{G}\end{aligned}\right\} \tag{5.3a}$$

如果从上列各式解出应力分量，则有：

$$\left.\begin{aligned}\sigma_x &= \lambda\theta+2\mu\varepsilon_x\\ \sigma_y &= \lambda\theta+2\mu\varepsilon_y\\ \sigma_z &= \lambda\theta+2\mu\varepsilon_z\\ \tau_{xy} &= \mu\gamma_{xy}\\ \tau_{yz} &= \mu\gamma_{yz}\\ \tau_{xz} &= \mu\gamma_{xz}\end{aligned}\right\} \tag{5.3b}$$

这里 $\theta=\varepsilon_{ii}=\varepsilon_x+\varepsilon_y+\varepsilon_z$，称为体积应变，$\lambda$、$\mu$ 为拉梅(Lamé)弹性常数，它们与杨氏弹性模量 E、泊松比 υ 和剪切弹性模量 G 的关系为

$$\left.\begin{aligned}\lambda &= \frac{E\upsilon}{(1+\upsilon)(1-2\upsilon)}\\ \mu &= G=\frac{E}{2(1+\upsilon)}\end{aligned}\right\} \tag{5.4}$$

方程式(5.3a)和方程式(5.3b)的张量形式为

$$\varepsilon_{ij}=\frac{1+\upsilon}{E}\sigma_{ij}-\frac{\upsilon}{E}\Theta\delta_{ij} \tag{5.5a}$$

$$\sigma_{ij}=\lambda\theta\delta_{ij}+2\mu\varepsilon_{ij} \tag{5.5b}$$

式中　$\Theta=\sigma_{ii}=\sigma_x+\sigma_y+\sigma_z$；

δ_{ij}——克罗内克尔(Kronecker)-δ 符号，当 $i=j$ 时 $\delta_{ij}=1$，当 $i\neq j$ 时 $\delta_{ij}=0$。

(4) 边界条件

设物体的边界用 S 表示，S_u 代表给定位移的边界，S_σ 代表给定面力的边界，即 $S=S_u+S_\sigma$。

① 位移边界条件：在物体的全部或部分边界上给定位移，即

$$u_i=\bar{u}_i \quad (\text{在边界 } S_u \text{ 上}) \tag{5.6a}$$

式中　$\bar{u}_i$——边界 S_u 上给定的位移值。

② 应力边界条件：在物体的全部或部分边界上给定面力，即

$$\left.\begin{aligned}\sigma_x l+\tau_{xy}m+\tau_{xz}n&=\bar{X}\\ \tau_{xy}l+\sigma_y m+\tau_{yz}n&=\bar{Y}\\ \tau_{xz}l+\tau_{yz}m+\sigma_z n&=\bar{Z}\end{aligned}\right\} \quad (\text{在边界 } S_\sigma \text{ 上}) \tag{5.6b}$$

其张量形式为

$$\sigma_{ij}n_j=\bar{X}_i \quad (\text{在边界 } S_\sigma \text{ 上}) \tag{5.6c}$$

式中　n_j——物体表面外法线单位向量的 3 个分量；

$\bar{X}_i$——物体表面面力的 3 个分量。

③ 混合边界条件：物体一部分边界 S_u 给定位移，另一部分边界 S_σ 给定面力(表面荷载)，其边界条件由式(5.6a)和式(5.6b)给出。

求解弹性力学空间问题，就是要寻求一组位移 u_i、应变 ε_{ij} 和应力 σ_{ij}，使其在物体内部满足平衡微分方程式(5.1)、几何方程式(5.2)和物理方程式(5.3)，在边界上满足边界条件式(5.6)。

5.1.2　圆柱坐标系中的基本方程

当物体的一部分或全部边界是圆或圆的一部分时，用圆柱坐标进行求解较为方便。为此，这里给出圆柱坐标系中的基本方程。

平衡微分方程

$$\left.\begin{aligned}&\frac{\partial\sigma_r}{\partial r}+\frac{1}{r}\frac{\partial\tau_{r\theta}}{\partial\theta}+\frac{\partial\tau_{rz}}{\partial z}+\frac{\sigma_r-\sigma_\theta}{r}+X_r=0\\ &\frac{\partial\tau_{\theta r}}{\partial r}+\frac{1}{r}\frac{\partial\sigma_\theta}{\partial\theta}+\frac{\partial\tau_{\theta z}}{\partial z}+\frac{2\tau_{\theta r}}{r}+X_\theta=0\\ &\frac{\partial\tau_{zr}}{\partial r}+\frac{1}{r}\frac{\partial\tau_{z\theta}}{\partial\theta}+\frac{\partial\sigma_z}{\partial z}+\frac{\tau_{zr}}{r}+X_z=0\end{aligned}\right\} \tag{5.7}$$

几何方程

$$\left.\begin{aligned}\varepsilon_r&=\frac{\partial u_r}{\partial r}\\ \varepsilon_\theta&=\frac{1}{r}\frac{\partial u_\theta}{\partial\theta}+\frac{1}{r}u_r\\ \varepsilon_z&=\frac{\partial u_z}{\partial z}\\ \gamma_{\theta z}&=\frac{1}{r}\frac{\partial u_z}{\partial\theta}+\frac{\partial u_\theta}{\partial z}\\ \gamma_{rz}&=\frac{\partial u_r}{\partial z}+\frac{\partial u_z}{\partial r}\\ \gamma_{r\theta}&=\frac{1}{r}\frac{\partial u_r}{\partial\theta}+\frac{\partial u_\theta}{\partial r}-\frac{1}{r}u_\theta\end{aligned}\right\} \tag{5.8}$$

物理方程

$$\left.\begin{aligned}\varepsilon_r &= \frac{1}{E}[\sigma_r - \upsilon(\sigma_\theta + \sigma_z)]\\ \varepsilon_\theta &= \frac{1}{E}[\sigma_\theta - \upsilon(\sigma_r + \sigma_z)]\\ \varepsilon_z &= \frac{1}{E}[\sigma_z - \upsilon(\sigma_r + \sigma_\theta)]\\ \gamma_{\theta z} &= \frac{\tau_{\theta z}}{G}\\ \gamma_{rz} &= \frac{\tau_{rz}}{G}\\ \gamma_{r\theta} &= \frac{\tau_{r\theta}}{G}\end{aligned}\right\} \tag{5.9a}$$

比较式(5.9a)与式(5.3a),可以看出两者在形式上完全相同,因此式(5.9a)可以改写为

$$\left.\begin{aligned}\sigma_r &= \lambda\theta + 2\mu\varepsilon_r\\ \sigma_\theta &= \lambda\theta + 2\mu\varepsilon_\theta\\ \sigma_z &= \lambda\theta + 2\mu\varepsilon_z\\ \tau_{r\theta} &= \mu\gamma_{r\theta}\\ \tau_{\theta z} &= \mu\gamma_{\theta z}\\ \tau_{rz} &= \mu\gamma_{rz}\end{aligned}\right\} \tag{5.9b}$$

5.2　按位移求解空间问题

弹性力学空间问题共有 15 个未知量:3 个位移分量 u_i、6 个应变分量 ε_{ij} 和 6 个应力分量 σ_{ij},方程也有 15 个,包括 3 个平衡微分方程、6 个几何方程和 6 个物理方程。从数学上讲,弹性力学空间问题是可以求解的,并且可以证明在大多数情况下其解还是唯一的。根据解的唯一性,不论采用什么方法进行求解,只要 15 个未知量满足了 15 个基本方程,同时满足给定的边界条件,那么弹性力学空间问题的应力、应变和位移解就算找到了。

理论上可解和怎样求解完全是两回事。实际上,求解弹性力学问题可以按两种不同的路线进行:一种是按位移求解,就是以 3 个位移分量 u_i 为基本未知量,利用物理方程和几何方程消去平衡微分方程的应力分量,得到以位移分量表示的平衡微分方程,解此方程组,得到位移解,之后再由几何方程计算应变,并代入物理方程计算应力;另一种是按应力求解,以 6 个应力分量 σ_{ij} 为基本未知量,利用物理方程和几何方程得到以应力分量表示的变形协调方程,寻求一组应力使其同时满足平衡微分方程和变形协调方程,得到应力解,之后再由物理方程计算应变,由几何方程通过积分计算位移。

在位移法中,由于选定 3 个位移分量 u_i 为基本未知量,因此,必须从基本方程中消去应力分量和应变分量,得到以位移分量表示的平衡微分方程。具体可以按下述步骤进行:首先,将几何方程式(5.2b)代入物理方程式(5.5b),得到用位移分量表示的应力分量:

$$\sigma_{ij} = \lambda u_{k,k}\delta_{ij} + \mu(u_{i,j} + u_{j,i}) \tag{a}$$

然后,再将式(a)代入式(5.1b),得到用位移分量表示的平衡微分方程:

$$\lambda u_{k,ki} + \mu(u_{i,jj} + u_{j,ij}) + X_i = 0 \tag{b}$$

假设位移 u_i 具有直到二阶连续偏导数,注意到:

$$u_{\mathrm{k,k}}=u_{j,j}=\nabla\cdot\boldsymbol{u}=\frac{\partial u}{\partial x}+\frac{\partial v}{\partial y}+\frac{\partial w}{\partial z} \tag{c}$$

式中　∇(　)——哈密顿算子，$\nabla(\ )=e_i\partial(\ )/\partial x_i$，其中 e_i 为坐标轴 x_i 方向的单位基向量。

因为哑指标（求和的下标）可以自由替换，所以有：

$$u_{\mathrm{k,k}i}=u_{j,ji}=u_{j,ij}=(\nabla\cdot\boldsymbol{u})_{,i}$$

再注意到：

$$u_{i,jj}=\nabla^2u_i=\frac{\partial^2u_i}{\partial x^2}+\frac{\partial^2u_i}{\partial y^2}+\frac{\partial^2u_i}{\partial z^2}$$

式(b)可以写成：

$$(\lambda+\mu)(\nabla\cdot\boldsymbol{u})_{,i}+\mu\nabla^2u_i+X_i=0\quad(i=1,2,3) \tag{5.10a}$$

或者进一步写为向量方程形式：

$$(\lambda+\mu)\nabla(\nabla\cdot\boldsymbol{u})+\mu\nabla^2\boldsymbol{u}+\boldsymbol{X}=0 \tag{5.10b}$$

式中，$\boldsymbol{u}$ 为位移向量，$\boldsymbol{X}$ 为体力向量，上式通常称为拉梅(Lamé)方程。根据已知的体力 $\boldsymbol{X}$ 和物体的边界条件，由拉梅方程求得位移后，应变和应力可以先后通过几何方程和物理方程计算得到。因此，寻求拉梅方程的解是位移法的基本任务。

如果忽略体力，方程式(5.10b)成为齐次方程，即

$$\nabla^2\boldsymbol{u}+\frac{1}{1-2\upsilon}\nabla(\nabla\cdot\boldsymbol{u})=0 \tag{5.11}$$

根据偏微分方程理论，拉梅方程式(5.10)的通解由其特解和对应齐次方程式(5.11)的通解构成。通常，方程的特解较易得到，因而，寻求方程式(5.11)的通解，曾经一度成为位移法的关键。20 世纪 30 年代，一些数学力学家提出用 4 个调和函数表示的、现在称之为方程式(5.11)的通解（或称为 Папкович-Neuber 通解）——位移向量 $\boldsymbol{u}$ 通过 4 个调和函数表示为

$$\boldsymbol{u}=\boldsymbol{\psi}-\frac{1}{4(1-\upsilon)}\nabla(\varphi+\boldsymbol{R}\cdot\boldsymbol{\psi}) \tag{5.12}$$

式中，向量函数 $\boldsymbol{\psi}$ 和标量函数 φ 均为调和函数，即

$$\left.\begin{aligned}\nabla^2\boldsymbol{\psi}=0\\ \nabla^2\varphi=0\end{aligned}\right\} \tag{5.13}$$

而 $\boldsymbol{R}$ 为物体内任一点的(x,y,z)矢径：$\boldsymbol{R}=xi+yj+zk$。在 5.4 节中将要用到的两个调和函数为 $1/R$ 和$\ln(R+z)$，这里 $R^2=x^2+y^2+z^2$。

5.3　半空间体受重力及均布压力

本节以弹性半空间体受重力及均布压力问题为例，来说明按位移求解弹性力学空间问题的具体步骤。选取半空间表面为 xOy 面，外力与 z 轴正向一致，指向半空间体内部，如图 5.1 所示。

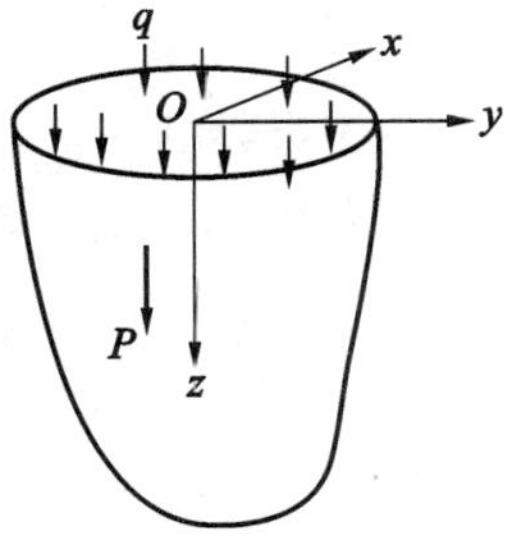

图 5.1　受重力及均布压力的半空间体

由于半空间体的几何对称性和荷载的对称性，任意一根竖直轴都是对称轴，所以，半空间体内任一点的位移只有沿 z 方向的位移，并与 x、y 方向无关，其他方向位移为零，即

$$\left.\begin{aligned}u&=0\\ v&=0\\ w&=w(z)\end{aligned}\right\} \tag{a}$$

将式(a)代入式(5.10b),并注意到 $\boldsymbol{X}=(0,0,p)$,得到:

$$(\lambda+2\mu)\frac{\mathrm{d}^2 w}{\mathrm{d}z^2}+p=0 \tag{b}$$

这里 p 为单位体积的重力。解方程式(b)有:

$$w=-\frac{pz^2}{2(\lambda+2\mu)}+Az+B \tag{c}$$

将式(a)所给位移代入几何方程式(5.2a),可知非零应变分量只有 ε_z,利用式(c)得到:

$$\left.\begin{aligned}&\varepsilon_z=-\frac{pz}{\lambda+2\mu}+A\\&\varepsilon_x=\varepsilon_y=\gamma_{xy}=\gamma_{yz}=\gamma_{xz}=0\end{aligned}\right\} \tag{d}$$

代入物理方程式(5.3b),得到应力如下:

$$\left.\begin{aligned}&\sigma_x=\sigma_y=\lambda\left(A-\frac{pz}{\lambda+2\mu}\right)\\&\sigma_z=(\lambda+2\mu)\left(A-\frac{pz}{\lambda+2\mu}\right)\\&\tau_{xy}=\tau_{yz}=\tau_{xz}=0\end{aligned}\right\} \tag{e}$$

由于半空间体表面受均布压力 q,所以,问题的边界条件为

$$\tau_{xz}=\tau_{yz}=0 \quad (\text{当 } z=0) \tag{f}$$

$$\sigma_z=-q \quad (\text{当 } z=0) \tag{g}$$

由式(e)看出边界条件式(f)已自然满足,欲使式(g)成立,必须有:

$$(\lambda+2\mu)A=-q$$

由此解出:

$$A=\frac{-q}{\lambda+2\mu}$$

将上式代回式(d)和式(e),得到半空间体受自重和均布压力作用的应变和应力为

$$\left.\begin{aligned}&\varepsilon_z=-\frac{1}{\lambda+2\mu}(pz+q)\\&\varepsilon_x=\varepsilon_y=\gamma_{xy}=\gamma_{yz}=\gamma_{zx}=0\end{aligned}\right\} \tag{h}$$

以及

$$\left.\begin{aligned}&\sigma_x=\sigma_y=-\frac{\lambda}{\lambda+2\mu}(pz+q)\\&\sigma_z=-pz-q\\&\tau_{xy}=\tau_{yz}=\tau_{xz}=0\end{aligned}\right\} \tag{i}$$

再将 A 的表达式代回式(c),得到半空间体非零位移分量:

$$w=\frac{1}{\lambda+2\mu}\left(-zq-\frac{1}{2}z^2p\right)+B$$

式中常数 B 不影响半空间体的应力分布,它是半空间体表面的相对沉降。假定距半空间体表面 h 深度处的沉降为零,由此可确定常数 B 的值,将 B 值代回上式,最后得到位移计算公式为

$$w=\frac{1}{\lambda+2\mu}\left[(h-z)q+\frac{1}{2}(h^2-z^2)p\right] \tag{j}$$

由式(i)可知:

$$\frac{\sigma_x}{\sigma_z}=\frac{\sigma_y}{\sigma_z}=\frac{\lambda}{\lambda+2\mu}=\upsilon(1-\upsilon) \tag{k}$$

这个比值在土力学中称为侧压力系数,式(k)表明它只与物体的泊松比有关,而与荷载 q 和 p 的大小

无关。式(j)表明，最大位移发生在半空间体表面($z=0$)，即

$$w_{\max}=w(0)=\frac{qh+0.5ph^2}{\lambda+2\mu}$$

5.4　半空间体在边界上受法向集中力

设有半空间体如图 5.2 所示，沿 z 轴正方向作用一集中力 P。因为 z 轴是对称轴，在圆柱坐标系中进行讨论较为方便。根据各物理量和几何量进行分析，应力分量应是荷载 P 与 r、z 和 R 等具有长度的几何量的负二次幂乘积的函数，从而应变分量包含 r、z 和 R 等几何量的负二次幂，位移分量应是 r、z 和 R 等几何量的负一次幂函数。

由于不计体力，拉梅方程式(5.10)成为齐次方程式(5.11)，所以半空间体受集中力问题可以直接利用通解式(5.12)进行求解。现在写出式(5.12)在圆柱坐标系中的分量表达式如下：

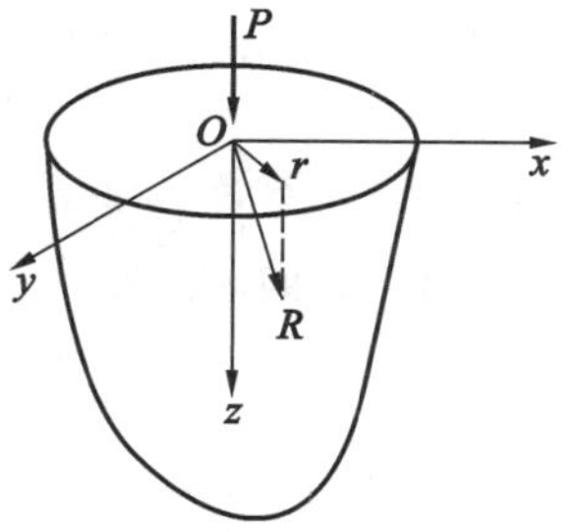

图 5.2　半空间体受集中力

$$\left.\begin{aligned}u_r&=\psi_r-\frac{1}{4(1-\upsilon)}\frac{\partial}{\partial r}(\varphi+r\psi_r+z\psi_z)\\u_\theta&=\psi_\theta-\frac{1}{4(1-\upsilon)}\frac{1}{r}\frac{\partial}{\partial\theta}(\varphi+r\psi_r+z\psi_z)\\u_z&=\psi_z-\frac{1}{4(1-\upsilon)}\frac{\partial}{\partial z}(\varphi+r\psi_r+z\psi_z)\end{aligned}\right\}\tag{a}$$

由上述分析可知，ψ 应是包含 r、z 和 R 等几何量的负一次幂的调和函数，但只有 $1/R$ 是调和函数，而 $1/r$ 和 $1/z$ 都不是；同时 φ 应是包含 r、z 和 R 等几何量的零次幂调和函数，零次幂函数只有 $\ln(R+z)$ 是调和函数。因此，考虑到问题的对称性，将式(a)中 4 个调和函数试取为

$$\left.\begin{aligned}&\psi_r=\psi_\theta=0\\&\psi_z=c_1\frac{1-\upsilon}{R}\\&\varphi=c_2(1-\upsilon)\ln(R+z)\end{aligned}\right\}\tag{b}$$

式中，$R^2=x^2+y^2+z^2=r^2+z^2$；c_1、c_2 为待定常数。

将式(b)代入式(a)得到：

$$\left.\begin{aligned}u_r&=\frac{c_1zr}{4R^3}-\frac{c_2r}{4R(R+z)}\\u_\theta&=0\\u_z&=\frac{4(1-\upsilon)c_1-c_2}{4R}-\frac{c_1r^2}{4R^3}\end{aligned}\right\}\tag{c}$$

利用几何方程式(5.8)得到应变分量如下：

$$\left.\begin{aligned}\varepsilon_r&=\frac{c_1}{4}\left(\frac{z}{R^3}-\frac{3zr^2}{R^5}\right)-\frac{c_2}{4}\left[\frac{1}{R(R+z)}-\frac{r^2(2R+z)}{R^3(R+z)^2}\right]\\\varepsilon_\theta&=\frac{c_1z}{4R^3}-\frac{c_2}{4R(R+z)}\\\varepsilon_z&=\frac{4(1-\upsilon)c_1-c_2}{4R^3}z-\frac{3c_1r^2z}{4R^5}\\\gamma_{rz}&=\frac{c_2-(1-2\upsilon)c_1}{2R^3}r-\frac{3c_1z^2r}{2R^5}\\\gamma_{r\theta}&=\gamma_{z\theta}=0\end{aligned}\right\}\tag{d}$$

体积应变为

$$\theta=\varepsilon_r+\varepsilon_\theta+\varepsilon_z=\frac{(2\upsilon-1)c_1}{2R^3}z \tag{e}$$

待定常数 c_1、c_2 由问题的边界条件和平衡条件确定。半空间体表面($z=0$)除了 $r=0$ 的点外，无荷载作用，即

$$\left.\begin{aligned}(\sigma_z)_{\substack{z=0\\ r\neq0}}&=0\\ (\tau_{rz})_{\substack{z=0\\ r\neq0}}&=0\end{aligned}\right\} \tag{f}$$

其中第一式已自动满足，因为由物理方程式(5.9b)应力分量 σ_z 的表达式 $\sigma_z=\lambda\theta+2\mu\varepsilon_z$ 和式(d)、式(e)可知应变分量 ε_z 和体积应变 θ，从而 σ_z 在 $z=0$、$r\neq0$ 处都为零。由式(f)的第二式和式(5.9b)应力分量 τ_{rz} 的表达式可推知半空间体表面切应变分量 γ_{rz} 必为零，即

$$(\gamma_{rz})_{\substack{z=0\\ r\neq0}}=0$$

将式(d)切应变分量 γ_{rz} 的表达式代入上式，得到 c_1 和 c_2 的关系式，即

$$c_2=(1-2\upsilon)c_1 \tag{g}$$

欲最终确定 c_1 和 c_2，还需考察半空间体 $z=h$ 以上部分的平衡条件。作用在平面 $z=h$ 的应力合力与半空间体表面所受法向集中荷载 P 构成平衡力系，它们满足下面的静力平衡条件：

$$\int_0^\infty(\sigma_z)_{z=h}2\pi r\,\mathrm{d}r+P=0 \tag{h}$$

将前面得到的应力分量 σ_z 的表达式代入上式积分，最后导出：

$$c_1=\frac{2(1+\upsilon)}{\pi E}P \tag{i}$$

$$c_2=\frac{2}{\pi E}(1+\upsilon)(1-2\upsilon)P \tag{j}$$

将式(i)、式(j)代入式(c)可计算非零位移分量 u_r 和 u_z。令 $z=0$ 得到半空间体表面任一点($r\neq0$)处的法向位移或表面沉陷为

$$(u_z)_{z=0}=\frac{1-\upsilon^2}{\pi Er}P \tag{k}$$

将式(i)、式(j)代入式(d)得到各应变分量，再代入物理方程式(5.9b)得到半空间体表面受法向集中荷载时的应力分量如下：

$$\left.\begin{aligned}\sigma_r&=\frac{P}{2\pi R^2}\left[-\frac{3r^2z}{R^3}+\frac{(1-2\upsilon)R}{R+z}\right]\\ \sigma_\theta&=\frac{(1-2\upsilon)P}{2\pi R^5}\left(\frac{z}{R}-\frac{R}{R+z}\right)\\ \sigma_z&=\frac{3Pz^3}{2\pi R^5}\\ \tau_{rz}&=-\frac{3Prz^2}{2\pi R^5}\end{aligned}\right\} \tag{l}$$

从式(k)和式(l)可以看出，上述解在原点($z=0$，$r=0$)处具有奇异性(趋向于无穷大)，这是由假设荷载 P 集中作用在一个点(坐标原点)上引起的。实际的荷载一般不是作用在一个点上，而是作用在一个有限的区域上。

5.5 按应力求解空间问题

前面几节我们介绍了弹性力学空间问题的位移解法，并求解了两个具体问题。本节介绍弹性力

学空间问题的应力解法，并导出相应的公式。按应力求解空间问题，就是选择应力分量为基本未知量，解出应力分量之后，代入物理方程就可计算出相应的应变分量。然而，位移分量无法通过几何方程直接计算出来，必须经过积分运算，同时，还可能遇到位移不连续的问题，从数学上讲，就是解可能不唯一或者变形不协调。

从理论上讲，3个平衡微分方程不足以完全确定6个应力分量。实际上，仅满足平衡微分方程的应力分量是静力许可的，未必是真实的应力分量，这样的应力分布可以有很多种情况，真实的应力必须同时满足平衡微分方程和用应力分量表示的变形协调方程。空间问题有3个位移分量、6个应变分量。联系位移-应变的6个几何方程不是相互独立的，6个应变分量之间必定存在某种关系，反映这种关系的数学方程就称为变形协调方程。所谓变形协调，就是弹性体在变形过程中，既不发生开裂也不发生重叠，在物体内每一点处其位移都是单值连续的。从物理方程和几何方程可以推导出用应力分量表示的变形协调方程。6个几何方程如式(5.2b)所示，即

$$\varepsilon_{ij}=\frac{1}{2}(u_{i,j}+u_{j,i})\quad(i,j=1,2,3)$$

为了导出应变分量 ε_{ij} 之间的关系式，可以从上面的方程组中消去位移 u_i。为此，对上式两端关于 x_k 和 x_l 求两次偏导数，得到：

$$\varepsilon_{ij,kl}=\frac{1}{2}(u_{i,jkl}+u_{j,ikl})\tag{a}$$

以下假设 ε_{ij} 具有直到二阶连续偏导数，u_i 具有直到三阶连续偏导数，因此式(a)中各量求偏导数的次序可以交换而不会改变各量的值。利用式(a)容易证明，经过 $ijkl$ 的适当组合，各应变分量 ε_{ij} 的二阶偏导数满足下列方程：

$$\varepsilon_{ij,kl}+\varepsilon_{kl,ij}-\varepsilon_{ik,jl}-\varepsilon_{jl,ik}=0\quad(i,j,k,l=1,2,3)\tag{5.14a}$$

当 $ijkl$ 遍历1、2、3，将得到 $3^4=81$ 个方程。由于 $\varepsilon_{ij}=\varepsilon_{ji}$，即应变分量是对称张量，所以独立的方程只有6个，分别对应 $ijkl$ 取值1122、2233、3311、1213、1223、1332六种情况，写成显式则为

$$\left.\begin{aligned}
&\frac{\partial^2\varepsilon_x}{\partial y^2}+\frac{\partial^2\varepsilon_y}{\partial x^2}=\frac{\partial^2\gamma_{xy}}{\partial x\partial y}\\
&\frac{\partial^2\varepsilon_y}{\partial z^2}+\frac{\partial^2\varepsilon_z}{\partial y^2}=\frac{\partial^2\gamma_{yz}}{\partial y\partial z}\\
&\frac{\partial^2\varepsilon_z}{\partial x^2}+\frac{\partial^2\varepsilon_x}{\partial z^2}=\frac{\partial^2\gamma_{zx}}{\partial z\partial x}\\
&\frac{\partial}{\partial x}\left(-\frac{\partial\gamma_{yz}}{\partial x}+\frac{\partial\gamma_{zx}}{\partial y}+\frac{\partial\gamma_{xy}}{\partial z}\right)=2\frac{\partial^2\varepsilon_x}{\partial y\partial z}\\
&\frac{\partial}{\partial y}\left(-\frac{\partial\gamma_{zx}}{\partial y}+\frac{\partial\gamma_{xy}}{\partial z}+\frac{\partial\gamma_{yz}}{\partial x}\right)=2\frac{\partial^2\varepsilon_y}{\partial z\partial x}\\
&\frac{\partial}{\partial z}\left(-\frac{\partial\gamma_{xy}}{\partial z}+\frac{\partial\gamma_{yz}}{\partial x}+\frac{\partial\gamma_{zx}}{\partial y}\right)=2\frac{\partial^2\varepsilon_z}{\partial x\partial y}
\end{aligned}\right\}\tag{5.14b}$$

式(5.14)即为空间问题的变形协调方程。利用物理方程，可以得到用应力分量表示的协调方程。将式(5.5a)代入式(5.14a)，得到：

$$(1+\upsilon)(\sigma_{ij,kl}+\sigma_{kl,ij}-\sigma_{ik,jl}-\sigma_{jl,ik})-\upsilon(\Theta_{,kl}\delta_{ij}+\Theta_{,ij}\delta_{kl}-\Theta_{,jl}\delta_{ik}-\Theta_{,ik}\delta_{jl})=0\tag{b}$$

根据平衡方程式(5.1b)，忽略体力有：

$$\sigma_{ji,j}=\sigma_{ij,j}=0\quad(i,j=1,2,3)\tag{c}$$

在式(b)中令 $j=i$，并对 i 求和，注意 $\sigma_{ii}=\Theta$，$\delta_{ii}=3$，利用式(c)得到：

$$(1+\upsilon)\sigma_{kl,ii}+\Theta_{,kl}-\upsilon\Theta_{,ii}\delta_{kl}=0\tag{d}$$

进一步取 $l=k$，并对 k 求和，式(d)成为

$$2(1-\upsilon)\Theta_{,ii}=0$$

因为 $\upsilon\neq1$，所以：

$$\Theta_{,ii}=0 \tag{e}$$

将式(e)代入式(d)得到：

$$(1+\upsilon)\sigma_{kl,ii}+\Theta_{,kl}=0\quad(i,j=1,2,3) \tag{5.14c}$$

写成分量式为

$$\left.\begin{aligned}(1+\upsilon)\ \nabla^2\sigma_x+\Theta_{,xx}=0\\(1+\upsilon)\ \nabla^2\sigma_y+\Theta_{,yy}=0\\(1+\upsilon)\ \nabla^2\sigma_z+\Theta_{,zz}=0\\(1+\upsilon)\ \nabla^2\tau_{xy}+\Theta_{,xy}=0\\(1+\upsilon)\ \nabla^2\tau_{yz}+\Theta_{,yz}=0\\(1+\upsilon)\ \nabla^2\tau_{zx}+\Theta_{,zx}=0\end{aligned}\right\} \tag{5.14d}$$

这就是用应力分量表示的变形协调方程，它适用于体力为常数或为零的情况。

按应力求解空间问题，就是寻求在物体内部满足平衡微分方程式(5.1)和变形协调方程式(5.14b)，或在常体力情况下满足方程式(c)和方程式(5.14d)，在边界上满足给定边界条件的应力分量，通过物理方程计算应变分量，由几何方程通过积分计算位移分量。可以证明，对于单连通域和常体力情况，变形协调方程式(5.14d)是保证有单值连续位移的充分必要条件。

5.6　等截面直杆的扭转

设有等截面直杆，如图5.3所示，两端受一对扭转外力偶 M 作用处于平衡状态。与一般的弹性力学问题一样，等截面直杆的扭转问题可以按应力求解，也可以按位移求解。

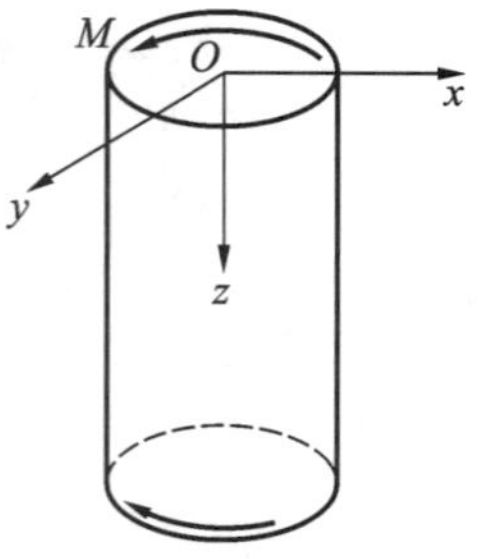

图5.3　等截面直杆受扭转外力偶作用

下面首先介绍按应力求解的普朗特(Prandtl)应力函数。材料力学关于圆截面直杆扭转问题已有现成解答，对于非圆截面柱形杆扭转问题，材料力学无能为力。但关于圆截面直杆扭转问题的一些假设可以用于非圆截面杆，即对一般等截面直杆扭转问题，仍然假设非零应力分量只有切应力 τ_{xz} 和 τ_{yz}，其他应力分量为零，即

$$\sigma_x=\sigma_y=\sigma_z=\tau_{xy}=0 \tag{a}$$

代入平衡微分方程式(5.1a)，忽略体力，则有：

$$\left.\begin{aligned}\frac{\partial\tau_{xz}}{\partial z}=0\\\frac{\partial\tau_{yz}}{\partial z}=0\\\frac{\partial\tau_{xz}}{\partial x}+\frac{\partial\tau_{yz}}{\partial y}=0\end{aligned}\right\} \tag{b}$$

方程式(b)的前两式表明切应力 τ_{xz} 和 τ_{yz} 与坐标 z 无关，这相当于要求等截面扭转直杆在各个横截面上的应力分布完全相同。为了使方程式(b)的第三式成立，可以引进一个函数 $\varphi(x,y)$，使得：

$$\left.\begin{aligned}\tau_{xz}=\frac{\partial\varphi}{\partial y}\\\tau_{yz}=-\frac{\partial\varphi}{\partial x}\end{aligned}\right\} \tag{5.15}$$

这里函数 $\varphi(x,y)$ 是普朗特为求解扭转问题而首先引入的，故称为普朗特应力函数。如果能设法找到一个这样的函数 $\varphi(x,y)$，使得式(a)和式(5.15)所给出的应力分量满足变形协调方程式(5.14d)，那么扭转问题的应力分量、应变分量和位移分量可以全部求出。为此，将式(5.15)代入式(5.14d)，注意到式(a)，得到：

$$\left.\begin{aligned}\frac{\partial}{\partial x}\nabla^2\varphi(x,y)=0\\ \frac{\partial}{\partial y}\nabla^2\varphi(x,y)=0\end{aligned}\right\}\tag{c}$$

这里假设函数 $\varphi(x,y)$ 具有直到三阶连续偏导数，故求导顺序可以交换。式(c)表明 $\nabla^2\varphi(x,y)$ 应为常数，即

$$\nabla^2\varphi(x,y)=\text{const}\quad(\text{在物体内部})\tag{5.16}$$

现在我们考察函数 $\varphi(x,y)$ 在物体边界上的情况。在等截面扭转直杆的侧表面上无荷载作用，所以边界条件式(5.6b)成为

$$\left.\begin{aligned}\sigma_x l+\tau_{xy}m=0\\ \tau_{xy}l+\sigma_y m=0\\ \tau_{xz}l+\tau_{yz}m=0\end{aligned}\right\}\tag{d}$$

根据式(a)可知，方程式(d)的前两式自动满足。利用式(5.15)，由式(d)第三式得到：

$$\frac{\partial\varphi}{\partial y}l-\frac{\partial\varphi}{\partial x}m=0\tag{e}$$

式中　l,m——边界单位法向量 $\boldsymbol{v}$ 的方向余弦。

如果记边界曲线 Γ 上的点 A 到邻近点 B 的弧长增量为 $\mathrm{d}s$，即 $AB=\mathrm{d}s$(图 5.4)，相应地，AB 两点 x、y 坐标的增量分别记为 $-\mathrm{d}x$、$\mathrm{d}y$，则由图 5.5 所示的几何关系，l、m 可写为

$$l=\cos(v,x)=\cos\alpha=\frac{\mathrm{d}y}{\mathrm{d}s}$$

$$m=\cos(v,y)=\sin\alpha=-\frac{\mathrm{d}x}{\mathrm{d}s}$$

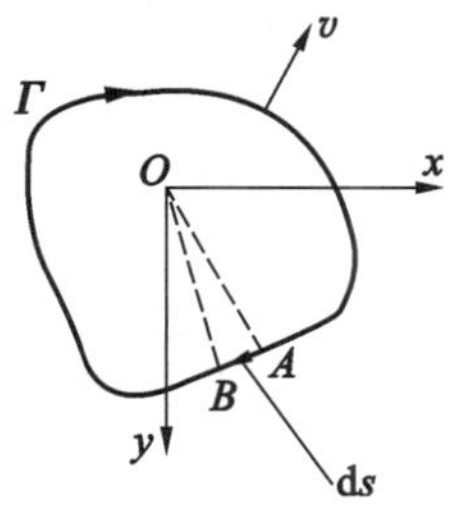

图 5.4　等截面直杆的边界

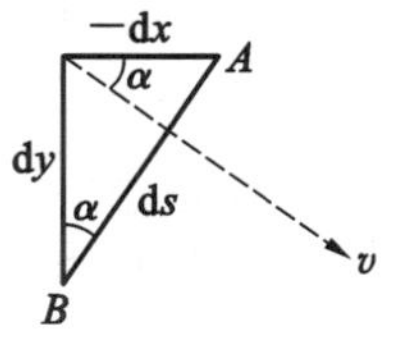

图 5.5　边界微分线段的几何关系

将 l、m 的值代入式(e)得到：

$$\frac{\partial\varphi}{\partial y}\frac{\mathrm{d}y}{\mathrm{d}s}+\frac{\partial\varphi}{\partial x}\frac{\mathrm{d}x}{\mathrm{d}s}=0$$

上式是函数 $\varphi(x,y)$ 关于弧长 s 的全微分，即

$$\frac{\mathrm{d}\varphi}{\mathrm{d}s}=0$$

这表明函数 $\varphi(x,y)$ 在物体边界 Γ 上为常数，即

$$\varphi(x,y)=\text{const}\quad(\text{在物体边界 }\Gamma\text{ 上})\tag{5.17a}$$

对于单连通域，该常数可取为零，因为在应力函数 $\varphi(x,y)$ 中增减一个常数不会影响应力的大小

和分布，所以可令：

$$\varphi(x,y)=0 \quad (\text{在物体边界 } \Gamma \text{ 上}) \tag{5.17b}$$

式(5.16)中的常数用平衡条件确定。在等截面扭转直杆的两端，只有扭转外力偶。用一假想平面将杆沿任一横截面截为两部分，取其一部分研究，由该部分杆上内外力的平衡得到：

$$\left.\begin{aligned}&\int_A \sigma_z \mathrm{d}A=0\\&\int_A \tau_{xz}\mathrm{d}A=0\\&\int_A \tau_{yz}\mathrm{d}A=0\\&\int_A (x\tau_{yz}-y\tau_{xz})\mathrm{d}A=M\end{aligned}\right\} \tag{f}$$

式中　A——杆横截面面积。

因为 $\sigma_z=0$，方程式(f)的第一式已满足，方程式(f)的第二、第三式和第四式表明杆横截面上的切应力向坐标原点简化的结果为：内力主矢为零，主矩等于外力偶 M。将式(5.15)代入方程式(f)的第四式得到：

$$2\int_A \varphi \mathrm{d}A=M \tag{5.18}$$

至此，确定函数 $\varphi(x,y)$ 的所有方程均已导出。由上面推导可以看出，用普朗特应力函数求解等截面直杆扭转问题，归结为寻求函数 $\varphi(x,y)$，使其在物体内部满足方程式(5.16)，在边界上满足边界条件式(5.17)，用方程式(5.18)确定函数 $\varphi(x,y)$ 中的待定常系数，最后非零应力分量用式(5.15)计算。

细心的读者可能已经发现，我们已用平衡条件(f)代替杆端边界条件。实际上，杆端荷载合成为扭转外力偶的加载方式可以很不相同，对不同的荷载分布，只要其合成结果都是使杆件产生扭转的外力偶，那么根据上述解法，得到的就是相同的应力分布。严格地说，只有当杆端应力分布与荷载的分布完全相同时，才可以说已经找到精确解。一般而言，受扭时杆端应力的具体分布并不清楚，上述解只能是近似解。根据圣维南原理，在远离杆端的区域(加载区域)，上述解与精确解相差无几，通常称之为圣维南解。

【例 5.1】　求椭圆截面柱形杆扭转切应力。设椭圆的长、短半轴分别为 a 和 b，扭转外力偶为 M，如图 5.6 所示。

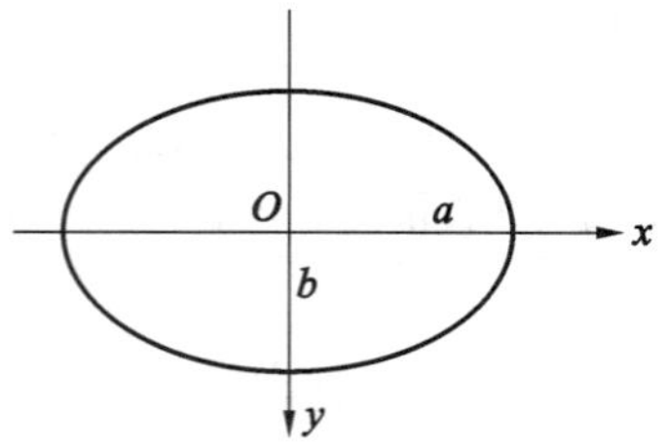

图 5.6　椭圆截面

【解】　在图示坐标下，椭圆方程为

$$\frac{x^2}{a^2}+\frac{y^2}{b^2}=1$$

根据方程式(5.16)和式(5.17b)，取应力函数 φ 为

$$\varphi=\left(1-\frac{x^2}{a^2}-\frac{y^2}{b^2}\right)\varphi_0 \tag{g}$$

式中 φ_0 为待定常系数。显然函数 $\varphi(x,y)$ 在椭圆边界上为零，且满足方程式(5.16)。式中常数由方程式(5.18)确定。将式(g)代入式(5.18)得到：

$$\varphi_0=\frac{M}{\pi a b}$$

将上式代入式(g)可得到应力函数的表达式：

$$\varphi=\frac{M}{\pi a b}\left(1-\frac{x^2}{a^2}-\frac{y^2}{b^2}\right) \tag{h}$$

由式(5.15)得到椭圆截面直杆扭转非零应力分量如下：

$$\left.\begin{aligned}\tau_{xz} &= -\frac{2My}{\pi a b^3}\\ \tau_{yz} &= \frac{2Mx}{\pi a^3 b}\end{aligned}\right\} \tag{i}$$

对于半径为 R 的圆截面，$a=b=R$，截面极惯性矩 $I_p=\pi R^4/2$，并注意到 $x^2+y^2=r^2$，有：

$$\tau_{rz}=\sqrt{\tau_{xz}^2+\tau_{yz}^2}=\frac{Mr}{I_p}$$

这正是材料力学曾经得到的圆轴扭转切应力计算公式。对于圆轴，根据式(i)可以引入切应力向量为

$$\boldsymbol{\tau}=\tau_{xz}i+\tau_{yz}j=\frac{M}{I_p}(-yi+xj)$$

以及矢径

$$\boldsymbol{r}=xi+yj$$

将它们作数量积，得到：

$$\boldsymbol{r}\cdot\boldsymbol{\tau}=0$$

这说明切应力向量与矢径方向垂直，这正是圆轴扭转切应力的特征。

当然，扭转问题也可以按位移求解。在材料力学中，为了求解圆轴扭转问题，曾经根据刚性平面转动假设得到问题解答。对于非圆截面扭杆，由于横截面在扭转时出现翘曲，平面假设不再成立，但刚性转动假设仍然适用。因此，可以将扭转位移分量取为

$$\left.\begin{aligned}u &= -\alpha yz\\ v &= \alpha xz\\ w &= \alpha\psi(x,y)\end{aligned}\right\} \tag{j}$$

式中　α——扭杆上单位长度的两个横截面的相对扭转角；

$\psi(x,y)$——圣维南扭转函数。

因为 $\psi(x,y)$ 反映扭杆横截面各点轴向位移情况，所以 $\psi(x,y)$ 又称为翘曲函数。因为圆轴扭转时没有翘曲，所以 $\psi(x,y)=0$，同时，由式(j)可以得到式(a)。因此，可以预期普朗特应力函数 $\varphi(x,y)$ 与圣维南扭转函数 $\psi(x,y)$ 之间存在某种关系。事实上，由于：

$$\left.\begin{aligned}\tau_{xz} &= G\left(\frac{\partial u}{\partial z}+\frac{\partial w}{\partial x}\right)=G\alpha\left(-y+\frac{\partial\psi}{\partial x}\right)\\ \tau_{yz} &= G\left(\frac{\partial v}{\partial z}+\frac{\partial w}{\partial y}\right)=G\alpha\left(x+\frac{\partial\psi}{\partial y}\right)\end{aligned}\right\} \tag{k}$$

将上式与式(5.15)做比较，有：

$$\left.\begin{aligned}G\alpha\left(-y+\frac{\partial\psi}{\partial x}\right) &= \frac{\partial\varphi}{\partial y}\\ G\alpha\left(x+\frac{\partial\psi}{\partial y}\right) &= -\frac{\partial\varphi}{\partial x}\end{aligned}\right\} \tag{l}$$

所以函数 $\psi(x,y)$ 的全微分为

$$\mathrm{d}\psi=\frac{\partial\psi}{\partial x}\mathrm{d}x+\frac{\partial\psi}{\partial y}\mathrm{d}y=\left(y+\frac{1}{G\alpha}\frac{\partial\varphi}{\partial y}\right)\mathrm{d}x+\left(-x-\frac{1}{G\alpha}\frac{\partial\varphi}{\partial x}\right)\mathrm{d}y$$

两端积分得到圣维南扭转函数 $\psi(x,y)$ 与普朗特应力函数 $\varphi(x,y)$ 的关系式：

$$\psi=\int\left(y+\frac{1}{G\alpha}\frac{\partial\varphi}{\partial y}\right)\mathrm{d}x+\left(-x-\frac{1}{G\alpha}\frac{\partial\varphi}{\partial x}\right)\mathrm{d}y \tag{m}$$

根据格林定理，式(m)右端积分与积分路径无关。另外，利用式(l)可证明 $\nabla^2\psi(x,y)=0$，所以

$\psi(x,y)$是调和函数。由式(l)的第一式两端关于 y 求偏导数,式(l)的第二式两端关于 x 求偏导数,然后相减得到:

$$\nabla^2\varphi(x,y)=-2G\alpha \tag{5.19}$$

当应力函数 $\varphi(x,y)$选定之后,很容易通过式(m)作积分运算,得到圣维南扭转函数 $\psi(x,y)$。例如,对于椭圆截面直杆扭转问题,可以将式(h)代入式(m)进行积分。为计算方便,采用折线积分路径 OAB,如图 5.7 所示,则有:

$$\psi=\int_{OAB}\left(y-\frac{2My}{\pi ab^3G\alpha}\right)\mathrm{d}x+\left(-x+\frac{2Mx}{\pi a^3bG\alpha}\right)\mathrm{d}y=\left(\frac{2M}{\pi a^3bG\alpha}-1\right)xy \tag{n}$$

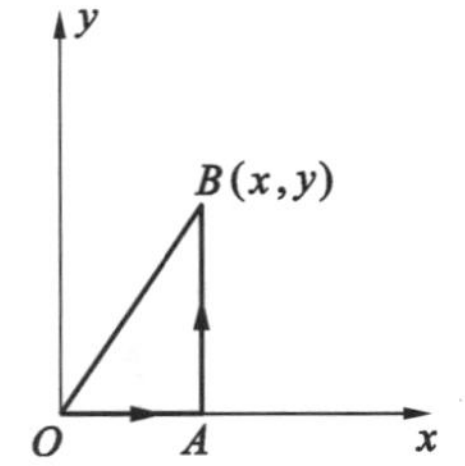

图 5.7　折线积分路径

将式(n)代入式(k),得到椭圆截面扭杆切应力为

$$\tau_{xz}=\left(\frac{2M}{\pi a^3b}-2G\alpha\right)y$$

$$\tau_{yz}=\frac{2M}{\pi a^3b}x$$

将式(i)与上式比较,得到:

$$\alpha=\frac{(a^2+b^2)M}{\pi a^3b^3G} \tag{o}$$

这是椭圆截面扭杆单位长度扭转角的计算公式。利用式(o)、式(n)和式(j)的第三式得到椭圆截面扭杆的翘曲位移为

$$w=\frac{(b^2-a^2)Mxy}{\pi a^3b^3G}$$

当 $a=b$ 时,$w=0$,对应圆轴扭转无翘曲位移的情况,亦即横截面上各点在扭转变形后,只发生面内位移,这说明材料力学关于圆轴扭转变形的刚性平面转动的假设是正确的。

5.7　扭转问题薄膜比拟

当扭杆横截面形状比较规则,例如圆、椭圆或某些三角形等简单的几何图形,其边界形状可用 x、y 的二次式或特殊的三次多项式函数表示,用普朗特应力函数求解比较方便。对于横截面形状不规则的直杆扭转问题,由于难以找到合适的应力函数,直接求解比较困难或者不可能,这时可借助薄膜比拟法进行求解。

比拟法是求解数学物理问题很有用的一类方法。所谓薄膜比拟,是利用薄膜在单侧受到均匀压力作用下其上任意一点的挠度和斜率分别与扭转问题的应力函数和切应力具有数学上的相似性,亦即两者的数学方程在形式上完全相同,通过建立比拟条件,由薄膜的挠度和斜率等直观几何量推导扭杆的切应力等物理量。

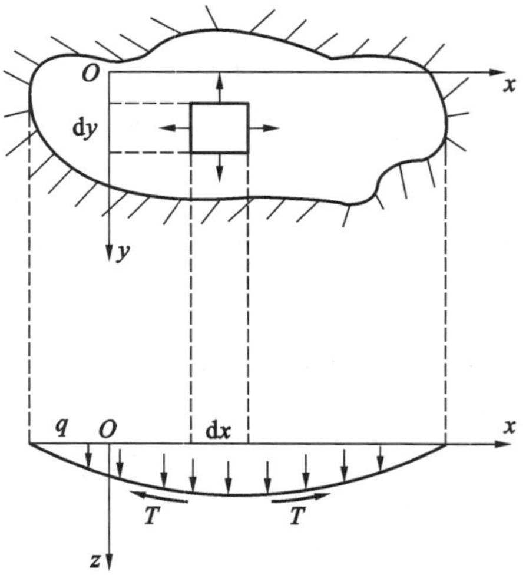

图 5.8　薄膜单侧受到均匀压力

假设有一薄膜,其边界形状与扭杆横截面形状相同,边界固定。薄膜单侧受到均匀压力 q 作用,并沿 z 方向产生微小位移 $w(x,y)$,称之为挠度,如图 5.8 所示。如果薄膜均匀柔软,那么薄膜内的弯曲内力很小,可以认为薄膜内只有张力作用。在薄膜内任取一微元 $\mathrm{d}x\mathrm{d}y$,假设薄膜内单位长度上的张力为 T。考虑微元 $\mathrm{d}x\mathrm{d}y$ 的平衡,由竖直方向的平衡条件得到:

$$q\mathrm{d}x\mathrm{d}y - T\sin\alpha_1\mathrm{d}y + T\sin\alpha_2\mathrm{d}y - T\sin\beta_1\mathrm{d}x + T\sin\beta_2\mathrm{d}x = 0 \tag{a}$$

式中，α_1、α_2 为薄膜微元上平行于 y 轴的两边张力 T 与 $z=0$ 平面的夹角；β_1、β_2 为薄膜微元上平行于 x 轴的两边张力 T 与 $z=0$ 平面的夹角。这里 α_i、β_i 的正方向规定为由微元上张力 T 逆时针转到 $z=0$ 平面上；反之为负。由于挠度 w 微小，所以：

$$\left.\begin{aligned}\sin\alpha_1 &= \frac{\partial w}{\partial x}\\ \sin\alpha_2 &= \frac{\partial w}{\partial x} + \frac{\partial^2 w}{\partial x^2}\mathrm{d}x\\ \sin\beta_1 &= \frac{\partial w}{\partial y}\\ \sin\beta_2 &= \frac{\partial w}{\partial y} + \frac{\partial^2 w}{\partial y^2}\mathrm{d}y\end{aligned}\right\}$$

将上式代入式(a)，整理得到：

$$\frac{\partial^2 w}{\partial x^2} + \frac{\partial^2 w}{\partial y^2} = -\frac{q}{T} \tag{5.20}$$

因为薄膜挠度 w 在薄膜区域上的积分等于由 $z=0$ 的平面与薄膜所围的体积 V，所以：

$$2\int_A w\mathrm{d}A = 2V \tag{5.21}$$

薄膜上任一点的斜率为

$$\left.\begin{aligned}K_x &= \frac{\partial w}{\partial x}\\ K_y &= \frac{\partial w}{\partial y}\end{aligned}\right\} \tag{5.22}$$

由于边界固定，薄膜在边界上的挠度为零，即

$$w(x,y) = 0 \tag{5.23}$$

方程式(5.20)至方程式(5.23)就是薄膜单侧受压其挠度 w 满足的全部数学方程。比较式(5.20)与式(5.19)、式(5.23)与式(5.17b)，可以看到普朗特应力函数 $\varphi(x,y)$ 与薄膜挠度 $w(x,y)$ 服从同样的变化规律，薄膜的等高线 $w=c$ 与应力函数的等值线 $\varphi=c$ 相对应。因此，只要建立如下比拟条件：

$$\varphi \sim w$$

则由式(5.21)与式(5.18)得到：

$$M = 2V$$

由式(5.19)与式(5.20)得到：

$$2G\alpha = \frac{q}{T}$$

如果已知 q 和 T 的值，则利用上式可计算出单位长度扭转角。

由于 $\varphi=c$ 的全微分等于零，即

$$\frac{\partial\varphi}{\partial x}\mathrm{d}x + \frac{\partial\varphi}{\partial y}\mathrm{d}y = 0$$

利用式(5.15)有：

$$-\tau_{zy}\mathrm{d}x + \tau_{zx}\mathrm{d}y = 0$$

所以，应力函数 φ 的等值线上任意一点切线的斜率为

$$\frac{\mathrm{d}y}{\mathrm{d}x} = \frac{\tau_{zy}}{\tau_{zx}}$$

这表明切应力向量 $\boldsymbol{\tau}=\tau_{zx}i+\tau_{zy}j$ 沿 φ 等值线的切线方向，φ 的等值线因而被称为切应力迹线。

由式(5.15)可知切应力向量 $\boldsymbol{\tau}$ 的大小为

$$\tau=\sqrt{\left(\frac{\partial\varphi}{\partial x}\right)^2+\left(\frac{\partial\varphi}{\partial y}\right)^2}=|\ \mathrm{grad}\varphi\ |$$

因此，最大切应力作用点位于 φ 的梯度达到最大值的点，根据薄膜比拟，该处对应薄膜中 w 的梯度(即薄膜斜率)最大的地方，也就是薄膜等高线最密集的地方。薄膜的等高线对应切应力迹线。

由切应力迹线的定义，可以得到所谓的切应力环量定理。引入切应力迹线的弧微分向量，即

$$\mathrm{d}\boldsymbol{s}=\mathrm{d}xi+\mathrm{d}yj$$

考虑沿切应力迹线的环线积分，注意切应力向量与弧微分向量方向相同，有：

$$\oint_S\tau\mathrm{d}s=\oint_S\boldsymbol{\tau}\cdot\mathrm{d}\boldsymbol{s}=\oint_S(\tau_{xz}\mathrm{d}x+\tau_{yz}\mathrm{d}y)=\oint_S\left(\frac{\partial\varphi}{\partial y}\mathrm{d}x-\frac{\partial\varphi}{\partial x}\mathrm{d}y\right)$$

利用格林公式，将上式右端线积分化为面积分得到：

$$\oint_S\tau\mathrm{d}s=\int_{A_S}\nabla^2\varphi\,\mathrm{d}A$$

式中　A_S——环线 S 所围面积。

将式(5.19)代入上式，有：

$$\oint_S\tau\mathrm{d}s=2G\alpha A_S \tag{5.24}$$

这表明，合切力沿切应力迹线的环线积分等于 $2G\alpha$ 乘以环线 S 所围面积，这个关系称为切应力环量定理。

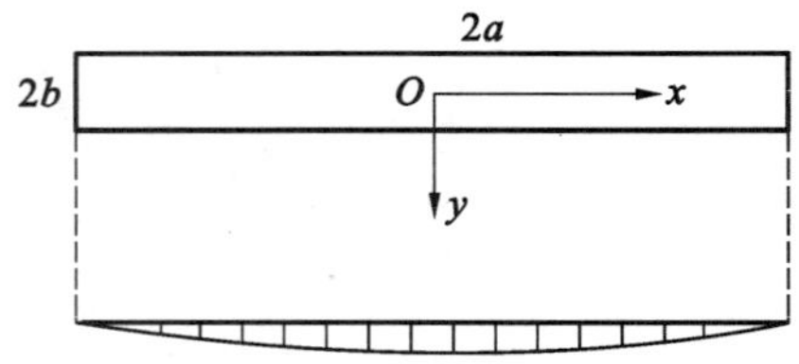

图 5.9　狭长矩形截面

下面用薄膜比拟法求图 5.9 所示狭长矩形截面直杆在扭转外力偶 M 作用下的最大切应力。

根据薄膜比拟法，由于 $a\gg b$，除去两端附近的区域，薄膜挠度沿 x 方向变化很小，故可以近似假设挠度函数 w 与 x 无关，即 $w=w(y)$，从而将应力函数 $\varphi=\varphi(y)$ 代入式(5.19)，有：

$$\frac{\mathrm{d}^2\varphi}{\mathrm{d}y^2}=-2G\alpha$$

利用边界条件 $\varphi(\pm b)=0$，解得应力函数为

$$\varphi=-G\alpha(y^2-b^2)$$

将上式代入方程式(5.18)得到：

$$M=-2G\alpha\int_{-a}^{a}\int_{-b}^{b}(y^2-b^2)\mathrm{d}x\,\mathrm{d}y=\frac{16}{3}G\alpha ab^3$$

由此解出单位长度扭转角 α 为

$$\alpha=\frac{3M}{16Gab^3}$$

在长边中点处薄膜挠度沿 y 方向的斜率最大，所以该处的切应力达到最大值，即

$$\tau_{\max}=(\tau_{xz})_{y=\pm b}=\frac{3M}{8ab^2}$$

由上面所得公式可以推导出薄壁杆扭转切应力和单位长度扭转角计算公式如下：

$$\tau_i=\frac{3Mb_i}{\sum a_ib_i^3}$$

$$\alpha=\frac{3M}{G\sum a_ib_i^3}$$

式中　a_i、b_i、τ_i——扭杆横截面上第 i 个狭长矩形的长、宽以及长边中点处的切应力。

本章小结

(1) 弹性力学空间问题的基本方程包括：3 个平衡微分方程，6 个几何方程和 6 个物理方程。边界条件有 3 种形式：给定位移的边界条件，给定面力(荷载)的边界条件和混合边界条件。

(2) 求解弹性力学空间问题有两种基本的方法：位移法(按位移求解)和应力法(按应力求解)。

(3) 位移法：以 3 个位移分量为基本未知量，问题归结为在给定的边界条件下求解用位移分量表示的平衡微分方程，即 Lamé 方程。待解出位移分量之后，由几何方程计算应变分量，再由物理方程计算应力分量。

(4) 应力法：以 6 个应力分量为基本未知量，问题归结为在满足平衡微分方程和给定的边界条件下，求解用应力分量表示的变形协调方程。待解出应力分量之后，由物理方程计算应变分量，再由几何方程通过积分运算得到位移分量。

(5) 量纲分析和半逆解法：在求解具体问题时，量纲分析往往很有用。对于一般的弹性力学空间问题，直接求解 Lamé 方程或变形协调方程通常比较困难。如果借助量纲分析，那么可以确定出待求量(应力、应变和位移)与荷载和物体几何参数的量纲关系，从而选定适当的函数形式，然后由基本方程和边界条件确定待定常系数；半逆解法是在初步分析的基础上假设一部分应力或位移的函数形式，然后用基本方程和边界条件确定余下的应力分量和位移分量。

思　考　题

5.1　弹性力学问题可以按两种不同的方法求解：一种是位移解法，另一种是应力解法。在 5.3 节中，半空间体受重力及均布压力问题的解是用位移解法得到的，该问题能否按应力解法求解？请给出解释或求解过程。

5.2　半空间体在边界上受法向集中力问题的解有什么实际意义？如果半空间体在边界的有限区域上受分布压力，如何利用受法向集中力问题的解求解该问题？

5.3　在 5.6 节中，讨论了等截面直杆的扭转问题。对于变截面杆件的扭转问题，能否用普朗特应力函数或圣维南扭转函数求解？并对你的答案给出解释。

5.4　如何利用薄膜比拟法求解等截面管形(中空)杆件的扭转问题？

习　　题

5.1　试根据平行六面微元体 $dxdydz$ 的平衡条件(图 5.10)，推导弹性力学空间问题的平衡方程式(5.1a)(假设体力分量为 X、Y、Z)，并证明下列切应力互等关系式：

$$\tau_{xy} = \tau_{yx}$$

$$\tau_{yz} = \tau_{zy}$$

$$\tau_{zx} = \tau_{xz}$$

5.2　如图 5.11 所示，假设微小的四面体斜面上正应力为 σ_N，切应力为 τ_N，试根据图示四面微元体的平衡条件和关系式：

$$\sigma_N = lX_N + mY_N + nZ_N$$

推导下列应力分量变换式：

$$\sigma_N = l^2\sigma_x + m^2\sigma_y + n^2\sigma_z + 2mn\tau_{yz} + 2nl\tau_{zx} + 2lm\tau_{xy}$$

式中，X_N、Y_N、Z_N 为合应力沿 x、y、z 方向的分量，N 为斜面的法线方向，l、m、n 为 N 的方向余弦。

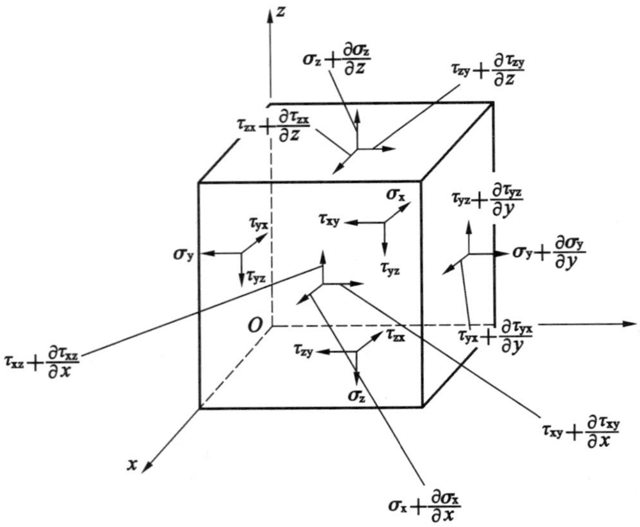

图 5.10　习题 5.1 图

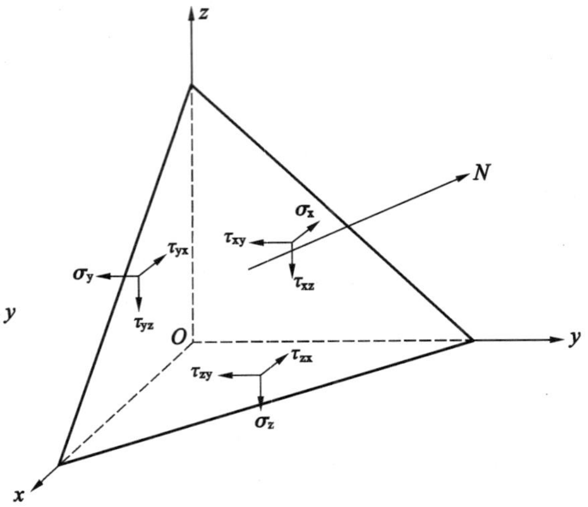

图 5.11　习题 5.2 图

5.3　已知弹性体内一点的应力张量为

$$\boldsymbol{\sigma}_{ij}=\begin{bmatrix}12 & 10 & 5\\10 & 6 & 3\\5 & 3 & 3\end{bmatrix}\ (\mathrm{MPa})$$

和过该点某一斜面法线 N 的方向余弦为

$$l=0.5,\quad m=0.3,\quad n=0.8$$

试利用 5.2 题的公式，求该点的 σ_N 和 τ_N（提示：$\sigma_N^2+\tau_N^2=X_N^2+Y_N^2+Z_N^2$）。

5.4　设有等截面直杆如图 5.12 所示，相对密度为 ρ，长度为 L，上端固定，下端自由。试分析应力张量：

$$\boldsymbol{\sigma}_{ij}=\begin{bmatrix}0 & 0 & 0\\0 & 0 & 0\\0 & 0 & \rho(L-z)\end{bmatrix}$$

是否能够满足所有条件。

5.5　试用应力函数法求解等截面扭杆的应力分布、最大切应力和单位长度扭转角。假设截面形状是边长为 a 的等边三角形，尺寸和坐标选取如图 5.13 所示［提示：将应力函数选取为 $\varphi=C\left(x-\frac{\sqrt{3}}{2}a\right)(x-\sqrt{3}y)(x+\sqrt{3}y)$，式中 C 为待定常数］。

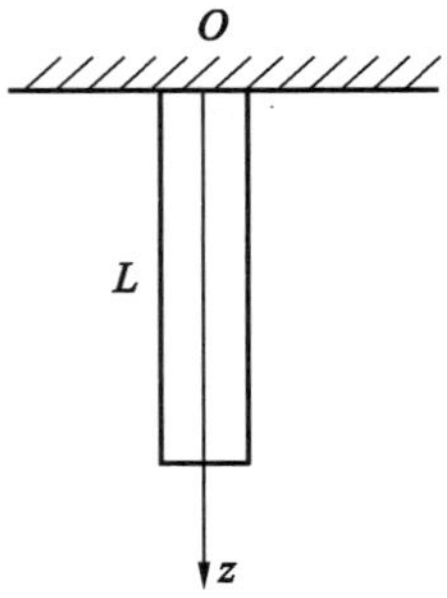

图 5.12　习题 5.4 图

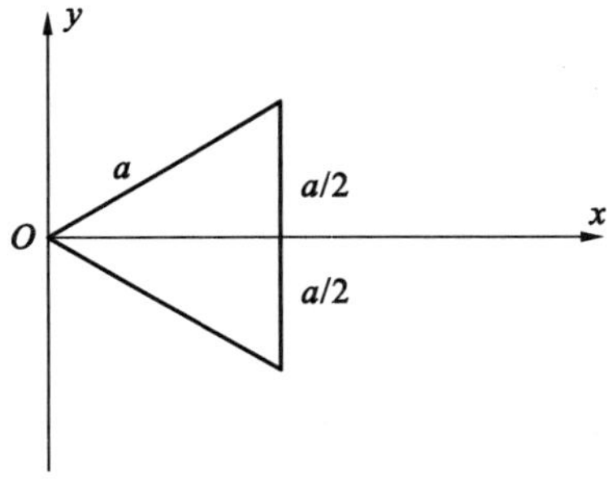

图 5.13　习题 5.5 图

6 薄板弯曲问题

本 章 提 要

薄板是工程中常用的承载构件。本章研究薄板小挠度弯曲问题，首先给出薄板的工程定义和薄板弯曲问题的计算假定，然后根据薄板微元体平衡条件，推导薄板弯曲问题的基本方程并给出边界条件和角点条件。为了便于求解圆薄板弯曲问题，同时给出薄板弯曲方程和边界条件在圆柱坐标中的表达式。最后以圆板的轴对称弯曲问题说明薄板弯曲问题的解法。

6.1 薄板计算假定

板是典型的工程构件(图 6.1)，其厚度远远小于其最小特征尺寸(对矩形板指其长度或宽度，对圆板指其半径)。工程上约定：当板的厚度 h 小于最小特征尺寸 L 的五分之一，即 $h<L/5$ 时，称为薄板。作用于板的荷载可分为面内荷载和垂直于板面的荷载。对于薄板，面内荷载只引起平面应力，垂直于板面的荷载将使板产生弯曲变形，板面上沿垂直于板面方向的位移称为挠度(这与材料力学中梁的挠度类似)。如果薄板在弯曲荷载作用下，板内的最大挠度 w_{max} 小于板厚度 h 的五分之一，即 $w_{max}<h/5$ 时，则称为薄板小挠度弯曲问题。

为了便于进行理论分析和工程应用，针对薄板小挠度弯曲问题的受力和变形特征，通常引入下列计算假定：

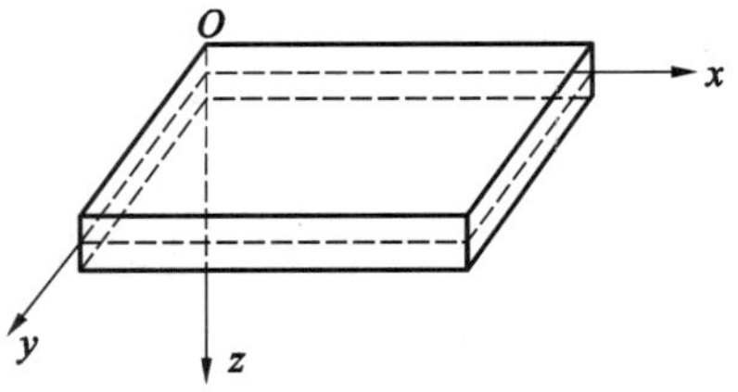

图 6.1 薄板与直角坐标系

(1) 直法线假设

假定薄板在弯曲过程中，变形前垂直中面(即平分板厚的平面)的直线段(称为中面法线)在变形后仍然垂直于中面，且其长度保持不变。

根据上述直法线假设，板内以下应变分量为

$$\varepsilon_z=\gamma_{xz}=\gamma_{yz}=0 \tag{a}$$

(2) 中面位移假设

在板中面，无面内位移，只有法向位移(挠度)，且沿板厚度方向挠度为常数，所以板内任意一点的挠度等于中面对应点的挠度：

$$\left.\begin{aligned}(u)_{z=0}=(v)_{z=0}=0\\ w=w(x,y)\end{aligned}\right\} \tag{b}$$

(3) 板内无挤压假设

平行于中面的板内各层互不挤压，在计算变形时可忽略挤压应力 σ_z，但在考虑板微元的平衡时不能忽略。

以上 3 个假设可以分别与材料力学关于细长梁弯曲的平面假设、中性层无轴向变形和梁内无挤压假设相对应，是由 Kirchhoff 提出的，称为薄板小挠度弯曲理论的 Kirchhoff 假设。根据式(a)和式(b)并利用几何方程式(5.2a)，可知位移分量 u 和 v 为 z 的一次函数，又因为挠度 w 与 z 无关，所以：

$$\left.\begin{aligned} u &= -z\frac{\partial w}{\partial x} \\ v &= -z\frac{\partial w}{\partial y} \\ w &= w(x,y) \end{aligned}\right\} \tag{6.1}$$

这就是薄板的小挠度弯曲位移分量。从式中可以看到，如果中面挠度函数 $w(x,y)$ 一经确定，其他两个位移分量可以通过求偏导数得到，之后再由几何方程和物理方程最终求出薄板小挠度弯曲应变分量和应力分量。因此，问题归结为如何求解出挠度函数 $w(x,y)$。6.2 节将要推导的薄板小挠度弯曲问题的基本方程，就是挠度函数 $w(x,y)$ 必须满足的微分方程。

6.2 薄板小挠度弯曲基本方程

现在我们来建立薄板小挠度弯曲问题的基本方程。为此，需要综合利用几何方程、物理方程和用内力分量表示的平衡微分方程。将式(6.1)所给出的薄板弯曲位移代入几何方程式(5.2a)，得到非零应变分量如下：

$$\left.\begin{aligned} \varepsilon_x &= zk_x \\ \varepsilon_y &= zk_y \\ \gamma_{xy} &= 2zk_{xy} \end{aligned}\right\} \tag{6.2}$$

式中 k_x、k_y——薄板变形以后的曲率；

k_{xy}——扭率。

k_x、k_y、k_{xy} 由下列各式给出：

$$\left.\begin{aligned} k_x &= -\frac{\partial^2 w}{\partial x^2} \\ k_y &= -\frac{\partial^2 w}{\partial y^2} \\ k_{xy} &= -\frac{\partial^2 w}{\partial x \partial y} \end{aligned}\right\} \tag{6.3}$$

将非零应变分量代入物理方程式(5.3b)得到：

$$\left.\begin{aligned} \sigma_x &= \frac{E}{1-\upsilon^2} z(k_x + \upsilon k_y) \\ \sigma_y &= \frac{E}{1-\upsilon^2} z(k_y + \upsilon k_x) \\ \tau_{xy} &= \frac{E}{1+\upsilon} z k_{xy} \end{aligned}\right\} \tag{6.4}$$

如果将板侧面上的应力分量 σ_x、σ_y、τ_{xy} 向中面简化，得到作用在板侧面中线上的分布弯矩和扭矩(单位长度上的弯矩和扭矩)如下：

$$\left.\begin{aligned} M_x &= \int_{-h/2}^{h/2} \sigma_x z\,\mathrm{d}z = D(k_x + \upsilon k_y) \\ M_y &= \int_{-h/2}^{h/2} \sigma_y z\,\mathrm{d}z = D(k_y + \upsilon k_x) \\ M_{xy} &= \int_{-h/2}^{h/2} \tau_{xy} z\,\mathrm{d}z = D(1-\upsilon) k_{xy} \end{aligned}\right\} \tag{6.5}$$

式中　M_x、M_y——板侧面正应力 σ_x 和 σ_y 产生的分布弯矩；

M_{xy}——板侧面切应力 τ_{xy} 产生的分布扭矩；

D——板的抗弯刚度，有：

$$D = \frac{Eh^3}{12(1-\upsilon^2)} \tag{6.6}$$

上面在讨论板的变形时，略去了切应变 γ_{xz} 和 γ_{yz}，但这并不意味着剪切应力 τ_{xz} 和 τ_{yz} 可以忽略不计。事实上，由于平衡的要求，剪切应力分量 τ_{xz} 和 τ_{yz} 是必不可少的，由它们产生的作用在板侧面的分布剪力为

$$\left.\begin{aligned} Q_x &= \int_{-h/2}^{h/2} \tau_{xz}\mathrm{d}z \\ Q_y &= \int_{-h/2}^{h/2} \tau_{yz}\mathrm{d}z \end{aligned}\right\} \tag{6.7}$$

考虑长、宽分别为 $\mathrm{d}x$、$\mathrm{d}y$ 的板微元体 $abcd$ 的平衡，内力分量的正方向按应力分量的正负号作相应规定，如图 6.2 所示，图中所有内力分量均按正方向标出。根据微元体的平衡条件，分别写出在 z 方向力的平衡方程，以及关于 x 轴和关于 y 轴的力矩平衡方程，得到用内力分量表示的平衡微分方程：

$$\left.\begin{aligned} &\frac{\partial Q_x}{\partial x} + \frac{\partial Q_y}{\partial y} + q = 0 \\ &Q_y - \frac{\partial M_{xy}}{\partial x} - \frac{\partial M_y}{\partial y} = 0 \\ &Q_x - \frac{\partial M_x}{\partial x} - \frac{\partial M_{xy}}{\partial y} = 0 \end{aligned}\right\} \tag{6.8}$$

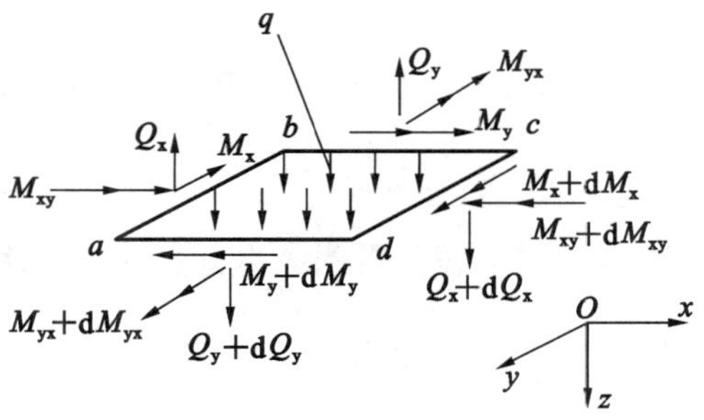

图 6.2　板微元体上的内力分量

利用式(6.5)，并由方程式(6.8)的第二式、第三式得到：

$$\left.\begin{aligned} Q_x &= -D\frac{\partial}{\partial x}(\nabla^2 w) \\ Q_y &= -D\frac{\partial}{\partial y}(\nabla^2 w) \end{aligned}\right\} \tag{6.9}$$

式中，$\nabla^2 = \frac{\partial^2}{\partial x^2} + \frac{\partial^2}{\partial y^2}$ 称为二维拉普拉斯算子。

利用式(6.9)消去方程式(6.8)第一式中的分布剪力 Q_x 和 Q_y，得到用挠度函数 w 表示的平衡微分方程：

$$\nabla^2\nabla^2 w = \frac{q}{D} \tag{6.10}$$

式中　q——板面上作用的法向分布荷载。

方程式(6.10)称为薄板挠曲微分方程，它是求解薄板小挠度弯曲问题的基本方程。一旦挠度函数 w 求出之后，就可由式(6.3)计算曲率 k_x、k_y 和扭率 k_{xy}，由式(6.5)计算弯矩 M_x、M_y 和扭矩 M_{xy}。如果从式(6.4)和式(6.5)中消去曲率 k_x、k_y 和扭率 k_{xy}，则得到用弯矩 M_x、M_y 和扭矩 M_{xy} 表示的应力分量如下：

$$\left.\begin{aligned}\sigma_x&=\frac{12M_x}{h^3}z\\ \sigma_y&=\frac{12M_y}{h^3}z\\ \tau_{xy}&=\frac{12M_{xy}}{h^3}z\end{aligned}\right\}\tag{6.11}$$

与 σ_x、σ_y、τ_{xy} 相比，其他应力分量 τ_{xz}、τ_{yz} 和 σ_z 相对很小，称为次要应力。前面已提到，这些应力分量在计算薄板变形时被略去了，在维持薄板平衡上却是必需的。这些应力分量可借助下列平衡微分方程式(不考虑体力)

$$\sigma_{ij,j}=0\tag{a}$$

计算求得。例如，根据式(a)的第一式得到：

$$\frac{\partial\tau_{xz}}{\partial z}=-\frac{\partial\sigma_x}{\partial x}-\frac{\partial\tau_{xy}}{\partial y}$$

将式(6.11)的应力分量 σ_x、τ_{xy} 代入上式，并利用式(6.8)的第二、第三两式以及薄板板面上无切向荷载的条件，对上式积分，有：

$$\tau_{xz}=\frac{3}{2}\frac{Q_x}{h}\left(1-\frac{4z^2}{h^2}\right)\tag{6.12a}$$

同理，有：

$$\tau_{yz}=\frac{3}{2}\frac{Q_y}{h}\left(1-\frac{4z^2}{h^2}\right)\tag{6.12b}$$

另外，由上述平衡方程式(a)的第三式有：

$$\frac{\partial\sigma_z}{\partial z}=-\frac{\partial\tau_{xz}}{\partial x}-\frac{\partial\tau_{yz}}{\partial y}\tag{b}$$

将式(6.12a)和式(6.12b)代入并利用式(6.8)的第一式可得到：

$$\sigma_z=-2q\left(0.5-\frac{z}{h}\right)^2\left(1+\frac{z}{h}\right)\tag{6.12c}$$

这里由式(b)积分得到应力分量 σ_z 时利用了薄板板面的荷载条件，即

$$\left.\begin{aligned}(\sigma_z)_{z=-h/2}&=-q\\ (\sigma_z)_{z=h/2}&=0\end{aligned}\right\}\tag{6.13}$$

薄板的边界条件和矩形板的角点条件在 6.3 节中给出。

6.3　薄板的边界条件

从 6.2 节已经导出的公式可知，除了应力分量 σ_z 由式(6.12c)直接计算外，其余应力分量、应变分量和位移分量都必须通过挠度函数 w 的一阶或二阶偏导数计算求得，因此薄板小挠度弯曲问题归结为在给定的边界条件下求解薄板挠曲微分方程式(6.10)问题。下面给出矩形薄板边界和角点条件。

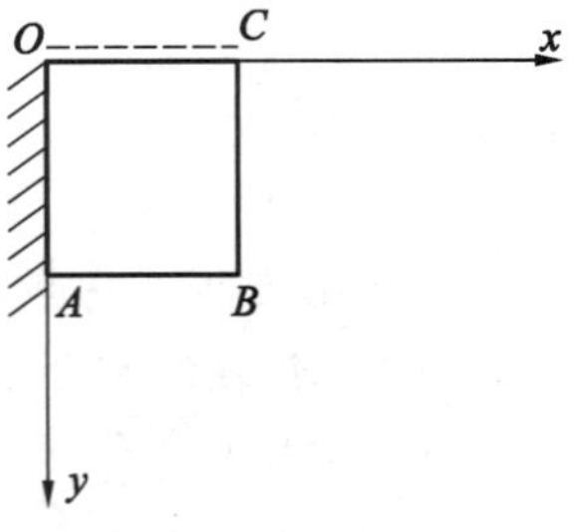

图 6.3　矩形板边界支承情况示意图

考虑图 6.3 所示的矩形板，设 $AB=OC=a$，$OA=CB=b$，OA 边为固支边，OC 边为简支边，AB 边和 CB 边为自由边界，角点 B 悬空或者有支承。边界条件可以按支承情况分为下列几种情况：

(1) 简支边界条件

图中 OC 边为简支边。由于挠度 w 和曲率在简支边上均为零，所以有：

$$\left.\begin{aligned}&(w)_{y=0}=0\\&\left(\frac{\partial^2 w}{\partial y^2}\right)_{y=0}=0\end{aligned}\right\}\tag{6.14a}$$

(2) 固支边界条件

图中 OA 边为固支边。在固支边界上挠度和斜率为零，即

$$\left.\begin{aligned}&(w)_{x=0}=0\\&\left(\frac{\partial w}{\partial x}\right)_{x=0}=0\end{aligned}\right\}\tag{6.14b}$$

(3) 自由边界条件

图中 AB 边和 CB 边为自由边界。在自由边界上，分布弯矩和分布剪力均应为零。考虑到薄板内力分量中存在分布扭矩，在自由边界上分布扭矩也应该为零。由于薄板挠曲微分方程式(6.10)为 x、y 的四阶偏微分方程，在边界上只能提 8 个定解条件，所以，对于矩形薄板每条边只能提两个边界条件。因此，在自由边界上，如果令分布剪力、分布弯矩和分布扭矩同时为零，那么在一条边界上将出现 3 个条件，这与上述要求发生矛盾。为此，需要引入折算剪力的概念，将剪力和扭矩合二为一，从而将弯矩、扭矩和剪力三个条件等效为两个条件。

例如，对于图 6.3 中 CB 自由边，折算剪力定义为

$$\bar{Q}_x=Q_x+\frac{\partial M_{xy}}{\partial y}$$

自由边的边界条件要求分布弯矩和折算剪力 $\bar{Q}_x$ 均为零。利用弯矩、扭矩和剪力的表达式(6.5)和式(6.9)，自由边 CB 的边界条件可表示为

$$\left.\begin{aligned}&\left(\frac{\partial^2 w}{\partial x^2}+\upsilon\frac{\partial^2 w}{\partial y^2}\right)_{x=a}=0\\&\left[\frac{\partial^3 w}{\partial x^3}+(2-\upsilon)\frac{\partial^3 w}{\partial x\partial y^2}\right]_{x=a}=0\end{aligned}\right\}\tag{6.14c}$$

(4) 角点条件

上面对于自由边引入的折算剪力为零的条件，实际上是将微分长度 dy 上的分布扭矩 M_{xy} 等效为沿 z 方向作用的一对力偶(其力偶矩为 $M_{xy}dy$)，如图 6.4 所示。从图中可以看出，在边界内点 k 处，由扭矩引起的一对等效剪力方向相反，不平衡部分为$\frac{\partial M_{xy}}{\partial y}$，通过引入折算剪力加以抵消。然而，在角点 B 处仍然有集中力$(M_{xy})_B$ 存在。因此，对于悬空的角点 B，必须满足条件$(M_{xy})_B=0$，即

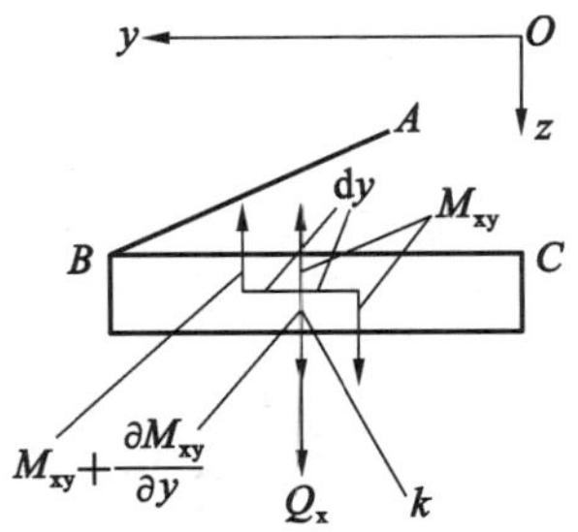

图 6.4 折算剪力

$$\left(\frac{\partial^2 w}{\partial x\partial y}\right)_{x=a,y=b}=0\tag{6.14d}$$

(5) 角点支承条件

如果在角点 B 处并非悬空，而是有支承，那么必存在支承反力。设角点 B 处的支承反力为 R_B，则由于 AB 边和 CB 边均在 B 处存在未被抵消的集中力$(M_{xy})_B$，所以角点平衡条件为

$$R_B=2(M_{xy})_B\tag{6.14e}$$

此即为角点支承条件。

6.4　薄板弯曲方程的圆柱坐标形式

对于圆薄板或其他具有圆形边界的薄板弯曲问题，直接运用前文导出的基本方程和定解条件进行求解将会遇到较大的困难。为便于求解此类问题，这里给出薄板挠曲方程和边界条件在圆柱坐标中的表达式。在圆柱坐标中（图 6.5），薄板挠度 w 和分布法向荷载 q 一般为 r 和 θ 的函数，位移分量记为 u_r、u_θ 和 $w=w(r,\theta)$。将直角坐标 (x,y,z) 变换到圆柱坐标 (r,θ,z)，有

$$\left.\begin{aligned} x&=r\cos\theta \\ y&=r\sin\theta \\ z&=z \end{aligned}\right\} \tag{a}$$

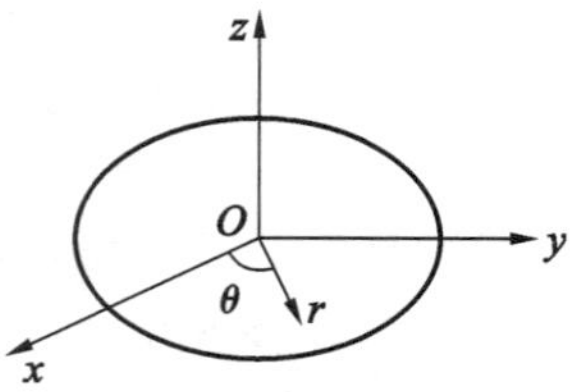

图 6.5　圆柱坐标与直角坐标

显然

$$\left.\begin{aligned} r^2&=x^2+y^2 \\ \theta&=\arctan\frac{y}{x} \end{aligned}\right\} \tag{b}$$

在下面推导过程中要用到各阶偏导数运算的坐标变换。为此，首先给出圆柱坐标分量 r 和 θ 关于直角坐标分量 x 和 y 的偏导数。对式(b)的第一式、第二式两端关于 x 和 y 求偏导数，并利用式(a)的前两式得到：

$$\left.\begin{aligned} \frac{\partial r}{\partial x}&=\cos\theta \\ \frac{\partial r}{\partial y}&=\sin\theta \\ \frac{\partial \theta}{\partial x}&=-\frac{\sin\theta}{r} \\ \frac{\partial \theta}{\partial y}&=\frac{\cos\theta}{r} \end{aligned}\right\} \tag{c}$$

根据式(c)和求导数的连锁法则，可以写出各阶偏导数运算的坐标变换。注意到 r 和 θ 可以看成是 x 和 y 的函数，所以：

$$\left.\begin{aligned} \frac{\partial}{\partial x}&=\frac{\partial r}{\partial x}\frac{\partial}{\partial r}+\frac{\partial \theta}{\partial x}\frac{\partial}{\partial \theta} \\ \frac{\partial}{\partial y}&=\frac{\partial r}{\partial y}\frac{\partial}{\partial r}+\frac{\partial \theta}{\partial y}\frac{\partial}{\partial \theta} \end{aligned}\right\}$$

将式(c)中各偏导数代入上式，有：

$$\left.\begin{aligned} \frac{\partial}{\partial x}&=\cos\theta\frac{\partial}{\partial r}-\frac{\sin\theta}{r}\frac{\partial}{\partial \theta} \\ \frac{\partial}{\partial y}&=\sin\theta\frac{\partial}{\partial r}+\frac{\cos\theta}{r}\frac{\partial}{\partial \theta} \end{aligned}\right\}$$

重复运用上述求导运算公式，可得到：

$$\left.\begin{aligned} \frac{\partial^2}{\partial x\partial y}&=\frac{1}{2}\sin2\theta\frac{\partial^2}{\partial r^2}+\frac{\cos2\theta}{r}\frac{\partial^2}{\partial r\partial \theta}-\frac{\sin2\theta}{2r}\frac{\partial}{\partial r}-\frac{\cos2\theta}{r^2}\frac{\partial}{\partial \theta} \\ \frac{\partial^2}{\partial x^2}&=\cos^2\theta\frac{\partial^2}{\partial r^2}-\frac{\sin2\theta}{r}\frac{\partial^2}{\partial r\partial \theta}+\frac{\sin^2\theta}{r}\frac{\partial}{\partial r}+\frac{\sin2\theta}{r^2}\frac{\partial}{\partial \theta}+\frac{\sin^2\theta}{r^2}\frac{\partial^2}{\partial \theta^2} \\ \frac{\partial^2}{\partial y^2}&=\sin^2\theta\frac{\partial^2}{\partial r^2}+\frac{\sin2\theta}{r}\frac{\partial^2}{\partial r\partial \theta}+\frac{\cos^2\theta}{r}\frac{\partial}{\partial r}-\frac{\sin2\theta}{r^2}\frac{\partial}{\partial \theta}+\frac{\cos^2\theta}{r^2}\frac{\partial^2}{\partial \theta^2} \end{aligned}\right\}$$

经过变换以后，薄板挠曲微分方程仍然可以写为

$$\nabla^2\nabla^2 w=\frac{q}{D} \tag{6.15}$$

式中，$w=w(r,\theta)$，$q=q(r,\theta)$，而拉普拉斯算子为

$$\nabla^2=\frac{\partial^2}{\partial r^2}+\frac{1}{r}\frac{\partial}{\partial r}+\frac{1}{r^2}\frac{\partial^2}{\partial\theta^2} \tag{6.16}$$

薄板内力分量用 M_r、M_θ、$M_{r\theta}=M_{\theta r}$、Q_r 和 Q_θ 表示，这里 M_r、$M_{r\theta}$ 和 Q_r 代表 r 为常量时板截面上的分布弯矩、扭矩和剪力，M_θ、$M_{\theta r}$ 和 Q_θ 代表 θ 为常量时板截面上的相应内力分量。为了得到这些内力分量的圆柱坐标形式，可以将 x 轴和 y 轴同步逆时针方向旋转 θ 角度，使 x 轴和 y 轴分别与 r 轴和 θ 轴重合（相当于令 $\theta=0°$），则由 M_x 等内力分量的直角坐标形式，并利用偏导数的坐标变换公式得到：

$$\left.\begin{aligned}
M_r&=(M_x)_{\theta=0°}=-D\left[\frac{\partial^2 w}{\partial r^2}+\upsilon\left(\frac{1}{r}\frac{\partial w}{\partial r}+\frac{1}{r^2}\frac{\partial^2 w}{\partial\theta^2}\right)\right]\\
M_\theta&=(M_y)_{\theta=0°}=-D\left(\upsilon\frac{\partial^2 w}{\partial r^2}+\frac{1}{r}\frac{\partial w}{\partial r}+\frac{1}{r^2}\frac{\partial^2 w}{\partial\theta^2}\right)\\
M_{r\theta}&=(M_{xy})_{\theta=0°}=-D(1-\upsilon)\left(\frac{1}{r}\frac{\partial^2 w}{\partial r\partial\theta}-\frac{1}{r^2}\frac{\partial w}{\partial\theta}\right)\\
Q_r&=(Q_x)_{\theta=0°}=-D\frac{\partial}{\partial r}\nabla^2 w\\
Q_\theta&=(Q_y)_{\theta=0°}=-D\frac{1}{r}\frac{\partial}{\partial\theta}\nabla^2 w
\end{aligned}\right\} \tag{6.17}$$

通过类似的坐标变换，可以得到圆柱坐标下薄板弯曲位移分量和应力分量如下：

$$\left.\begin{aligned}
u_r&=(u)_{\theta=0°}=-z\frac{\partial w}{\partial r}\\
u_\theta&=(v)_{\theta=0°}=-z\frac{\partial w}{\partial\theta}\\
w&=w(r,\theta)
\end{aligned}\right\} \tag{6.18}$$

$$\left.\begin{aligned}
\sigma_r&=\frac{12M_r}{h^3}z\\
\sigma_\theta&=\frac{12M_\theta}{h^3}z\\
\tau_{r\theta}&=\frac{12M_{r\theta}}{h^3}z\\
\tau_{rz}&=\frac{6Q_r}{h^3}\left(\frac{h^2}{4}-z^2\right)\\
\tau_{z\theta}&=\frac{6Q_\theta}{h^3}\left(\frac{h^2}{4}-z^2\right)\\
\sigma_z&=-2q\left(\frac{1}{2}-\frac{z}{h}\right)^2\left(1+\frac{z}{h}\right)
\end{aligned}\right\} \tag{6.19}$$

式(6.19)可以从式(6.11)、式(6.12)导出，只要简单地将式中 x、y 分别代之以 r、θ 即可。同理，边界条件式(6.14)在圆柱坐标中的形式为：

固支边界

$$\left.\begin{aligned}
&w=0\\
&\frac{\partial w}{\partial r}=0\quad(\text{当 } r \text{ 为常数})
\end{aligned}\right\} \tag{6.20a}$$

简支边界

$$\left.\begin{aligned} &w=0 \\ &M_r=0 \quad (\text{当 } r \text{ 为常数}) \end{aligned}\right\} \tag{6.20b}$$

自由边界

$$\left.\begin{aligned} &M_r=0 \\ &Q_r+\frac{1}{r}\frac{\partial M_{r\theta}}{\partial \theta}=0 \quad (\text{当 } r \text{ 为常数}) \end{aligned}\right\} \tag{6.20c}$$

荷载边界

$$\left.\begin{aligned} &M_r=\overline{M}_r \\ &Q_r+\frac{1}{r}\frac{\partial M_{r\theta}}{\partial \theta}=\overline{Q}_r \quad (\text{当 } r \text{ 为常数}) \end{aligned}\right\} \tag{6.20d}$$

式中　$\overline{M}_r$、$\overline{Q}_r$——边界上已知的分布剪力和分布弯矩。

对于圆板，边界上没有角点，因此只有上述 4 种边界条件。

6.5　圆板的轴对称弯曲

选定圆柱坐标 r、θ、z，圆板面法线方向与 z 轴方向一致。对于轴对称问题，所有几何量、物理量均与 θ 无关，为简化符号，令：

$$u=u_r,\quad v=u_\theta,\quad w=w(r),\quad q=q(r)$$

由式(6.18)有：

$$\left.\begin{aligned} &u=-z\frac{\partial w}{\partial r} \\ &v=0 \\ &w=w(r) \end{aligned}\right\} \tag{a}$$

将上式代入几何方程式(5.8)，得到非零应变分量：

$$\varepsilon_r=zk_r,\quad \varepsilon_\theta=zk_\theta \tag{b}$$

式中

$$\left.\begin{aligned} &k_r=-\frac{d^2w}{dr^2} \\ &k_\theta=-\frac{1}{r}\frac{dw}{dr} \end{aligned}\right\} \tag{c}$$

根据式(6.17)，内力分量由下式计算得到：

$$\left.\begin{aligned} &M_r=D(k_r+\upsilon k_\theta) \\ &M_\theta=D(k_\theta+\upsilon k_r) \end{aligned}\right\} \tag{d}$$

式中 k_r、k_θ 由式(c)给出。如果从式(d)中解出 k_r、k_θ，有：

$$\left.\begin{aligned} &k_r=\frac{1}{D_1}(M_r-\upsilon M_\theta) \\ &k_\theta=\frac{1}{D_1}(M_\theta-\upsilon M_r) \end{aligned}\right\} \tag{e}$$

这里

$$D_1=(1-\upsilon^2)D=\frac{Eh^3}{12} \tag{f}$$

因为挠度函数 $w=w(r)$，由式(6.17)的最后一式可知 $Q_\theta=0$，而 Q_r 可直接由平衡条件计算求得。如果从圆板中心区域切出一块同心小圆板，假设切出的同心小圆板半径为 r，则由 z 轴方向内、外力的平衡条件得到：

$$2\pi r Q_r = -\int_0^r 2\pi r q(r)\mathrm{d}r \tag{g}$$

同样，因为 $w=w(r)$，薄板挠曲微分方程式(6.15)为

$$\left(\frac{\mathrm{d}^2}{\mathrm{d}r^2}+\frac{1}{r}\frac{\mathrm{d}}{\mathrm{d}r}\right)\left(\frac{\mathrm{d}^2 w}{\mathrm{d}r^2}+\frac{1}{r}\frac{\mathrm{d}w}{\mathrm{d}r}\right)=\frac{q(r)}{D} \tag{6.21a}$$

方程式(6.21a)为四阶非齐次常微分方程，它的通解很容易得到。实际上，可以将方程式(6.21a)改写为

$$\left(\frac{\mathrm{d}^2}{\mathrm{d}r^2}+\frac{1}{r}\frac{\mathrm{d}}{\mathrm{d}r}\right)\left[\frac{1}{r}\frac{\mathrm{d}}{\mathrm{d}r}\left(r\frac{\mathrm{d}w}{\mathrm{d}r}\right)\right]=\frac{q(r)}{D}$$

上式两端同乘以 r，可进一步写成：

$$\frac{\mathrm{d}}{\mathrm{d}r}\left\{r\frac{\mathrm{d}}{\mathrm{d}r}\left[\frac{1}{r}\frac{\mathrm{d}}{\mathrm{d}r}\left(r\frac{\mathrm{d}w}{\mathrm{d}r}\right)\right]\right\}=\frac{rq(r)}{D} \tag{6.21b}$$

直接对上式两端积分，得到圆薄板轴对称弯曲的挠度函数的积分表达式：

$$w=\int\left\{\frac{1}{r}\int\left[r\int\left(\frac{1}{r}\int\frac{rq(r)}{D}\mathrm{d}r\right)\mathrm{d}r\right]\mathrm{d}r\right\}\mathrm{d}r+(c_1r^2+c_2)\ln r+c_3r^2+c_4 \tag{6.22a}$$

当 $q=q_0$，即荷载为均匀分布时，上式变为

$$w=\frac{q_0r^4}{64D}+(c_1r^2+c_2)\ln r+c_3r^2+c_4 \tag{6.22b}$$

式中，待定常数 $c_i(i=1,2,3,4)$ 由问题的边界条件确定。

【例 6.1】 求半径为 a 的受均布荷载 q 的简支圆板的位移。

【解】 问题的边界条件为

$$(w)_{r=a}=0,\quad \left(\frac{\mathrm{d}^2 w}{\mathrm{d}r^2}+\upsilon\frac{1}{r}\frac{\mathrm{d}w}{\mathrm{d}r}\right)_{r=a}=0$$

显然仅此两个边界条件不足以确定式(6.22b)中的4个待定常数，所以需要给出补充定解条件。为此，需考虑圆心($r=0$)处解的性态。当圆板在弹性范围内发生弯曲变形时，圆心处的挠度和内力均为有限值，由式(6.22b)可知 $c_1=c_2=0$。式中另外两个待定常数可由上述简支边界条件确定为

$$c_3=-\frac{(6+2\upsilon)qa^2}{64D(1+\upsilon)}$$

$$c_4=-\frac{(5+\upsilon)qa^2}{64D(1+\upsilon)}$$

将上述 c_3、c_4 代入式(6.22b)，有：

$$w=\frac{q}{64D}\left(r^4-\frac{6+2\upsilon}{1+\upsilon}a^2r^2+\frac{5+\upsilon}{1+\upsilon}a^4\right)$$

由此可计算内力分量如下：

$$M_r=-D\left(\frac{\mathrm{d}^2 w}{\mathrm{d}r^2}+\frac{\upsilon}{r}\frac{\mathrm{d}w}{\mathrm{d}r}\right)=\frac{3+\upsilon}{16}q(a^2-r^2)$$

$$M_\theta=-D\left(\upsilon\frac{\mathrm{d}^2 w}{\mathrm{d}r^2}+\frac{1}{r}\frac{\mathrm{d}w}{\mathrm{d}r}\right)=\frac{1}{16}q[(3+\upsilon)a^2-(1+3\upsilon)r^2]$$

$$Q_r=-\frac{1}{2}qr,\quad M_{r\theta}=0,\quad Q_\theta=0$$

求出内力分量之后，应力分量用式(6.19)计算得到。最后，根据式(a)得到在均布荷载 q 的作用下简

支圆板轴对称弯曲的面内位移分量为：

$$u=-\frac{1}{16D}qz\left(r^3-\frac{3+\upsilon}{1+\upsilon}a^2r\right)$$

$$v=0$$

式中 u——圆板径向位移；

v——环向位移。

由于轴对称性，圆板的环向位移分量为零。

本章小结

(1) 薄板小挠度弯曲理论采用了3个计算假设：

① 直法线假设(与梁弯曲理论的平面假设对应)；

② 中面位移假设(与梁的中性层无轴向变形对应)；

③ 板内无挤压假设(与梁内无挤压假设对应)。

(2) 薄板的边界一般有简支边界、固支边界、自由边界和荷载边界。

(3) 薄板挠曲微分方程是四阶偏微分方程，直接求解常常比较困难，只有少数问题能够找到解析形式的理论解。本章以圆板的轴对称弯曲问题为例，说明了薄板弯曲问题的解法。对于一般较为复杂的问题，只能寻求其近似解或借助计算机和有限元等数值方法，寻求其数值解。因此，本章重点是掌握薄板弯曲的基本理论并熟悉薄板的边界条件提法，为后面将要学习的有限元方法做好理论准备。

思考题

6.1 在薄板小挠度弯曲理论中采用了3个计算假设。根据直法线假设和广义虎克定律，可推出切应力分量：

$$\tau_{xz}=0,\quad \tau_{yz}=0$$

但是这会破坏薄板微元的平衡，除非 $\tau_{xz}\neq 0$，$\tau_{yz}\neq 0$。这是否说明直法线假设与薄板的平衡条件是互相冲突的？

6.2 根据板内无挤压假设，即正应力 $\sigma_z=0$ 可否推出正应变 $\varepsilon_z=0$？反过来，能否由正应力 $\sigma_z\neq 0$ 推出正应变 $\varepsilon_z\neq 0$？

6.3 在求解薄板小挠度弯曲问题时，对挠曲函数 w 有什么要求？

习题

6.1 如图6.6所示，矩形薄板在 B 点受垂直板面的集中荷载 P 作用，板的抗弯刚度为 D，AB 边和 BC 边为自由边，另两边为简支边，试证挠度函数 $w=cxy$（c 为待定常系数）能满足一切条件，并求板的内力和反力。

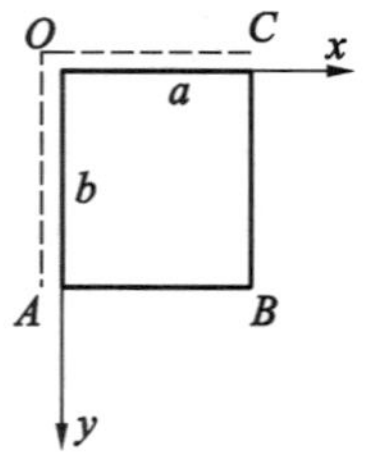

图6.6 习题6.1图

6.2 对于边长分别为 a 和 b 的四边简支矩形薄板，坐标原点位于板的中心，试证挠度函数

$$w=c\left(x^2-\frac{a^2}{4}\right)^2\left(y^2-\frac{b^2}{4}\right)^2$$

能满足边界条件。如果板的抗弯刚度为 D，所受的荷载合力为 P，试根据薄板挠曲微分方程反求分布荷载函数，并确定待定常系数 c。

6.3 边界固定的圆薄板，半径为 a，抗弯刚度为 D，受轴对称荷载 $q=q_0\left(1-\frac{r}{a}\right)$ 作用，试求挠度、弯矩和反力。

7　能量原理与变分法

本 章 提 要

本章在介绍功和应变能概念的基础上，着重介绍了两种形式的弹性力学能量原理和与之对应的解弹性力学问题的变分方法。主要内容有虚位移原理与最小势能原理，以及虚应力原理与最小余能原理，并用例题说明位移变分方程和应力变分方程的应用。势能和余能是变分方法的重要概念。虚位移原理与虚应力原理是虚功原理的两种形式，分别与位移变分法和应力变分法相对应。

7.1　功和应变能

功和能是力学中有着紧密联系的两个重要概念。功是力对物体作用的空间积累，其大小等于力矢量与其作用位移矢量的数量积。外力对物体做功，将使物体的能量发生变化。对于弹性体，这种能量的变化表现为动能和应变能的变化。物体运动速率的增减引起其动能的变化，物体因弹性变形而获得对外界做功的能力，这种做功的能力以应变能的形式储存在物体中。例如，弓箭手用力拉紧弓弦而对其做了功，弓弦因而获得了应变能，拉紧的弓弦可以对箭做功，使箭离弦飞出。

由于应变能是物体因其弹性变形而获得的能量，这种能量只与弹性状态有关，一个弹性状态对应一组唯一的应变张量，所以应变能是应变张量的单值函数。为方便计算，通常规定处于无应变、不受力的自然状态时，物体的应变能为零。下面根据热力学第一定律，推导应变能的计算公式。热力学第一定律是宏观物质世界的普遍定律，机械能守恒定律是它的特殊形式。

对于弹性体，热力学第一定律可以表述为弹性体从外界吸收的热量 Q 和外力做功 W 之和等于应变能增量 ΔU 和动能增量 ΔK 之和，即

$$\Delta U + \Delta K = W + Q \tag{a}$$

假设物体在吸热和外力做功过程中始终处于静力平衡状态，其动能变化为零，则物体所获得的能量全部转化为应变能，那么式(a)变为

$$\Delta U = W + Q \tag{b}$$

热量的计算有专门的课程进行讨论，关于热现象和力现象之间耦合关系的研究已超出了本课程的范围。对于纯粹的力学问题，可以视为两种典型的物理过程。

(1) 等温过程

当荷载作用过程缓慢，物体有充分的时间与外界进行热交换，以至于在整个过程中物体获得的热量总和为零(与外界处于热平衡状态)。

(2) 绝热过程

当荷载作用极其迅速，物体几乎没有与外界交换热量的时间，物体获得的热量总和为零。

对于上述两种过程，因为物体从外界获得的热量总和均为零，注意到无应变的自然状态为零应变能状态，所以由式(b)去掉增量符号 Δ 得到：

$$U = W \tag{c}$$

这个关系式称为功能原理，可以表述为在等温过程或绝热过程中，物体所获得的应变能等于外力所做的功。

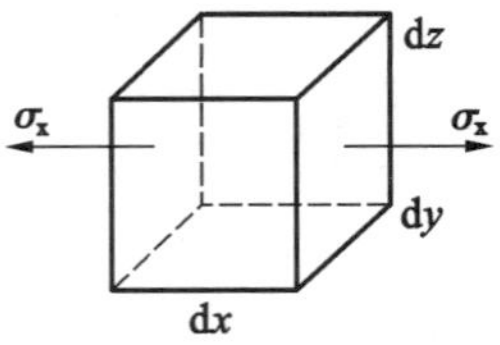

图 7.1 处于单向应力状态的微元体

工程上实际的加载过程介于等温过程和绝热过程，总是伴随着或多或少的能量耗散(发声、发热等)，对于大多数力学问题，这种能量耗散很少，可以忽略不计，因此式(c)在多数情况下可以用于实际的力学问题。下面利用功能原理，给出弹性体的应变能计算公式，并引入应变能密度的概念。为了简化起见，我们考察处于单向应力状态的微元体 $dx\,dy\,dz$，如图 7.1 所示。假设物体在 x 方向的应力和应变分别为 σ_x、ε_x，物体的弹性关系为线性的，即应力 σ_x 与应变 ε_x 成正比关系，且由零逐渐增大，应力合力 $\sigma_x dy\,dz$ 在变形 $\varepsilon_x dx$ 上做功为变力做功。

对物体而言，应力是内力，但对微元体 $dx\,dy\,dz$ 而言，作用在微元体左右两侧的应力 σ_x 则是外力。所以，作用在微元体上的外力功为(图 7.2)

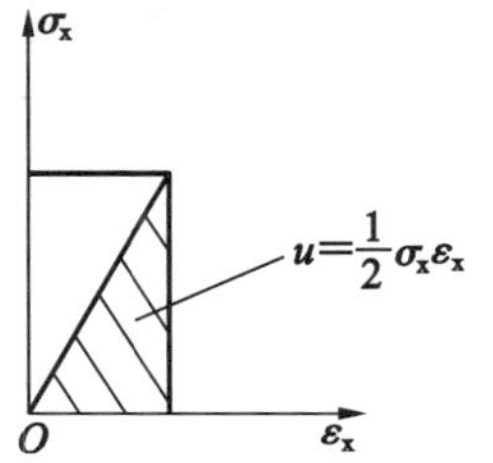

图 7.2 单向应力状态下的应变能密度

$$dW = \frac{1}{2}(\sigma_x dy\,dz)(\varepsilon_x dx) = \left(\frac{1}{2}\sigma_x\varepsilon_x\right)dV$$

式中，$dV = dx\,dy\,dz$ 为微元体的体积。对于一般三向应力状态，将外力功叠加，得到作用在微元体上的外力功为

$$dW = \left(\frac{1}{2}\sigma_{ij}\varepsilon_{ij}\right)dV$$

根据功能原理式(c)，微元体的应变能 dU 等于作用在该微元体上的外力功 dW，即

$$dU = \left(\frac{1}{2}\sigma_{ij}\varepsilon_{ij}\right)dV = u\,dV$$

上式对整个弹性体体积积分，得到应变能的表达式为

$$U = \int u\,dV \tag{7.1a}$$

式中，被积函数为

$$u = \frac{1}{2}\sigma_{ij}\varepsilon_{ij} \tag{7.1b}$$

式中，u 代表弹性体单位体积的应变能，称为应变能密度。物体的外力包括体力 X_i 和面力 $\overline{X}_i$，当外力逐渐从零增加到最终值时，外力所做的功为

$$W = \frac{1}{2}\int_V X_i u_i\,dV + \frac{1}{2}\int_S \overline{X}_i u_i\,ds \tag{d}$$

将式(7.1a)和式(d)同时代入式(c)，得到：

$$\int_V \sigma_{ij}\varepsilon_{ij}\,dV = \int_V X_i u_i\,dV + \int_S \overline{X}_i u_i\,ds \tag{7.2}$$

这是由功能原理得到的恒等式。实际上，利用弹性力学的平衡微分方程式(5.1b)、几何方程式(5.2b)和边界条件式(5.6c)以及格林公式，将体积分转化为面积分可以证明式(7.2)的左端等于右端。在 7.2 节介绍虚功原理时，将看到与之类似的能量表达式。为了后面应用，这里再引入两个与能量有关的概念——余能和余能密度。如果将 $\sigma_{ij}\varepsilon_{ij}$ 理解为能量密度矩形的面积，应变能密度 u 理解为应力-应变关系曲线下方图形的面积(图 7.3)，那么余能密度定义为能量密度矩形扣除应变能密度图形后余下部分的面积，用 r 表示，则有：

$$r=\sigma_{ij}\varepsilon_{ij}-u \tag{7.3a}$$

弹性体的应变余能$\mathscr{R}$则定义为余能密度关于整个弹性体的体积积分，即

$$\mathscr{R}=\int_V r\mathrm{d}V \tag{7.3b}$$

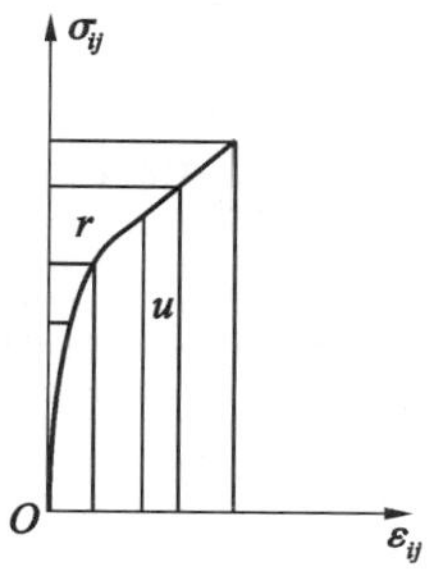

图 7.3　应变能密度与余能密度

在物体的弹性关系为线性情况下，能量密度矩形被分割为两个全等的三角形，此时余能密度等于应变能密度，因而余能与应变能相等。但是，即使在线弹性情况下，余能与应变能的含义仍然是有区别的。应变能或应变能密度通常被认为是应变张量 $\boldsymbol{\varepsilon}_{ij}$ 的函数，余能或余能密度则被认为是应力张量 $\boldsymbol{\sigma}_{ij}$ 的函数，即

$$\left.\begin{aligned}u&=u(\varepsilon_{ij})\\r&=r(\sigma_{ij})\end{aligned}\right\} \tag{e}$$

而且对一般的弹性体，还有下列关系式：

$$\frac{\partial u}{\partial\varepsilon_{ij}}=\sigma_{ij} \tag{7.4}$$

$$\frac{\partial r}{\partial\sigma_{ij}}=\varepsilon_{ij} \tag{7.5}$$

对线弹性体，很容易验证式(7.4)和式(7.5)。

7.2　虚功原理之一——虚位移原理

功的概念，大家早已熟悉。那么，什么叫虚功呢？这要从功的定义说起。功是对力在位移上的累积效应的度量。如果位移 $\boldsymbol{S}$ 是变力 $\boldsymbol{F}$ 引起的并在该位移过程中持续作用，那么力 $\boldsymbol{F}$ 所做的功由下列积分表示为

$$W=\int\boldsymbol{F}\cdot\mathrm{d}s$$

如果在上述位移过程中，力 $\boldsymbol{F}$ 保持不变，则得到常力做功的计算式 $W=\boldsymbol{F}\cdot\boldsymbol{S}$，这就是通常意义上的功，或称为实功。如果位移 $\boldsymbol{S}$ 与力 $\boldsymbol{F}$ 是互不相关的两套系统，则 $W=\boldsymbol{F}\cdot\boldsymbol{S}$ 称为虚功。根据定义，虚功可以有两种形式：一种是所谓虚位移形式的虚功，另一种是所谓虚力形式的虚功。这里先讨论第一种虚功。设弹性体作用有体力和面力，分别记为 X_i 和 $\overline{X}_i$，对应的应力分量和位移分量分别为 σ_{ij}、u_i，弹性体处于平衡。另外，假设弹性体在实际产生的位移附近发生约束许可的微小位移，记为 δu_i，称为虚位移，由此虚位移引起相应的虚应变 $\delta\varepsilon_{ij}$，它们满足几何方程：

$$\delta\varepsilon_{ij}=\frac{1}{2}(\delta u_{i,j}+\delta u_{j,i}) \tag{a}$$

如果弹性体一部分边界 S_σ 上给定面力，另一部分边界 S_u 上给定位移，那么约束许可的虚位移在 S_u 上满足零位移边界条件：

$$\delta u_i=0\quad(\text{在 } S_u \text{ 上}) \tag{b}$$

并且下列等式成立：

$$\int_V X_i\delta u_i\mathrm{d}V+\int_S\overline{X}_i\delta u_i\mathrm{d}s=\int_V\sigma_{ij}\delta\varepsilon_{ij}\mathrm{d}V \tag{7.6}$$

这个关系式称为虚位移形式的虚功原理，或称为虚位移原理。它可表述为弹性体处于平衡的充分必要条件是外力在虚位移上的虚功等于应力在虚应变上的虚功。下面给出虚位移原理关系式的证明。

根据式(a)和应力张量 $\boldsymbol{\sigma}_{ij}$ 的对称性有：

$$\sigma_{ij}\delta\varepsilon_{ij}=\sigma_{ij}\delta u_{i,j}=(\sigma_{ij}\delta u_i)_{,j}-\sigma_{ij,j}\delta u_i$$

因此式(7.6)的等号右端变为

$$\int_V\sigma_{ij}\delta\varepsilon_{ij}\mathrm{d}V=\int_V[(\sigma_{ij}\delta u_i)_{,j}-\sigma_{ij,j}\delta u_i]\mathrm{d}V=\int_S\sigma_{ij}n_j\delta u_i\mathrm{d}s-\int_V\sigma_{ij,j}\delta u_i\mathrm{d}V$$

将上式代入式(7.6)，并利用式(b)得到：

$$\int_V(\sigma_{ij,j}+X_i)\delta u_i\mathrm{d}V-\int_{S_\sigma}(\sigma_{ij}n_j-\overline{X}_i)\delta u_i\mathrm{d}s=0 \tag{7.7}$$

所以虚位移原理关系式(7.6)与式(7.7)等价。

先证明必要性：

如果弹性体处于平衡，那么应力分量满足平衡微分方程和静力边界条件，即

$$\left.\begin{aligned}\sigma_{ij,j}+X_i=0\\ \sigma_{ij}n_j-\overline{X}_i=0\end{aligned}\right\} \tag{c}$$

由式(c)可知式(7.7)是必要的，从而式(7.6)是必要的，即必要性成立。

现在来证明充分性：

如果式(7.7)成立，则因为虚位移 δu_i 是约束许可的任意微小位移，可以在弹性体积 V 内和边界 S_σ 上分别取零值或常数，由此可推出式(c)，即弹性体是平衡的，充分性得证。

从上述论证过程中我们看到，虚位移原理不涉及物性关系，它既可以用于线性弹性体，也可用于非线性弹性体，只要物体变形微小即可。另外，我们将虚位移定义为约束许可的微小位移，将几何方程和零位移边界条件作为前提，证明式(7.6)与平衡微分方程、静力边界条件等价。反过来，如果我们将虚应力定义为静力许可的微小应力，将虚应力和由它引起的虚面力满足零体积力平衡微分方程和静力边界条件作为前提，可以推出虚应力形式的虚功原理，并证明它与几何方程等价，读者可参见7.5节。

7.3　最小势能原理

如果将虚位移 δu_i 看作位移的变分，则虚位移原理关系式(7.6)又可称作位移变分方程。根据位移变分方程可以推导出弹性力学的最小势能原理。根据7.1节可知，应变能(也称为弹性势能)由下列积分给出：

$$U=\int u(\varepsilon_{ij})\mathrm{d}V \tag{a}$$

它是应变张量 $\boldsymbol{\varepsilon}_{ij}$ 的函数。当位移分量 u_i 产生变分增量 δu_i 时，应变张量 $\boldsymbol{\varepsilon}_{ij}$ 也会产生相应的变分 $\delta\varepsilon_{ij}$，从而引起应变能的变分 δU。现在对式(a)两端取变分，注意到变分与积分可以交换次序并利用式(7.4)，得到：

$$\delta U=\int_V\frac{\partial u}{\partial\varepsilon_{ij}}\delta\varepsilon_{ij}\mathrm{d}V=\int_V\sigma_{ij}\delta\varepsilon_{ij}\mathrm{d}V \tag{b}$$

作用在物体上的外力有体力 X_i 和面力 $\overline{X}_i$，外力势能定义为

$$U_{外}=-\int_V X_iu_i\mathrm{d}V-\int_{S_\sigma}\overline{X}_iu_i\mathrm{d}s \tag{c}$$

在位移分量 u_i 发生变分增量 δu_i 时，体力 X_i 和面力 $\overline{X}_i$ 保持不变，所以外力势能的变分为

$$\delta U_{外}=-\int_V X_i\delta u_i\mathrm{d}V-\int_{S_\sigma}\overline{X}_i\delta u_i\mathrm{d}s \tag{d}$$

将式(b)和式(d)两式相加，并由式(7.6)得到：

$$\delta\mathscr{P}_1=0 \tag{7.8a}$$

式中

$$\mathscr{P}_1=\int_V[u(\varepsilon_{ij})-X_iu_i]\mathrm{d}V-\int_{S_\sigma}\overline{X}_iu_i\mathrm{d}s \tag{7.8b}$$

$\mathscr{P}_1$ 为弹性势能与外力势能之和，称为总势能。式(7.8a)表明：在所有满足几何方程和位移约束条件的位移中，真实的位移使弹性体的总势能取驻值，对稳定的平衡状态，总势能取最小值，故关系式(7.8a)称为最小势能原理。

根据最小势能原理，可推导出平衡微分方程和静力边界条件，也可建立求解弹性力学问题的近似解法——变分方法。其中著名的有瑞利-里兹(Rayleigh-Ritz)法和迦辽金(Галёркин)法。瑞利-里兹法可概括为：选定一组满足位移边界条件的位移试函数，其中包含待定常系数，由最小势能原理确定这些待定常系数，最后利用几何方程和物理方程得到问题的应力和应变近似解。迦辽金法与瑞利-里兹法的不同之处在于选取的位移试函数除了满足位移边界条件外，还必须事先满足用位移分量表示的静力边界条件，它们的相同之处在于同样是由最小势能原理确定位移试函数中的待定常系数。但位移变分法的实质是用最小势能原理代替平衡微分方程和静力边界条件，相当于放松了静力平衡的要求，因而得到的解是近似的。根据弹性力学解的唯一性定理，如果由位移变分法求得的分量同时满足平衡微分方程和静力边界条件，那么所得到的解就是精确解。

7.4　位移变分方程的应用

前面已经提到，弹性力学平衡问题的解必须在物体内部同时满足几何方程和平衡微分方程，在边界上同时满足位移边界条件和静力边界条件。另外，根据虚位移原理，真实的位移除了必须满足几何方程和位移边界条件外，还必须满足位移变分方程。因此，在保证几何方程和位移边界条件得到满足的前提下，可以由位移变分方程或最小势能原理推导出平衡微分方程和静力边界条件。

【例 7.1】 试用最小势能原理推导出图 7.4 所示的受均布荷载作用悬臂梁用挠度表示的平衡微分方程和静力边界条件。

【解】

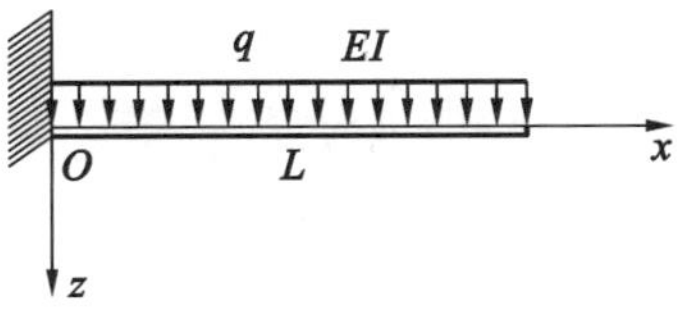

图 7.4　受均布荷载的悬臂梁

首先写出受均布荷载悬臂梁的总势能。如果忽略梁的切应变，则梁的弹性势能为

$$U=\int_0^L\frac{1}{2}M\mathrm{d}\varphi=\int_0^L\frac{1}{2}\left(-EI\frac{\mathrm{d}^2w}{\mathrm{d}x^2}\right)\mathrm{d}\left(\frac{\mathrm{d}w}{\mathrm{d}x}\right)$$

外力势能为(忽略体力)：

$$U_{外}=-\int_0^L qw\mathrm{d}x$$

将上式代入最小势能原理得到：

$$0=\delta\int_0^L\frac{1}{2}\left(-EI\frac{\mathrm{d}^2w}{\mathrm{d}x^2}\right)\frac{\mathrm{d}^2w}{\mathrm{d}x^2}\mathrm{d}x-\delta\int_0^L qw\mathrm{d}x=-\int_0^L\left(EI\frac{\mathrm{d}^2w}{\mathrm{d}x^2}\frac{\mathrm{d}^2\delta w}{\mathrm{d}x^2}+q\,\delta w\right)\mathrm{d}x$$

利用分布积分，上式变为

$$0=\int_0^L\left(EI\frac{d^4w}{dx^4}+q\right)\delta w dx+\left(EI\frac{d^2w}{dx^2}\frac{d\delta w}{dx}\right)_0^L-\left(EI\frac{d^3w}{dx^3}\delta w\right)_0^L \tag{a}$$

由变分 δw 及 $\delta\left(\frac{dw}{dx}\right)$ 的任意性，并注意到端点条件，有

$$(\delta w)_{x=0}=0,\quad\left[\delta\left(\frac{dw}{dx}\right)\right]_{x=0}=0$$

可知式(a)中各项必须分别等于零，即

$$\left.\begin{aligned}&EI\frac{d^4w}{dx^4}=-q\\&\left(EI\frac{d^2w}{dx^2}\right)_{x=L}=0\\&\left(EI\frac{d^3w}{dx^3}\right)_{x=L}=0\end{aligned}\right\}$$

这里第一式即为悬臂梁受均布荷载时的平衡微分方程，第二式、第三式分别为自由端的弯矩和剪力条件。

【例 7.2】 试用位移变分方程式(7.6)和下列位移函数

$$\left.\begin{aligned}&u=\frac{zx}{h}\left(a_1\frac{x^2}{L^2}+a_2\frac{x}{L}+a_3\right)\\&w=\frac{x^2}{h}\left(a_1\frac{x^2}{4L^2}+a_2\frac{x}{3L}+\frac{a_3}{2}\right)\\&v=0\end{aligned}\right\} \tag{b}$$

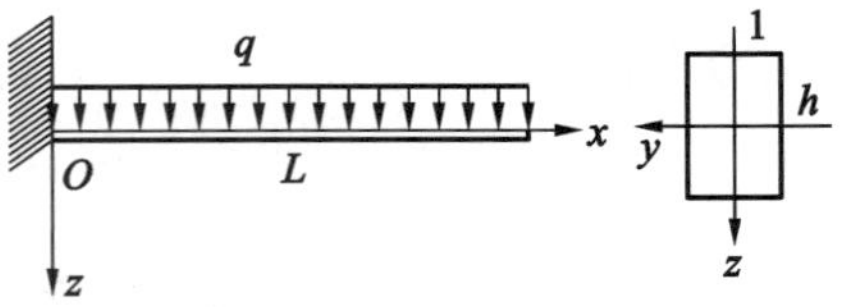

图 7.5 矩形截面悬臂梁受均布荷载

求受均布荷载作用悬臂梁的应力分量。设悬臂梁横截面为矩形，高为 h，宽度为单位 1，长为 L，并设 $h/L=\alpha$，坐标系选取如图 7.5 所示。

【解】

例题所给位移函数满足悬臂梁端点条件，将其代入几何方程式(5.2a)，得到应变分量：

$$\left.\begin{aligned}&\varepsilon_x=\frac{z}{h}\left(3a_1\frac{x^2}{L^2}+2a_2\frac{x}{L}+a_3\right)\\&\gamma_{xz}=\frac{2x}{h}\left(a_1\frac{x^2}{L^2}+a_2\frac{x}{L}+a_3\right)\\&\varepsilon_y=\varepsilon_z=\gamma_{xy}=\gamma_{yz}=0\end{aligned}\right\} \tag{c}$$

根据物理方程式(5.3b)可计算应力分量如下：

$$\left.\begin{aligned}&\sigma_x=\frac{E(1-\upsilon)}{(1+\upsilon)(1-2\upsilon)}\varepsilon_x\\&\sigma_y=\sigma_z=\frac{E\upsilon}{(1+\upsilon)(1-2\upsilon)}\varepsilon_x\\&\tau_{xz}=\frac{E}{2(1+\upsilon)}\gamma_{xz}\end{aligned}\right\} \tag{d}$$

现在将式(b)、式(c)、式(d)代入位移变分方程式(7.6)(忽略体力分量)，得到：

$$\int_0^L\frac{qx^2}{h}\left(\frac{x^2}{4L^2}\delta a_1+\frac{x}{3L}\delta a_2+\frac{1}{2}\delta a_3\right)dx$$

$$=\int_0^L\left[\frac{hE(1-\upsilon)}{12(1+\upsilon)(1-2\upsilon)}\left(\frac{3x^2}{L^2}a_1+\frac{2x}{L}a_2+a_3\right)\left(\frac{3x^2}{L^2}\delta a_1+\frac{2x}{L}\delta a_2+\delta a_3\right)\right.$$

$$+\frac{2Ex^2}{(1+\upsilon)h}\left(\frac{x^2}{L^2}a_1+\frac{x}{L}a_2+a_3\right)\left(\frac{x^2}{L^2}\delta a_1+\frac{x}{L}\delta a_2+\delta a_3\right)\Bigg]\mathrm{d}x \tag{e}$$

在式(e)中依次令 $\delta a_i=1(i=1,2,3)$，另两个变分取零，并完成相应的积分运算，得到关于 a_i 的线性方程组：

$$c_{ij}a_j=\frac{q}{E}b_i\quad(i,j=1,2,3) \tag{f}$$

解方程组式(f)，可确定 $a_i(i=1,2,3)$ 的值如下：

$$a_i=\frac{q}{E}\frac{\Delta_i}{\Delta}\quad(i=1,2,3) \tag{g}$$

式中，$\Delta=\det(\boldsymbol{c}_{ij})$ 为系数矩阵

$$\boldsymbol{c}_{ij}=\begin{bmatrix}\frac{3A}{20}+\frac{2B}{7} & \frac{A}{8}+\frac{B}{3} & \frac{A}{12}+\frac{2B}{5}\\ \frac{A}{8}+\frac{B}{3} & \frac{A}{9}+\frac{2B}{5} & \frac{A}{12}+\frac{B}{2}\\ \frac{A}{12}+\frac{2B}{5} & \frac{A}{12}+\frac{B}{2} & \frac{A}{12}+\frac{2B}{3}\end{bmatrix} \tag{h}$$

行列式的值，Δ_i 为右端列向量

$$(\boldsymbol{b}_i)^{\mathrm{T}}=\begin{bmatrix}\frac{C}{20} & \frac{C}{12} & \frac{C}{6}\end{bmatrix} \tag{i}$$

代替系数矩阵($\boldsymbol{c}_{ij}$)第 i 列后对应行列式的值。常数 A、B、C 由下列各式给出：

$$\left.\begin{aligned}A&=(1-\upsilon)\alpha^2\\ B&=1-2\upsilon\\ C&=(1+\upsilon)(1-2\upsilon)\end{aligned}\right\} \tag{j}$$

如果给定泊松比 υ 和梁的长高比 $\alpha(=h/L)$ 的值，则由式(j)可算出常数 A、B、C 的值，代入式(h)、式(i)得到系数矩阵 $\boldsymbol{c}_{ij}$ 和右端列向量 $\boldsymbol{b}_i$，最后再由式(g)算出常系数 $a_i(i=1,2,3)$ 的值后，问题的应力分量由下列各式给出：

$$\left.\begin{aligned}\sigma_x&=\frac{E(1-\upsilon)z}{(1+\upsilon)(1-2\upsilon)h}\left(3a_1\frac{x^2}{L^2}+2a_2\frac{x}{L}+a_3\right)\\ \sigma_y&=\sigma_z=\frac{E\upsilon z}{(1+\upsilon)(1-2\upsilon)h}\left(3a_1\frac{x^2}{L^2}+2a_2\frac{x}{L}+a_3\right)\\ \tau_{xz}&=\frac{Ex}{(1+\upsilon)h}\left(a_1\frac{x^2}{L^2}+a_2\frac{x}{L}+a_3\right)\\ \tau_{xy}&=\tau_{yz}=0\end{aligned}\right\}$$

7.5　虚功原理之二——虚应力原理

在 7.2 节中，我们从虚位移入手，介绍了虚位移原理。在 7.3 节中，以虚位移原理为基础推导了最小势能原理。同样，我们可以通过引入虚应力概念，计算虚功，得到虚应力原理，并推导出最小余能原理。为此，我们引入一组在物体 V 内满足平衡微分方程，在边界上满足静力边界条件的微小应力 $\delta\sigma_{ij}$，称为静力许可的应力或虚应力，它们满足下列各式：

$$\delta\sigma_{ij,j}=0\qquad(\text{在 } V \text{ 内}) \tag{a}$$

$$\delta\sigma_{ij}n_j=\delta\overline{X}_i\qquad(\text{在 } S_u \text{ 上}) \tag{b}$$

$$\delta\sigma_{ij}n_j=0\qquad(\text{在 } S_\sigma \text{ 上}) \tag{c}$$

式中　V——物体所占的区域；

S_u、S_σ——给定位移和给定面力的物体的边界；

$\delta\overline{X}_i$——虚应力 $\delta\sigma_{ij}$ 在 S_u 上引起的虚面力。

设物体实际产生的位移和应变分别为 u_i 和 ε_{ij}，它们满足几何方程，有：

$$\varepsilon_{ij}=\frac{1}{2}(u_{i,j}+u_{j,i}) \tag{d}$$

那么虚应力 $\delta\sigma_{ij}$ 在实际应变 ε_{ij} 上的功为 $\int_V \varepsilon_{ij}\delta\sigma_{ij}\mathrm{d}V$，此功称为内力虚功；虚面力 $\delta\overline{X}_i$ 在实际位移 u_i 上的功为 $\int_{S_u} u_i\delta\overline{X}_i\mathrm{d}s$，此功称为外力虚功。

利用虚应力 $\delta\sigma_{ij}$ 的对称性以及几何方程和平衡条件式(a)，有：

$$\varepsilon_{ij}\delta\sigma_{ij}=(u_i\delta\sigma_{ij})_{,j}$$

上式对整个弹性体积分，并利用式(b)和式(c)可得到：

$$\int_V \varepsilon_{ij}\delta\sigma_{ij}\mathrm{d}V=\int_{S_u} u_i\delta\overline{X}_i\mathrm{d}s \tag{7.9}$$

式(7.9)的关系式称为虚应力原理，可表述为虚应力在实际应变上所做的虚功等于虚面力在实际位移上所做的虚功。虚应力原理关系式(7.9)又称为应力变分方程。

与弹性体的总势能相对应，我们可以引入总余能的概念。如果将 $-\int_{S_u} u_i\overline{X}_i(\sigma_{ij})\mathrm{d}s$ 称为面力余能，那么，弹性体的总余能定义为 $\mathscr{P}_2(\sigma_{ij})$，有：

$$\mathscr{P}_2(\sigma_{ij})=\int_V r(\sigma_{ij})\mathrm{d}V-\int_{S_u} u_i\overline{X}_i(\sigma_{ij})\mathrm{d}s \tag{7.10}$$

式中　$\overline{X}_i(\sigma_{ij})$——位移约束边界产生的面力分量，为应力分量的函数；

$r(\sigma_{ij})$——余能密度，由式(7.3a)给出。

注意：在式(7.9)中 u_i 为边界 S_u 上给定的位移，与应力变分无关，因此可以将变分号提到积分号外，再利用式(7.5)得到：

$$\delta\mathscr{P}_2(\sigma_{ij})=0 \tag{7.11}$$

式(7.11)的关系式称为最小余能原理，可以表述为在所有静力许可的应力分量中，真实的应力分量使弹性体的总余能取驻值；对稳定的平衡状态，总余能取最小值。注意到变分与积分可交换次序，最小余能原理关系式(7.11)也可通过直接对式(7.10)两端求变分，利用式(7.5)和应力变分方程式(7.9)导出。

7.6　应力变分方程应用

在7.5节中，我们由静力平衡条件和几何方程推导了应力变分方程，由静力平衡条件和应力变分方程也可导出几何方程。另外，我们从应力变分方程推导出了最小余能原理，同样，从最小余能原理也可以推出应力变分方程。因此，最小余能原理与应力变分方程等价。最小余能原理或应力变分方程的一个重要应用是寻求弹性力学问题的近似解。

由于在一般情况下，即使是简单的平面弹性问题，当边界形状不规则时，要选定既满足平衡微分方程又满足静力边界条件的应力分量也是困难的，甚至是不可能的。因此，应力变分方程的应用范围受到了限制。对于平面问题和扭转问题，因为应力分量可以用应力函数统一表示，平衡微分方程自动满足，所以，只需根据静力边界条件选定应力函数的形式。设应力函数取下列形式：

$$\varphi=\varphi_0(x,y)+\sum_i A_i\varphi_i(x,y) \tag{7.12}$$

式中，$\varphi_0(x,y)$满足静力边界条件，$\varphi_i(x,y)$满足零边界条件，A_i 为待定常系数。对线性弹性体，总余能可以表示为

$$\mathscr{P}_2=\int_V \frac{1}{2}\varepsilon_{ij}\sigma_{ij}\,\mathrm{d}V-\int_{S_u} u_i\overline{X}_i\,\mathrm{d}s \tag{7.13}$$

由应力函数的偏导数计算应力分量，通过物理方程计算应变分量，代入式(7.13)可知总余能 $\mathscr{P}_2$ 是待定常系数 A_i 的二次函数。由待定常系数 A_i 的变分 δA_i 得到总余能 $\mathscr{P}_2$ 的变分，利用变分 δA_i 的任意性，最后将变分方程式(7.11)化为下列代数方程：

$$\frac{\partial \mathscr{P}_2}{\partial A_i}=0\quad(i=1,2,\cdots) \tag{7.14}$$

上式是关于 A_i 的线性方程组，解此方程组可以确定待定常系数 $A_i(i=1,2,\cdots)$。

7.6.1　平面问题

平面问题的应力分量可以通过应力函数的偏导数表示为

$$\left.\begin{aligned}\sigma_x&=\frac{\partial^2\varphi}{\partial y^2}\\ \sigma_y&=\frac{\partial^2\varphi}{\partial x^2}\\ \tau_{xy}&=-\frac{\partial^2\varphi}{\partial x\,\partial y}\end{aligned}\right\} \tag{7.15a}$$

对平面应力问题：

$$\sigma_z=\tau_{xz}=\tau_{yz}=0 \tag{7.15b}$$

对平面应变问题：

$$\left.\begin{aligned}\sigma_z&=\upsilon(\sigma_x+\sigma_y)\\ \tau_{xz}&=\tau_{yz}=0\end{aligned}\right\} \tag{7.15c}$$

物理方程为

$$\left.\begin{aligned}\varepsilon_x&=\frac{1}{E}[\sigma_x-\upsilon(\sigma_y+\sigma_z)]\\ \varepsilon_y&=\frac{1}{E}[\sigma_y-\upsilon(\sigma_x+\sigma_z)]\\ \varepsilon_z&=\frac{1}{E}[\sigma_z-\upsilon(\sigma_x+\sigma_y)]\\ \gamma_{xy}&=\frac{2(1+\upsilon)}{E}\tau_{xy}\\ \gamma_{xz}&=\gamma_{yz}=0\end{aligned}\right\} \tag{7.16}$$

如果物体的全部边界上给定面力或者边界上给定的位移为零(边界固定)，则有：

$$\mathscr{P}_2=\int_V \frac{1}{2}\varepsilon_{ij}\sigma_{ij}\,\mathrm{d}V \tag{7.17}$$

另外，由于平衡微分方程和边界条件式中均不出现弹性常数，因此，应力分量 σ_x、σ_y 和 τ_{xy} 与弹性常数无关，在由方程式(7.14)确定常系数 A_i 时，为了简化运算可以取 $\upsilon=0$。从式(7.15b)和式(7.15c)看出，这相当于在两种平面问题中先一律令 $\sigma_z=0$，待求出 σ_x、σ_y 和 τ_{xy} 之后，针对平面应变问题，再将实际的泊松比 υ 代入式(7.15c)计算应力分量 σ_z。

现在令 $\upsilon=0$，$\sigma_z=0$，则式(7.16)变为

$$\left.\begin{aligned}\varepsilon_x &= \frac{1}{E}\sigma_x \\ \varepsilon_y &= \frac{1}{E}\sigma_y \\ \varepsilon_z &= \gamma_{xz} = \gamma_{yz} = 0 \\ \gamma_{xy} &= \frac{2}{E}\tau_{xy}\end{aligned}\right\} \tag{7.18}$$

将式(7.18)代入式(7.17),得到:

$$\mathscr{P}_2 = \frac{1}{2E}\int_V (\sigma_x^2 + \sigma_y^2 + 2\tau_{xy}^2)\mathrm{d}V \tag{7.19}$$

于是式(7.14)变为

$$\int_V \left(\sigma_x \frac{\partial \sigma_x}{\partial A_i} + \sigma_y \frac{\partial \sigma_y}{\partial A_i} + 2\tau_{xy}\frac{\partial \tau_{xy}}{\partial A_i}\right)\mathrm{d}V = 0 \quad (i = 1, 2, \cdots) \tag{7.20}$$

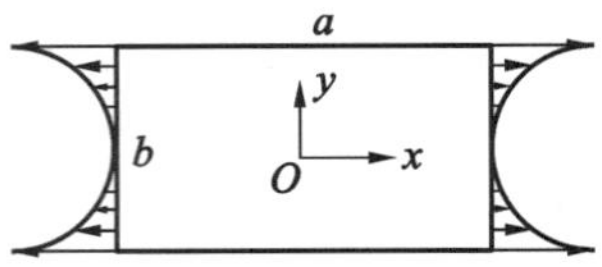

图 7.6　受分布拉伸荷载的矩形板

【例 7.3】 设有矩形板,长、宽分别为 a 和 b,厚度为单位 1,在两端受抛物线分布拉伸荷载 $q = 4q_0 \dfrac{y^2}{b^2}$ 作用,如图 7.6 所示。求板内应力分布。

【解】

本例题属于平面应力问题,其边界条件可以表示为

$$\left.\begin{aligned}&(\sigma_x)_{x=\pm a/2} = 4q_0\frac{y^2}{b^2} \\ &(\sigma_y)_{y=\pm b/2} = (\tau_{xy})_{x=\pm a/2} = (\tau_{yx})_{x=\pm b/2} = 0\end{aligned}\right\} \tag{a}$$

根据问题的边界条件,将应力函数取为

$$\varphi = \frac{q_0}{3b^2}y^4 + \left(x^2 - \frac{a^2}{4}\right)^2\left(y^2 - \frac{b^2}{4}\right)^2(A_1 + A_2x^2 + A_3y^2 + A_4x^2y^2 + \cdots) \tag{b}$$

将式(b)代入式(7.15a),得到:

$$\left.\begin{aligned}\sigma_x &= \frac{4q_0}{b^2}y^2 + \left(x^2 - \frac{a^2}{4}\right)^2[(12y^2 - b^2)A_1 + (12y^2 - b^2)A_2x^2 + \cdots] \\ \sigma_y &= \left(y^2 - \frac{b^2}{4}\right)^2\left[(12x^2 - a^2)A_1 + \left(30x^4 - 6a^2x^2 + \frac{a^4}{16}\right)A_2 + \cdots\right] \\ \tau_{xy} &= -\left(x^2 - \frac{a^2}{4}\right)\left(y^2 - \frac{b^2}{4}\right)y[16xA_1 + 2x(12x^2 - a^2)A_2 + \cdots]\end{aligned}\right\} \tag{c}$$

将式(c)代入式(a),可见边界条件全部满足。如果在式(b)中只取一项,即令 $A_1 \neq 0$,其余 A_i 全部为零,代入式(c)得到矩形板受抛物线分布拉伸荷载时的应力分量为

$$\left.\begin{aligned}\sigma_x &= \frac{4q_0}{b^2}y^2 + A_1\left(x^2 - \frac{a^2}{4}\right)^2(12y^2 - b^2) \\ \sigma_y &= A_1\left(y^2 - \frac{b^2}{4}\right)^2(12x^2 - a^2) \\ \tau_{xy} &= -16A_1\left(x^2 - \frac{a^2}{4}\right)\left(y^2 - \frac{b^2}{4}\right)xy\end{aligned}\right\} \tag{d}$$

式(d)中系数由下列方程确定:

$$\int_{-\frac{a}{2}}^{\frac{a}{2}}\int_{-\frac{b}{2}}^{\frac{b}{2}}\left(\sigma_x\frac{\partial \sigma_x}{\partial A_1} + \sigma_y\frac{\partial \sigma_y}{\partial A_1} + 2\tau_{xy}\frac{\partial \tau_{xy}}{\partial A_1}\right)\mathrm{d}x\mathrm{d}y = 0 \tag{e}$$

为了提高解的精度,可以在式(b)中多取几项,一般取两、三项即可达到相当高的精度。

7.6.2　扭转问题

等截面直杆的扭转应力分量可用普朗特应力函数 φ 表示为

$$\left.\begin{aligned}&\sigma_x=\sigma_y=\sigma_z=\tau_{xy}=0\\&\tau_{xz}=\frac{\partial\varphi}{\partial y}\\&\tau_{yz}=-\frac{\partial\varphi}{\partial x}\end{aligned}\right\}\tag{7.21}$$

将式(7.21)代入物理方程式(5.3a)得到：

$$\left.\begin{aligned}&\varepsilon_x=\varepsilon_y=\varepsilon_z=\gamma_{xy}=0\\&\gamma_{xz}=\frac{1}{G}\frac{\partial\varphi}{\partial y}\\&\gamma_{yz}=-\frac{1}{G}\frac{\partial\varphi}{\partial x}\end{aligned}\right\}\tag{7.22}$$

对自由扭转(两端无约束扭转)直杆，杆端可以看成是给定面力，其总余能等于应变能(对线弹性体)，由式(7.17)给出。但是，由于选择精确满足面力条件的扭转应力函数比较困难，为了利用最小余能原理求近似解，可将直杆两端看成是给定位移：一端固定，一端转角为 αL(等于单位长度扭转角 α 直杆乘以杆长 L)，因此，杆的总余能可写成：

$$\mathscr{P}_2=\frac{L}{2G}\int_A\left[\left(\frac{\partial\varphi}{\partial x}\right)^2+\left(\frac{\partial\varphi}{\partial y}\right)^2\right]\mathrm{d}A-M\alpha L$$

因为[参见式(5.18)]

$$M=2\int_A\varphi\,\mathrm{d}A$$

所以

$$\mathscr{P}_2=\frac{L}{2G}\int_A\left[\left(\frac{\partial\varphi}{\partial x}\right)^2+\left(\frac{\partial\varphi}{\partial y}\right)^2-4\alpha G\varphi\right]\mathrm{d}A\tag{7.23}$$

在具体求解时，将应力函数取为

$$\varphi=\sum_i A_i\varphi_i(x,y)$$

这里 $\varphi_i(i=1,2,\cdots)$必须满足杆横截面周界上为零的条件，待定常系数 $A_i(i=1,2,\cdots)$由下列线性方程组确定：

$$\frac{\partial\mathscr{P}_2}{\partial A_i}=0\quad(i=1,2,\cdots)\tag{7.24}$$

例如，对长、宽分别为 $2a$ 和 $2b$ 的矩形截面扭转直杆，可将应力函数取为

$$\varphi=(x^2-a^2)(y^2-b^2)(A_0+A_1x+A_2xy+\cdots)$$

如果只取 A_0 一项，其余项取为零，则由式(7.23)和式(7.24)得到：

$$A_0=\frac{5\alpha G}{4(a^2+b^2)}$$

注意到：

$$\alpha GD=M=2\int_A\varphi\,\mathrm{d}A\tag{7.25}$$

式中　GD——杆的抗扭刚度，由积分计算得到：

$$D=\frac{2}{\alpha G}\int_A\varphi\,\mathrm{d}A=\frac{40a^3b^3}{9(a^2+b^2)}$$

代入式(7.25)得到单位长度扭转角 α 为

$$\alpha=\frac{M}{GD}=\frac{9(a^2+b^2)}{40Ga^3b^3}M$$

所以常系数 A_0 可以确定为

$$A_0=\frac{9M}{32a^3b^3}$$

则应力函数为

$$\varphi=\frac{9M}{32a^3b^3}(x^2-a^2)(y^2-b^2)$$

由式(7.21)得到扭转应力分量如下：

$$\left.\begin{aligned}\tau_{xz}&=\frac{9M}{16a^3b^3}(x^2-a^2)y\\ \tau_{yz}&=\frac{9M}{16a^3b^3}(y^2-b^2)x\end{aligned}\right\}$$

如果 $b>a$，则最大切应力为

$$\tau_{max}=(\tau_{yz})_{\substack{x=a\\y=0}}=\frac{9M}{16a^2b}$$

对正方形截面杆($b=a$)，最大切应力为 0.563 M/a^3，与精确值 0.600 M/a^3 比较，误差为－6.2%。

本章小结

(1) 能量原理是变分近似解法与有限元数值方法的基础。对弹性体，虚功原理有两种形式：虚位移原理和虚应力原理，它们分别是弹性力学位移变分法和应力变分法的基础。最小势能原理与虚位移原理等价，最小余能原理与虚应力原理等价。

(2) 虚位移定义为约束许可(满足几何方程)的微小位移，虚应力定义为静力许可(满足零体力平衡微分方程和静力边界条件)的微小应力。

(3) 弹性体的总势能定义为位移和应变张量的函数，等于弹性势能与外力势能之和。

(4) 如果将面力余能定义为约束面力(作用在位移给定的边界上的约束面力)的势能，那么总余能定义为应力张量的函数，等于弹性余能与面力余能之和。

思考题

7.1　势能是物体凭借其位置而具有的能量，弹性势能又称为应变能，是物体因其弹性变形而储存的能量。余能是能量矩形扣除应变能之后余下的部分，那么余能可以储存在弹性体中吗？

7.2　最小势能原理与虚位移原理等价，最小余能原理与虚应力原理等价，这种等价性是否是无条件的？

7.3　虚位移和虚应力可以分别理解为位移函数和应力函数的变分，那么函数的微分与变分有何联系与区别？

7.4　为什么基于能量原理的变分方法是一种近似解法？位移变分法和应力变分法各适用于求解什么问题？

习　题

7.1　试根据平行六面微元体(图 7.7)的受力和变形以及功能定理(即在等温过程或绝热过程中，物体所获得的应变能等于外力所做的功)推导弹性体在三向应力状态下的应变能密度表达式(7.1b)。

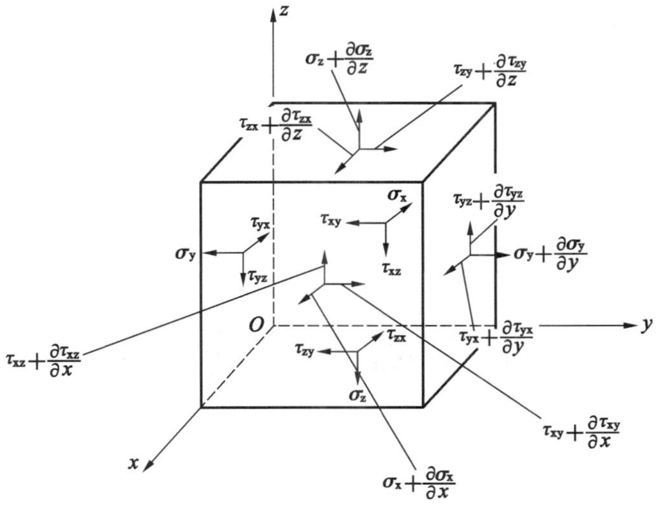

图 7.7　习题 7.1 图

7.2　由应变能密度、余能密度的定义(参考图 7.3),可将它们写为下列积分形式:

$$u=\int_0^{\varepsilon_{ij}}\sigma_{ij}\,\mathrm{d}\varepsilon_{ij}$$

$$r=\int_0^{\sigma_{ij}}\varepsilon_{ij}\,\mathrm{d}\sigma_{ij}$$

由此得到:

$$\mathrm{d}u=\sigma_{ij}\,\mathrm{d}\varepsilon_{ij}\,,\quad \mathrm{d}r=\varepsilon_{ij}\,\mathrm{d}\sigma_{ij}$$

根据应变能密度和余能密度分别是应变张量和应力张量的状态函数,试利用上述关系和全微分的计算公式推导式(7.4)和式(7.5)。

7.3　图 7.8 所示的梁,已知其抗弯刚度为 EI,弹簧刚度为 k,承受分布荷载 $q(x)$的作用。试用最小势能原理求出梁的挠度形式的平衡微分方程及边界条件。

7.4　矩形板两端受抛物线分布荷载 $q=q_0\left(1-\frac{y^2}{b^2}\right)$作用(图 7.9),试利用最小余能原理并按下列应力函数求解。

$$\varphi=\frac{1}{2}q_0y^2\left(1-\frac{y^2}{6b^2}\right)+A_1(x^2-a^2)^2(y^2-b^2)^2$$

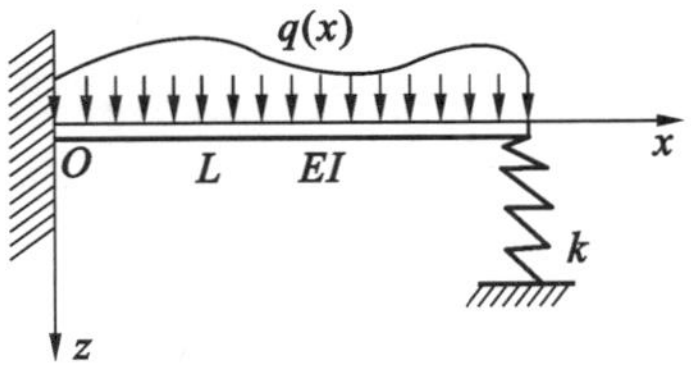

图 7.8　习题 7.3 图

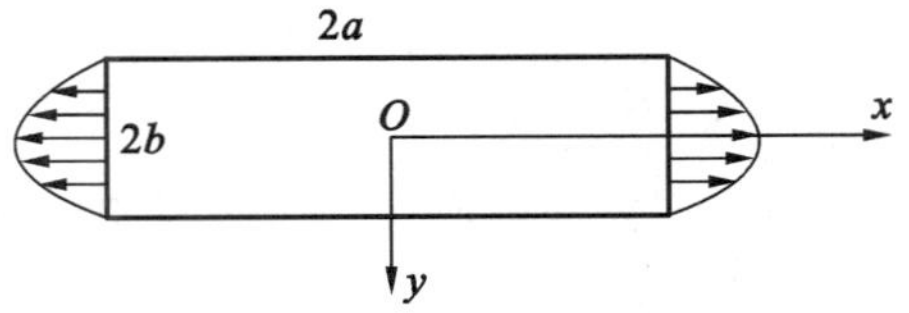

图 7.9　习题 7.4 图

第二篇　有限元

8　平面问题的有限元法

本章提要

本章以最简单的三角形单元入手，介绍了用有限元法求解工程实际问题的全过程，它包括结构的离散化、单元刚度矩阵的建立、总体刚度矩阵的形成、方程的求解等全过程，最后给出了用三角形单元求解平面问题的 FORTRAN90 的有限元源程序。

8.1　有限元法的基本概念

在工程技术领域内，工程师们常常运用数学和力学的知识将实际问题抽象为它们应遵循的基本方程式(常微分方程或偏微分方程)和相应的边界条件。对于大多数的工程技术问题，由于物体的几何形状和荷载作用方式复杂，只有少数方程性质比较简单、几何边界条件相当规则的问题，可按经典的弹性力学和塑性力学方法获得解析解，大多数问题要求的解析解是非常困难的，有时甚至是不可能的。为了克服这种困难，可从两个途径解决：一是引入简化假设，将方程和边界条件简化为能够处理的问题，从而得到它的简化解答；另一个就是数值解法，如有限差分法、边界元法、有限元法和离散元法等。前一种方法只在有限的情况下可以使用，因为过多的简化可能导致不准确的、有时甚至是错误的答案；后一种方法则没有这么多限制，因而也是现在使用得最多的方法。

结构力学的研究对象是杆件结构，如桁架、刚架等，杆件的几何特征是长度比横截面尺寸大得多。弹性力学的研究对象是非杆件结构，如板、壳结构，实体结构等，这些结构的几何特征是它的厚度要比长度和宽度小得多，或长、宽、厚三个尺度大小属于同一个量级。

结构力学中读者所熟知的位移法，先取基本体系，把刚架拆分成多个单元(杆件)，作单元分析；再将杆件组合成整个刚架，建立位移法的基本方程，作整体分析。通过一分一合、先拆后搭的过程，就把复杂结构的计算问题转化为简单的单元分析和集合问题，这种分析方法就是有限单元法雏形。

有限单元法又简称为有限元法。它用于分析杆件结构时，称为结构矩阵分析；用于分析弹性力学问题时，称为弹性力学问题的有限单元法，或简称为有限元法。本书只讨论弹性力学问题的有限单元法。

有限单元法的理论基础是变分原理。最常用的变分原理有最小势能原理、最小余能原理和混合变分原理。采用不同的变分原理，将得到不同的未知场变量：采用最小势能原理时，必须假设单元内位移场函数的形式，这种以位移作为基本未知量的分析方法称为位移法；采用最小余能原理时，必须假设应力场的形式，这种以应力作为基本未知量的方法称为应力法；采用混合变分原理时，就必须同时假设某些位移和某些应力，这种方法就称为混合法。进行静力分析时，对大多数问题，一般都使用位移法。

(1) 有限元法处理弹性力学问题的基本思路

① 离散化

它是将一个受外力作用的连续弹性体离散成一定数量的有限小的单元集合体。单元之间只在节点上互相联系，即只有节点才能传递力。

② 单元分析

根据弹性力学的基本方程和变分原理建立单元节点力和节点位移之间的关系。

③ 整体分析

根据节点力的平衡条件建立有限元方程，引入边界条件，通过解线性方程组求出位移，然后求出单元应力。

(2) 有限元法的主要优点

① 物理概念清晰

有限元法一开始就从力学角度进行简化，易于掌握，便于初学者入门。

② 可以从不同的水平上建立起对该法的理解

它既可以从通俗易懂的结构力学方法出发，阐述其基本原理并进行公式推导，也可以按严格的数学逻辑来阐释。

③ 适应性强，应用范围广

它不仅能处理力学分析中复杂的几何形状、任意的边界条件、非线性和非均质材料、动力学等难题，还可以推广到其他问题，如热传导、电磁场、流体力学等问题。目前，它几乎适用于求解所有的连续介质和场的问题。

④ 已经出现了许多大型结构分析通用程序，可以直接应用

如 SAP、ANSYS、NASTRAN、ADINA 等。

8.2 结构的离散化

在任何连续体中，实际的自由度数是无穷的，除非有一个封闭形式的解，准确的分析(在所做的假定以内)是不可能的。就任何数值方法来说，要求得一个近似的解，须假定连续体的行为能够用有限个未知量来表达。有限元法就是把连续体分成一系列的单元，这些单元是由有限数目的称作节点的点相连的，这个过程称作离散化。

我们以一个简单的例子来说明离散化的过程。图 8.1(a)所示为一悬臂深梁，梁的厚度为 t，设泊松比 $\upsilon=0.3$，弹性模量为 E。求端点 A 的竖向位移。

此例属于弹性力学的平面应力问题。要用有限元法求解这一问题，首先是将弹性体分割成一个离散的结构物[图 8.1(b)]，使其变为由有限多个有限大小的构件组成，这些构件之间只在节点处用有限多个铰相连接[图 8.1(c)]，组成一个构件的集合体以代替原来的弹性体，这一分割的过程即是结构的离散化。这些有限大小的构件，就称为弹性力学问题的有限单元，简称为单元。在图 8.1 中，我们将弹性体分成两个三角形单元，有三个节点。对于弹性力学平面问题，最简单、最常用的单元就是三节点三角形单元。实际上，对于这一问题，我们还可以有多种方式将图 8.1 所示的弹性体进行离散化，如四边形单元，如图 8.2 所示。

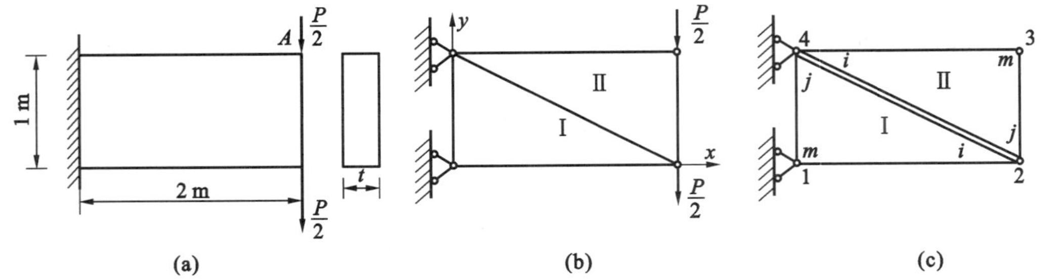

图 8.1　离散化过程

(a) 实体;(b) 离散的结构物;(c) 构件的集合体

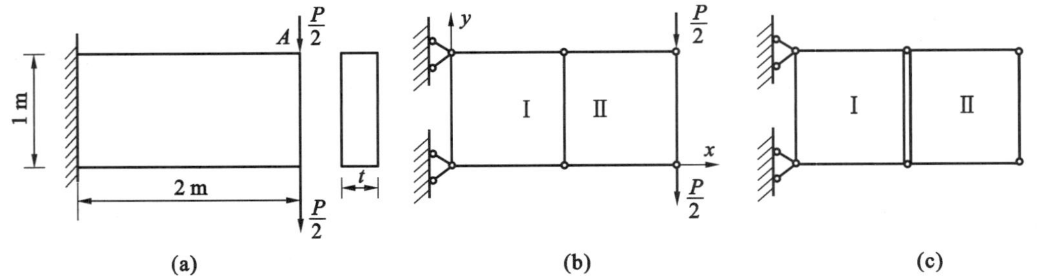

图 8.2　第二种方案离散

(a) 实体;(b) 离散的结构物;(c) 构件的集合体

在有限元分析的过程中,我们要对节点进行编码,编码有两种:一是节点编码,又称整体编码;二是节点局部编码。图 8.1(c)中四个节点统一编码为 1、2、3、4,即是整体编码,它用于整体分析。由于各个单元的节点整体编码是不相同的,为了一般性和规格化处理,每个单元的三个节点按逆时针的顺序,依次编码为 i、j、m,它们就是单元的局部码,主要用于单元分析。作用在结构上的荷载和支座反力,在结构离散化之后,都要作用在节点上。结构的离散化是有限元分析的第一步,从数学意义上来说,它是把微分方程的连续形式转化为代数方程组,以便于求数值解。

用有限元法对物体进行分析时,将遇到两个问题:一是离散的过程中,单元的形状、大小和节点数目如何确定的问题;二是这些单元的受力情况未知,没有现成的公式能把节点位移和单元内任意一点处的位移和应力联系起来,而是靠选择适当的位移函数来建立这种联系,这样又存在求解精度和可靠性等问题。因此,在离散化时应遵守下述两条基本原则:

① 几何近似——要求物理模型从几何形状方面近似于真实结构;

② 物理近似——要求离散的单元特性从物理性质方面(如受力情况、变形情况、材料物性等情况)近似于真实结构在这个区域的物理性质。

有限元网格的划分,在大型的应用程序中都是进行自动或半自动剖分,如 ANSYS、ADINA、SAP,只有在较简单的问题中才会用手工方法划分单元。对于初学者来说,无论是自己编写程序还是使用应用程序,下面几点必须注意:

(1) 单元数目的确定应兼顾精确度、经济性和计算机容量

从有限元法本身来讲,单元划分得越细,节点设置得越多,越接近真实求解区域,因而计算精度越高。但随之而来的是计算时间、计算费用和计算机内存的增加。计算机技术在发展,相应的要求解的问题也在变化,计算精度和计算机资源之间的矛盾总是存在,因此,确定单元数目时要综合考虑各因素,其原则是在满足工程精度要求的前提下,单元数目应划分得少一些。

(2) 在初步分析的基础上,再离散化

首先根据求解区域的形状、荷载分布情况和边界情况作大致分析,再在此基础上进行单元划分。如:利用结构的对称性,缩减计算区域,单轴对称取 1/2,两轴对称取 1/4;应力变化急剧的区域单元应

划分得小一些,反之则大一些;荷载突变处应设置节点等。

(3) 对于具有不同厚度或两种以上材料组成的求解区域,应将厚度不同或材料不同的区域划分为不同的单元,不要让不同厚度或不同材料的区域出现在同一个单元中。

(4) 单元的边长应尽量接近,以便提高计算精度

如:三角形单元中,不应出现过大的钝角或过小的锐角;矩形单元的长宽比不宜过大等。

(5) 任意一个单元的角点(顶点或节点)必须同时也是相邻单元的角点,而不能是相邻单元边上的内点。图 8.3(a)的划分是正确的,而图 8.3(b)的划分是错误的。

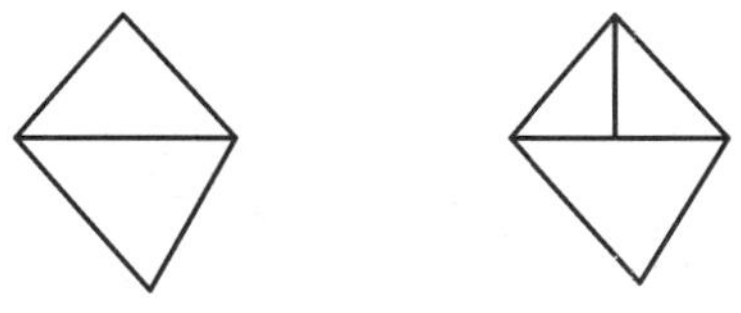

图 8.3 单元划分正误示例

(a) 正确划分;(b) 错误划分

8.3 单元位移函数和解答的收敛性

8.3.1 单元位移函数

单元位移函数又称为单元位移模式,它是把单元中任意一点的位移近似地表示为该点的坐标 x 和 y 的某种函数,该位移的表达式就称为单元的位移函数或位移模式,即

$$\left.\begin{aligned} u &= u(x, y) \\ v &= v(x, y) \end{aligned}\right\} \tag{8.1}$$

数学上已经证明某一区间上的函数总可以用多项式来近似描述,当多项式的项数趋于无穷时,多项式就趋近于函数。因此,单元中的位移函数经常用多项式来描述。对于平面问题,只有两个坐标,因此多项式为二维多项式,多项式项数的选择原则是巴斯卡三角形对称原则。

在二维多项式中,若包含三角形对称轴一边的任意一项,则必须同时包含它在另一边的对应项。如:

$$\left.\begin{aligned} u &= u(x, y) = \alpha_1 + \alpha_2 x + \alpha_3 y + \alpha_4 x^2 + \alpha_5 xy + \alpha_6 y^2 + \cdots \\ v &= v(x, y) = \beta_1 + \beta_2 x + \beta_3 y + \beta_4 x^2 + \beta_5 xy + \beta_6 y^2 + \cdots \end{aligned}\right\} \tag{8.2}$$

式中 α_1、α_2、…,β_1、β_2、…——待定系数。

前面已提到多项式的项数越多,就越接近实际位移形态,精度就越高,但在实际操作中,多项式项数选取受单元类型的制约。因为多项式中的待定系数要由节点坐标及节点位移来确定,所以多项式的项数一般根据单元的节点数目来确定。

对于三节点三角形单元,有三个节点,每个节点有两个自由度,则一个单元共有 6 个节点位移,即 6 个节点自由度,可确定 6 个待定系数,因此位移函数就可取为坐标的线性函数,即

$$\left.\begin{aligned} u &= u(x, y) = \alpha_1 + \alpha_2 x + \alpha_3 y \\ v &= v(x, y) = \alpha_4 + \alpha_5 x + \alpha_6 y \end{aligned}\right\} \tag{8.3}$$

式中 α_1、α_2、…、α_6——待定系数;

u、v——单元中任意一点在 x 和 y 方向的位移分量。

单元节点任一点的位移分量如图 8.4 所示。单元节点位移向量为

$$\boldsymbol{\delta}^{\mathrm{e}} = [\delta]^{\mathrm{e}} = \begin{Bmatrix} \boldsymbol{\delta}_i \\ \boldsymbol{\delta}_j \\ \boldsymbol{\delta}_{\mathrm{m}} \end{Bmatrix} = [u_i \quad v_i \quad u_j \quad v_j \quad u_{\mathrm{m}} \quad v_{\mathrm{m}}]^{\mathrm{T}} \tag{8.4}$$

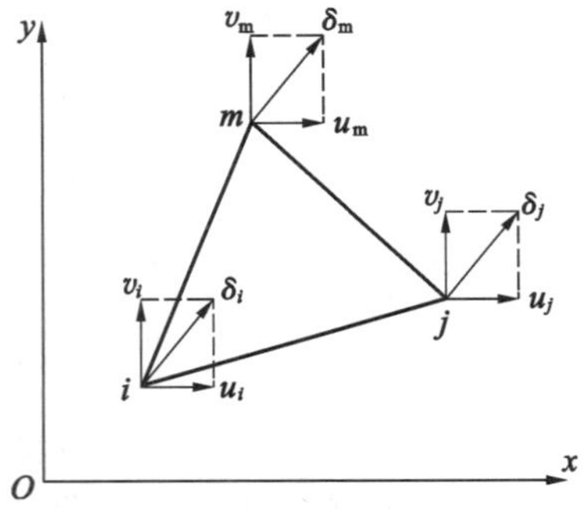

图 8.4　单元节点及节点的位移分量

式中　$\boldsymbol{\delta}_i=\begin{bmatrix}u_i\\v_i\end{bmatrix}$；　$\boldsymbol{\delta}_j=\begin{bmatrix}u_j\\v_j\end{bmatrix}$；　$\boldsymbol{\delta}_m=\begin{bmatrix}u_m\\v_m\end{bmatrix}$

三节点三角形单元的位移函数如式(8.3)所示，由于 i、j、m 三点皆在单元上，因此，有：

$$\left.\begin{aligned}u_i&=\alpha_1+\alpha_2x_i+\alpha_3y_i\\u_j&=\alpha_1+\alpha_2x_j+\alpha_3y_j\\u_m&=\alpha_1+\alpha_2x_m+\alpha_3y_m\\v_i&=\alpha_4+\alpha_5x_i+\alpha_6y_i\\v_j&=\alpha_4+\alpha_5x_j+\alpha_6y_j\\v_m&=\alpha_4+\alpha_5x_m+\alpha_6y_m\end{aligned}\right\}\tag{8.5}$$

上式中，各点的位移为未知量，各点的坐标是已知的，运用克莱姆法则求解上述线性方程组，可求得：

$$\left.\begin{aligned}\alpha_1&=\frac{a_iu_i+a_ju_j+a_mu_m}{2\Delta}\\\alpha_2&=\frac{b_iu_i+b_ju_j+b_mu_m}{2\Delta}\\\alpha_3&=\frac{c_iu_i+c_ju_j+c_mu_m}{2\Delta}\\\alpha_4&=\frac{a_iv_i+a_jv_j+a_mv_m}{2\Delta}\\\alpha_5&=\frac{b_iv_i+b_jv_j+b_mv_m}{2\Delta}\\\alpha_6&=\frac{c_iv_i+c_jv_j+c_mv_m}{2\Delta}\end{aligned}\right\}\tag{8.6}$$

式中　Δ——三角形单元的面积，其表达式为

$$\Delta=\frac{1}{2}\begin{vmatrix}1&x_i&y_i\\1&x_j&y_j\\1&x_m&y_m\end{vmatrix}=\frac{1}{2}(b_ic_j-b_jc_i)\tag{8.7}$$

$$\left.\begin{aligned}a_i&=\begin{vmatrix}x_j&y_j\\x_m&y_m\end{vmatrix}=x_jy_m-x_my_j\\b_i&=\begin{vmatrix}1&y_m\\1&y_j\end{vmatrix}=y_j-y_m\\c_i&=\begin{vmatrix}1&x_j\\1&x_m\end{vmatrix}=x_m-x_j\end{aligned}\right\}\quad(i,j,m)\tag{8.8}$$

记号(i,j,m)表示将式(8.8)中 i、j、m 进行顺序轮换后，可以得到另外两组 a、b、c 的表达式。

8.3.2　有限元解答的收敛性准则

有限元解答的精度从表面上看，取决于离散化模型逼近原结构的程度，而实质上它依赖于有限元所建立的位移模式逼近真实位移形态的状况。因此，要使有限元解收敛于真实解，关键在于位移模式的选择，位移模式的选择必须满足下述准则：

(1) 完备性准则

完备性准则要求位移函数中必须包含常数项和线性位移项。单元内各点的位移一般总是包含两部分：一部分是由本单元的自身变形引起的；另一部分是由其他单元发生变形通过节点传递的，即所

谓刚体位移(单元内不发生应变的位移)。刚体位移与本单元的自身变形无关。为了正确模拟单元的位移形态,必须将单元的刚体位移考虑进去,由于单元刚体位移时,单元内各点的位移相等,与各点的坐标无关,因此选取(或假定)的位移函数中必须包含常数项,因为常数项是提供刚体位移的。

单元内各点处的应变,一般来讲,也包含两部分:一部分是与单元中各点的坐标有关,对各点是不同的,称作变应变;另一部分是与坐标无关,对各点是相同的,称作常应变。对于小变形问题,当单元划分得十分小时,单元中的应变接近于常量,线性位移项就是提供常应变的,所以选取的位移函数中必须包含线性位移项。

若单元的位移函数中包含了常数项和线性位移项,我们就把这个单元称为完备单元,即它符合完备性准则。

(2) 协调性准则

在连续体中位移是连续的,划分成许多单元后,相邻单元的位移必须保持连续,即不仅节点处的位移应当协调,沿公共边界上的位移也应当协调,这是虚功原理所要求的基本前提。满足协调性条件的单元通常称为协调单元。

同时满足完备性和协调性条件的单元,就称之为完备协调单元。一般情况下,要保证所选取的位移函数收敛于精确解,必须满足完备性和协调性条件。在实际应用中,对于一些比较复杂的问题,要使位移函数完全满足完备性和协调性条件难以做到,那么可以放松对协调性的要求,采用完备而非协调单元,只要这种单元能通过分片试验,有限元解仍然可以收敛于正确的解答。

8.4　插值函数与面积坐标

8.4.1　插值函数

在 8.3 节中,我们用单元节点坐标和单元节点位移求出了单元位移函数中的各待定系数,将式(8.6)代入式(8.3)中,则有:

$$
\left.\begin{aligned}
u &= \frac{1}{2\Delta}[(a_i + b_i x + c_i y)u_i + (a_j + b_j x + c_j y)u_j + (a_m + b_m x + c_m y)u_m] \\
&= \frac{1}{2\Delta}\sum_{i,j,m}(a_i + b_i x + c_i y)u_i \\
v &= \frac{1}{2\Delta}[(a_i + b_i x + c_i y)v_i + (a_j + b_j x + c_j y)v_j + (a_m + b_m x + c_m y)v_m] \\
&= \frac{1}{2\Delta}\sum_{i,j,m}(a_i + b_i x + c_i y)v_i
\end{aligned}\right\}
\tag{8.9}
$$

令

$$
\left.\begin{aligned}
N_i &= \frac{1}{2\Delta}(a_i + b_i x + c_i y) \\
N_j &= \frac{1}{2\Delta}(a_j + b_j x + c_j y) \\
N_m &= \frac{1}{2\Delta}(a_m + b_m x + c_m y)
\end{aligned}\right\}
\tag{8.10}
$$

式中　N_i、N_j、N_m——插值函数或形函数(也称形状函数)。

那么位移函数的形式可写为

$$\left.\begin{aligned} u &= N_i u_i + N_j u_j + N_m u_m = \sum_{i,j,m} N_i u_i \\ v &= N_i v_i + N_j v_j + N_m v_m = \sum_{i,j,m} N_i v_i \end{aligned}\right\} \tag{8.11}$$

将式(8.11)写成矩阵形式,有:

$$\begin{aligned} \boldsymbol{f} &= \begin{bmatrix} u \\ v \end{bmatrix} = \begin{bmatrix} N_i u_i + N_j u_j + N_m u_m \\ N_i v_i + N_j v_j + N_m v_m \end{bmatrix} \\ &= \begin{bmatrix} N_i & 0 & N_j & 0 & N_m & 0 \\ 0 & N_i & 0 & N_j & 0 & N_m \end{bmatrix} \begin{bmatrix} u_i & v_i & u_j & v_j & u_m & v_m \end{bmatrix}^{\mathrm{T}} \end{aligned} \tag{8.12}$$

上式可简写成:

$$\boldsymbol{f} = \mathbf{N}[\delta_i \quad \delta_j \quad \delta_m]^{\mathrm{T}} = \mathbf{N}\boldsymbol{\delta}^{\mathrm{e}} \tag{8.13}$$

式(8.13)就是根据节点位移 $\boldsymbol{\delta}^{\mathrm{e}}$ 求单元内部各点位移 $\boldsymbol{f}$ 的转换式;$\mathbf{N}$ 是转换矩阵,称为形函数矩阵,其表达式为

$$\mathbf{N} = \begin{bmatrix} N_i & 0 & N_j & 0 & N_m & 0 \\ 0 & N_i & 0 & N_j & 0 & N_m \end{bmatrix} = [\mathrm{I}N_i \quad \mathrm{I}N_j \quad \mathrm{I}N_m] \tag{8.14}$$

为了分析插值函数或形函数的性质,将表达式(8.10)写成:

$$\mathbf{N}_i = \frac{\begin{vmatrix} 1 & x & y \\ 1 & x_j & y_j \\ 1 & x_m & y_m \end{vmatrix}}{\begin{vmatrix} 1 & x_i & y_i \\ 1 & x_j & y_j \\ 1 & x_m & y_m \end{vmatrix}} \qquad (i,j,m) \tag{8.15}$$

从上式中可以看出:

$$N_i(k) = \delta_{ik} = \begin{cases} 1 & (k=i) \\ 0 & (k \neq i) \end{cases} \qquad (k=i,j,m) \tag{8.16}$$

进一步还可证明:

$$N_i + N_j + N_m = 1 \tag{8.17}$$

8.4.2 面积坐标

(1) 面积坐标的概念

面积坐标系就是利用三角形单元面积比的关系,来确定三角形单元中任一点在单元中的位置,称作面积坐标。在三角形单元分析中,有些问题使用这种坐标系求解,可以使有关公式简单紧凑,因而这种坐标系在平面问题中常常会遇到。

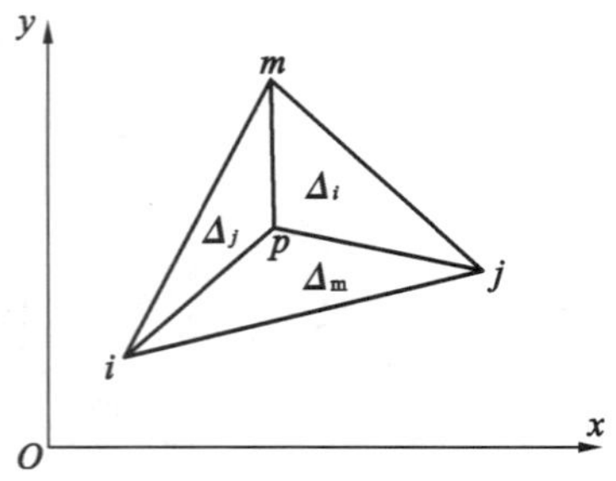

图 8.5 面积坐标示意图

图 8.5 所示的三角形单元 ijm 中,任意一点 p 的位置,除了可以用直角坐标系中的坐标值 x、y 来确定外,还可以用连接 p 点与单元节点形成的 3 个小三角形的面积 Δ_i、Δ_j、Δ_m 与单元面积 Δ 的比值来确定,该比值即为面积坐标。如连接 pi、pj、pm,即形成 3 个小三角形$\triangle pjm$、$\triangle pmi$、$\triangle pij$,且当 p 点确定以后,这 3 个小三角形的面积 Δ_i、Δ_j、Δ_m 也就确定了。反之,当 3 个小三角形的面积确定了之后,p 点也就有了确定的位置。

Δ_i、Δ_j、Δ_m 分别表示与 i、j、m 三个节点对应的三角形的面积,则三角形单元的面积坐标为

$$\left.\begin{aligned} L_i &= \frac{\Delta_i}{\Delta} \qquad (0 \leqslant L_i \leqslant 1) \\ L_j &= \frac{\Delta_j}{\Delta} \qquad (0 \leqslant L_j \leqslant 1) \\ L_m &= \frac{\Delta_m}{\Delta} \qquad (0 \leqslant L_m \leqslant 1) \end{aligned}\right\} \tag{8.18}$$

用面积坐标表示单元的节点坐标时，记为

$$\left.\begin{aligned} i(L_i, L_j, L_m) &= i(1,0,0) \\ j(L_i, L_j, L_m) &= j(0,1,0) \\ m(L_i, L_j, L_m) &= m(0,0,1) \end{aligned}\right\} \tag{8.19}$$

由于

$$\Delta_i + \Delta_j + \Delta_m = \Delta \tag{8.20}$$

故有

$$L_i + L_j + L_m = 1 \tag{8.21}$$

面积坐标的一个有趣性质是，凡是平行于单元边界线的任意一条直线上的所有点，与边界线构成的三角形面积均相等(因为是同底等高三角形)，因此，该直线上各点的面积坐标都恒等，且面积比等于高度比。

(2) 面积坐标与直角坐标的关系

由于 p 点的位置可以用面积坐标系和直角坐标系来确定，那么两种坐标系之间必定存在着某种转换关系，下面就推导出这种转换关系。

设 p 点的直角坐标值为 x、y，则图 8.5 中的小三角形△pjm 的面积 Δ_i 的表达式为

$$\Delta_i = \frac{1}{2}\begin{vmatrix} 1 & x & y \\ 1 & x_j & y_j \\ 1 & x_m & y_m \end{vmatrix} = \frac{1}{2}(a_i + b_i x + c_i y)$$

同理，有：

$$\Delta_j = \frac{1}{2}\begin{vmatrix} 1 & x & y \\ 1 & x_m & y_m \\ 1 & x_i & y_i \end{vmatrix} = \frac{1}{2}(a_j + b_j x + c_j y)$$

$$\Delta_m = \frac{1}{2}\begin{vmatrix} 1 & x & y \\ 1 & x_i & y_i \\ 1 & x_j & y_j \end{vmatrix} = \frac{1}{2}(a_m + b_m x + c_m y)$$

由面积坐标的定义，可得：

$$\left.\begin{aligned} L_i &= \frac{\Delta_i}{\Delta} = \frac{1}{2\Delta}(a_i + b_i x + c_i y) \\ L_j &= \frac{\Delta_j}{\Delta} = \frac{1}{2\Delta}(a_j + b_j x + c_j y) \\ L_m &= \frac{\Delta_m}{\Delta} = \frac{1}{2\Delta}(a_m + b_m x + c_m y) \end{aligned}\right\} \tag{8.22}$$

它的矩阵表达式为

$$\begin{bmatrix} L_i \\ L_j \\ L_m \end{bmatrix} = \frac{1}{2\Delta}\begin{bmatrix} a_i & b_i & c_i \\ a_j & b_j & c_j \\ a_m & b_m & c_m \end{bmatrix}\begin{bmatrix} 1 \\ x \\ y \end{bmatrix} \tag{8.23}$$

这就是用直角坐标表示的面积坐标的公式。

同理,也可以用面积坐标来表示直角坐标。仔细观察式(8.22),我们会发现面积坐标与形函数的形式是一样的,因此,有:

$$\left.\begin{aligned}x&=x_iL_i+x_jL_j+x_mL_m\\y&=y_iL_i+y_jL_j+y_mL_m\end{aligned}\right\}\tag{8.24}$$

其矩阵表示为

$$\begin{bmatrix}1\\x\\y\end{bmatrix}=\begin{bmatrix}1&1&1\\x_i&x_j&x_m\\y_i&y_j&y_m\end{bmatrix}\begin{bmatrix}L_i\\L_j\\L_m\end{bmatrix}\tag{8.25}$$

(3) 面积坐标函数的运算

设面积坐标的函数为 $L=L(L_i,L_j,L_m)$,函数 L 对直角坐标 x、y 求导时,其表达式为

$$\left.\begin{aligned}\frac{\partial L}{\partial x}&=\frac{\partial L}{\partial L_i}\frac{\partial L_i}{\partial x}+\frac{\partial L}{\partial L_j}\frac{\partial L_j}{\partial x}+\frac{\partial L}{\partial L_m}\frac{\partial L_m}{\partial x}=\frac{1}{2\Delta}\left(b_i\frac{\partial L}{\partial L_i}+b_j\frac{\partial L}{\partial L_j}+b_m\frac{\partial L}{\partial L_m}\right)\\\frac{\partial L}{\partial y}&=\frac{\partial L}{\partial L_i}\frac{\partial L_i}{\partial y}+\frac{\partial L}{\partial L_j}\frac{\partial L_j}{\partial y}+\frac{\partial L}{\partial L_m}\frac{\partial L_m}{\partial y}=\frac{1}{2\Delta}\left(c_i\frac{\partial L}{\partial L_i}+c_j\frac{\partial L}{\partial L_j}+c_m\frac{\partial L}{\partial L_m}\right)\end{aligned}\right\}\tag{8.26}$$

求面积坐标的幂函数在三角形单元上的积分时,其积分公式为

$$\iint_{\Delta}L_i^{\alpha}L_j^{\beta}L_m^{\gamma}\,\mathrm{d}x\,\mathrm{d}y=\frac{\alpha!\ \beta!\ \gamma!}{(\alpha+\beta+\gamma+2)!}2\Delta\tag{8.27}$$

式中　α、β、γ——正整数。

求面积坐标的幂函数在三角形单元某一边上的积分时,其积分公式为

$$\int L_i^{\alpha}L_j^{\beta}\,\mathrm{d}s=\frac{\alpha!\ \beta!}{(\alpha+\beta+\gamma+1)!}l\qquad(i,j,m)\tag{8.28}$$

式中　l——该边的边长。

8.5　单元刚度矩阵、节点力和节点位移关系式

选择了合适的位移函数后,就可用基本方程推导出与位移函数相适应的单元刚度矩阵,在导出单元刚度矩阵之前需导出单元几何矩阵和单元应力矩阵。

8.5.1　单元的几何矩阵

对于平面问题,由几何方程可计算出应变 $\boldsymbol{\varepsilon}$,对于三角形单元,将式(8.3)代入应变方程,有:

$$\boldsymbol{\varepsilon}=\begin{Bmatrix}\dfrac{\partial u}{\partial x}\\\dfrac{\partial v}{\partial y}\\\dfrac{\partial u}{\partial y}+\dfrac{\partial v}{\partial x}\end{Bmatrix}=\begin{Bmatrix}\dfrac{1}{2\Delta}(b_iu_i+b_ju_j+b_mu_m)\\\dfrac{1}{2\Delta}(c_iv_i+c_jv_j+c_mv_m)\\\dfrac{1}{2\Delta}(c_iu_i+c_ju_j+c_mu_m)+\dfrac{1}{2\Delta}(b_iv_i+b_jv_j+b_mv_m)\end{Bmatrix}$$

$$=\frac{1}{2\Delta}\begin{bmatrix}b_i&0&b_j&0&b_m&0\\0&c_i&0&c_j&0&c_m\\c_i&b_i&c_j&b_j&c_m&b_m\end{bmatrix}\begin{Bmatrix}u_i\\v_i\\u_j\\v_j\\u_m\\v_m\end{Bmatrix}\tag{8.29}$$

将几何矩阵分块记为

$$\boldsymbol{B}_i=\frac{1}{2\Delta}\begin{bmatrix} b_i & 0 \\ 0 & c_i \\ c_i & b_i \end{bmatrix} \qquad (i,j,m) \tag{8.30}$$

则

$$\boldsymbol{\varepsilon}=[B_i \quad B_j \quad B_{\mathrm{m}}]\boldsymbol{\delta}^{\mathrm{e}}=\boldsymbol{B}\boldsymbol{\delta}^{\mathrm{e}} \tag{8.31}$$

式中

$$\boldsymbol{B}=\frac{1}{2\Delta}\begin{bmatrix} b_i & 0 & b_j & 0 & b_{\mathrm{m}} & 0 \\ 0 & c_i & 0 & c_j & 0 & c_{\mathrm{m}} \\ c_i & b_i & c_j & b_j & c_{\mathrm{m}} & b_{\mathrm{m}} \end{bmatrix} \tag{8.32}$$

因为几何矩阵 $\boldsymbol{B}$ 中每一个元素都是常数，因而三节点三角形单元的单元应变只有常量应变。

8.5.2　单元的应力矩阵

将式(8.29)代入物理方程，就可得到单元的应力表达式：

$$\boldsymbol{\sigma}=\boldsymbol{D}\boldsymbol{\varepsilon}=\boldsymbol{D}\boldsymbol{B}\boldsymbol{\delta}^{\mathrm{e}}=\boldsymbol{S}\boldsymbol{\delta}^{\mathrm{e}} \tag{8.33}$$

式中，$\boldsymbol{D}$ 为弹性矩阵，$\boldsymbol{S}$ 为应力矩阵。其中 $\boldsymbol{S}$ 为

$$\boldsymbol{S}=\boldsymbol{D}\boldsymbol{B}=\frac{E}{1-\upsilon^2}\begin{bmatrix} 1 & \upsilon & 0 \\ \upsilon & 1 & 0 \\ 0 & 0 & \frac{1-\upsilon}{2} \end{bmatrix}\frac{1}{2\Delta}\begin{bmatrix} b_i & 0 & b_j & 0 & b_{\mathrm{m}} & 0 \\ 0 & c_i & 0 & c_j & 0 & c_{\mathrm{m}} \\ c_i & b_i & c_j & b_j & c_{\mathrm{m}} & b_{\mathrm{m}} \end{bmatrix}$$

$$=\frac{E}{2(1-\upsilon^2)\Delta}\begin{bmatrix} b_i & \upsilon c_i & b_j & \upsilon c_j & b_{\mathrm{m}} & \upsilon c_{\mathrm{m}} \\ \upsilon b_i & c_i & \upsilon b_j & c_j & \upsilon b_{\mathrm{m}} & c_{\mathrm{m}} \\ \frac{1-\upsilon}{2}c_i & \frac{1-\upsilon}{2}b_i & \frac{1-\upsilon}{2}c_j & \frac{1-\upsilon}{2}b_j & \frac{1-\upsilon}{2}c_{\mathrm{m}} & \frac{1-\upsilon}{2}c_{\mathrm{m}} \end{bmatrix} \tag{8.34}$$

将矩阵分块记为

$$\boldsymbol{S}=[S_i \quad S_j \quad S_{\mathrm{m}}] \tag{8.35}$$

式中

$$\boldsymbol{S}_i=\frac{E}{2(1-\upsilon^2)\Delta}\begin{bmatrix} b_i & \upsilon c_i \\ \upsilon b_i & c_i \\ \frac{1-\upsilon}{2}c_i & \frac{1-\upsilon}{2}b_i \end{bmatrix} \qquad (i,j,m) \tag{8.36}$$

从上式可以看出，$\boldsymbol{S}$ 矩阵中每一个元素都是常数，因而三节点三角形单元称为常应力单元。对于平面应变问题，只要把 E 换成$\dfrac{E}{1-\upsilon^2}$，υ 换成$\dfrac{\upsilon}{1-\upsilon}$，上面的结果都适应。

8.5.3　单元的刚度矩阵

假设在某三节点三角形单元中，三个节点 i、j、m 都发生了虚位移，相应的节点虚位移记为 $\boldsymbol{\delta}^{*\mathrm{e}}$，引起的虚应变记为 $\boldsymbol{\varepsilon}^*$，因为在有限元中，每一个单元所受的荷载都需按等效静载的原则移置到相应的节点上，所以单元受的外力只有节点力，由虚功方程可写成：

$$(\boldsymbol{\delta}^{*\mathrm{e}})^{\mathrm{T}}\boldsymbol{F}^{\mathrm{e}}=\iint \boldsymbol{\varepsilon}^{*\mathrm{T}}\boldsymbol{\sigma}\,\mathrm{d}x\,\mathrm{d}y\,t \tag{8.37}$$

式中　t——物体的厚度(因为是平面问题，t 为常量)。

将 $\boldsymbol{\varepsilon}^*=\boldsymbol{B}\boldsymbol{\delta}^{*\mathrm{e}}$，$\boldsymbol{\sigma}=\boldsymbol{D}\boldsymbol{B}\boldsymbol{\delta}^{\mathrm{e}}$ 代入式(8.37)后，得：

$$(\boldsymbol{\delta}^{*e})^{\mathrm{T}}\boldsymbol{F}^{e}=\iint(\boldsymbol{B}\boldsymbol{\delta}^{*e})^{\mathrm{T}}\boldsymbol{D}\boldsymbol{B}\boldsymbol{\delta}^{e}\mathrm{d}x\mathrm{d}y\,t \tag{8.38}$$

将上式化简得：

$$(\boldsymbol{\delta}^{*e})^{\mathrm{T}}\boldsymbol{F}^{e}=\iint(\boldsymbol{\delta}^{*e})^{\mathrm{T}}\boldsymbol{B}^{\mathrm{T}}\boldsymbol{D}\boldsymbol{B}\boldsymbol{\delta}^{e}\mathrm{d}x\mathrm{d}y\,t \tag{8.39}$$

式(8.39)中 $\boldsymbol{\delta}^{*e}$ 是任意的，等式两边左乘$[(\boldsymbol{\delta}^{*e})^{\mathrm{T}}]^{-1}$，并把 $\boldsymbol{\delta}^{e}$ 提到积分号外后，得：

$$\boldsymbol{F}^{e}=\boldsymbol{\delta}^{e}\iint\boldsymbol{B}^{\mathrm{T}}\boldsymbol{D}\boldsymbol{B}\mathrm{d}x\mathrm{d}y\,t$$

令单元刚度矩阵

$$\boldsymbol{K}^{e}=\iint\boldsymbol{B}^{\mathrm{T}}\boldsymbol{D}\boldsymbol{B}\mathrm{d}x\mathrm{d}y\,t \tag{8.40}$$

则有：

$$\boldsymbol{F}^{e}=\boldsymbol{K}^{e}\boldsymbol{\delta}^{e} \tag{8.41}$$

在三节点三角形单元中，积分号内的矩阵都是常量，并且 $\iint\mathrm{d}x\,\mathrm{d}y=\Delta$，因而式(8.40)可写为

$$\boldsymbol{K}^{e}=\boldsymbol{B}^{\mathrm{T}}\boldsymbol{D}\boldsymbol{B}\Delta\,t=\boldsymbol{B}^{\mathrm{T}}\boldsymbol{S}\Delta\,t \tag{8.42}$$

由于 $\boldsymbol{B}$ 和 $\boldsymbol{S}$ 都可以写成分块形式，因此单元刚度矩阵也可以写成分块形式：

$$\boldsymbol{K}^{e}=\begin{bmatrix}K_{ii} & K_{ij} & K_{im}\\ K_{ji} & K_{jj} & K_{jm}\\ K_{mi} & K_{mj} & K_{mm}\end{bmatrix} \tag{8.43}$$

式中，某一子块为

$$\boldsymbol{K}^{e}_{rs}=\boldsymbol{B}_{r}^{\mathrm{T}}\boldsymbol{S}_{s}\Delta t$$

$$=\frac{Et}{4(1-\upsilon^{2})\Delta}\begin{bmatrix}b_{r}b_{s}+\dfrac{(1-\upsilon)c_{r}c_{s}}{2} & \upsilon b_{r}c_{s}+\dfrac{(1-\upsilon)c_{r}b_{s}}{2}\\ \upsilon c_{r}b_{s}+\dfrac{(1-\upsilon)b_{r}c_{s}}{2} & c_{r}c_{s}+\dfrac{(1-\upsilon)b_{r}b_{s}}{2}\end{bmatrix}\quad(r=i,j,m;s=i,j,m) \tag{8.44}$$

如果是平面应变问题，只需将 E 换成$\dfrac{E}{1-\upsilon^{2}}$，$\upsilon$ 换成$\dfrac{\upsilon}{1-\upsilon}$即可。

单元刚度矩阵具有下列性质：

(1) $\boldsymbol{K}^{e}$ 是对称矩阵

单元刚度矩阵中的元素都对称于主对角线，即元素之间有 $k_{rs}=k_{sr}$ 的关系。这个性质可以由弹性力学中功的互等定理得到证明。

(2) $\boldsymbol{K}^{e}$ 的主对角线元素是恒正值

这一性质从物理意义上易于理解。因为 $\boldsymbol{K}^{e}$ 中的每一个元素均为一个刚度系数，其物理意义是：若节点发生单位位移分量(其他节点位移为零)时，所需施加节点力的分量。而主对角线元素是正值，这说明节点位移的方向与施加节点力的方向是一致的。

(3) $\boldsymbol{K}^{e}$ 是奇异矩阵

单元刚度矩阵中的每一行元素之和为零，单元刚度矩阵的元素所组成的行列式为零。其物理意义就是：在无约束的条件下，单元可以做刚体运动，其位移是不定的。

(4) $\boldsymbol{K}^{e}$ 仅与单元几何矩阵 $\boldsymbol{B}$ 和弹性矩阵 $\boldsymbol{D}$ 有关

这一性质说明单元刚度矩阵仅与单元的节点坐标和材料的物理性质有关。

【例 8.1】 一等腰直角三角形单元，厚度为 t，弹性模量为 E，泊松比为 υ，如图 8.6 所示。试求该单元的单元刚度矩阵 $\boldsymbol{K}^{e}$。

【解】 根据图 8.6 中的坐标，可以算得：

$$\left.\begin{aligned} b_i &= y_j - y_m = -a \\ c_i &= -x_j + x_m = 0 \\ b_j &= y_m - y_i = 0 \\ c_j &= -x_m + x_i = -a \\ b_m &= y_i - y_j = a \\ c_m &= -x_i + x_j = a \end{aligned}\right\}$$

$$\Delta = \frac{a^2}{2}$$

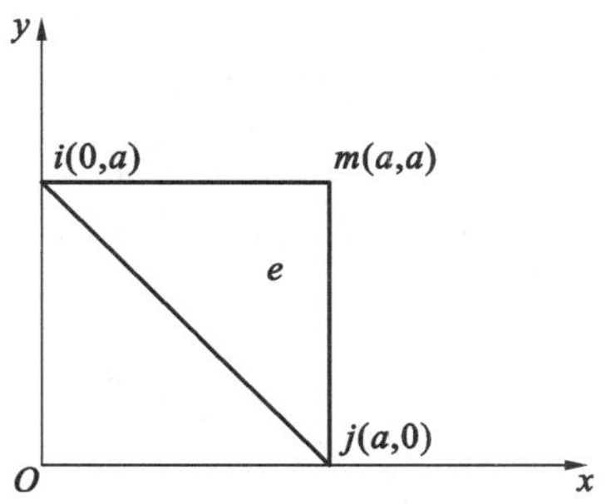

图 8.6　例 8.1 图

将上式中的结果代入式(8.44)中,可得:

$$\boldsymbol{K}_{ii} = \frac{Et}{2(1-\upsilon^2)}\begin{bmatrix} 1 & 0 \\ 0 & \frac{1-\upsilon}{2} \end{bmatrix}$$

$$\boldsymbol{K}_{jj} = \frac{Et}{2(1-\upsilon^2)}\begin{bmatrix} \frac{1-\upsilon}{2} & 0 \\ 0 & 1 \end{bmatrix}$$

$$\boldsymbol{K}_{ij} = \frac{Et}{2(1-\upsilon^2)}\begin{bmatrix} 0 & \upsilon \\ \frac{1-\upsilon}{2} & 0 \end{bmatrix}$$

$$\boldsymbol{K}_{jm} = \frac{Et}{2(1-\upsilon^2)}\begin{bmatrix} -\frac{1-\upsilon}{2} & -\frac{1-\upsilon}{2} \\ -\upsilon & -1 \end{bmatrix}$$

$$\boldsymbol{K}_{im} = \frac{Et}{2(1-\upsilon^2)}\begin{bmatrix} -1 & -\upsilon \\ -\frac{1-\upsilon}{2} & -\frac{1-\upsilon}{2} \end{bmatrix}$$

$$\boldsymbol{K}_{mm} = \frac{Et}{2(1-\upsilon^2)}\begin{bmatrix} \frac{3-\upsilon}{2} & \frac{1+\upsilon}{2} \\ \frac{1+\upsilon}{2} & \frac{3-\upsilon}{2} \end{bmatrix}$$

由方程式(8.42)我们很容易知道,刚度矩阵是一对称矩阵,因此,有:

$$\boldsymbol{K}^{e} = \frac{Et}{2(1-\upsilon^2)}\begin{bmatrix} 1 & & & & & \\ 0 & \frac{1-\upsilon}{2} & & & & \\ 0 & \frac{1-\upsilon}{2} & \frac{1-\upsilon}{2} & & & \\ \upsilon & 0 & 0 & 1 & & \\ -1 & -\frac{1-\upsilon}{2} & -\frac{1-\upsilon}{2} & -\upsilon & \frac{3-\upsilon}{2} & \\ -\upsilon & -\frac{1-\upsilon}{2} & -\frac{1-\upsilon}{2} & -1 & \frac{1+\upsilon}{2} & \frac{3-\upsilon}{2} \end{bmatrix}$$

8.5.4　等效节点荷载

用有限元求解问题时,单元上所受的各种荷载都应移置到节点上,这是由有限元法的性质决定的。单元所受到的荷载类型包括体力、面力和集中力,在进行结构分析时,将这些力移置到节点上成为节点荷载,建立总体平衡方程式。荷载移置的原则是静力等效原则,所谓静力等效原则,是指原荷载与移置后的节点荷载在任何虚位移上所做的虚功相等。对于给定的位移函数,移置的结果是唯一的。由圣维南原理可知，在局部区域内将外荷载移置，只会在该局部区域内产生误差，而不会影响整体结构的力学特性。

(1) 体力向节点移置

一般物体都有体力作用，例如重力、离心力和惯性力。对于平面问题，体力有两个分量：

$$\boldsymbol{P}=\begin{Bmatrix}P_x\\P_y\end{Bmatrix}\tag{8.45}$$

如果只存在重力，则有：

$$\boldsymbol{P}=\begin{Bmatrix}0\\-\gamma\end{Bmatrix}\tag{8.46}$$

设单元发生虚位移：

$$\boldsymbol{f}^*=[u^*\quad v^*]^{\mathrm{T}}\tag{8.47}$$

节点上相应的虚位移为

$$\boldsymbol{\delta}^{*e}=[u_i^*\quad v_i^*\quad u_j^*\quad v_j^*\quad u_{\mathrm{m}}^*\quad v_{\mathrm{m}}^*]^{\mathrm{T}}\tag{8.48}$$

根据虚功方程，得

$$(\boldsymbol{\delta}^{*e})^{\mathrm{T}}\boldsymbol{R}^e=\iint(P_xu^*+P_yv^*)\mathrm{d}x\mathrm{d}yt=\iint\boldsymbol{f}^{*\mathrm{T}}\boldsymbol{P}\mathrm{d}x\mathrm{d}yt\tag{8.49}$$

式中，节点荷载 $\boldsymbol{R}^e=[X_i\quad Y_i\quad X_j\quad Y_j\quad X_{\mathrm{m}}\quad Y_{\mathrm{m}}]^{\mathrm{T}}$。

由于 $\boldsymbol{f}^*=\boldsymbol{N}\boldsymbol{\delta}^{*e}$，故有：

$$(\boldsymbol{\delta}^{*e})^{\mathrm{T}}\boldsymbol{R}^e=(\boldsymbol{\delta}^{*e})^{\mathrm{T}}\iint\boldsymbol{N}^{\mathrm{T}}\boldsymbol{P}\,\mathrm{d}x\mathrm{d}yt\tag{8.50}$$

由于虚位移是任意的，最后得：

$$\boldsymbol{R}^e=\iint\boldsymbol{N}^{\mathrm{T}}\boldsymbol{P}\mathrm{d}x\mathrm{d}yt\tag{8.51}$$

(2) 面力向节点移置

如果单元位于物体的边界处，则有可能承受边界面荷载的作用，设面力有两个分量：

$$\bar{\boldsymbol{P}}=\begin{Bmatrix}\bar{P}_x\\\bar{P}_y\end{Bmatrix}\tag{8.52}$$

根据虚功原理，得：

$$(\boldsymbol{\delta}^{*e})^{\mathrm{T}}\boldsymbol{R}^e=\int(\bar{P}_xu^*+\bar{P}_yv^*)t\mathrm{d}s=(\boldsymbol{\delta}^{*e})^{\mathrm{T}}\int\boldsymbol{N}^{\mathrm{T}}\bar{\boldsymbol{P}}t\mathrm{d}s\tag{8.53}$$

由于虚位移是任意的，最后得：

$$\boldsymbol{R}^e=\int\boldsymbol{N}^{\mathrm{T}}\bar{\boldsymbol{P}}t\mathrm{d}s\tag{8.54}$$

(3) 集中力向节点移置

在划分有限元网格时，一般都在集中力作用处设置一个节点，这样集中力就是节点荷载。但在某些场合下，集中力不便落在节点处，那么也需对集中力进行移置，移置的方法同上，有：

$$(\boldsymbol{\delta}^{*e})^{\mathrm{T}}\boldsymbol{R}^e=\boldsymbol{f}^{*\mathrm{T}}\boldsymbol{Q}=(\boldsymbol{\delta}^{*e})^{\mathrm{T}}\boldsymbol{N}^{\mathrm{T}}\boldsymbol{Q}\tag{8.55}$$

由于虚位移是任意的，最后得：

$$\boldsymbol{R}^e=\boldsymbol{N}^{\mathrm{T}}\boldsymbol{Q}\tag{8.56}$$

利用式(8.51)、式(8.54)和式(8.56)就可以对任意类型的节点荷载进行移置。

【例 8.2】 图 8.7 所示的三角形单元在形心 c 处有向下的集中力 W 作用，在 ij 边有 x 方向的面力作用。单元的自重为 γ，厚度 $t=1$，求该单元的节点荷载 $\boldsymbol{R}^e$。

【解】 (1) 集中力的移置

集中力 $\boldsymbol{Q}=\begin{Bmatrix}0\\-W\end{Bmatrix}$，由式(8.56)得：

$$\boldsymbol{R}^{e}=\begin{bmatrix}N_i & 0\\ 0 & N_i\\ N_j & 0\\ 0 & N_j\\ N_m & 0\\ 0 & N_m\end{bmatrix}\begin{Bmatrix}0\\-W\end{Bmatrix}=-W[0\quad N_i\quad 0\quad N_j\quad 0\quad N_m]^{T}$$

从式中可以看出，只要求出 N_i、N_j、N_m，问题就解决了。要求 N_i、N_j、N_m，只需将形心 x_c、y_c 代入形函数的表达式即可，得：

$$N_i=N_j=N_m=\frac{1}{3}$$

最后得：

$$\boldsymbol{R}^{e}=-\frac{W}{3}[0\quad 1\quad 0\quad 1\quad 0\quad 1]^{T}$$

它表明形心上的集中力移置到节点的结果是，每一个节点分配 $\frac{1}{3}$ 的集中力值。

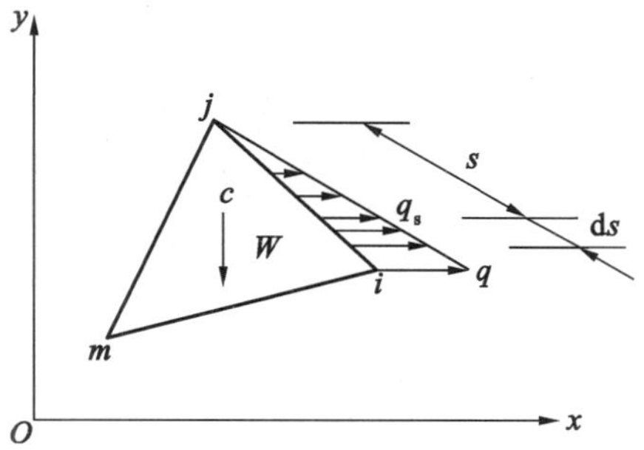

图 8.7　例 8.2 图

(2) 面力移置

面力 $\overline{\boldsymbol{P}}=\begin{Bmatrix}\frac{q}{l}s\\0\end{Bmatrix}$，设 j 点为 s 坐标的原点，则有：

$$\mathrm{d}\overline{\boldsymbol{P}}=\begin{Bmatrix}\frac{q}{l}s\,\mathrm{d}s\\0\end{Bmatrix}$$

由式(8.56)，得：

$$\mathrm{d}\boldsymbol{R}^{e}=\begin{bmatrix}N_i & 0\\ 0 & N_i\\ N_j & 0\\ 0 & N_j\\ N_m & 0\\ 0 & N_m\end{bmatrix}\begin{Bmatrix}\frac{q}{l}s\,\mathrm{d}s\\0\end{Bmatrix}=[N_i\quad 0\quad N_j\quad 0\quad N_m\quad 0]^{T}\,\frac{q}{l}s\,\mathrm{d}s$$

同理，只需求出 s 点的形函数的值，对上式积分，问题就可解决。由形函数的性质可知，N_i 在 j 点为 0，即

$$N_i(j)=0$$

在 i 点为 1，即

$$N_i(i)=1$$

且是线性函数，则在 s 点为 s/l，即

$$N_i(s)=\frac{s}{l}$$

同理，可得：

$$N_j(s)=\frac{l-s}{l}$$

$$N_m(s)=0$$

最后得：

$$\boldsymbol{R}^{e}=\int d\boldsymbol{R}^{e}=\int_{0}^{l}\begin{bmatrix}\frac{s}{l} & 0 & \frac{l-s}{l} & 0 & 0 & 0\end{bmatrix}^{T}\frac{q}{l}s\,ds=\frac{ql}{2}\begin{bmatrix}\frac{2}{3} & 0 & \frac{1}{3} & 0 & 0 & 0\end{bmatrix}^{T}$$

从上式中可以看出，面荷载总量的$\frac{2}{3}$分配给节点 i，$\frac{1}{3}$分配给节点 j。

(3) 体力

体力 $\boldsymbol{P}=\begin{Bmatrix}0\\-\gamma\end{Bmatrix}$，代入式(8.51)，得：

$$\boldsymbol{R}^{e}=\iint\begin{bmatrix}N_i & 0\\0 & N_i\\N_j & 0\\0 & N_j\\N_m & 0\\0 & N_m\end{bmatrix}\begin{Bmatrix}0\\-\gamma\end{Bmatrix}t\,dx\,dy=-\gamma t\iint[0\quad N_i\quad 0\quad N_j\quad 0\quad N_m]^{T}dx\,dy$$

形函数的幂函数在三角形单元上的积分，遵循下列规则：

$$\iint_{\Omega}N_i^aN_j^bN_m^c\,dx\,dy=\frac{a!\ b!\ c!}{(a+b+c+2)!}2\Delta$$

故有：

$$\iint N_i(x,y)\,dx\,dy=\frac{\Delta}{3}$$

最后，得：

$$\boldsymbol{R}^{e}=-\frac{\gamma}{3}\Delta[0\quad 1\quad 0\quad 1\quad 0\quad 1]^{T}$$

它表明自重的分配是每个节点上分配板重的$\frac{1}{3}$。

8.6　总体刚度矩阵

总体刚度矩阵导出的方法有多种，我们这里介绍两种方法来导出总体刚度矩阵。

(1) 节点平衡法

图 8.8(a)所示的结构中有 6 个节点，共有 12 个节点位移分量和 12 个节点力分量。图 8.8(b)表示节点的两种编码：一种是节点总体编码，6 个节点按节点号统一编码为 1、2、3、4、5、6；另一种是节点局部编码，每个单元的 3 个节点按逆时针方向的顺序各自编为 i_i、j_i、m_i，其中下标 i 代表单元编号。

从图 8.8(b)可以看出，4 个单元的局部编码和总体编码的对应关系如下：

单元①　$i_1,j_1,m_1\rightarrow1,2,3$；　单元②　$i_2,j_2,m_2\rightarrow2,4,5$

单元③　$i_3,j_3,m_3\rightarrow5,3,2$；　单元④　$i_4,j_4,m_4\rightarrow3,5,6$

对于任一个单元，它的单元刚度矩阵 $\boldsymbol{K}^e$ 是 6×6 阶矩阵，其中 9 个子块是按节点局部编码排列的。

每一个单元节点力和节点位移之间的关系为

$$\begin{Bmatrix}F_{i_i}\\F_{j_i}\\F_{m_i}\end{Bmatrix}=\begin{bmatrix}K_{i_ii_i} & K_{i_ij_i} & K_{i_im_i}\\K_{j_ii_i} & K_{j_ij_i} & K_{j_im_i}\\K_{m_ii_i} & K_{m_ij_i} & K_{m_im_i}\end{bmatrix}\begin{Bmatrix}\delta_{i_i}\\\delta_{j_i}\\\delta_{m_i}\end{Bmatrix}\tag{8.57}$$

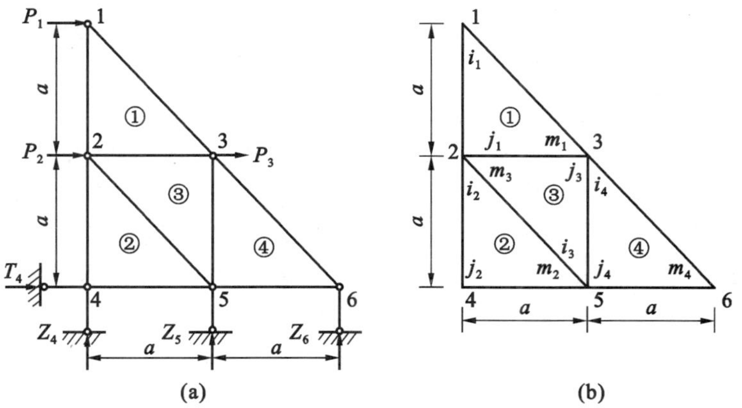

图 8.8　离散结构示意图

(a) 离散图;(b) 编码图

现在对每一个节点进行平衡,以节点 2 为例分析平衡条件:外荷载 $\boldsymbol{R}_2=\begin{Bmatrix}P_2\\0\end{Bmatrix}$,在节点 2 周围有单元①、②、③,施加的节点力为 $\sum\limits_e \boldsymbol{F}_2=\boldsymbol{F}_{j_1}+\boldsymbol{F}_{i_2}+\boldsymbol{F}_{\mathrm{m}_3}$,根据外荷载与节点力的平衡条件,得:

$$\sum_e \boldsymbol{F}_2=\boldsymbol{R}_2 \tag{8.58}$$

考虑到节点力是节点位移和刚度系数的乘积,由式(8.57)可得:

$$\left.\begin{aligned}F_{j_1}&=K_{j_1i_1}\delta_{i_1}+K_{j_1j_1}\delta_{j_1}+K_{j_1\mathrm{m}_1}\delta_{\mathrm{m}_1}=K_{j_1i_1}\delta_1+K_{j_1j_1}\delta_2+K_{j_1\mathrm{m}_1}\delta_3\\F_{i_2}&=K_{i_2i_2}\delta_{i_2}+K_{i_2j_2}\delta_{j_2}+K_{i_2\mathrm{m}_2}\delta_{\mathrm{m}_2}=K_{i_2i_2}\delta_2+K_{i_2j_2}\delta_4+K_{i_2\mathrm{m}_2}\delta_5\\F_{\mathrm{m}_3}&=K_{\mathrm{m}_3i_3}\delta_{i_3}+K_{\mathrm{m}_3j_3}\delta_{j_3}+K_{\mathrm{m}_3\mathrm{m}_3}\delta_{\mathrm{m}_3}=K_{\mathrm{m}_3i_3}\delta_5+K_{\mathrm{m}_3j_3}\delta_3+K_{\mathrm{m}_3\mathrm{m}_3}\delta_2\end{aligned}\right\} \tag{8.59}$$

将式(8.59)代入式(8.58)可得到节点 2 的两组平衡方程,同理可对其他节点进行平衡,最后用矩阵形式表示为

$$\begin{bmatrix}K_{i_1i_1} & K_{i_1j_1} & K_{i_1\mathrm{m}_1} & 0 & 0 & 0\\K_{j_1i_1} & K_{j_1j_1}+K_{i_2i_2}+K_{\mathrm{m}_3\mathrm{m}_3} & K_{j_1\mathrm{m}_1}+K_{\mathrm{m}_3j_3} & K_{i_2j_2} & K_{i_2\mathrm{m}_2}+K_{i_3\mathrm{m}_3} & 0\\K_{\mathrm{m}_1i_1} & K_{\mathrm{m}_1j_1}+K_{j_3\mathrm{m}_3} & K_{\mathrm{m}_1\mathrm{m}_1}+K_{j_3j_3}+K_{i_4i_4} & 0 & K_{j_3i_3}+K_{i_4j_4} & K_{i_4\mathrm{m}_4}\\0 & K_{j_2i_2} & 0 & K_{j_2j_2} & K_{j_2\mathrm{m}_2} & 0\\0 & K_{\mathrm{m}_2i_2}+K_{i_3\mathrm{m}_3} & K_{i_3j_3}+K_{j_4i_4} & K_{\mathrm{m}_2j_2} & K_{\mathrm{m}_2\mathrm{m}_2}+K_{i_3i_3}+K_{j_4j_4} & K_{j_4\mathrm{m}_4}\\0 & 0 & K_{\mathrm{m}_4i_4} & 0 & K_{\mathrm{m}_4j_4} & K_{\mathrm{m}_4\mathrm{m}_4}\end{bmatrix}\begin{Bmatrix}\delta_1\\\delta_2\\\delta_3\\\delta_4\\\delta_5\\\delta_6\end{Bmatrix}$$

$$=\begin{Bmatrix}R_1\\R_2\\R_3\\R_4\\R_5\\R_6\end{Bmatrix} \tag{8.60}$$

此式即总体平衡方程组,简单记为

$$\boldsymbol{K\delta}=\boldsymbol{R}$$

式中,$\boldsymbol{K}$ 为总体刚度矩阵,简称总刚。它的元素即为相应的单元刚度矩阵的元素之和,$\boldsymbol{K}$ 的分块形式为

$$K=\begin{bmatrix} K_{11} & K_{12} & K_{13} & K_{14} & K_{15} & K_{16} \\ K_{21} & K_{22} & K_{23} & K_{24} & K_{25} & K_{26} \\ K_{31} & K_{32} & K_{33} & K_{34} & K_{35} & K_{36} \\ K_{41} & K_{42} & K_{43} & K_{44} & K_{45} & K_{46} \\ K_{51} & K_{52} & K_{53} & K_{54} & K_{55} & K_{56} \\ K_{61} & K_{62} & K_{63} & K_{64} & K_{65} & K_{66} \end{bmatrix} \tag{8.61}$$

共有 36 个子块，按总体编码排列。总刚的各子块 K_{ij} 是由式(8.60)中的各单刚子块集合而成。

荷载列阵为

$$\boldsymbol{R}=[P_1 \quad 0 \quad P_2 \quad 0 \quad P_3 \quad 0 \quad T_4 \quad Z_4 \quad 0 \quad Z_5 \quad 0 \quad Z_6]^{\mathrm{T}} \tag{8.62}$$

式中　T_4、Z_4、Z_5、Z_6——支座反力，在引入支承条件时再予以处理。

上面是用节点平衡方法引入总体刚度矩阵，力学概念清晰，它是以每一个节点为单位进行平衡。但是这样做编写程序比较麻烦。下面介绍另一种方法，称为直接刚度法，它是以每一个单元为单位，把单刚直接组装成总刚。

(2) 直接刚度法

直接刚度法可分为两个步骤：第一步是把每个单元的单刚阶数扩大成总刚阶数。以节点平衡法中的例题为例，结构中有 6 个节点，故而有 12 个节点位移分量和 12 个节点力分量，因而总刚矩阵的阶数为 12×12，把单刚中按局部编码的子块搬到总刚中相应的总体编码的位置中去，余下部分用零子块填充。如单元②，局部编码 i_2、j_2、m_2→2、4、5，根据这个对应关系移动后，可得到未叠加组合的总刚：

总体码　1　2　3　4　5　6

$$\boldsymbol{K}_2=\begin{array}{c} 1 \\ 2 \\ 3 \\ 4 \\ 5 \\ 6 \end{array}\begin{bmatrix} 0 & 0 & 0 & 0 & 0 & 0 \\ 0 & K_{i_2i_2} & 0 & K_{i_2j_2} & K_{i_2m_2} & 0 \\ 0 & 0 & 0 & 0 & 0 & 0 \\ 0 & K_{j_2i_2} & 0 & K_{j_2j_2} & K_{j_2m_2} & 0 \\ 0 & K_{m_2i_2} & 0 & K_{m_2j_2} & K_{m_2m_2} & 0 \\ 0 & 0 & 0 & 0 & 0 & 0 \end{bmatrix}\begin{array}{c} \\ i_2 \\ \\ j_2 \\ m_2 \\ \\ \end{array} \tag{8.63}$$

i_2　　j_2　　m_2　　局部码

式(8.63)称为单元刚度贡献矩阵，用同样的方法可以得出其他单元刚度的贡献矩阵 $\boldsymbol{K}_1$、$\boldsymbol{K}_3$、$\boldsymbol{K}_4$。

第二步是把各单元刚度的贡献矩阵叠加在一起，即可得出总体刚度矩阵：

$$\boldsymbol{K}=\boldsymbol{K}_1+\boldsymbol{K}_2+\boldsymbol{K}_3+\boldsymbol{K}_4=\begin{bmatrix} K_{11} & K_{12} & K_{13} & K_{14} & K_{15} & K_{16} \\ K_{21} & K_{22} & K_{23} & K_{24} & K_{25} & K_{26} \\ K_{31} & K_{32} & K_{33} & K_{34} & K_{35} & K_{36} \\ K_{41} & K_{42} & K_{43} & K_{44} & K_{45} & K_{46} \\ K_{51} & K_{52} & K_{53} & K_{54} & K_{55} & K_{56} \\ K_{61} & K_{62} & K_{63} & K_{64} & K_{65} & K_{66} \end{bmatrix} \tag{8.64}$$

用这种方法编写程序较为简单，因此编制程序时采用得较多。

总体刚度矩阵具有下列性质：

① 总体刚度矩阵具有对称性

总体刚度矩阵是由单元刚度矩阵叠加而成的，所以它与单元刚度矩阵一样也是对称矩阵，即 $\boldsymbol{K}_{ij}=\boldsymbol{K}_{ji}$，主对角线元素恒为正值。

② 总体刚度矩阵具有稀疏性

大型结构离散化之后，单元和节点的数目往往很多。但每一节点只与少数几个单元相关，与某一节点相关的节点数也是不多的，所以，在总体刚度矩阵存在着大量的零元素。因此，总体刚度矩阵是一个具有大量零元素的稀疏矩阵。

③ 总体刚度矩阵具有带状性

总体刚度矩阵的非零元素一般分布在主对角线两侧一条不太宽的带宽内。

利用总体刚度矩阵具有对称性、带状性的特点，采取适当的方法，只存贮带状以内的元素或只存贮主对角线在内的半个带状以内的元素，从而可以节省大量的计算机内存。

④ 总体刚度矩阵是奇异矩阵

总体刚度矩阵为奇异矩阵的物理意义就是总体结构可在无约束的条件下做刚体运动。所以在解题时，就必须引入边界条件以消除结构的总体运动。

⑤ 总体刚度矩阵仅与材料物理性质和结构的几何尺寸有关

总体刚度矩阵是由单元刚度矩阵组合而成的。因为单元刚度矩阵具有此性质，所以总体刚度矩阵也具有此性质。

8.7　对称性分析与边界条件

8.7.1　结构对称性的利用

当结构具有对称性时，可以利用这个特性来减少计算工作量。所谓结构对称性，是指结构的几何形状、支承条件和材料性质都对某轴对称，也就是说，当结构绕对称轴对折时，左右两部分完全重合，这种结构称为对称结构。结构的对称是对称性利用的前提。利用对称性时，有时还要用到荷载的正对称和反对称概念。正对称荷载指的是将结构绕对称轴对折后，左右两部分的荷载作用点相重合，方向相同，荷载数值相等；反对称荷载指的是将结构绕对称轴对折后，左右两部分的荷载作用点完全重合，方向相反，荷载数值相等。为了利用结构的对称性，在单元的划分上也应是对称的，根据荷载情况的不同，可以分两种情况讨论。

8.7.1.1　正对称性荷载的对称性利用

图 8.9(a)所示是一方形薄板，两端作用有集中力 P，结构和荷载对 x 轴和 y 轴都是对称的，具有两个对称轴。根据对称性，我们可以取结构的四分之一进行分析，网格划分如图 8.9(b)所示。由于对称，结构的位移也是对称的，所以在 x 轴上的节点在 y 方向上的位移为零。同样 y 轴上的节点在 x 方向上的位移也为零。因此，在节点位移为零的方向上可设为支承，如图 8.9(b)所示。利用上述对称性的简化，几乎可以节省 3/4 的工作量。

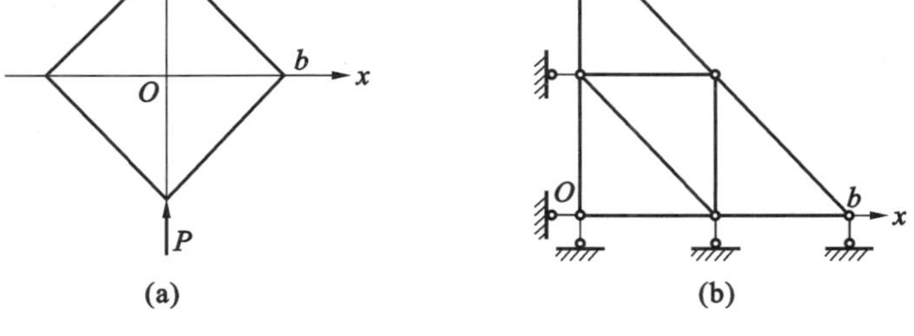

图 8.9　正对称性的利用

(a) 薄板受力图；(b) 网格划分图

8.7.1.2　反对称性荷载的对称性利用

图 8.10(a)所示是一个对 y 轴对称的薄板结构，荷载 P 对 y 轴反对称。我们可取结构的一半进行计算，网格划分如图 8.10(b)所示。由于荷载反对称，结构的位移也是反对称的。因此，对称轴上的节点没有沿着该方向上的位移，即 y 轴上各节点在 y 方向上的位移为零。据此，在节点位移为零的方向上，可设为链杆支座，限制 y 方向上的位移，在原固定边的地方设固定铰支座，限制所有的位移，如图 8.10(b)所示。经过这样的简化，可节省近一半的工作量。

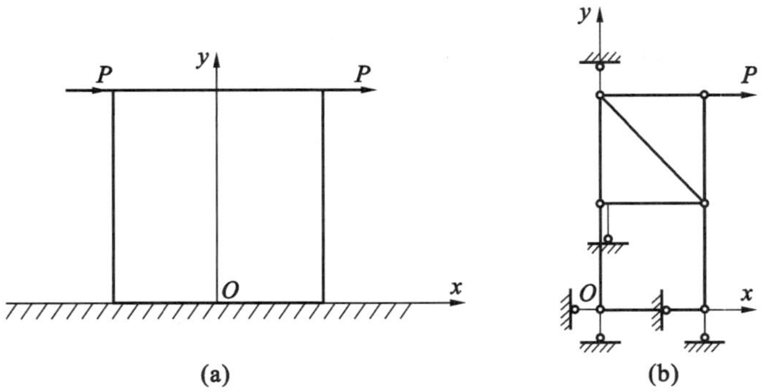

图 8.10　关于 y 轴反对称的薄板

(a) 受力示意图；(b) 网格划分及支承情况

对于对称结构，即使荷载是任意的，通常还是先把荷载分解成对称和反对称两组，分别进行计算，然后将两组计算结果进行叠加，最终获得原荷载的结果。经验证明，尽管这样计算要分两次进行，会带来一些麻烦，但对单元划分得较多的结构仍有一定的优势，可节省不少时间。

8.7.2　边界条件的处理

求得总体刚度矩阵和总体结构节点荷载列阵后还不能立即求解，因为在建立总体刚度矩阵时，认为结构不受外界约束，是一个自由体，结构具有刚体位移，因此这样的刚度方程不可能有正确的解答，在数学上这样的矩阵称为奇异矩阵。要使刚度方程有唯一解，必须消除结构的刚体位移，即必须引入几何边界条件以限制刚体位移。

对于受同一个外荷载的结构，在不同的约束条件下，或者说几何边界条件不同时，求出的结果是大不相同的。因此，要获得较高的计算精度，必须正确地引入反映结构的实际受力状态的几何边界条件。在求解刚度方程时，正确地处理几何边界条件是一个重要而又复杂的问题，有时还得辅以试验研究。

8.7.2.1　边界的约束情况

结构的约束可分为如下几种情况：

(1) 基础支承结构

大多数结构支承在某些基础上，则在结构与基础相连的节点上，某一方向的自由度受到约束，故节点在该方向上的位移为零。如发动机支承在刚度很大的试验台上，约束了垂直于轴线方向的自由度，则相应节点在该方向的位移为零。

(2) 具有对称轴的结构

前面已经介绍了关于对称结构的利用，其约束条件应根据对称情况加以处理。

(3) 具有给定位移边界的结构

零位移约束是给定位移约束的特例，工程上零位移约束的情况较多。

上述三种约束条件均可限制结构刚体位移，因而在引入上述几何边界条件后，就可以求解结构的刚度方程，且其解是唯一的。

8.7.2.2　几何边界条件的处理方法

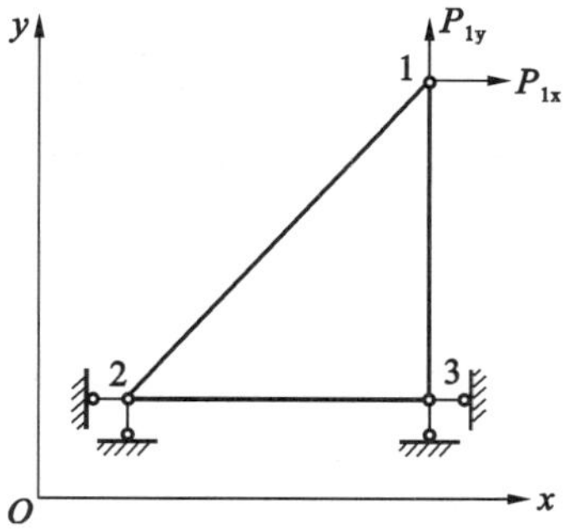

图 8.11　一个单元的结构

将几何边界条件引入结构刚度方程中，经常使用的处理边界条件的方法如下：

(1) 划 0 置 1 法

可以用一个简单的例子来说明这个问题。假设结构只划分为一个单元，如图 8.11 所示，在节点 2、3 有平面铰支座支承，则位移边界条件为

$$u_2 = v_2 = u_3 = v_3 = 0$$

由于结构只有一个单元，那么结构的刚度方程就是单元的刚度方程，考虑到荷载情况及约束情况，则刚度方程可写为

$$\begin{bmatrix} P_{1x} \\ P_{1y} \\ P_{2x} \\ P_{2y} \\ P_{3x} \\ P_{3y} \end{bmatrix} = \begin{bmatrix} k_{11} & k_{12} & k_{13} & k_{14} & k_{15} & k_{16} \\ k_{21} & k_{22} & k_{23} & k_{24} & k_{25} & k_{26} \\ k_{31} & k_{32} & k_{33} & k_{34} & k_{35} & k_{36} \\ k_{41} & k_{42} & k_{43} & k_{44} & k_{45} & k_{46} \\ k_{51} & k_{52} & k_{53} & k_{54} & k_{55} & k_{56} \\ k_{61} & k_{62} & k_{63} & k_{64} & k_{65} & k_{66} \end{bmatrix} \begin{bmatrix} u_1 \\ v_1 \\ 0 \\ 0 \\ 0 \\ 0 \end{bmatrix} \tag{8.65}$$

上式中要求的基本未知量是位移 u_1 和 v_1，因此只要将上述方程的前两行抽出来即可得到解答，即

$$\left.\begin{aligned} P_{1x} &= k_{11}u_1 + k_{12}v_1 \\ P_{1y} &= k_{21}u_1 + k_{22}v_1 \end{aligned}\right\} \tag{8.66a}$$

或写成

$$\begin{bmatrix} P_{1x} \\ P_{1y} \end{bmatrix} = \begin{bmatrix} k_{11} & k_{12} \\ k_{21} & k_{22} \end{bmatrix} \begin{bmatrix} u_1 \\ v_1 \end{bmatrix} \tag{8.66b}$$

求解上式，即可得到 u_1 和 v_1。

实际上，式(8.66a)和式(8.66b)可直接从式(8.65)得到，即将刚度矩阵中与零位移相对应的各行和同号的各列元素都删去，同时将左端荷载向量中与零位移相对应的荷载向量也删去，即可得到。

在上述处理中，我们已将一个六阶方程降到了二阶，但这种处理不便于计算机编程，因为在计算机编程时，希望保留结构刚度矩阵的阶数和排列顺序。处理方法是：将刚度方程中与零位移相对应的行和列的主对角线元素改为 1，其他元素改为零，荷载向量中与零位移相对应的向量也改为零。经过这样的修改后，可得到与式(8.66a)相同的结果，又保持了总体刚度方程的阶数和排列顺序，如下所示：

$$\begin{bmatrix} P_{1x} \\ P_{1y} \\ 0 \\ 0 \\ 0 \\ 0 \end{bmatrix} = \begin{bmatrix} k_{11} & k_{12} & 0 & 0 & 0 & 0 \\ k_{21} & k_{22} & 0 & 0 & 0 & 0 \\ 0 & 0 & 1 & 0 & 0 & 0 \\ 0 & 0 & 0 & 1 & 0 & 0 \\ 0 & 0 & 0 & 0 & 1 & 0 \\ 0 & 0 & 0 & 0 & 0 & 1 \end{bmatrix} \begin{bmatrix} u_1 \\ v_1 \\ u_2 \\ v_2 \\ u_3 \\ v_3 \end{bmatrix} \tag{8.67}$$

(2) 置大数法

在这种几何条件下，比较方便的方法是将总体刚度矩阵中与给定节点位移相对应的主对角线元素加上一个大数，再将左端荷载列阵中与给定节点位移相对应的向量置一大数乘已知节点位移，而其余项保持不变。

为了清楚地说明这一问题，现举例说明。设结构有 n 个节点，并设第 n 个节点的水平位移分量

$u_n=\bar{u}_n$(已知值),为了满足这一几何边界条件,对总体刚度方程作如下修改:将总体刚度方程中的第 $2n-1$ 个方程式(是与 u_n 相对应的)中的主对角线元素 $k_{2n-1,2n-1}$ 加上一个大数 A,大数的选取视所用计算机而定,如可取 $A=10^{20}$ 或 $A=10^{50}$ 等。再将左端荷载列阵中与已知位移 u_n 相对应的荷载向量 $\boldsymbol{P}_{2n-1}$ 换成 $A\times\bar{u}_n$。原来的第 $2n-1$ 个方程为

$$k_{2n-1,1}u_1+k_{2n-1,2}v_1+\cdots+k_{2n-1,2n-1}u_n+k_{2n-1,2n}v_n=\boldsymbol{P}_{2n-1}$$

经过上述方法处理后,第 $2n-1$ 个方程变为

$$k_{2n-1,1}u_1+k_{2n-1,2}v_1+\cdots+(k_{2n-1,2n-1}+A)u_n+k_{2n-1,2n}v_n=A\times\bar{u}_n$$

上式两端同除以 A,由于 A 是特大数,故有:

$$\frac{k_{2n-1,1}}{A}=\frac{k_{2n-1,2}}{A}=\cdots=\frac{k_{2n-1,2n}}{A}\approx 0$$

得到 $u_n\approx\bar{u}_n$,满足了给定的约束条件。

上述置大数法是一加大数法,相当于用一个刚度非常大的弹簧把结构接地。此法有一个缺点,如果这个大数与结构的刚度系数相比不是非常大,加大数法就会失败。因此,置大数法中还有一个方法,就是乘大数法,即将总刚度矩阵中与已知位移相对应的主对角线元素乘一大数 A,相应的荷载项改为已知位移与其相对应的对角线元素的乘积,再乘以 A。使用上面的例子,则修改后的总刚度方程中第 $2n-1$ 个方程为

$$k_{2n-1,1}u_1+k_{2n-1,2}v_1+\cdots+Ak_{2n-1,2n-1}u_n+k_{2n-1,2n}v_n=A\times k_{2n-1,2n-1}\times\bar{u}_n$$

方程两边都除以大数 A,由于 A 是一个很大的数,其余各项都趋于 0,则有:

$$\frac{Ak_{2n-1,2n-1}u_n}{A}=\frac{Ak_{2n-1,2n-1}\bar{u}_n}{A}$$

$$u_n=\bar{u}_n$$

满足给定的边界条件。

置大数法的优点非常明显,因此在编写计算机程序时,一般用这种方法,而不用方法(1)。

8.8 应力计算

在总体刚度方程中引入位移边界条件后,即可对其求解,此时所求解答是唯一的。求解线性方程组时,即可得到节点位移。节点位移求出后,即可利用单元应力矩阵求出各单元的应力。实际上在整个有限元求解过程中,只有位移是求出量,应力则是导出量,即应力是由位移导出的。

求出位移后,其结果整理比较简单,可直接用节点位移分量画出结构物的位移图线,也可列出每个节点的位移。而在应力的结果整理方面则要复杂一些,因为我们采用的是常应变三角形单元,因此单元应力也是常量。为了较好地表示出结构中的应力分布,我们一般规定计算出来的应力分量作用在单元的形心处。在进行结构设计时,我们最关注的是主应力,主应力可由下列公式求出:

$$\left.\begin{aligned}\sigma_{max}&=\frac{\sigma_x+\sigma_y}{2}+\sqrt{\left(\frac{\sigma_x-\sigma_y}{2}\right)^2+\tau_{xy}^2}\\\sigma_{min}&=\frac{\sigma_x+\sigma_y}{2}-\sqrt{\left(\frac{\sigma_x-\sigma_y}{2}\right)^2+\tau_{xy}^2}\end{aligned}\right\}\tag{8.68}$$

式中 σ_{max}、σ_{min}——单元的最大及最小主应力。

σ_{max} 与 x 轴之间的夹角为 θ,有:

$$\theta=\frac{180}{\pi}\arctan\left(\frac{\tau_{xy}}{\sigma_y-\sigma_{min}}\right)\tag{8.69}$$

由此计算出来的主应力同样可以假定其作用在该三角形单元的形心处，其方向由 θ 确定，由此可以得到结构的主应力分布图。

需要指出的是，由常应变三角形单元计算出来的单元常量应力，并不是单元的平均应力，即使单元很小，它常常会大于或小于单元内各点的实际应力，只是单元应力收敛于实际应力。由于单元内的应力不是平均应力，所以常常采取某种平均的计算方法，使该结构物内某一点的应力更接近于实际应力。弹性体的边界内应力及边界上应力，在结果整理的方法上略有不同，现介绍如下。

8.8.1 边界内应力

边界内应力的处理，最常采用的方法有绕节点平均法和二单元平均法。

(1) 绕节点平均法

把环绕某一节点的各单元的常量应力加以平均，用来表达该节点处的应力，这种方法称为绕节点平均法。求出了节点的应力后，可计算出节点的主应力。因此要求解节点应力时，可采用此法。

(2) 二单元平均法

把两个相邻单元中的常量应力加以平均，用来表述公共边中点处的应力，这种方法称为二单元平均法。在两个相邻单元的公共边界上，存在两个应力，它们来自两个单元，一般不会相等，因此要求解两个相邻单元的公共边界上的应力，需采用二单元平均法。

在应力变化不剧烈的部位，用绕节点平均法和二单元平均法求出的结果，精度不相上下；而在应力变化比较剧烈的部位，特别是在应力集中处，绕节点平均法的精度较差。但是，绕节点平均法也有其优点，如为了求某一截面上的应力图线，只需在划分单元时布置 5 个以上的节点在这一截面上即可，而采用二单元平均法则没有这样方便。

应当指出，若相邻的单元具有不同的厚度或不同的弹性常数时，则在理论上单元之间应力会有突变。因此，只能对厚度及弹性常数相同的单元进行平均计算，以免失去这种应当有的突变。

8.8.2 边界上应力

用绕节点平均法计算出来的节点应力，在内节点处表述较好，但在边界节点处常常效果较差。用二单元平均法，不易求得边界上的应力。因此，边界节点处及边界处的应力，不宜直接由单元的应力平均求得，而要由内部节点处的应力推算出来。推算的方法是采用拉格朗日插值公式。

如图 8.12 所示，要求边界节点 0 处的应力，先将 0、1、2、3 等节点之间的距离表示在图 8.12(b) 的横坐标上，再以应力 σ 为纵坐标，分别求出节点 1、2、3 处的应力 σ_1、σ_2、σ_3，然后用曲线连接 σ_1、σ_2、σ_3 三点即可得到一条近似抛物线，此时，任一点的应力 $\sigma(x)$ 的函数值可由如下抛物线插值公式求得：

$$\sigma(x)=\frac{(x-x_2)(x-x_3)}{(x_1-x_2)(x_1-x_3)}\sigma_1+\frac{(x-x_1)(x-x_3)}{(x_2-x_1)(x_2-x_3)}\sigma_2+\frac{(x-x_1)(x-x_2)}{(x_3-x_1)(x_3-x_2)}\sigma_3 \quad (8.70)$$

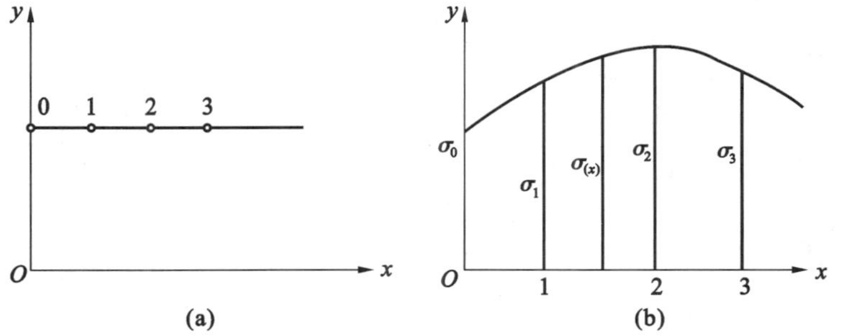

图 8.12 插值法求边界上的应力

(a) 节点示意图；(b) 插值示意图

式中　$\sigma(x)$——抛物线插值函数。

式(8.70)称为拉格朗日插值公式。

在 $x=0$ 处，插值函数值 σ_0 可由式(8.70)得出：

$$\sigma_0=\frac{x_2x_3}{(x_1-x_2)(x_1-x_3)}\sigma_1+\frac{x_1x_3}{(x_2-x_1)(x_2-x_3)}\sigma_2+\frac{x_1x_2}{(x_3-x_1)(x_3-x_2)}\sigma_3 \tag{8.71}$$

利用这一公式，可直接由 x_1、x_2、x_3 及 σ_1、σ_2、σ_3 求得边界应力 σ_0。

对于应力高度集中处，插值点可取为 4 点，插值公式改为三次多项式：

$$\sigma_0=\frac{-x_2x_3x_4}{(x_1-x_2)(x_1-x_3)(x_1-x_4)}\sigma_1+\frac{-x_1x_3x_4}{(x_2-x_1)(x_2-x_3)(x_2-x_4)}\sigma_2$$
$$+\frac{-x_1x_2x_4}{(x_3-x_1)(x_3-x_2)(x_3-x_4)}\sigma_3+\frac{-x_1x_2x_3}{(x_4-x_1)(x_4-x_2)(x_4-x_3)}\sigma_4 \tag{8.72}$$

经验证明，用三点插值公式在一般情况下求解已足够精确了。在推算边界点或边界节点处的应力时，可以先推算应力分量再求主应力，也可以先求各点主应力，再对主应力进行推算。在一般情况下，前者的精度略高一些，但差异并不显著。

8.9 算　　例

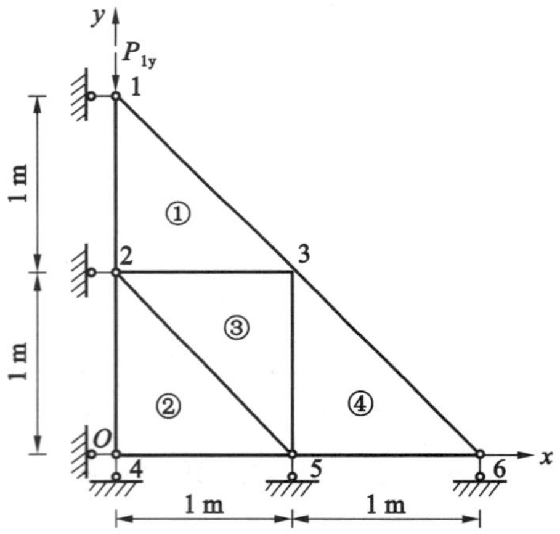

图 8.13　有限元算例

为了熟悉有限元法求解平面问题的步骤，以图 8.13 所示模型为例进行计算。它为一个三角形薄板，板厚度 $t=1$ cm，在节点 1 上作用有外荷载 $P_{1y}=1$ N/m，其他外形尺寸如图 8.13 所示，弹性模量为 E，泊松比 $\upsilon=0$，求单元应力。

【解】

在图 8.13 中，我们已经按介绍过的原则，将结构划成了几个单元，并对其编了号，下面我们将分步骤地求解问题。

(1) 定义单元

单元定义和有关数据列于表 8.1 中。在表 8.1 中有：

$$b_i=y_j-y_m,\quad c_i=-x_j+x_m$$
$$b_j=y_m-y_i,\quad c_j=-x_m+x_i$$
$$b_m=y_i-y_j,\quad c_m=-x_i+x_j$$

表 8.1　单元定义与有关数据

		i	j	m	Δ	b_i　b_j　b_m	c_i　c_j　c_m
单元号	①	1 (0,2)	2 (0,1)	3 (1,1)	$\frac{1}{2}$	0　−1　1	1　−1　0
	②	2 (0,1)	4 (0,0)	5 (1,0)	$\frac{1}{2}$	0　−1　1	1　−1　0
	③	2 (0,1)	5 (1,0)	3 (1,1)	$\frac{1}{2}$	−1　0　1	0　−1　1
	④	3 (1,1)	5 (1,0)	6 (2,0)	$\frac{1}{2}$	0　−1　1	1　−1　0

注：表中节点号下面括号中的数值代表该节点的(x,y)坐标值。

(2) 求各单元的刚度矩阵

从表 8.1 中可看出，单元①、②、④的 b_i、b_j、b_m，c_i、c_j、c_m 及单元面积 Δ 均相同，所以这三个单元的刚度矩阵也相同，因此只需计算其中一个单元刚度矩阵即可，而另外两个单元刚度矩阵等同于它。

单元①的刚度矩阵为

$$\boldsymbol{K}^1=\begin{bmatrix}K_{11} & K_{12} & K_{13}\\ K_{21} & K_{22} & K_{23}\\ K_{31} & K_{32} & K_{33}\end{bmatrix}\quad (i=1,j=2,m=3)$$

其中子阵表达式为

$$\boldsymbol{K}_{rs}=\frac{Et}{4(1-\upsilon^2)\Delta}\begin{bmatrix}b_rb_s+\dfrac{1-\upsilon}{2}c_rc_s & \upsilon b_rc_s+\dfrac{1-\upsilon}{2}c_rb_s\\ \upsilon c_rb_s+\dfrac{1-\upsilon}{2}b_rc_s & c_rc_s+\dfrac{1-\upsilon}{2}b_rb_s\end{bmatrix}\quad (r,s=i,j,m)$$

$$\frac{Et}{4(1-\upsilon^2)\Delta}=\frac{E\times 0.01}{4\times(1-0^2)\times\dfrac{1}{2}}=\frac{E}{2}\times 10^{-2}=\frac{E'}{2}$$

$$E'=10^{-2}E$$

$$\boldsymbol{K}_{ii}=\boldsymbol{K}_{11}=\frac{E'}{2}\begin{bmatrix}\dfrac{1}{2} & 0\\ 0 & 1\end{bmatrix}\qquad \boldsymbol{K}_{ij}=\boldsymbol{K}_{12}=\frac{E'}{2}\begin{bmatrix}-\dfrac{1}{2} & -\dfrac{1}{2}\\ 0 & -1\end{bmatrix}$$

$$\boldsymbol{K}_{jj}=\boldsymbol{K}_{22}=\frac{E'}{2}\begin{bmatrix}\dfrac{3}{2} & \dfrac{1}{2}\\ \dfrac{1}{2} & \dfrac{3}{2}\end{bmatrix}\qquad \boldsymbol{K}_{mm}=\boldsymbol{K}_{33}=\frac{E'}{2}\begin{bmatrix}1 & 0\\ 0 & \dfrac{1}{2}\end{bmatrix}$$

$$\boldsymbol{K}_{im}=\boldsymbol{K}_{13}=\frac{E'}{2}\begin{bmatrix}0 & \dfrac{1}{2}\\ 0 & 0\end{bmatrix}\qquad \boldsymbol{K}_{jm}=\boldsymbol{K}_{23}=\frac{E'}{2}\begin{bmatrix}-1 & -\dfrac{1}{2}\\ 0 & -\dfrac{1}{2}\end{bmatrix}$$

由对称性可知：

$$\boldsymbol{K}_{21}=\boldsymbol{K}_{12}^{\mathrm{T}}\quad \boldsymbol{K}_{13}=\boldsymbol{K}_{31}^{\mathrm{T}}\quad \boldsymbol{K}_{23}=\boldsymbol{K}_{32}^{\mathrm{T}}$$

将上述各子式代入单元①刚度矩阵中，得：

$$\boldsymbol{K}^1=\boldsymbol{K}^2=\boldsymbol{K}^4=\frac{\boldsymbol{E}'}{2}\begin{bmatrix}\dfrac{1}{2} & 0 & -\dfrac{1}{2} & -\dfrac{1}{2} & 0 & \dfrac{1}{2}\\ 0 & 1 & 0 & -1 & 0 & 0\\ -\dfrac{1}{2} & 0 & \dfrac{3}{2} & \dfrac{1}{2} & -1 & -\dfrac{1}{2}\\ -\dfrac{1}{2} & -1 & \dfrac{1}{2} & \dfrac{3}{2} & 0 & -\dfrac{1}{2}\\ 0 & 0 & -1 & 0 & 1 & 0\\ \dfrac{1}{2} & 0 & -\dfrac{1}{2} & -\dfrac{1}{2} & 0 & \dfrac{1}{2}\end{bmatrix}$$

同理，可求得单元③的刚度矩阵：

$$
\boldsymbol{K}^3=\frac{E'}{2}\begin{bmatrix}
1 & 0 & 0 & 0 & -1 & 0 \\
0 & \frac{1}{2} & \frac{1}{2} & 0 & -\frac{1}{2} & -\frac{1}{2} \\
0 & \frac{1}{2} & \frac{1}{2} & 0 & -\frac{1}{2} & -\frac{1}{2} \\
0 & 0 & 0 & 1 & 0 & -1 \\
-1 & -\frac{1}{2} & -\frac{1}{2} & 0 & \frac{3}{2} & \frac{1}{2} \\
0 & -\frac{1}{2} & -\frac{1}{2} & -1 & \frac{1}{2} & \frac{3}{2}
\end{bmatrix}
$$

（3）总体刚度矩阵组装

$$
\boldsymbol{K}=\frac{E'}{4}\begin{bmatrix}
1 & 0 & -1 & -1 & 0 & 1 & 0 & 0 & 0 & 0 & 0 & 0 \\
0 & 2 & 0 & -2 & 0 & 0 & 0 & 0 & 0 & 0 & 0 & 0 \\
-1 & 0 & 6 & 1 & -4 & -1 & -1 & -1 & 0 & 1 & 0 & 0 \\
-1 & -2 & 1 & 6 & -1 & -2 & 0 & -2 & 1 & 0 & 0 & 0 \\
0 & 0 & -4 & -1 & 6 & 1 & 0 & 0 & -2 & -1 & 0 & 1 \\
1 & 0 & -1 & -2 & 1 & 6 & 0 & 0 & -1 & -4 & 0 & 0 \\
0 & 0 & -1 & 0 & 0 & 0 & 3 & 1 & -2 & -1 & 0 & 0 \\
0 & 0 & -1 & -2 & 0 & 0 & 1 & 3 & 0 & -1 & 0 & 0 \\
0 & 0 & 0 & 1 & -2 & -1 & -2 & 0 & 6 & 1 & -2 & -1 \\
0 & 0 & 1 & 0 & -1 & -4 & -1 & -1 & 1 & 6 & 0 & -1 \\
0 & 0 & 0 & 0 & 0 & 0 & 0 & 0 & -2 & 0 & 2 & 0 \\
0 & 0 & 0 & 0 & 1 & 0 & 0 & 0 & -1 & -1 & 0 & 1
\end{bmatrix}
$$

（4）求总体荷载列阵

$$
\boldsymbol{P}=[P_{1x}\quad -1\quad P_{2x}\quad P_{2y}\quad P_{3x}\quad P_{3y}\quad P_{4x}\quad P_{4y}\quad P_{5x}\quad P_{5y}\quad P_{6x}\quad P_{6y}]^{\mathrm{T}}
$$

式中，除 $P_{1y}(=-1)$、P_{3x}、P_{3y} 外，其余为约束反力，它们限制了结构的刚体位移。

（5）引入几何边界条件，求解刚度方程

本题中的几何边界条件为

$$
u_1=u_2=u_4=v_4=v_5=v_6=0
$$

根据前面介绍过的边界条件处理方法，用方法1，即将总体刚度矩阵中与零位移对应的行、列的元素删去，同时在左端荷载列阵中将与零位移对应的荷载向量也删去。经过处理后的总体刚度方程变为

$$
\begin{bmatrix} -1 \\ 0 \\ 0 \\ 0 \\ 0 \\ 0 \end{bmatrix}=\frac{E'}{4}\begin{bmatrix}
2 & -2 & 0 & 0 & 0 & 0 \\
-2 & 6 & -1 & -2 & 1 & 0 \\
0 & -1 & 6 & 1 & -2 & 0 \\
0 & -2 & 1 & 6 & -1 & 0 \\
0 & 1 & -2 & -1 & 6 & -2 \\
0 & 0 & 0 & 0 & -2 & 2
\end{bmatrix}\begin{bmatrix} v_1 \\ v_2 \\ u_3 \\ v_3 \\ u_5 \\ u_6 \end{bmatrix}
$$

求解上述方程组，得：

$$\begin{bmatrix} v_1 \\ v_2 \\ u_3 \\ v_3 \\ u_5 \\ u_6 \end{bmatrix} = \frac{1}{E'} \begin{bmatrix} -3.252 \\ -1.252 \\ -0.088 \\ -0.372 \\ 0.176 \\ 0.176 \end{bmatrix}$$

(6) 求单元应力

此例中没有考虑初应力，故单元应力为

$$\boldsymbol{\sigma}^{e} = \boldsymbol{S}\boldsymbol{\delta}^{e}, \quad \boldsymbol{S} = [S_i \quad S_j \quad S_m]$$

$$\boldsymbol{S}_i = \frac{E'}{2(1-\upsilon^2)\Delta} \begin{bmatrix} b_i & \upsilon c_i \\ \upsilon b_i & c_i \\ \frac{1-\upsilon}{2} c_i & \frac{1-\upsilon}{2} b_i \end{bmatrix} \qquad (i, j, m)$$

对于单元①，由于 $i=1$、$j=2$、$m=3$，故有：

$$\boldsymbol{S} = E' \begin{bmatrix} 0 & 0 & -1 & 0 & 1 & 0 \\ 0 & 1 & 0 & -1 & 0 & 0 \\ \frac{1}{2} & 0 & -\frac{1}{2} & -\frac{1}{2} & 0 & \frac{1}{2} \end{bmatrix} = \boldsymbol{S}^2 = \boldsymbol{S}^4$$

$$\boldsymbol{S}^3 = E' \begin{bmatrix} -1 & 0 & 0 & 0 & 1 & 0 \\ 0 & 0 & 0 & -1 & 0 & 1 \\ 0 & -\frac{1}{2} & -\frac{1}{2} & 0 & \frac{1}{2} & \frac{1}{2} \end{bmatrix}$$

$$\boldsymbol{\sigma}^1 = E' \begin{bmatrix} 0 & 0 & -1 & 0 & 1 & 0 \\ 0 & 1 & 0 & -1 & 0 & 0 \\ \frac{1}{2} & 0 & -\frac{1}{2} & -\frac{1}{2} & 0 & \frac{1}{2} \end{bmatrix} \begin{bmatrix} 0 \\ v_1 \\ 0 \\ v_2 \\ u_3 \\ v_3 \end{bmatrix}$$

将 v_1、v_2、u_3、v_3 的值代入上式，得：

$$\boldsymbol{\sigma}^1 = \begin{bmatrix} \sigma_x \\ \sigma_y \\ \tau_{xy} \end{bmatrix}^1 = \begin{bmatrix} -0.088 \\ -2.000 \\ 0.440 \end{bmatrix} \mathrm{N/m^2}$$

对于单元②，由于 $i=2$、$j=4$、$m=5$，故有：

$$\boldsymbol{\sigma}^2 = \begin{bmatrix} \sigma_x \\ \sigma_y \\ \tau_{xy} \end{bmatrix}^2 = \boldsymbol{S}^2 \begin{bmatrix} 0 \\ v_2 \\ 0 \\ 0 \\ u_5 \\ 0 \end{bmatrix} = \begin{bmatrix} 0.176 \\ -1.252 \\ 0 \end{bmatrix} \mathrm{N/m^2}$$

对于单元③，由于 $i=2$、$j=5$、$m=3$，故有：

$$\boldsymbol{\sigma}^3=\begin{bmatrix}\sigma_x\\ \sigma_y\\ \tau_{xy}\end{bmatrix}^3=\boldsymbol{S}^3\begin{bmatrix}0\\ v_2\\ u_5\\ 0\\ u_3\\ v_3\end{bmatrix}=\begin{bmatrix}-0.088\\ -0.372\\ 0.328\end{bmatrix}\text{N/m}^2$$

对于单元④，由于 $i=3$、$j=5$、$m=6$，故有：

$$\boldsymbol{\sigma}^4=\begin{bmatrix}\sigma_x\\ \sigma_y\\ \tau_{xy}\end{bmatrix}^4=\boldsymbol{S}^4\begin{bmatrix}u_3\\ v_3\\ u_5\\ 0\\ u_6\\ 0\end{bmatrix}=\begin{bmatrix}0\\ -0.372\\ -0.132\end{bmatrix}\text{N/m}^2$$

(7) 求节点处应力

以上求得的应力分量为单元内任一点的应力分量，对于三节点三角形单元，单元内的应力、应变均为常数，一般以该单元形心处的应力状态表示该单元的应力状态。

在求得单元应力后，有时需要求得节点处的应力值，就需要将已求得的单元应力化为节点应力，使用前面介绍过的绕节点平均法就可以达到这一目的。

绕节点平均法就是将环绕某节点的单元的常量应力加以平均，来表示该节点的应力，节点 i 的应力值为

$$\boldsymbol{\sigma}_i=\frac{\sum_{e=1}^{n}\boldsymbol{\sigma}^e}{n}$$

式中　n——节点周围的单元数。

本例中节点 2 的应力为

$$\begin{bmatrix}\sigma_x\\ \sigma_y\\ \tau_{xy}\end{bmatrix}_2=\frac{1}{3}\left(\begin{bmatrix}\sigma_x\\ \sigma_y\\ \tau_{xy}\end{bmatrix}^1+\begin{bmatrix}\sigma_x\\ \sigma_y\\ \tau_{xy}\end{bmatrix}^2+\begin{bmatrix}\sigma_x\\ \sigma_y\\ \tau_{xy}\end{bmatrix}^3\right)=\frac{1}{3}\begin{bmatrix}0\\ -3.624\\ 0.748\end{bmatrix}=\begin{bmatrix}0\\ -1.208\\ 0.249\end{bmatrix}\text{N/m}^2$$

上述的绕节点平均法没有考虑到单元的大小，当单元的面积不相同时，可以把环绕节点 i 的单元面积作为加权系数进行加权平均，其公式为

$$\boldsymbol{\sigma}_i=\frac{\sum_{e=1}^{n}\boldsymbol{\sigma}^e\Delta}{\sum_{e=1}^{n}\Delta}$$

式中　n——节点周围的单元数；

　　Δ——单元的面积。

此法称作按单元面积的加权平均法，用它求得的节点应力比绕节点平均法要精确些。

8.10　平面应力、应变问题的有限元程序

8.10.1　程序结构

程序结构如图 8.14 所示。

8.10.2　变量列表及子程序说明

(1) 程序的主要变量和数组说明

① 主要变量说明

NP:结构总的节点数

NE:结构总的单元数

NR:结构总的约束数

NNE:单元节点数

NFDE:单元节点自由度数

NBW:总体刚度矩阵按变带宽存储的带宽值

E:弹性模量

AMU:泊松比

T:单元厚度

② 主要数组说明

COORD:节点坐标

NEC:单元拓扑阵(各单元节点的总体编码)

NRA:受约束节点总体编码

NRP:约束的属性

ALV:节点的外载和位移

CS:按变带宽存储的总体刚度矩阵

B:应变矩阵

ES:单元刚度矩阵

S:应力矩阵

D:弹性矩阵

DIS:单元节点位移

STS:单元应力

STR:单元应变

ESCO:单元刚度矩阵的子矩阵

TYPEE:问题性质(平面应力、应变或轴对称)

TYPEE=0　表示平面应力问题

TYPEE=1　表示平面应变问题

(2) 各子程序功能说明

FEMBASIC:主程序

INPUT:数据输入子程序

CHECKNBW:验证变带宽子程序

ADDSTF:总体刚度集成子程序

SOLEQ:用高斯消元法求解位移向量子程序

SOLST:求解单元应力、应变子程序

OUTPUT:数据输出子程序

ELESTF:求解一般三角形单元刚度子程序

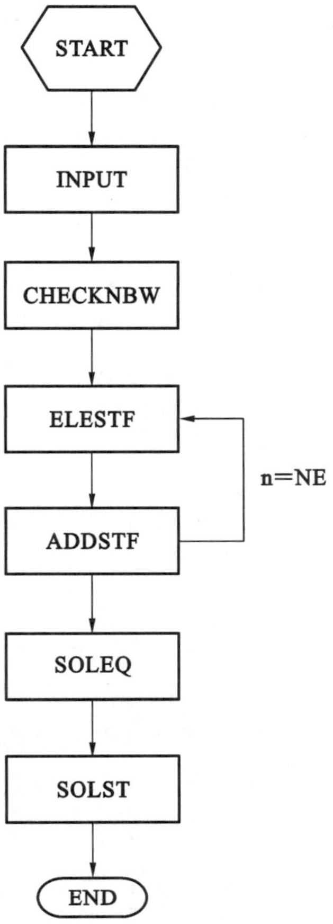

图 8.14　程序结构框图

8.10.3　数组输入文件的格式

数组输入文件的格式如下：

输入文件名：任意，但不超过 65 个字符

自由格式输入

第一批数据：NP，NE，NR，NBW，E，AMU，T，NNE，NFDE（输入控制参数，占 1 行）

NP：结构节点总数

NE：结构单元总数

NR：约束节点总数

NBW：总体刚度矩阵按变带宽存储的带宽值

E：弹性模量

AMU：泊松比

T：单元厚度

第二批数据：COORD（节点坐标，占 NP 行）

第三批数据：NEC（单元拓扑阵，占 NE 行）

第四批数据：NRA（受约束节点总体编码，占 1 行）

第五批数据：NRP（约束的属性，占 1 行）

第六批数据：ALV（节点的外载，占 1 行）

第七批数据：TYPEE（问题性质及单元类型信息，占 1 行）

8.10.4　输入输出文件的范例

图 8.15 所示为一简单三角形桁架，顶点受集中荷载作用，选用常应变三角形单元计算。

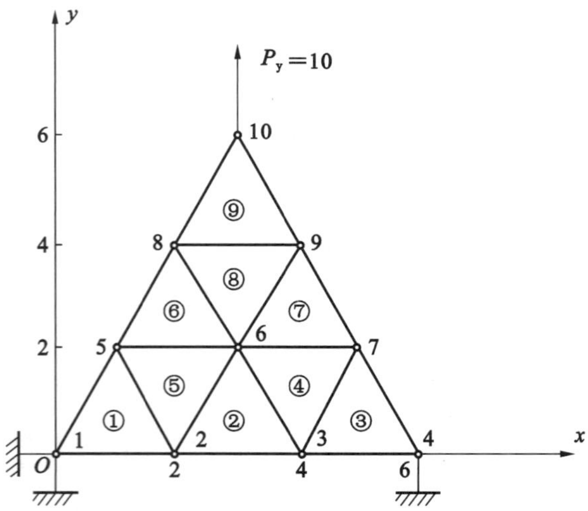

图 8.15　简单三角形桁架单元划分示意图

输入文件：

```
10,9,2,8,1.0,0.25,1
0,0
2,0
4,0
6,0
1,2
3,2
5,2
2,4
4,4
3,6
1,2,5
2,3,6
3,4,7
3,7,6
2,6,5
5,6,8
6,7,9
6,9,8
```

```
8,9,10
1,4
22,2
0,0,0,0,0,0,0,0,0,0,0,0,0,0,0,0,0,0,0,0,10
0
```

输出文件：

节点水平、竖直方向的位移值

No.	ux	uy
1	.0000E+00	.0000E+00
2	.1508E+02	.3930E+00
3	.2923E+03	.4488E+02
4	.2165E+04	.0000E+00
5	.5338E+01	−.5183E+01
6	.3917E+01	.7772E+01
7	.2048E+03	.4218E+02
8	.1567E+01	.4323E+02
9	.4287E+00	.3162E+02
10	−.8820E+01	.4985E+02

单元的主应力及其与 x 轴的夹角和单元应变值

No.	stsmax	stsmin	angle	stn_x	stn_y	stn_xy
1	.7339E+01	−.8750E+00	2.53	.7538E+01	−.2690E+01	−.9036E+00
2	.1496E+03	.2536E+02	9.92	.1386E+03	−.7431E+01	−.5266E+02
3	.1058E+04	.2030E+03	15.00	.9361E+03	.9872E+01	−.5343E+03
4	.1141E+03	.6541E+01	17.42	.1004E+03	−.9950E+01	−.7679E+02
5	.5101E+00	−.8565E+00	23.60	−.7104E+00	.4506E+00	.1253E+01
6	.2240E+02	.4611E+01	6.43	−.7104E+00	.2097E+02	.4947E+01
7	.1104E+03	.2791E+02	9.85	.1004E+03	.3321E+01	−.3476E+02
8	.1631E+02	.2695E+01	−12.64	−.5693E+00	.1483E+02	−.7266E+01
9	.8834E+01	−.1311E+01	−28.85	−.5693E+00	.6212E+01	−.1071E+02

8.10.5 源程序清单

(1) FEMBASIC.f90 源程序

```
! >>>>>>>>>>>>>>>>>>>>>>>>>>>>>>>>>>>>>>>>
! ====================================
!                       主程序
! ====================================
! >>>>>>>>>>>>>>>>>>>>>>>>>>>>>>>>>>>>>>>>
program fembasic
dimension coord(10,2),nec(9,3),nra(2),nrp(2),&
           alv(20),cs(20,10)
```

```
dimension b(3,6),es(6,6),d(3,3),s(3,6),dis(6),&
          sts(3)
integer typee
common/a3/typee
common/a1/np,ne,nr,nbw,e,amu,t
common/a2/coord,nec,nra,nrp,alv,b,d,s,&
          es,cs,dis,sts
open(9,file='d:\outp1.dat',status='old')
! call subroutine INPUT for ke initialize information/data
call input
if(typee.eq.0)then
  print *,'该问题是平面应力问题'
elseif(typee.eq.1)then
  print *,'该问题是平面应变问题'
  e=e/(1-amu**2)
  amu=amu/(1-amu)
else
endif
call checknbw
! call subroutine ADDSTF creating ke and integrate to global k
call addstf
call soleq
call solst
close(9)
stop
end
```

(2) INPUT.f90 源程序

```
! ====================================
!                    数据输入
! ====================================
subroutine INPUT
dimension coord(10,2),nec(9,3),nra(2),nrp(2),&
          alv(20),cs(20,10)
dimension b(3,6),es(6,6),d(3,3),s(3,6),dis(6),&
          sts(3)
integer typee
common/a3/typee
common/a1/np,ne,nr,nbw,e,amu,t
common/a2/coord,nec,nra,nrp,alv,b,d,s,&
          es,cs,dis,sts
open(6,file='d:\inp.dat',status='old')
read(6,*)np,ne,nr,nbw,e,amu,t
```

```
read(6,*)((coord(i,j),j=1,2),i=1,np)
read(6,*)((nec(i,j),j=1,3),i=1,ne)
read(6,*)(nra(i),i=1,nr)
read(6,*)(nrp(i),i=1,nr)
np2=np*2
read(6,*)(alv(i),i=1,np2)
! 判定平面问题的性质
read(6,*)typee
close(6)
end subroutine
```

(3) CHECKNBW. f90 源程序

```
! ========================================
!                 检查变带宽值
! ========================================
subroutine checknbw
dimension coord(10,2),nec(9,3),nra(2),nrp(2),&
          alv(20),cs(20,10)
dimension b(3,6),es(6,6),d(3,3),s(3,6),dis(6),&
          sts(3)
common/a1/np,ne,nr,nbw,e,amu,t
common/a2/coord,nec,nra,nrp,alv,b,d,s,&
          es,cs,dis,sts
nnbw=0
do i=1,ne
  ii=nec(i,1)
  jj=nec(i,2)
  kk=nec(i,3)
  ij=abs(ii-jj)
  jk=abs(jj-kk)
  ki=abs(kk-ii)
  enbw=max(ij,jk,ki)
  if(enbw.gt.nnbw)nnbw=enbw
enddo
nnbw=2*(nnbw+1)
print *,'计算出的带宽',nnbw
do while(nbw.ne.nnbw)
  if(nnbw.gt.nbw)then
    print *,'所选取的带宽偏小'
    write(*,'(a)',advance='no')'Please input new value of band width:'
    read *,nbw
  else
    print *,'所选取的带宽偏大'
```

```
      write( * ,'(a)',advance='no')'Please input new value of band width:'
      read * ,nbw
    endif
  enddo
  if(nnbw. eq. nbw)print * ,'所选取的带宽最优'
  end subroutine
```

(4) ADDSTF. f90 源程序

```
  ! =====================================
  !                 总体刚度矩阵集成
  ! =====================================
  subroutine addstf
  dimension coord(10,2),nec(9,3),nra(2),nrp(2),&
            alv(20),cs(20,10)
  dimension b(3,6),es(6,6),d(3,3),s(3,6),dis(6),&
            sts(3)
  common/a1/np,ne,nr,nbw,e,amu,t
  common/a2/coord,nec,nra,nrp,alv,b,d,s,&
            es,cs,dis,sts
  ! print * ,'计算按半带宽存储的总体刚度矩阵'
  np2=np * 2
  do i=1,np2
    do j=1,nbw
      cs(i,j)=0
    enddo
  enddo
  do n=1,ne
    call elestf(n,1)
    do j=1,3
      do jj=1,2
        ir=2 * (j-1)+jj
        ir2=2 * (nec(n,j)-1)+jj
        do k=1,3
          do kk=1,2
            ic=2 * (k-1)+kk
            ic1=2 * (nec(n,k)-1)+kk
            ic2=ic1-ir2+1
            if(ic2. gt. 0)then
              cs(ir2,ic2)=cs(ir2,ic2)+es(ir,ic)
            else
            endif
          enddo
        enddo
```

```
        enddo
      enddo
    enddo
! 边界条件的处理
    do n=1,nr
    iz=nra(n)
    ir2=2*iz-1
    if(nrp(n).gt.10)then
      cs(ir2,1)=1
      do j=2,nbw
        cs(ir2,j)=0
      enddo
      if(ir2.ge.nbw)then
        it=nbw
      else
        it=ir2
      endif
      if(it.ge.2)then
        do j=2,it
          cs(ir2-j+1,j)=0
        enddo
      else
      endif
    else
    endif
    ir2=ir2+1
    if(nrp(n).lt.10)then
      jf=nrp(n)
    else
      jf=nrp(n)-20
    endif
    if(jf.lt.1)then
    else
      do j=2,nbw
        cs(ir2,j)=0
      enddo
      if(ir2.ge.nbw)then
        it=nbw
      else
        it=ir2
      endif
      if(it.ge.2)then
```

```
        do j=2,ir2
          cs(ir2-j+1,j)=0
        enddo
      else
      endif
    endif
    enddo
    end subroutine
```

(5) SOLEQ. f90 源程序

```
    ! =====================================
    !                用高斯消元法求解位移向量
    ! =====================================
    subroutine soleq
    ! define variable dimension and data block
    dimension coord(10,2),nec(9,3),nra(2),nrp(2),&
              alv(20),cs(20,10)
    dimension b(3,6),es(6,6),d(3,3),s(3,6),dis(6),&
              sts(3)
    dimension nnp(10),u(10),v(10)
    common/a1/np,ne,nr,nbw,e,amu,t
    common/a2/coord,nec,nra,nrp,alv,b,d,s,&
              es,cs,dis,sts
    ! solve equations dimension
    n2=2*np
    ! number of replacing steps
    m2=n2-1
    do k=1,m2
      if(n2.gt.k+nbw-1)then
        im=k+nbw-1
      else
        im=n2
      endif
      do i=k+1,im
        l=i-k+1
        c=cs(k,l)/cs(k,1)
        l1=nbw-l+1
        do j=1,l1
          m=j+i-k
          cs(i,j)=cs(i,j)-c*cs(k,m)
        enddo
        alv(i)=alv(i)-c*alv(k)
      enddo
```

```
enddo
alv(n2)=alv(n2)/cs(n2,1)
do i=n2-1,1,-1
  if(nbw.gt.n2-i+1)then
    jm=n2-i+1
  else
    jm=nbw
  endif
  do j=2,jm
    ih=j+i-1
    alv(i)=alv(i)-cs(i,j)*alv(ih)
    alv(i)=alv(i)/cs(i,1)
  enddo
enddo
write(9,*)'节点水平、竖直方向的位移值'
write(9,'(2x,a,4x,a,12x,a)')'No','ux','uy'
do i=1,np
  nnp(i)=i
  u(i)=alv(2*i-1)
  v(i)=alv(2*i)
  write(9,'(1x,i3,2(2x,e10.4,2x))')nnp(i),u(i),v(i)
enddo
end
```

(6) ELESTF.f90 源程序

```
!=====================================
!            求解一般问题三角形单元的单元刚度矩阵子程序
!=====================================
!计算单元刚度矩阵子程序
subroutine elestf(nn,nk)
dimension coord(10,2),nec(9,3),nra(2),nrp(2),&
          alv(20),cs(20,10)
dimension b(3,6),es(6,6),d(3,3),s(3,6),dis(6),&
          sts(3)
common/a1/np,ne,nr,nbw,e,amu,t
common/a2/coord,nec,nra,nrp,alv,b,d,s,&
          es,cs,dis,sts
! caculate ck bk cj bj and a
ii=nec(nn,1)
jj=nec(nn,2)
kk=nec(nn,3)
bi=coord(jj,2)-coord(kk,2)
bj=coord(kk,2)-coord(ii,2)
```

```
bk=coord(ii,2)-coord(jj,2)
ci=coord(kk,1)-coord(jj,1)
cj=coord(ii,1)-coord(kk,1)
ck=coord(jj,1)-coord(ii,1)
a=(bj * ck-bk * cj)/2.0
do i=1,3
  do j=1,6
    b(i,j)=0
  enddo
enddo
b(1,1)=bi
b(1,3)=bj
b(1,5)=bk
b(2,2)=ci
b(2,4)=cj
b(2,6)=ck
b(3,1)=b(2,2)
b(3,2)=b(1,1)
b(3,3)=b(2,4)
b(3,4)=b(1,3)
b(3,5)=b(2,6)
b(3,6)=b(1,5)
do i=1,3
  do j=1,6
    b(i,j)=b(i,j)/(2.0 * a)
  enddo
enddo
do i=1,3
  do j=1,3
    d(i,j)=0
  enddo
enddo
d(1,1)=1
d(1,2)=amu
d(2,1)=d(1,2)
d(2,2)=d(1,1)
d(3,3)=(1-amu)/2
dd=e/(1-amu * * 2)
do i=1,3
  do j=1,3
    do (i,j)=d(i,j) * dd
  enddo
```

```
enddo
s=matmul(d,b)
if(nk.lt.1.0)then
  s=matmul(d,b)
else
  do i=1,6
    do j=1,6
      es(i,j)=0
      do k=1,3
      es(i,j)=es(i,j)+s(k,i)*b(k,j)*a*t
      enddo
    enddo
  enddo
endif
end subroutine elestf
```

(7) SOLST.f90 源程序

```
!==================================================
!                      求解单元应力、应变
!==================================================
subroutine solst
dimension coord(10,2),nec(9,3),nra(2),nrp(2),&
            alv(20),cs(20,10)
dimension b(3,6),es(6,6),d(3,3),s(3,6),dis(6),&
            sts(3)
dimension str(3)
common/a1/np,ne,nr,nbw,e,amu,t
common/a2/coord,nec,nra,nrp,alv,b,d,s,&
            es,cs,dis,sts
write(9,*)'单元的主应力及其与x轴的夹角和单元应变值'
write(9,'(2x,a,4x,a,6x,a,5x,a,4x,3(a,6x))')'No','stsmax','stsmin'&
            'angle','stn_x','stn_y','stn_xy'
do n=1,ne
  call elestf(n,0)
  do i=1,3
  do j=1,2
    ij=2*(i-1)+j
    mij=2*(nec(n,i)-1)+j
    dis(ij)=alv(mij)
  enddo
enddo
do i=1,3
  sts(i)=0
```

```
    str(i)=0
    do j=1,6
      sts(i)=sts(i)+s(i,j) * dis(j)
      str(i)=str(i)+b(i,j) * dis(j)
    enddo
  enddo
  avests=(sts(1)+sts(2))/2.0
  stsr=sqrt(((sts(1)-sts(2))/2.0) * * 2+sts(3) * * 2)
  stsmax=avests+stsr
  stsmin=avests-stsr
  if(sts(2).ne.stsmin)then
    ang=28.6624 * atan(2 * sts(3)/(sts(2)-sts(1)))
  else
    ang=0
  endif
  write(9,'(1x,i3,2x,2(e10.4,2x),f6.2,2x,3(e10.4,2x))')n,stsmax,stsmin,&
         ang,str(1),str(2),str(3)
  enddo
  end
```

本章小结

在工程技术领域内，求解实际问题的方法有两种：一种是引入简化假设，将实际问题简化成能够用解析方法求解的问题，得到简化答案；另一种就是数值方法，其种类很多，应用最为广泛的方法是有限元法。本章介绍的是用有限单元法求解弹性力学平面问题。

用有限元法分析和处理弹性力学问题的基本思路是：将实际问题离散成有限个单元，即将一个具有无限自由度的问题变成有限自由度的问题，然后进行单元分析，最后进行总体分析，求出结果。

有限元法的物理概念清晰、适应性强、应用范围广，对于各类工程问题都有其用武之地。

本章从最简单的三角形单元入手介绍了用有限元法求解弹性力学平面问题的全过程。因此，学习本章应重点掌握以下几个问题：

(1) 结构离散化的概念；

(2) 单元的位移函数；

(3) 单元刚度矩阵的建立；

(4) 总体刚度矩阵的建立及其特性；

(5) 边界条件的引入及刚度方程的求解；

(6) 程序的编制和使用。

本章是有限元法的入门，在理解了用有限元法求解弹性力学平面问题的全过程后，对深入学习后续内容将大有帮助。

思　考　题

8.1　有限单元法与经典变分法的主要区别是什么？

8.2　试说明有限元法解题的主要步骤。

8.3 在有限单元法中，如何将外荷载静力等效地转换为节点荷载？

8.4 单元刚度矩阵和总刚度矩阵各有什么特征？

8.5 为了解决有限单元法的收敛性，位移模式应满足哪些条件？

8.6 在按位移求解的平面有限单元法中：

(1) 应用了哪些弹性力学中的基本方程？

(2) 应力边界条件和位移边界条件是如何反映的？

(3) 力的平衡条件是如何满足的？

(4) 变形协调条件是如何满足的？

习　题

8.1 计算图 8.16 所示的三角形单元的形函数。

8.2 图 8.17 所示为一平面应力问题的三节点直角三角形单元，设 E 为常量，$\upsilon=1/6$，$t=1$。试按线性位移模式求出：

(1) 形函数矩阵；

(2) 应力矩阵；

(3) 单元刚度矩阵；

(4) 当 $v_j=-1$，$u_i=u_j=u_m=v_i=v_m=0$ 时单元的应力分量。

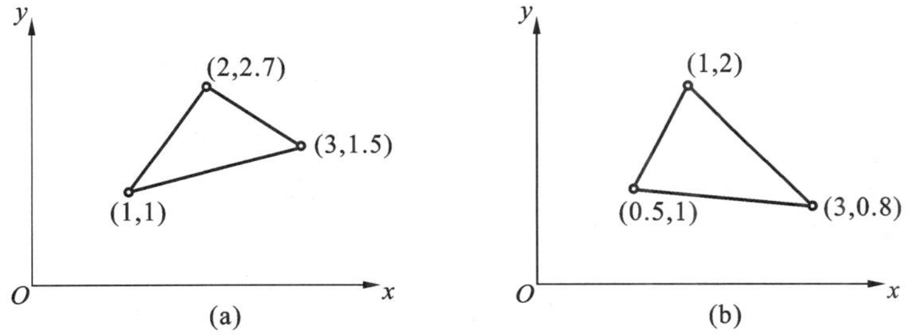

图 8.16 习题 8.1 图

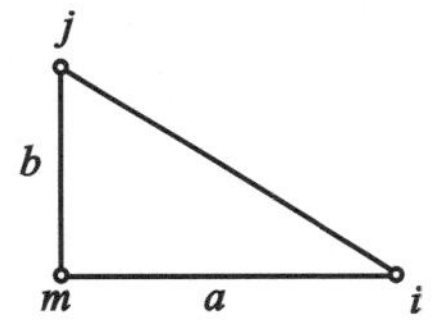

图 8.17 习题 8.2 图

8.3 试证明三节点三角形单元内的任意一点有：

$$\begin{cases} N_i x_i + N_j x_j + N_m x_m = x \\ N_i y_i + N_j y_j + N_m y_m = y \end{cases}$$

8.4 当单元采用线性位移模式时，试列出图 8.18 所示各单元的等效节点荷载列阵。

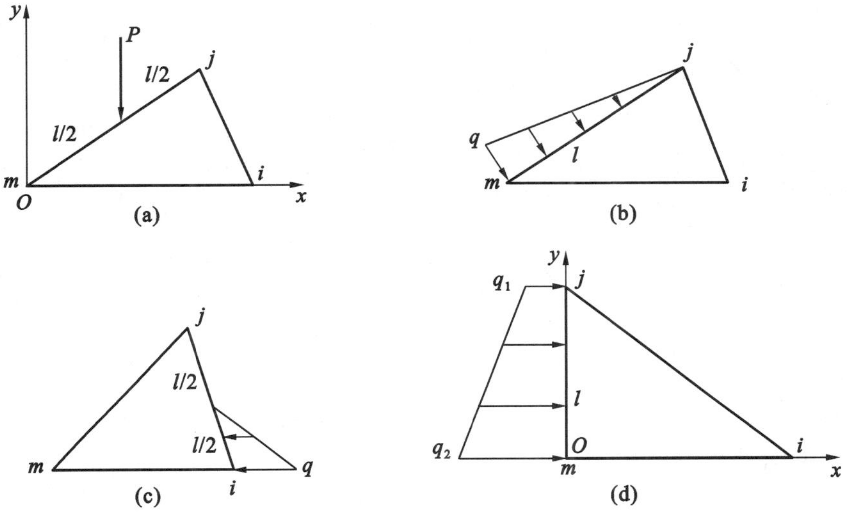

图 8.18 习题 8.4 图

8.5　计算图 8.19 所示结构的总刚度矩阵，并求总荷载列阵。

8.6　图 8.20 所示为一受集中力 P 作用的结构，设 E 为常量，$\upsilon=\frac{1}{6}$，$t=1$。试按平面应力问题计算，采用三角形单元，求出节点位移。

8.7　证明对一个三节点三角形有限单元，面积坐标与形函数有关。

8.8　一个三角形单元有分别位于 $x_1=1$、$y_1=1$，$x_2=6$、$y_2=1$，$x_3=3$、$y_3=4$ 的节点。已计算出一函数在节点处的函数值为 $\varphi_1=900$，$\varphi_2=600$，$\varphi_3=1200$。使用一个三节点三角形单元插值函数计算 φ 在 $x=4$、$y=2$ 处的值。

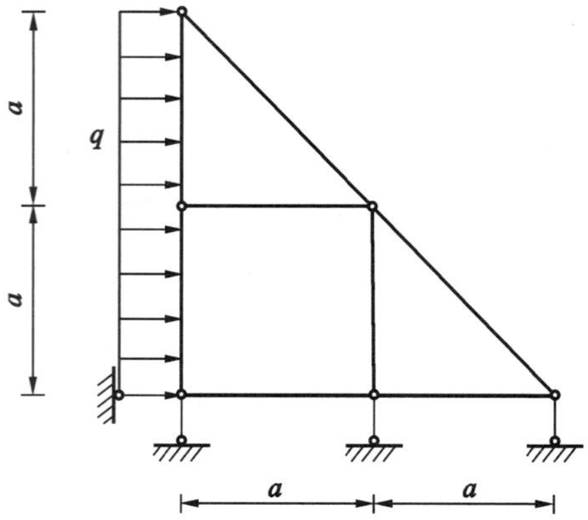

图 8.19　习题 8.5 图

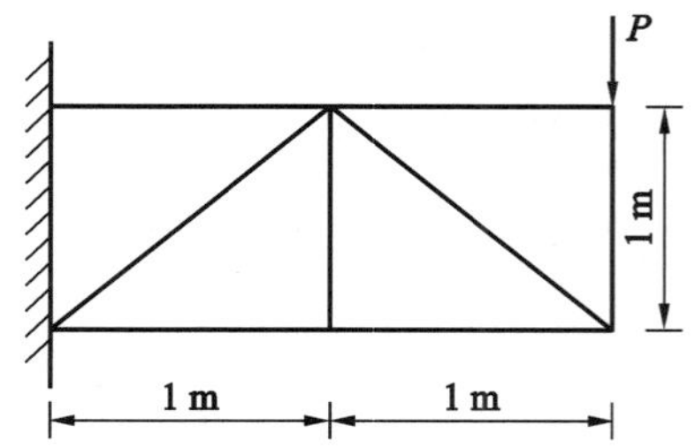

图 8.20　习题 8.6 图

8.9　简述用有限元法分析平面问题的全过程，画出计算程序的主程序框图。

9　弹性力学平面问题的高精度单元

本 章 提 要

弹性力学平面问题的有限元分析，其基本过程是一样的，不同的是采用什么样的单元。而单元的不同，主要在于单元刚度矩阵的不同。本章介绍了三种不同类型的求解弹性力学平面问题的单元，它们分别是矩形单元、6 节点三角形单元和平面等参元。对于每一种类型的单元，都从位移函数出发，导出每一种单元的单元刚度矩阵。

9.1　矩 形 单 元

在第 8 章中，我们详细地介绍了最简单的 3 节点三角形单元。本章将讨论另一种形式的单元——矩形单元。设边长为 $2a$ 和 $2b$ 的矩形单元如图 9.1(a)所示，x、y 坐标轴与矩形单元两邻边相平行。单元位移函数根据帕斯卡三角形取项原则为

$$\left.\begin{aligned}u&=\alpha_1+\alpha_2x+\alpha_3y+\alpha_4xy\\v&=\alpha_5+\alpha_6x+\alpha_7y+\alpha_8xy\end{aligned}\right\}\tag{9.1}$$

式(9.1)中的位移模式包含了刚体位移和常量应变项。在单元边界上，位移分量是按线性变化的，从而保证了相邻单元在其公共边界上的位移连续性，且满足收敛条件。

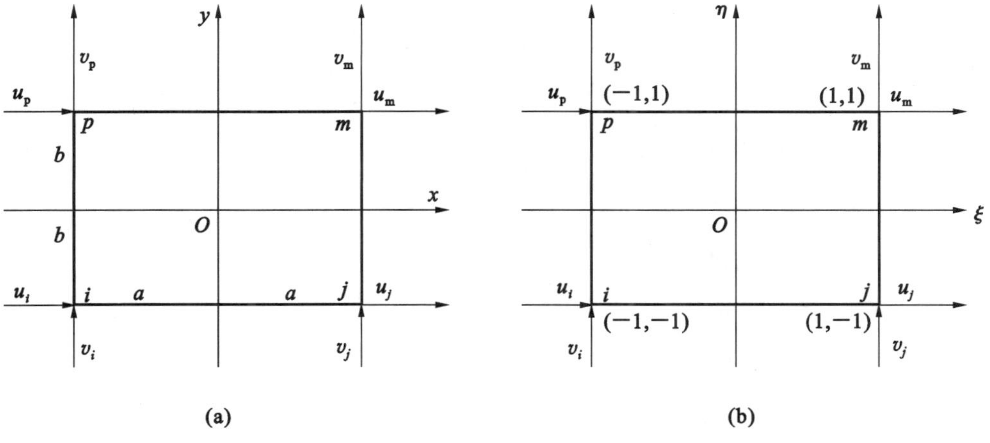

图 9.1　矩形单元

(a) 节点位移示意图；(b) 自然坐标示意图

取矩形单元的中点为原点，令

$$\xi=\frac{x}{a},\quad \eta=\frac{y}{b}$$

ξ、η 是无量纲量，为单元的局部坐标，称为自然坐标，它可以描述单元内任一点的位置。

位移模式用形函数的形式表示为

$$\left.\begin{aligned}u&=N_iu_i+N_ju_j+N_\mathrm{m}u_\mathrm{m}+N_\mathrm{p}u_\mathrm{p}\\ v&=N_iv_i+N_jv_j+N_\mathrm{m}v_\mathrm{m}+N_\mathrm{p}v_\mathrm{p}\end{aligned}\right\}\tag{9.2}$$

或

$$\boldsymbol{f}=\boldsymbol{N}\boldsymbol{\delta}^\mathrm{e}$$

形函数的表达式为

$$\left.\begin{aligned}N_i&=\frac{1}{4}(1-\xi)(1-\eta)\\ N_j&=\frac{1}{4}(1+\xi)(1-\eta)\\ N_\mathrm{m}&=\frac{1}{4}(1+\xi)(1+\eta)\\ N_\mathrm{p}&=\frac{1}{4}(1-\xi)(1+\eta)\end{aligned}\right\}\tag{9.3}$$

有限元分析的全过程是从单元分析到整体分析，我们已用 3 节点三角形单元介绍过了，无论是何种单元，有限元分析的过程都是一样的，只是单元刚度矩阵不一样。因此，我们在介绍不同的单元时，只讨论单元的刚度矩阵。

由式(9.2)的位移模式，可得到单元应变：

$$\boldsymbol{\varepsilon}=\begin{Bmatrix}\dfrac{\partial u}{\partial x}\\ \dfrac{\partial v}{\partial y}\\ \dfrac{\partial u}{\partial y}+\dfrac{\partial v}{\partial x}\end{Bmatrix}=\begin{Bmatrix}\sum\limits_{i,j,m,p}\dfrac{\partial N_i}{\partial x}u_i\\ \sum\limits_{i,j,m,p}\dfrac{\partial N_i}{\partial y}v_i\\ \sum\limits_{i,j,m,p}\left(\dfrac{\partial N_i}{\partial y}u_i+\dfrac{\partial N_i}{\partial x}v_i\right)\end{Bmatrix}=\boldsymbol{B}\boldsymbol{\delta}^\mathrm{e}\tag{9.4}$$

式中

$$\boldsymbol{B}=\begin{bmatrix}\dfrac{\partial N_i}{\partial x}&0&\dfrac{\partial N_j}{\partial x}&0&\dfrac{\partial N_\mathrm{m}}{\partial x}&0&\dfrac{\partial N_\mathrm{p}}{\partial x}&0\\ 0&\dfrac{\partial N_i}{\partial y}&0&\dfrac{\partial N_j}{\partial y}&0&\dfrac{\partial N_\mathrm{m}}{\partial y}&0&\dfrac{\partial N_\mathrm{p}}{\partial y}\\ \dfrac{\partial N_i}{\partial y}&\dfrac{\partial N_i}{\partial x}&\dfrac{\partial N_j}{\partial y}&\dfrac{\partial N_j}{\partial x}&\dfrac{\partial N_\mathrm{m}}{\partial y}&\dfrac{\partial N_\mathrm{m}}{\partial x}&\dfrac{\partial N_\mathrm{p}}{\partial y}&\dfrac{\partial N_\mathrm{p}}{\partial x}\end{bmatrix}$$

$$=\begin{bmatrix}-\alpha(1-\eta)&0&\alpha(1-\eta)&0&\alpha(1+\eta)&0&-\alpha(1+\eta)&0\\ 0&-\beta(1-\xi)&0&-\beta(1+\xi)&0&\beta(1+\xi)&0&\beta(1-\xi)\\ -\beta(1-\xi)&-\alpha(1-\eta)&-\beta(1+\xi)&\alpha(1-\eta)&\beta(1+\xi)&\alpha(1+\eta)&\beta(1-\xi)&-\alpha(1+\eta)\end{bmatrix}$$

其中 $\alpha=\dfrac{1}{4a}$，$\beta=\dfrac{1}{4b}$。

求出了单元应变，单元应力也就可以求出，即

$$\boldsymbol{\sigma}=\boldsymbol{D}\boldsymbol{B}\boldsymbol{\delta}^\mathrm{e}=\boldsymbol{S}\boldsymbol{\delta}^\mathrm{e}\tag{9.5}$$

式中

$$\boldsymbol{S}=\frac{E}{1-\upsilon^2}\begin{bmatrix} -\alpha(1-\eta) & -\upsilon\beta(1-\xi) & \alpha(1-\eta) & -\upsilon\beta(1+\xi) & \alpha(1+\eta) & \upsilon\beta(1+\xi) & -\alpha(1+\eta) & \upsilon\beta(1-\xi) \\ -\upsilon\alpha(1-\eta) & -\beta(1-\xi) & \upsilon\alpha(1-\eta) & -\beta(1+\xi) & \upsilon\alpha(1+\eta) & \beta(1+\xi) & -\upsilon\alpha(1+\eta) & \beta(1-\xi) \\ -\frac{1-\upsilon}{2}\beta(1-\xi) & -\frac{1-\upsilon}{2}\alpha(1-\eta) & -\frac{1-\upsilon}{2}\beta(1+\xi) & \frac{1-\upsilon}{2}\alpha(1-\eta) & \frac{1-\upsilon}{2}\beta(1+\xi) & \frac{1-\upsilon}{2}\alpha(1+\eta) & \frac{1-\upsilon}{2}\beta(1-\xi) & -\frac{1-\upsilon}{2}\alpha(1+\eta) \end{bmatrix}$$

在 4 个节点处，应力矩阵分别为

$$\boldsymbol{S}^i=\frac{E}{1-\upsilon^2}\begin{bmatrix} -2\alpha & -2\upsilon\beta & 2\alpha & 0 & 0 & 0 & 0 & 2\upsilon\beta \\ -2\upsilon\alpha & -2\beta & 2\upsilon\alpha & 0 & 0 & 0 & 0 & 2\beta \\ -(1-\upsilon)\beta & -(1-\upsilon)\alpha & 0 & (1-\upsilon)\alpha & 0 & 0 & (1-\upsilon)\beta & 0 \end{bmatrix}$$

$$\boldsymbol{S}^j=\frac{E}{1-\upsilon^2}\begin{bmatrix} -2\alpha & 0 & 2\alpha & -2\upsilon\beta & 0 & 2\upsilon\beta & 0 & 0 \\ -2\upsilon\alpha & 0 & 2\upsilon\alpha & -2\beta & 0 & 2\beta & 0 & 0 \\ 0 & -(1-\upsilon)\alpha & -(1-\upsilon)\beta & (1-\upsilon)\alpha & (1-\upsilon)\beta & 0 & 0 & 0 \end{bmatrix}$$

$$\boldsymbol{S}^{\mathrm{m}}=\frac{E}{1-\upsilon^2}\begin{bmatrix} 0 & 0 & 0 & -2\upsilon\beta & 2\alpha & 2\upsilon\beta & -2\alpha & 0 \\ 0 & 0 & 0 & -2\beta & 2\upsilon\alpha & 2\beta & -2\upsilon\alpha & 0 \\ 0 & 0 & -(1-\upsilon)\beta & 0 & (1-\upsilon)\beta & (1-\upsilon)\alpha & 0 & -(1-\upsilon)\alpha \end{bmatrix}$$

$$\boldsymbol{S}^{\mathrm{p}}=\frac{E}{1-\upsilon^2}\begin{bmatrix} 0 & -2\upsilon\beta & 0 & 0 & 2\alpha & 0 & -2\alpha & 2\upsilon\beta \\ 0 & -2\beta & 0 & 0 & 2\upsilon\alpha & 0 & -2\upsilon\alpha & 2\beta \\ -(1-\upsilon)\beta & 0 & 0 & 0 & 0 & (1-\upsilon)\alpha & (1-\upsilon)\beta & -(1-\upsilon)\alpha \end{bmatrix}$$

单元刚度矩阵为

$$\boldsymbol{K}^{\mathrm{e}}=\iint \boldsymbol{B}^{\mathrm{T}}\boldsymbol{D}\boldsymbol{B}t\,\mathrm{d}x\,\mathrm{d}y=\iint \boldsymbol{B}^{\mathrm{T}}\boldsymbol{D}\boldsymbol{B}abt\,\mathrm{d}\xi\mathrm{d}\eta \tag{9.6a}$$

对矩阵中每一个元素分别从−1 到 1 进行积分，简化后得到单元刚度矩阵为：

$$\boldsymbol{K}^{\mathrm{e}}=\frac{Et}{1-\upsilon^2}\times$$

$$\begin{bmatrix}
\frac{1}{3}\frac{b}{a}+\frac{1-\upsilon}{6}\frac{a}{b} & & & & & \text{对} & & \\
\frac{1+\upsilon}{8} & \frac{1}{3}\frac{a}{b}+\frac{1-\upsilon}{6}\frac{b}{a} & & & & \text{称} & & \\
-\frac{1}{3}\frac{b}{a}+\frac{1-\upsilon}{12}\frac{a}{b} & \frac{1-3\upsilon}{8} & \frac{1}{3}\frac{b}{a}+\frac{1-\upsilon}{6}\frac{a}{b} & & & & & \\
-\frac{1-3\upsilon}{8} & \frac{1}{6}\frac{a}{b}-\frac{1-\upsilon}{6}\frac{b}{a} & -\frac{1+\upsilon}{8} & \frac{1}{3}\frac{a}{b}+\frac{1-\upsilon}{6}\frac{b}{a} & & & & \\
-\frac{1}{6}\frac{b}{a}-\frac{1-\upsilon}{12}\frac{a}{b} & -\frac{1+\upsilon}{8} & \frac{1}{6}\frac{b}{a}-\frac{1-\upsilon}{6}\frac{a}{b} & \frac{1-3\upsilon}{8} & \frac{1}{3}\frac{b}{a}+\frac{1-\upsilon}{6}\frac{a}{b} & & & \\
-\frac{1+\upsilon}{8} & -\frac{1}{6}\frac{a}{b}-\frac{1-\upsilon}{12}\frac{b}{a} & -\frac{1-3\upsilon}{8} & -\frac{1}{3}\frac{a}{b}+\frac{1-\upsilon}{12}\frac{b}{a} & \frac{1+\upsilon}{8} & \frac{1}{3}\frac{a}{b}+\frac{1-\upsilon}{6}\frac{b}{a} & & \\
\frac{1}{6}\frac{b}{a}-\frac{1-\upsilon}{6}\frac{a}{b} & -\frac{1-3\upsilon}{8} & -\frac{1}{6}\frac{b}{a}-\frac{1-\upsilon}{12}\frac{a}{b} & \frac{1+\upsilon}{8} & -\frac{1}{3}\frac{b}{a}+\frac{1-\upsilon}{12}\frac{a}{b} & \frac{1-3\upsilon}{8} & \frac{1}{3}\frac{b}{a}+\frac{1-\upsilon}{6}\frac{a}{b} & \\
\frac{1-3\upsilon}{8} & -\frac{1}{3}\frac{a}{b}+\frac{1-\upsilon}{12}\frac{b}{a} & \frac{1+\upsilon}{8} & -\frac{1}{6}\frac{a}{b}-\frac{1-\upsilon}{12}\frac{b}{a} & -\frac{1-3\upsilon}{8} & \frac{1}{6}\frac{a}{b}-\frac{1-\upsilon}{6}\frac{b}{a} & -\frac{1+\upsilon}{8} & \frac{1}{3}\frac{a}{b}+\frac{1-\upsilon}{6}\frac{b}{a}
\end{bmatrix} \tag{9.6b}$$

9.2　6 节点三角形单元

3 节点三角形单元中，3 个节点为 i、j、m，其位移模式是线性的，因为单元的应力、应变都是常量，显然用这种单元计算得出的应力分布与实际情况相差较大，而且计算精度也比较低。如果在三角形单元的三条边的中点再各设置一个节点，就变为 6 节点三角形单元，如图 9.2 所示。

该单元节点位移具有 12 个自由度，根据帕斯卡三角形取值原则，位移函数可取为完全二次多项式：

$$\left.\begin{aligned}u&=\alpha_1+\alpha_2x+\alpha_3y+\alpha_4x^2+\alpha_5xy+\alpha_6y^2\\v&=\alpha_7+\alpha_8x+\alpha_9y+\alpha_{10}x^2+\alpha_{11}xy+\alpha_{12}y^2\end{aligned}\right\}\tag{9.7}$$

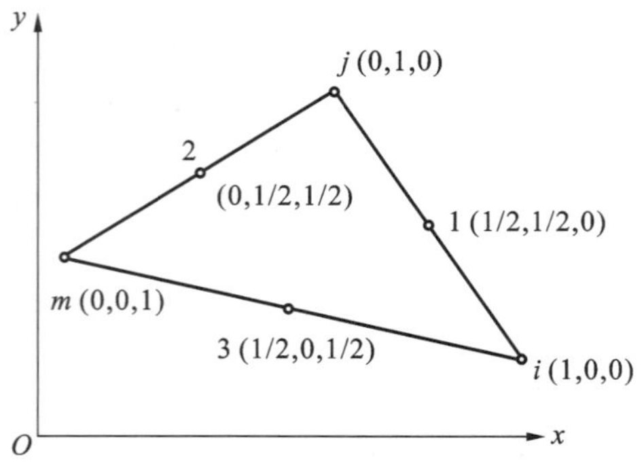

图 9.2　6 节点三角形单元示意图

从式中可以看出，该位移模式包括单元刚体位移和常量应变项，在任意两个单元的边线上，位移分量表示为二次函数：

$$U(s)=\alpha+\beta s+\gamma s^2$$

s 是从该边线上任一点沿该边线量取的距离。边线上 3 个节点的位移值完全可以确定三个常数 α、β、γ，从而保证了相邻单元在该边线上位移的连续性。式(9.7)完全满足收敛条件，系数 $\alpha_1\sim\alpha_6$ 可以通过 6 个节点的水平位移值来确定，$\alpha_7\sim\alpha_{12}$ 可由 6 个节点竖向位移值来确定，求出 $\alpha_1\sim\alpha_{12}$ 后，可得到用形函数表示的位移模式：

$$\left.\begin{aligned}u&=N_iu_i+N_ju_j+N_\mathrm{m}u_\mathrm{m}+N_1u_1+N_2u_2+N_3u_3\\v&=N_iv_i+N_jv_j+N_\mathrm{m}v_\mathrm{m}+N_1v_1+N_2v_2+N_3v_3\end{aligned}\right\}\tag{9.8}$$

式中

$$\left.\begin{aligned}&N_i=L_i(2L_i-1)\qquad(i,j,m)\\&N_1=4L_iL_j\qquad(1,2,3;i,j,m)\\&L_i=\frac{a_i+b_ix+c_iy}{2\Delta}\qquad(i,j,m)\end{aligned}\right\}\tag{9.9}$$

用这种方法求出用形函数表达的位移模式，概念简单易懂，但运算相当烦琐。在实际运用中，可以根据形函数的两个性质，采用边线方程法直接推得式(9.9)。

边线方程法的步骤归纳如下：

(1) 求出除该点之外的其余各节点的边线或连线方程；

(2) 边线方程连乘得到有待定常数的形函数表达式，并检查是否与位移模式同阶次；

(3) 根据形函数在本身节点为 1 的特性求得待定常数。

如求 N_1 的表达式，则边线 mi、mj 的方程分别为

$$L_j=0,\quad L_i=0$$

边线方程连乘得：

$$N_1=\beta L_iL_j$$

由节点 1 的坐标值

$$L_i=\frac{1}{2},\quad L_j=\frac{1}{2},\quad N_1=1$$

可得到 $\beta=4$，故有：

$$N_1 = 4L_iL_j$$

同理,可求得:

$$N_2 = 4L_jL_m, \quad N_3 = 4L_mL_i$$

若求 N_i 的表达式,首先作边线 jm 方程为 $L_i=0$,以及节点 1 和节点 3 的连线方程 $L_i-\frac{1}{2}=0$。边线方程连乘得:

$$N_i = \beta L_i(2L_i - 1)$$

由节点 i 的坐标值及形函数的性质,得 $\beta=1$,故有:

$$N_i = L_i(2L_i - 1)$$

同理,有:

$$N_j = L_j(2L_j - 1)$$

$$N_m = L_m(2L_m - 1)$$

式(9.8)的矩阵形式为

$$\boldsymbol{f} = \boldsymbol{N}\boldsymbol{\delta}^e$$

式中

$$\boldsymbol{N} = \begin{bmatrix} N_i & 0 & N_j & 0 & N_m & 0 & N_1 & 0 & N_2 & 0 & N_3 & 0 \\ 0 & N_i & 0 & N_j & 0 & N_m & 0 & N_1 & 0 & N_2 & 0 & N_3 \end{bmatrix}$$

$$\boldsymbol{\delta}^e = [u_i \quad v_i \quad u_j \quad v_j \quad u_m \quad v_m \quad u_1 \quad v_1 \quad u_2 \quad v_2 \quad u_3 \quad v_3]$$

单元应变矩阵为

$$\boldsymbol{\varepsilon} = \boldsymbol{B}\boldsymbol{\delta}^e = [B_i \quad B_j \quad B_m \quad B_1 \quad B_2 \quad B_3]\boldsymbol{\delta}^e \tag{9.10}$$

式中,$\boldsymbol{B}$ 为应变矩阵,其子块形式为

$$\boldsymbol{B}_i = \begin{bmatrix} \frac{\partial N_i}{\partial x} & 0 \\ 0 & \frac{\partial N_i}{\partial y} \\ \frac{\partial N_i}{\partial y} & \frac{\partial N_i}{\partial x} \end{bmatrix} = \frac{1}{2\Delta}\begin{bmatrix} b_i(4L_i - 1) & 0 \\ 0 & c_i(4L_i - 1) \\ c_i(4L_i - 1) & b_i(4L_i - 1) \end{bmatrix} \quad (i,j,m)$$

$$\boldsymbol{B}_1 = \begin{bmatrix} \frac{\partial N_1}{\partial x} & 0 \\ 0 & \frac{\partial N_1}{\partial y} \\ \frac{\partial N_1}{\partial y} & \frac{\partial N_1}{\partial x} \end{bmatrix} = \frac{1}{2\Delta}\begin{bmatrix} 4(b_iL_j + b_jL_i) & 0 \\ 0 & 4(c_iL_j + c_jL_i) \\ 4(c_iL_j + c_jL_i) & 4(b_iL_j + b_jL_i) \end{bmatrix} \quad (1,2,3;i,j,m)$$

应力矩阵 $\boldsymbol{S}$ 可由物理方程得到:

$$\boldsymbol{\sigma} = \boldsymbol{S}\boldsymbol{\delta}^e = \boldsymbol{D}\boldsymbol{B}\boldsymbol{\delta}^e = [S_i \quad S_j \quad S_m \quad S_1 \quad S_2 \quad S_3]\boldsymbol{\delta}^e \tag{9.11}$$

式中

$$\boldsymbol{S}_i = \boldsymbol{D}\boldsymbol{B}_i = \frac{E(4L_i - 1)}{4\Delta(1-\upsilon^2)}\begin{bmatrix} 2b_i & 2\upsilon c_i \\ 2\upsilon b_i & 2c_i \\ (1-\upsilon)c_i & (1-\upsilon)b_i \end{bmatrix} \quad (i,j,m)$$

$$\boldsymbol{S}_1 = \boldsymbol{D}\boldsymbol{B}_1 = \frac{E}{\Delta(1-\upsilon^2)}\begin{bmatrix} 2(b_iL_j + b_jL_i) & 2\upsilon(c_iL_j + c_jL_i) \\ 2\upsilon(b_iL_j + b_jL_i) & 2(c_iL_j + c_jL_i) \\ (1-\upsilon)(c_iL_j + c_jL_i) & (1-\upsilon)(b_iL_j + b_jL_i) \end{bmatrix} \quad (1,2,3;i,j,m)$$

单元刚度矩阵为

$$\boldsymbol{K}^{\mathrm{e}}=\iint \boldsymbol{B}^{\mathrm{T}}\boldsymbol{DB}t\,\mathrm{d}x\,\mathrm{d}y=\iint \boldsymbol{B}^{\mathrm{T}}\boldsymbol{S}t\,\mathrm{d}x\,\mathrm{d}y$$
$$=\iint[B_i \quad B_j \quad B_{\mathrm{m}} \quad B_1 \quad B_2 \quad B_3]^{\mathrm{T}}[S_i \quad S_j \quad S_{\mathrm{m}} \quad S_1 \quad S_2 \quad S_3]t\,\mathrm{d}x\,\mathrm{d}y \tag{9.12}$$

将上式积分后，整理得到：

$$\boldsymbol{K}^{\mathrm{e}}=\begin{bmatrix} K_{ii} & K_{ij} & K_{i\mathrm{m}} & K_{i1} & K_{i2} & K_{i3} \\ K_{ji} & K_{jj} & K_{j\mathrm{m}} & K_{j1} & K_{j2} & K_{j3} \\ K_{\mathrm{m}i} & K_{\mathrm{m}j} & K_{\mathrm{mm}} & K_{\mathrm{m}1} & K_{\mathrm{m}2} & K_{\mathrm{m}3} \\ K_{1i} & K_{1j} & K_{1\mathrm{m}} & K_{11} & K_{12} & K_{13} \\ K_{2i} & K_{2j} & K_{2\mathrm{m}} & K_{21} & K_{22} & K_{23} \\ K_{3i} & K_{3j} & K_{3\mathrm{m}} & K_{31} & K_{32} & K_{33} \end{bmatrix}$$

式中

$$\boldsymbol{K}_{ii}=\frac{Et}{24(1-\upsilon^2)\Delta}\begin{bmatrix} 6b_i^2+3(1-\upsilon)c_i^2 & 3(1+\upsilon)b_ic_i \\ 3(1+\upsilon)b_ic_i & 6c_i^2+3(1-\upsilon)b_i^2 \end{bmatrix} \quad (i,j,m)$$

$$\boldsymbol{K}_{11}=\frac{Et}{24(1-\upsilon^2)\Delta}\times$$
$$\begin{bmatrix} 16(b_i^2-b_jb_{\mathrm{m}})+8(1-\upsilon)(c_i^2-c_jc_{\mathrm{m}}) & 4(1+\upsilon)(b_ic_i+b_jb_j+b_{\mathrm{m}}c_{\mathrm{m}}) \\ 4(1+\upsilon)(b_ic_i+b_jb_j+b_{\mathrm{m}}c_{\mathrm{m}}) & 16(c_i^2-c_jc_{\mathrm{m}})+8(1-\upsilon)(b_i^2-b_jb_{\mathrm{m}}) \end{bmatrix} \quad (1,2,3;i,j,m)$$

$$\boldsymbol{K}_{21}=\frac{Et}{24(1-\upsilon^2)\Delta}\begin{bmatrix} 16b_jb_i+8(1-\upsilon)c_jc_i & 4(1+\upsilon)(b_jc_i+c_jb_i) \\ 4(1+\upsilon)(b_jc_i+c_jb_i) & 16c_jc_i+8(1-\upsilon)b_jb_i \end{bmatrix} \quad (21,31,32;ji,mi,mj)$$

$$\boldsymbol{K}_{ji}=\frac{Et}{24(1-\upsilon^2)\Delta}\begin{bmatrix} -2b_jb_i-(1-\upsilon)c_jc_i & -2\upsilon b_jc_i-(1-\upsilon)c_jb_i \\ -2\upsilon b_jc_i-(1-\upsilon)c_jb_i & -2c_jc_i-(1-\upsilon)b_jb_i \end{bmatrix}$$

$$\boldsymbol{K}_{1j}=\frac{Et}{24(1-\upsilon^2)\Delta}\begin{bmatrix} 8b_jb_i+4(1-\upsilon)c_jc_i & 8\upsilon c_jb_i+4(1-\upsilon)b_jc_i \\ 8\upsilon c_ib_j+4(1-\upsilon)b_ic_j & 8c_jc_i+4(1-\upsilon)b_jb_i \end{bmatrix}$$

对于平面应变问题，只需将应力矩阵及刚度矩阵的各个公式中的 E 和 υ 作如下变换：

$$E=\frac{E}{1-\upsilon^2},\quad \upsilon=\frac{\upsilon}{1-\upsilon}$$

荷载的移置与 3 节点三角形单元相同，只是由于形函数矩阵是自然坐标的函数，在求积分时要复杂一点。

9.3 平面等参元

9.3.1 任意四边形单元的位移模式

在二维分析中，最简单的单元是 3 节点三角形单元，其次是具有 4 个节点的矩形单元。3 节点三角形单元较容易进行网格划分和边界形状逼近，应用比较灵活。其缺点是单元的应力和应变都是常数，特别是在应力集中的部位产生的误差较大，即使是在该范围内配置密集的单元仍不能较好地反映出实际应力变化的情况。4 节点矩形单元的优点是单元应力和应变是呈线性变化的，因而反映实际应力分布的能力比 3 节点三角形单元强，缺点是该单元不能适应曲线边界和斜边界，也不能随便改变大小，适应性是非常有限的。这两种单元形式给出了最低的逼近方式，精度受到一定的限制，当然可以用增加节点的办法来改善单元的精度，如 6 节点三角形单元、10 节点三角形单元、8 节点矩形单元、12 节点矩形单元等。这样处理带来的问题是计算时间大大增加，且对曲线边界也不能有效地逼近。本节将要介绍一种任意四边形单元，它具有矩形单元的特点，又能适应复杂边界条件，如图 9.3(a)所示。

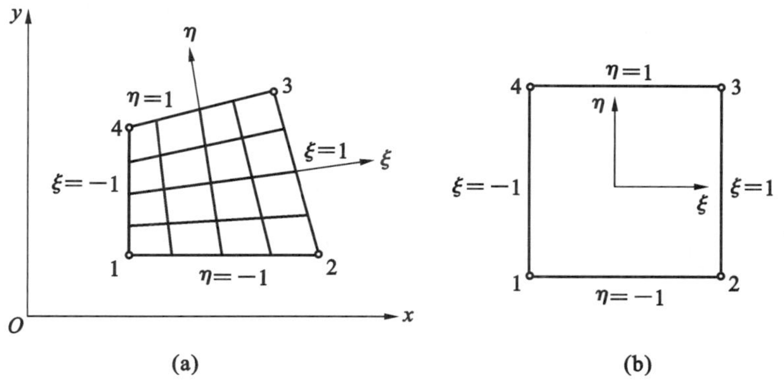

图 9.3　任意四边形单元

(a) 任意四边形单元；(b) 母单元

这种单元形式在岩土工程中应用得非常广泛，例如在模拟施工开挖步骤、研究围岩应力状态、计算边坡稳定等诸多方面都获得了良好的效果。

任意四边形单元的位移模式为

$$\left.\begin{aligned}u&=\alpha_1+\alpha_2x+\alpha_3y+\alpha_4xy\\v&=\alpha_5+\alpha_6x+\alpha_7y+\alpha_8xy\end{aligned}\right\}\tag{9.13}$$

由于四边形的边线一般不平行于坐标轴，则边线方程可写为

$$y=kx+b\tag{9.14}$$

因此，有：

$$u=Ax^2+Bx+C\tag{9.15}$$

由式(9.15)知，在任意四边形边线上的位移模式不再是线性变化。在该边线上的各点位移值将不能由边线两节点的函数值唯一确定，从而相邻两单元的公共边上的位移将不能保持一致性，即收敛条件得不到满足，然而我们可以通过一映射将任意四边形映射成矩形，从而保证解的收敛性。

要将图 9.3(a)中的任意四边形映射成图 9.3(b)中的矩形，就要找出两种单元之间每点一一对应的变换关系，它可以用插值公式表示为

$$\left.\begin{aligned}x&=\frac{x_1}{4}(1-\xi)(1-\eta)+\frac{x_2}{4}(1+\xi)(1-\eta)+\frac{x_3}{4}(1+\xi)(1+\eta)+\frac{x_4}{4}(1-\xi)(1+\eta)\\y&=\frac{y_1}{4}(1-\xi)(1-\eta)+\frac{y_2}{4}(1+\xi)(1-\eta)+\frac{y_3}{4}(1+\xi)(1+\eta)+\frac{y_4}{4}(1-\xi)(1+\eta)\end{aligned}\right\}\tag{9.16}$$

上式给出了 4 个节点处的整体坐标值。如在节点 1，将 $\xi=-1$、$\eta=-1$ 代入后，可得到 $x=x_1$、$y=y_1$。在局部坐标的原点，$\xi=0$、$\eta=0$，则任意四边形的形心坐标为

$$\begin{cases}x_c=\dfrac{1}{4}(x_1+x_2+x_3+x_4)\\[2mm]y_c=\dfrac{1}{4}(y_1+y_2+y_3+y_4)\end{cases}$$

由于局部坐标相对于总体坐标是呈线性变化的，因此单元上每一点的两种坐标值都是一一对应的。已知某一点的局部坐标值可用式(9.16)导出相应的整体坐标值；反之亦然。图 9.3(b)中的正方形单元称为母单元，图 9.3(a)中的任意四边形单元则是物体离散化后的实际单元。有了假想的母单元

后，就可以用它来建立实际单元的位移模式，有：

$$\left.\begin{aligned} u &= N_1 u_1 + N_2 u_2 + N_3 u_3 + N_4 u_4 = \sum_{i=1}^{4} N_i u_i \\ v &= N_1 v_1 + N_2 v_2 + N_3 v_3 + N_4 v_4 = \sum_{i=1}^{4} N_i v_i \end{aligned}\right\} \tag{9.17}$$

式中，形函数 $N_i(i=1\sim4)$ 表达式为

$$\left.\begin{aligned} N_1 &= \frac{1}{4}(1-\xi)(1-\eta) \\ N_2 &= \frac{1}{4}(1+\xi)(1-\eta) \\ N_3 &= \frac{1}{4}(1+\xi)(1+\eta) \\ N_4 &= \frac{1}{4}(1-\xi)(1+\eta) \end{aligned}\right\} \tag{9.18a}$$

或

$$N_i = \frac{1}{4}(1+\xi_i \xi)(1+\eta_i \eta) \tag{9.18b}$$

ξ_i 和 η_i 表示该节点相应的局部坐标值。需要指出的是，本节中的局部坐标 ξ、η 是两簇非正交的直线，只有在研究的单元是矩形时，ξ、η 坐标系才是正交的。因此，矩形单元是任意四边形单元的特例。

式(9.17)的位移模式和式(9.18a)的形函数能否满足任意四边形单元的边界条件，且能否保证在单元的四边上位移是呈线性变化的，从而满足收敛条件？首先，讨论边界条件，在4个节点处位移模式是否能给出节点的位移值，我们只需将该点的坐标值及形函数的值代入即可求出。例如节点2，其位移为 u_2、v_2，节点2的坐标值为 $\xi=1$、$\eta=-1$，在求出 $N_i(i=1\sim4)$ 后，即可求得 $u=u_2$、$v=v_2$，即边界条件满足。其次，在单元的四边上，位移是呈线性变化的。例如在12边，边线方程 $\eta=-1$，代入式(9.18a)，可求得：

$$N_1 = \frac{1}{2}(1-\xi), \quad N_2 = \frac{1}{2}(1+\xi), \quad N_3 = 0, \quad N_4 = 0$$

将其代入式(9.17)，得边线位移为

$$\left.\begin{aligned} u &= \frac{1}{2}(1-\xi)u_1 + \frac{1}{2}(1+\xi)u_2 \\ v &= \frac{1}{2}(1-\xi)v_1 + \frac{1}{2}(1+\xi)v_2 \end{aligned}\right\} \tag{9.19}$$

显然，式(9.19)表明边线任意一点的位移随局部坐标 ξ 呈线性变化。满足了边界条件和位移在边线上呈线性变化，就保证了相邻单元在边线上位移的连续性，从而满足收敛条件。

比较式(9.16)和式(9.18a)，就可以发现位移模式和坐标变换采用了相同的形函数，所以这个实际单元称为等参数单元，简称等参元(也称等参单元)。如果位移模式采用的形函数的阶次高于坐标变换的形函数，则这种单元称为超参单元；反之称为亚参单元。在这三类单元中，等参元用得最多。

9.3.2 二维等参元的数学分析

在进行等参元的力学分析时，要用到各个形函数对于整体坐标的导数，以及局部坐标系微面积表达式等，下面进行这些表达式的推导。

(1) 形函数对于整体坐标的导数

根据复合函数的求导规则，有：

$$\left.\begin{aligned}\frac{\partial N_i}{\partial \xi}=\frac{\partial N_i}{\partial x}\frac{\partial x}{\partial \xi}+\frac{\partial N_i}{\partial y}\frac{\partial y}{\partial \xi}\\ \frac{\partial N_i}{\partial \eta}=\frac{\partial N_i}{\partial x}\frac{\partial x}{\partial \eta}+\frac{\partial N_i}{\partial y}\frac{\partial y}{\partial \eta}\end{aligned}\right\} \tag{9.20}$$

$$\begin{Bmatrix}\dfrac{\partial N_i}{\partial \xi}\\ \dfrac{\partial N_i}{\partial \eta}\end{Bmatrix}=\begin{bmatrix}\dfrac{\partial x}{\partial \xi} & \dfrac{\partial y}{\partial \xi}\\ \dfrac{\partial x}{\partial \eta} & \dfrac{\partial y}{\partial \eta}\end{bmatrix}\begin{Bmatrix}\dfrac{\partial N_i}{\partial x}\\ \dfrac{\partial N_i}{\partial y}\end{Bmatrix}=\boldsymbol{J}\begin{Bmatrix}\dfrac{\partial N_i}{\partial x}\\ \dfrac{\partial N_i}{\partial y}\end{Bmatrix} \tag{9.21}$$

式中，$\boldsymbol{J}=\begin{bmatrix}\dfrac{\partial x}{\partial \xi} & \dfrac{\partial y}{\partial \xi}\\ \dfrac{\partial x}{\partial \eta} & \dfrac{\partial y}{\partial \eta}\end{bmatrix}$，称为雅可比矩阵。

$$\begin{Bmatrix}\dfrac{\partial N_i}{\partial x}\\ \dfrac{\partial N_i}{\partial y}\end{Bmatrix}=\boldsymbol{J}^{-1}\begin{Bmatrix}\dfrac{\partial N_i}{\partial \xi}\\ \dfrac{\partial N_i}{\partial \eta}\end{Bmatrix} \tag{9.22}$$

将式(9.16)代入雅可比矩阵，得：

$$\begin{aligned}\boldsymbol{J}&=\begin{bmatrix}\sum_{i=1}^{4}\dfrac{\partial N_i}{\partial \xi}x_i & \sum_{i=1}^{4}\dfrac{\partial N_i}{\partial \xi}y_i\\ \sum_{i=1}^{4}\dfrac{\partial N_i}{\partial \eta}x_i & \sum_{i=1}^{4}\dfrac{\partial N_i}{\partial \eta}y_i\end{bmatrix}=\begin{bmatrix}\dfrac{\partial N_1}{\partial \xi} & \dfrac{\partial N_2}{\partial \xi} & \dfrac{\partial N_3}{\partial \xi} & \dfrac{\partial N_4}{\partial \xi}\\ \dfrac{\partial N_1}{\partial \eta} & \dfrac{\partial N_2}{\partial \eta} & \dfrac{\partial N_3}{\partial \eta} & \dfrac{\partial N_4}{\partial \eta}\end{bmatrix}\begin{bmatrix}x_1 & y_1\\ x_2 & y_2\\ x_3 & y_3\\ x_4 & y_4\end{bmatrix}\\ &=\frac{1}{4}\begin{bmatrix}-(1-\eta) & 1-\eta & 1+\eta & -(1+\eta)\\ -(1-\xi) & -(1+\xi) & 1+\xi & 1+\xi\end{bmatrix}\begin{bmatrix}x_1 & y_1\\ x_2 & y_2\\ x_3 & y_3\\ x_4 & y_4\end{bmatrix}\end{aligned} \tag{9.23}$$

从式(9.23)中可以看出，只要给出整体坐标系下 4 个节点的坐标，变换矩阵 $\boldsymbol{J}$ 就可以完全确定，且每一个元素都是 ξ 或 η 的线性函数。

对于任意节点编号的四边形单元，雅可比矩阵为

$$\begin{aligned}\boldsymbol{J}&=\frac{1}{4}\begin{bmatrix}(1+\eta_1\eta)\xi_1 & (1+\eta_2\eta)\xi_2 & (1+\eta_3\eta)\xi_3 & (1+\eta_4\eta)\xi_4\\ (1+\xi_1\xi)\eta_1 & (1+\xi_2\xi)\eta_2 & (1+\xi_3\xi)\eta_3 & (1+\xi_4\xi)\eta_4\end{bmatrix}\begin{bmatrix}x_1 & y_1\\ x_2 & y_2\\ x_3 & y_3\\ x_4 & y_4\end{bmatrix}\\ &=\frac{1}{4}\begin{bmatrix}\alpha_1+A\eta & \alpha_2+B\eta\\ \alpha_3+A\xi & \alpha_4+B\xi\end{bmatrix}\end{aligned} \tag{9.24}$$

其中，常数为

$$A=\sum_{i=1}^{4}\xi_i\eta_i x_i,\quad B=\sum_{i=1}^{4}\xi_i\eta_i y_i$$

$$\alpha_1=\sum_{i=1}^{4}\xi_i x_i,\qquad \alpha_2=\sum_{i=1}^{4}\xi_i y_i,\quad \alpha_3=\sum_{i=1}^{4}\eta_i x_i,\quad \alpha_4=\sum_{i=1}^{4}\eta_i y_i$$

其行列式为

$$\begin{aligned}|J|&=\frac{1}{16}[(\alpha_1+A\eta)(\alpha_4+B\xi)-(\alpha_2+B\eta)(\alpha_3+A\xi)]\\ &=\frac{1}{16}[(\alpha_1\alpha_4-\alpha_2\alpha_3)+(B\alpha_1-A\alpha_2)\xi+(A\alpha_4-B\alpha_3)\eta]\end{aligned} \tag{9.25}$$

雅可比矩阵的逆阵为

$$\boldsymbol{J}^{-1}=\frac{1}{4\mid J\mid}\begin{bmatrix}\alpha_4+B\xi & -(\alpha_2+B\eta)\\ -(\alpha_3+A\xi) & \alpha_1+A\eta\end{bmatrix} \tag{9.26}$$

用式(9.26)就可以将一切的计算都转化到局部坐标系(ξ,η)中进行。

(2) 微分面积的转换

实际单元中的微分面积 $\mathrm{d}x\mathrm{d}y$ 与母单元中的微分面积 $\mathrm{d}\xi\mathrm{d}\eta$ 的关系为

$$\mathrm{d}A=\mathrm{d}x\mathrm{d}y=\mid J\mid \mathrm{d}\xi\mathrm{d}\eta \tag{9.27}$$

式中,$\mathrm{d}x\mathrm{d}y$ 为实际单元中的微面积,$\mathrm{d}\xi\mathrm{d}\eta$ 是母单元中的微面积,$|J|$相当于一个面积放大系数。式(9.27)的推导与实际单元的形态无关,因此它是微分面积变换的一般形式。

9.3.3 二维等参元的刚度矩阵

我们以任意四边形单元为例,对二维等参元进行单元分析,从而建立起相应的几何矩阵、刚度矩阵和荷载列阵。

(1) 几何矩阵和应力矩阵

$$\boldsymbol{\varepsilon}=\begin{Bmatrix}\dfrac{\partial u}{\partial x}\\[2mm] \dfrac{\partial v}{\partial y}\\[2mm] \dfrac{\partial v}{\partial x}+\dfrac{\partial u}{\partial y}\end{Bmatrix}=[B_1\quad B_2\quad B_3\quad B_4]\boldsymbol{\delta}^{\mathrm{e}} \tag{9.28}$$

其中,子块为

$$\boldsymbol{B}_i=\begin{bmatrix}\dfrac{\partial N_i}{\partial x} & 0\\[2mm] 0 & \dfrac{\partial N_i}{\partial y}\\[2mm] \dfrac{\partial N_i}{\partial y} & \dfrac{\partial N_i}{\partial x}\end{bmatrix}\quad (i=1,2,3,4) \tag{9.29}$$

由于形函数公式是由局部坐标(ξ,η)建立起来的,所以必须将形函数对实际坐标的导数化成对局部坐标的导数,其形式为

$$\begin{bmatrix}\dfrac{\partial N_i}{\partial x}\\[2mm] \dfrac{\partial N_i}{\partial y}\end{bmatrix}=\boldsymbol{J}^{-1}\begin{bmatrix}\dfrac{\partial N_i}{\partial \xi}\\[2mm] \dfrac{\partial N_i}{\partial \eta}\end{bmatrix}$$

形函数对局部坐标系的导数为

$$\left.\begin{aligned}\frac{\partial N_i}{\partial \xi}&=\frac{1}{4}(1+\eta\eta_i)\xi_i\\ \frac{\partial N_i}{\partial \eta}&=\frac{1}{4}(1+\xi\xi_i)\eta_i\end{aligned}\right\}$$

最后,求出子块的形式为

$$\boldsymbol{B}_i=\frac{1}{16|J|}\times\begin{bmatrix}\xi_i(\alpha_4+B\xi)(1+\eta\eta_i)-\eta_i(\alpha_2+B\eta)(1+\xi\xi_i) & 0\\ 0 & \eta_i(\alpha_1+A\eta)(1+\xi\xi_i)-\xi_i(\alpha_3+A\xi)(1+\eta\eta_i)\\ \eta_i(\alpha_1+A\eta)(1+\xi\xi_i)-\xi_i(\alpha_3+A\xi)(1+\eta\eta_i) & \xi_i(\alpha_4+B\xi)(1+\eta\eta_i)-\eta_i(\alpha_2+B\eta)(1+\xi\xi_i)\end{bmatrix} \tag{9.30}$$

应力矩阵为

$$\boldsymbol{S}=\boldsymbol{D}\boldsymbol{B} \tag{9.31}$$

其中

$$\boldsymbol{D}=\begin{bmatrix}\dfrac{E}{1-\upsilon^2} & \dfrac{\upsilon E}{1-\upsilon^2} & 0\\ \dfrac{\upsilon E}{1-\upsilon^2} & \dfrac{E}{1-\upsilon^2} & 0\\ 0 & 0 & \dfrac{E}{2(1+\upsilon)}\end{bmatrix}$$

上式是对平面应力问题而言的，如果是平面应变问题，则进行如下变换即可：

$$E=\frac{E}{1-\upsilon^2},\quad \upsilon=\frac{\upsilon}{1-\upsilon}$$

（2）单元刚度矩阵

任意四边形单元的刚度矩阵为

$$\boldsymbol{K}^{\mathrm{e}}=\iint\boldsymbol{B}^{\mathrm{T}}\boldsymbol{S}t\,\mathrm{d}x\,\mathrm{d}y=\iint\boldsymbol{B}^{\mathrm{T}}\boldsymbol{D}\boldsymbol{B}t\,\mathrm{d}x\,\mathrm{d}y=\int_{-1}^{1}\int_{-1}^{1}\boldsymbol{B}^{\mathrm{T}}\boldsymbol{D}\boldsymbol{B}\,|J|\,t\,\mathrm{d}\xi\,\mathrm{d}\eta$$
$$=\begin{bmatrix}K_{11} & K_{12} & K_{13} & K_{14}\\ K_{21} & K_{22} & K_{23} & K_{24}\\ K_{31} & K_{32} & K_{33} & K_{34}\\ K_{41} & K_{42} & K_{43} & K_{44}\end{bmatrix} \tag{9.32a}$$

其中，子块为

$$\boldsymbol{K}_{ij}=\int_{-1}^{1}\int_{-1}^{1}\begin{bmatrix}\dfrac{\partial N_i}{\partial x} & 0 & \dfrac{\partial N_i}{\partial y}\\ 0 & \dfrac{\partial N_i}{\partial y} & \dfrac{\partial N_i}{\partial x}\end{bmatrix}\begin{bmatrix}\dfrac{E}{1-\upsilon^2} & \dfrac{\upsilon E}{1-\upsilon^2} & 0\\ \dfrac{\upsilon E}{1-\upsilon^2} & \dfrac{E}{1-\upsilon^2} & 0\\ 0 & 0 & \dfrac{E}{2(1+\upsilon)}\end{bmatrix}\begin{bmatrix}\dfrac{\partial N_i}{\partial x} & 0\\ 0 & \dfrac{\partial N_i}{\partial y}\\ \dfrac{\partial N_i}{\partial y} & \dfrac{\partial N_i}{\partial x}\end{bmatrix}|J|\,t\,\mathrm{d}\xi\,\mathrm{d}\eta \tag{9.32b}$$

（3）荷载列阵

当单元在任意一点受集中荷载 Q 作用时，荷载列阵为

$$\boldsymbol{R}^{\mathrm{e}}=\boldsymbol{N}^{\mathrm{T}}\boldsymbol{Q} \tag{9.33}$$

当单元受体力 $\boldsymbol{P}$ 作用时，荷载列阵为

$$\boldsymbol{R}^{\mathrm{e}}=\int_{-1}^{1}\int_{-1}^{1}\boldsymbol{N}^{\mathrm{T}}\boldsymbol{P}\,|J|\,t\,\mathrm{d}\xi\,\mathrm{d}\eta \tag{9.34}$$

当单元在某一边界上受面力 $\bar{\boldsymbol{P}}$ 作用时，荷载列阵为

$$\boldsymbol{R}^{\mathrm{e}}=\int_{S}\boldsymbol{N}^{\mathrm{T}}\bar{\boldsymbol{P}}\,t\,\mathrm{d}s \tag{9.35}$$

如果 $\bar{\boldsymbol{P}}$ 作用在 $\xi=\pm1$ 的边线上，荷载列阵为

$$\boldsymbol{R}^{\mathrm{e}}=\int_{-1}^{1}\frac{1}{2}s\boldsymbol{N}_{\xi=\pm1}^{\mathrm{T}}\bar{\boldsymbol{P}}\,t\,\mathrm{d}\eta \tag{9.36}$$

如果 $\bar{\boldsymbol{P}}$ 作用在 $\eta=\pm1$ 的边线上，荷载列阵为

$$\boldsymbol{R}^{\mathrm{e}}=\int_{-1}^{1}\frac{1}{2}s\boldsymbol{N}_{\eta=\pm1}^{\mathrm{T}}\bar{\boldsymbol{P}}\,t\,\mathrm{d}\xi \tag{9.37}$$

至此，任意四边形等参元的位移模式及数学力学分析就完成了，实际上这个概念还可以作进一步推广，用到更多节点的单元，下面就介绍 8 节点曲边四边形单元。

9.3.4　8 节点曲边四边形单元

8 节点曲边四边形单元如图 9.4(a)所示，其母单元如图 9.4(b)所示。

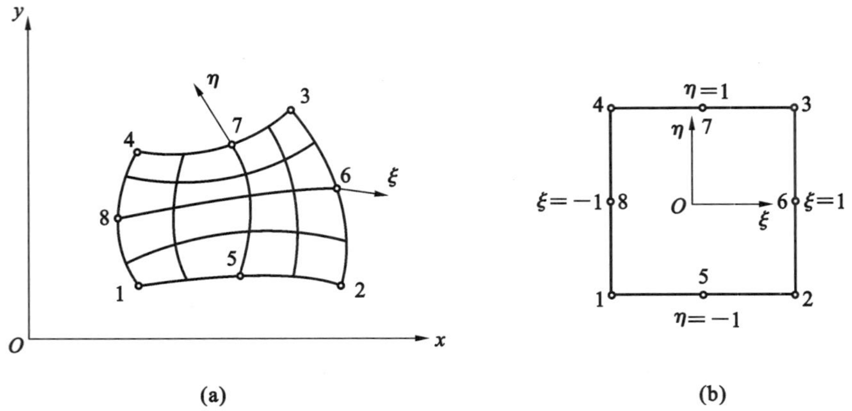

图 9.4　8 节点曲边四边形单元

(a) 8 节点曲边四边形单元;(b) 母单元

8 节点曲边四边形单元的位移模式可取为

$$\left.\begin{aligned} u &= \sum_{i=1}^{8} N_i u_i \\ v &= \sum_{i=1}^{8} N_i v_i \end{aligned}\right\} \tag{9.38}$$

其中,形函数 N_i 可通过边线方程求得。

角节点上的形函数为

$$N_i = \frac{1}{4}(1+\xi_i\xi)(1+\eta_i\eta)(\xi_i\xi+\eta_i\eta-1) \quad (i=1,2,3,4) \tag{9.39}$$

边中节点的形函数为

$$\left.\begin{aligned} N_i &= \frac{1}{2}(1-\xi^2)(1+\eta_i\eta) \quad (i=5,7) \\ N_i &= \frac{1}{2}(1-\eta^2)(1+\xi_i\xi) \quad (i=6,8) \end{aligned}\right\} \tag{9.40}$$

坐标变换也采用同位移模式一样的形函数,即

$$\left.\begin{aligned} x &= \sum_{i=1}^{8} N_i x_i \\ y &= \sum_{i=1}^{8} N_i y_i \end{aligned}\right\} \tag{9.41}$$

单元的几何矩阵为

$$\boldsymbol{B} = [B_1 \quad B_2 \quad B_3 \quad B_4 \quad B_5 \quad B_6 \quad B_7 \quad B_8] \tag{9.42}$$

其子块为

$$\boldsymbol{B}_i = \begin{bmatrix} \dfrac{\partial N_i}{\partial x} & 0 \\ 0 & \dfrac{\partial N_i}{\partial y} \\ \dfrac{\partial N_i}{\partial y} & \dfrac{\partial N_i}{\partial x} \end{bmatrix} \quad (i=1,2,3,\cdots,8) \tag{9.43}$$

形函数对实际坐标和局部坐标的导数的转换式为

$$\left.\begin{aligned}\frac{\partial N_i}{\partial x}&=\frac{\dfrac{\partial N_i}{\partial \xi}\left(\sum_{i=1}^{8}\dfrac{\partial N_i}{\partial \eta}y_i\right)-\dfrac{\partial N_i}{\partial \eta}\left(\sum_{i=1}^{8}\dfrac{\partial N_i}{\partial \xi}y_i\right)}{|J|}\\ \frac{\partial N_i}{\partial y}&=\frac{\dfrac{\partial N_i}{\partial \eta}\left(\sum_{i=1}^{8}\dfrac{\partial N_i}{\partial \xi}x_i\right)-\dfrac{\partial N_i}{\partial \xi}\left(\sum_{i=1}^{8}\dfrac{\partial N_i}{\partial \eta}x_i\right)}{|J|}\end{aligned}\right\}\tag{9.44}$$

单元刚度矩阵为

$$\boldsymbol{K}^{\mathrm{e}}=\iint\boldsymbol{B}^{\mathrm{T}}\boldsymbol{S}t\,\mathrm{d}x\,\mathrm{d}y=\iint\boldsymbol{B}^{\mathrm{T}}\boldsymbol{DB}t\,\mathrm{d}x\,\mathrm{d}y=\int_{-1}^{1}\int_{-1}^{1}\boldsymbol{B}^{\mathrm{T}}\boldsymbol{DB}\,|J|\,t\,\mathrm{d}\xi\mathrm{d}\eta\tag{9.45}$$

其中,子块为

$$\boldsymbol{K}_{ij}^{\mathrm{e}}=\int_{-1}^{1}\int_{-1}^{1}\boldsymbol{B}_i^{\mathrm{T}}\boldsymbol{DB}_j\,|J|\,t\,\mathrm{d}\xi\,\mathrm{d}\eta\quad(i=1,2,\cdots,8;j=1,2,\cdots,8)\tag{9.46}$$

荷载列阵如下：

体力作用下

$$\boldsymbol{R}^{\mathrm{e}}=\int_{-1}^{1}\int_{-1}^{1}\boldsymbol{N}^{\mathrm{T}}\boldsymbol{P}\,|J|\,t\,\mathrm{d}\xi\,\mathrm{d}\eta\tag{9.47}$$

面力作用下

$$\boldsymbol{R}^{\mathrm{e}}=\int_S\boldsymbol{N}^{\mathrm{T}}\bar{\boldsymbol{P}}\,t\,\mathrm{d}s\tag{9.48}$$

上两式与任意四边形单元的形式相同,只是在计算时有些差别。其坐标转换式为

$$\left.\begin{aligned}\mathrm{d}x&=\frac{\partial x}{\partial \xi}\mathrm{d}\xi+\frac{\partial x}{\partial \eta}\mathrm{d}\eta\\ \mathrm{d}y&=\frac{\partial y}{\partial \xi}\mathrm{d}\xi+\frac{\partial y}{\partial \eta}\mathrm{d}\eta\\ \mathrm{d}s&=\sqrt{(\mathrm{d}x)^2+(\mathrm{d}y)^2}\end{aligned}\right\}\tag{9.49}$$

在 $\xi=\pm1$ 的边上,$\mathrm{d}\xi=0$,则有：

$$\mathrm{d}s=\sqrt{\left(\frac{\partial x}{\partial \eta}\right)^2+\left(\frac{\partial y}{\partial \eta}\right)^2}\mathrm{d}\eta=\sqrt{\left(\sum_{i=1}^{8}\frac{\partial N_i}{\partial \eta}x_i\right)^2+\left(\sum_{i=1}^{8}\frac{\partial N_i}{\partial \eta}y_i\right)^2}\mathrm{d}\eta\tag{9.50}$$

在 $\eta=\pm1$ 的边上,$\mathrm{d}\eta=0$,则有：

$$\mathrm{d}s=\sqrt{\left(\frac{\partial x}{\partial \xi}\right)^2+\left(\frac{\partial y}{\partial \xi}\right)^2}\mathrm{d}\xi=\sqrt{\left(\sum_{i=1}^{8}\frac{\partial N_i}{\partial \xi}x_i\right)^2+\left(\sum_{i=1}^{8}\frac{\partial N_i}{\partial \xi}y_i\right)^2}\mathrm{d}\xi\tag{9.51}$$

有了单元的刚度矩阵和荷载列阵,就可以进行总体分析,求出节点位移,进而求出各单元的应力。

9.3.5　数值积分

在求单元的刚度矩阵和荷载列阵时,需要进行如下形式的积分：

$$I=\int_{-1}^{1}f(\xi)\mathrm{d}\xi$$

或

$$I=\int_{-1}^{1}\int_{-1}^{1}f(\xi,\eta)\mathrm{d}\xi\mathrm{d}\eta$$

显然,被积函数 f 包含了形函数及其导数的复杂组合,对于这样的问题,比较实用的方法是采用数值积分。一般来说,数值积分有两类:一类是采用等间距积分点,如梯形法、抛物线法;另一类是采用不等间距积分点,如高斯法。

(1) 梯形法和抛物线法

图 9.5(a)所示函数 f 积分值，即该曲线所包含的面积，可以把 x_0 至 x_n 之间分为若干个小段，然后每段用两头的函数值连成的直线来代替曲线，则其积分值为

$$I=\int_a^b f(\xi)\mathrm{d}\xi \approx h\left(\frac{f_0+f_n}{2}+f_1+f_2+\cdots+f_{n-1}\right) \tag{9.52}$$

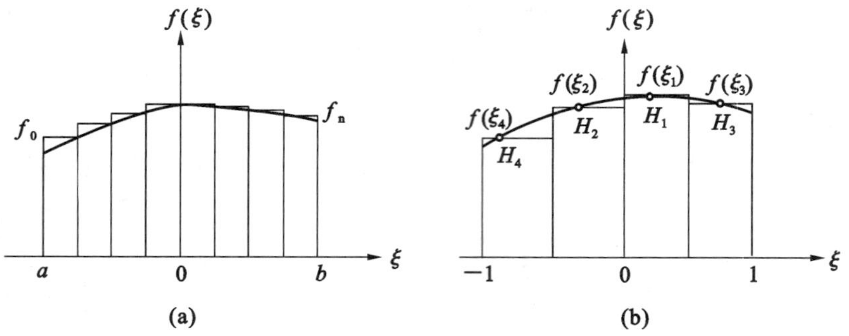

图 9.5 数值积分

(a) 梯形法；(b) 高斯求积法

式中

$$f_0=f(a),\quad f_1=f(a+h),\quad f_2=f(a+2h),\quad \cdots,\quad f_n=f(b),\quad h=\frac{b-a}{n}$$

式(9.52)称为梯形法，其精度比较差，可用抛物线来代替每段曲线，积分公式为

$$I=\int_a^b f(\xi)\mathrm{d}\xi \approx \frac{h}{3}[f_0+f_n+4(f_1+f_3+\cdots+f_{n-1})+2(f_2+f_4+\cdots+f_n)] \tag{9.53}$$

式(9.53)称为抛物线法。

(2) 高斯求积法

不等间距积分点是采用不同的加权系数来改变积分点的间距。算出被积函数 f 在这些积分点处的函数值，然后用相应的加权系数乘上这些函数值的和作为近似积分值，这种方法称为高斯求积法。

一维高斯求积法公式为

$$I=\int_{-1}^{1} f(\xi)\mathrm{d}\xi=\sum_{i=1}^{n} H_i f(\xi_i) \tag{9.54}$$

式中 $f(\xi_i)$——被积函数 f 在积分点 ξ_i 处的值；

H_i——加权系数；

n——所取积分点的数目[图 9.5(b)]。

ξ_i 的位置和加权系数 H_i 的选取原则：$f(\xi)$ 为 ξ 的 $2n-1$ 次多项式时给出完全精确的积分值。

例如，取两个积分点，即 $n=2$，则有：

$$I=\int_{-1}^{1} f(\xi)\mathrm{d}\xi=H_1 f(\xi_1)+H_2 f(\xi_2) \tag{a}$$

若被积函数 $f(\xi)$ 为 ξ 的 $2n-1$ 次多项式，则有：

$$f(\xi)=c_0+c_1\xi+c_2\xi^2+c_3\xi^3 \tag{b}$$

它的精确积分值为

$$I=\int_{-1}^{1}(c_0+c_1\xi+c_2\xi^2+c_3\xi^3)\mathrm{d}\xi=2c_0+\frac{2}{3}c_2 \tag{c}$$

比较式(a)、式(c)可得：

$$H_1(c_0+c_1\xi_1+c_2\xi_1^2+c_3\xi_1^3)+H_2(c_0+c_1\xi_2+c_2\xi_2^2+c_3\xi_2^3)=2c_0+\frac{2}{3}c_2 \tag{d}$$

要使等式完全成立，须有：

$$\left.\begin{aligned} &H_1+H_2=2\\ &H_1\xi_1+H_2\xi_2=0\\ &H_1\xi_1^2+H_2\xi_2^2=\frac{2}{3}\\ &H_1\xi_1^3+H_2\xi_2^3=0 \end{aligned}\right\}\tag{e}$$

由此得到：

$$\xi_1=\xi_2=-\frac{1}{\sqrt{3}}=-0.5773502692,\quad H_1=H_2=1.0000000000$$

如果是 3 个积分点，则有：

$$\xi_1=-\xi_3=-\sqrt{\frac{3}{5}}=-0.7745966692$$

$$\xi_2=0.0000000000$$

$$H_1=H_3=\frac{5}{9}=0.5555555556$$

$$H_2=\frac{8}{9}=0.8888888889$$

当然还可以推出 4 个积分点、5 个积分点的情况出来。

熟悉了一维高斯积分后，可以很容易地将高斯积分推广到二维和三维求积的情况。求二重积分 $I=\int_{-1}^{1}\int_{-1}^{1}f(\xi,\eta)\mathrm{d}\xi\mathrm{d}\eta$ 的值时，可以先对 ξ 进行积分，这时将 η 看作一个常量，于是有：

$$I=\int_{-1}^{1}f(\xi,\eta)\mathrm{d}\xi=\sum_{i=1}^{n}H_if(\xi,\eta)=\varphi(\eta)\tag{f}$$

将式(f)对 η 进行积分，得：

$$I=\int_{-1}^{1}\int_{-1}^{1}f(\xi,\eta)\mathrm{d}\xi\mathrm{d}\eta=\int_{-1}^{1}\varphi(\eta)\mathrm{d}\eta=\sum_{j=1}^{n}H_j\varphi(\eta_j)\tag{g}$$

最后得到：

$$\int_{-1}^{1}\int_{-1}^{1}f(\xi,\eta)\mathrm{d}\xi\,\mathrm{d}\eta=\sum_{j=1}^{n}H_j\sum_{i=1}^{n}H_if(\xi_i,\eta_i)=\sum_{j=1}^{n}\sum_{i=1}^{n}H_jH_if(\xi_i,\eta_i)\tag{h}$$

这就是二维的高斯求积公式。

在取 n 个积分点时，对于 m 次的多项式被积函数，如果 $m\leqslant 2n-1$，则一维的高斯求积公式是完全精确的。反过来说，对于 m 次的多项式被积函数，为了积分值完全精确，积分点的数目必须取 $n\geqslant\frac{m+1}{2}$。采用高斯求积法可以用较少的积分点达到较满意的精度，在有限元计算中所采用的数值积分绝大多数采用这种方法。

对于 4 节点等参元，一般取 2×2 高斯积分点就可以满足积分精度要求；对于 8 节点等参元，一般取 2×2 或 3×3 高斯积分点进行计算。

本章小结

本章讨论了三种类型的弹性力学平面问题的高精度单元，对于不同的问题可以选用不同的单元。由于有限元法求解问题的过程是一样的，因此只要求出了单元的刚度矩阵，其他问题就迎刃而解了。在熟悉了本章所介绍的 6 节点三角形单元、矩形单元、等参元的基础上，同理还可以导出 10 节点三角形单元、8 节点矩形单元和 12 节点矩形单元的刚度矩阵，其建立单元刚度矩阵的过程都是一样的。

对于6节点三角形单元，较容易模拟物体的边界形状；矩形单元的公式推导简单，且精度比3节点三角形单元高，但其单元形状较规则，因而限制了它的使用范围；等参元精度高，又能较好地模拟边界形状，且需输入的信息少，尽管采用等参元时编制程序较复杂，但其优点远远多于它的缺点，因而等参元是目前有限元计算中应用得最广泛的单元。

思　考　题

9.1　下列平面单元中的位移具有连续性吗？

(1) 4节点矩形单元；

(2) 4节点直线四边形等参单元；

(3) 8节点曲线四边形等参单元。

9.2　在有限单元法中，等参元的主要优点是什么？

9.3　在有限单元法中，应用等参元时：

(1) 坐标变换的精度和位移模式的精度是否一样？

(2) 如何建立局部坐标和整体坐标之间的关系？

(3) 为什么要应用高斯积分公式？

(4) 高斯点的数目如何确定？

9.4　实现等参变换的基本条件是什么？哪些情况会使等参变换不成立？

习　　题

9.1　对于图9.6所示的6节点矩形单元，应取什么样的形函数来表示位移模式？试写出位移模式，并检验是否满足收敛性条件。

9.2　写出图9.7所示的4节点等参元的坐标变换式。

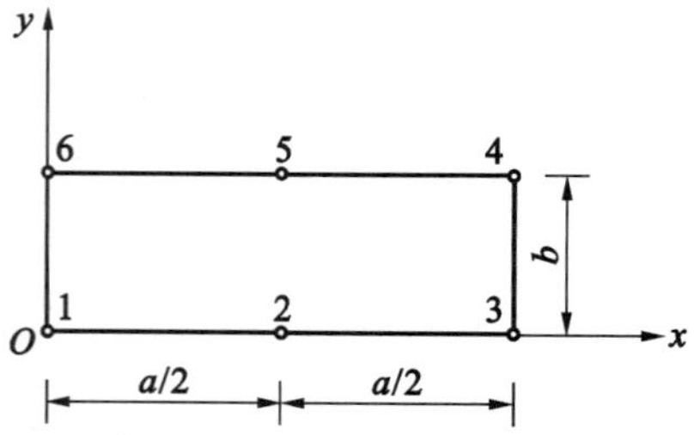

图9.6　习题9.1图

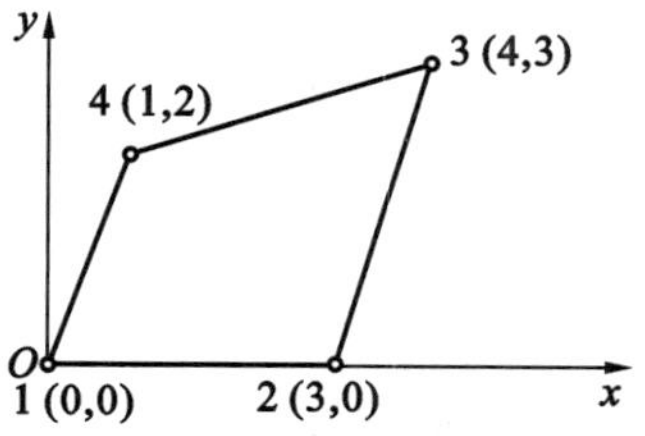

图9.7　习题9.2图

9.3　图9.8所示为一受集中力P作用的结构，设E为常量，$\upsilon=\frac{1}{6}$，$t=1$，按平面应力问题计算，采用四边形单元，求出节点位移，并与三角形单元求得的结果进行比较。

9.4　图9.9中的矩形单元在节点2处被一个斜面支撑，以至于平行于斜面的位移为零，$u_{2\xi}=0$。试写出构造变换矩阵和变换后能考虑此种边界条件类型的局部刚度矩阵。

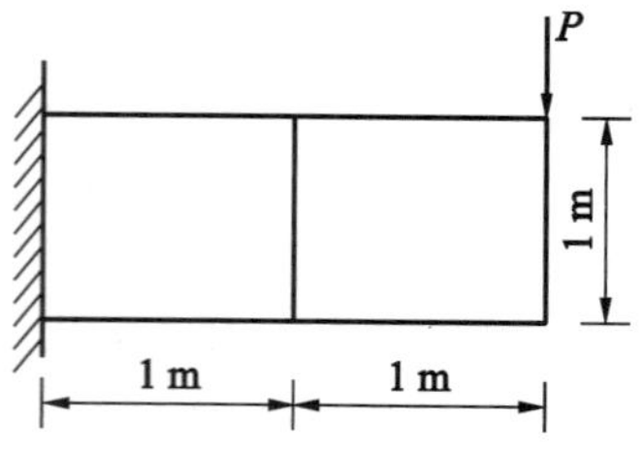

图9.8　习题9.3图

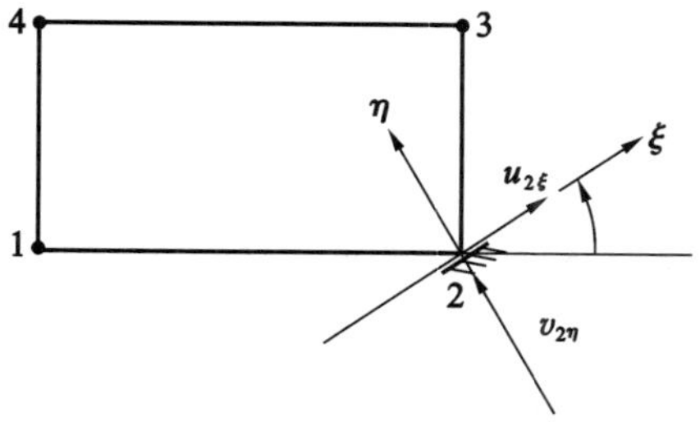

图9.9　习题9.4图

9.5　计算图 9.10 所示单元的等效节点荷载。

9.6　对图 9.11 所示平行四边形单元求出以下问题：

(1) 写出坐标插值函数表达式；

(2) 求 $\boldsymbol{J}^{-1}$ 和 $|J|$。

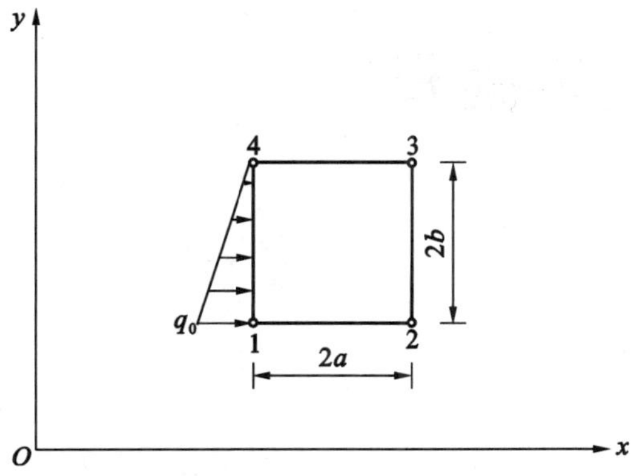

图 9.10　习题 9.5 图

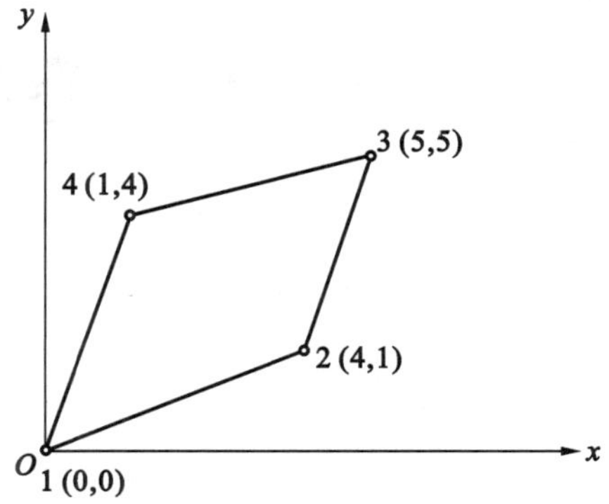

图 9.11　习题 9.6 图

10 空间问题的有限元法

本 章 提 要

本章介绍了多种形式的空间四面体单元、空间六面体单元及相应等参元的计算原理与方法，并通过多个实例分析结果展示了各种空间单元的计算精度及其计算效率。

10.1 引　言

第 9 章已经介绍了用有限单元法分析平面问题的原理和方法。将它们推广到空间弹性体的分析上去，没有原则上的困难，不需要新的原理或新的假定。其整体分析过程与前面两章叙述的相同，故此不作重复。本章将讨论三维单元体的单元位移函数、单元刚度矩阵和等效节点荷载。

与平面问题相比，空间问题的“规模”大增。每个节点的位移分量增加为 3 个分量：

$$\boldsymbol{f}=[u \quad v \quad w]^{\mathrm{T}}$$

应变分量和应力分量增加到 6 个分量：

$$\boldsymbol{\varepsilon}=[\varepsilon_{x} \quad \varepsilon_{y} \quad \varepsilon_{z} \quad \gamma_{xy} \quad \gamma_{yz} \quad \gamma_{zx}]^{\mathrm{T}}$$

$$\boldsymbol{\sigma}=[\sigma_{x} \quad \sigma_{y} \quad \sigma_{z} \quad \tau_{xy} \quad \tau_{yz} \quad \tau_{zx}]^{\mathrm{T}}$$

相应地，几何方程为

$$\boldsymbol{\varepsilon}=\begin{bmatrix} \dfrac{\partial u}{\partial x} \\ \dfrac{\partial v}{\partial y} \\ \dfrac{\partial w}{\partial z} \\ \dfrac{\partial u}{\partial y}+\dfrac{\partial v}{\partial x} \\ \dfrac{\partial v}{\partial z}+\dfrac{\partial w}{\partial y} \\ \dfrac{\partial w}{\partial x}+\dfrac{\partial u}{\partial z} \end{bmatrix}=\begin{bmatrix} \dfrac{\partial}{\partial x} & 0 & 0 \\ 0 & \dfrac{\partial}{\partial y} & 0 \\ 0 & 0 & \dfrac{\partial}{\partial z} \\ \dfrac{\partial}{\partial y} & \dfrac{\partial}{\partial x} & 0 \\ 0 & \dfrac{\partial}{\partial z} & \dfrac{\partial}{\partial y} \\ \dfrac{\partial}{\partial z} & 0 & \dfrac{\partial}{\partial x} \end{bmatrix}\begin{Bmatrix} u \\ v \\ w \end{Bmatrix} \tag{10.1}$$

弹性矩阵为

$$\boldsymbol{D}=\frac{E}{(1+\upsilon)(1-2\upsilon)}\begin{bmatrix}1-\upsilon & \upsilon & \upsilon & 0 & 0 & 0\\ \upsilon & 1-\upsilon & \upsilon & 0 & 0 & 0\\ \upsilon & \upsilon & 1-\upsilon & 0 & 0 & 0\\ 0 & 0 & 0 & \frac{1-2\upsilon}{2} & 0 & 0\\ 0 & 0 & 0 & & \frac{1-2\upsilon}{2} & 0\\ 0 & 0 & 0 & & & \frac{1-2\upsilon}{2}\end{bmatrix} \tag{10.2}$$

所以，空间问题的具体算式不同于平面问题，是比较烦琐的。特别是用同样大小的单元分析这两类问题时，空间问题的总未知数要比平面问题多得多。图 10.1 就表示这样一种情况。在弹性体尺寸相当并且单元尺寸也相当的情况下，平面问题和空间问题所需要的总未知数个数相差悬殊。若平面问题要求设 100 个节点和 200 个未知数，对应的空间问题则猛增至 1000 个节点和 3000 个未知数。由此可以想到，空间问题的规模往往大得惊人。它要求计算机有很大的存储量，计算时间长得难以接受，这些都给应用有限单元法分析空间弹性体带来许多困难。为了克服这些困难，可以从以下两个方面采取措施。

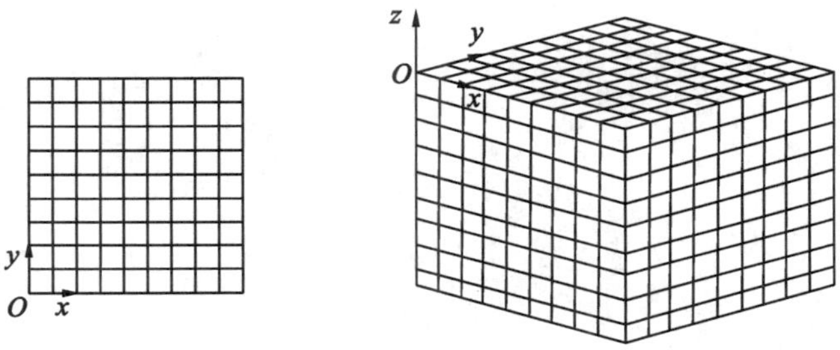

(a)　　(b)

图 10.1　平面、空间问题的单元与模型

(a) 平面单元；(b) 空间单元

(1) 采用高效率、高精度的空间单元，在有限的计算机容量和较短的计算时间内，能获得精度适宜的解答。目前常见的高精度空间单元有两种类型。一种类型为含内节点的二次四面体单元，如 20 个节点的六面体单元等。另一种类型为以位移导数为节点自由度的高精度单元。另外，采用高精度单元的同时，希望相应地放大单元的尺寸，从而必须考虑曲线的单元边界，等参元愈发显得重要了。

(2) 充分利用结构的对称性、相似性和重复性，简化结构的计算简图，从而大大降低总未知数的个数。另一方面，应用子结构法或子结构法与并行算法联合应用，去组集和求解结构刚度方程，在许多情况下可以减少对计算机容量或计算时间的需求。

10.2　四面体单元

10.2.1　单元位移函数

图 10.2 为由 x、y、z 坐标所确定的空间中的一个四面体单元，以 4 个角点 i、j、m、p 为节点。每个节点有 3 个自由度，一个单元共有 12 个自由度，其节点位移分量列阵：

$$\begin{aligned}\boldsymbol{\delta}^{\mathrm{e}}&=[\delta_i^{\mathrm{T}}\quad \delta_j^{\mathrm{T}}\quad \delta_{\mathrm{m}}^{\mathrm{T}}\quad \delta_{\mathrm{p}}^{\mathrm{T}}]^{\mathrm{T}}\\ &=[u_i\quad v_i\quad w_i\quad u_j\quad v_j\quad w_j\quad u_{\mathrm{m}}\quad v_{\mathrm{m}}\quad w_{\mathrm{m}}\quad u_{\mathrm{p}}\quad v_{\mathrm{p}}\quad w_{\mathrm{p}}]^{\mathrm{T}}\end{aligned} \tag{10.3}$$

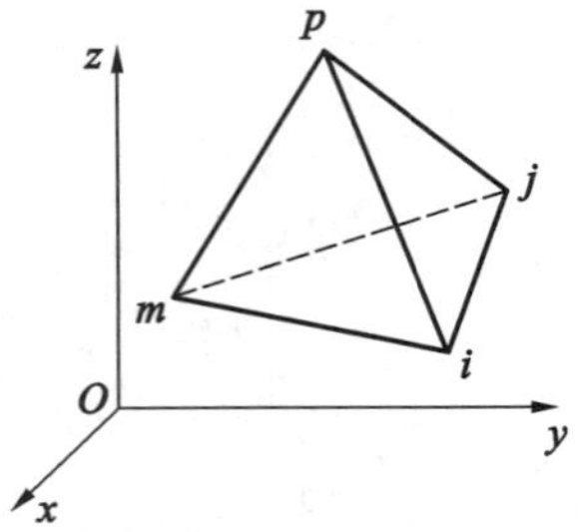

图 10.2　四面体单元

模仿弹性平面问题的三角形单元，设单元位移函数为三维线性函数：

$$\left.\begin{aligned} u &= \alpha_1 + \alpha_2 x + \alpha_3 y + \alpha_4 z \\ v &= \alpha_5 + \alpha_6 x + \alpha_7 y + \alpha_8 z \\ w &= \alpha_9 + \alpha_{10} x + \alpha_{11} y + \alpha_{12} z \end{aligned}\right\} \tag{10.4}$$

如果利用节点 i、j、m、p 的位移分量 (u_i, v_i, w_i)、(u_j, v_j, w_j)、(u_m, v_m, w_m) 和 (u_p, v_p, w_p) 进行函数插值，则单元位移函数还可以表示为

$$\left.\begin{aligned} u &= N_i(x,y,z)u_i + N_j(x,y,z)u_j + N_m(x,y,z)u_m + N_p(x,y,z)u_p \\ v &= N_i(x,y,z)v_i + N_j(x,y,z)v_j + N_m(x,y,z)v_m + N_p(x,y,z)v_p \\ w &= N_i(x,y,z)w_i + N_j(x,y,z)w_j + N_m(x,y,z)w_m + N_p(x,y,z)w_p \end{aligned}\right\} \tag{10.5}$$

式中

$$\left.\begin{aligned} N_i &= \frac{1}{6V}(a_i + b_i x + c_i y + d_i z) \\ N_j &= -\frac{1}{6V}(a_j + b_j x + c_j y + d_j z) \\ N_m &= \frac{1}{6V}(a_m + b_m x + c_m y + d_m z) \\ N_p &= -\frac{1}{6V}(a_p + b_p x + c_p y + d_p z) \end{aligned}\right\} \tag{10.6}$$

其中

$$\left.\begin{aligned} a_i &= \begin{vmatrix} x_j & y_j & z_j \\ x_m & y_m & z_m \\ x_p & y_p & z_p \end{vmatrix} \\ b_i &= -\begin{vmatrix} 1 & y_j & z_j \\ 1 & y_m & z_m \\ 1 & y_p & z_p \end{vmatrix} \\ c_i &= \begin{vmatrix} 1 & x_j & z_j \\ 1 & x_m & z_m \\ 1 & x_p & z_p \end{vmatrix} \\ d_i &= -\begin{vmatrix} 1 & x_j & y_j \\ 1 & x_m & y_m \\ 1 & x_p & y_p \end{vmatrix} \quad (i,j,m,p) \\ V &= \frac{1}{6}\begin{vmatrix} 1 & x_i & y_i & z_i \\ 1 & x_j & y_j & z_j \\ 1 & x_m & y_m & z_m \\ 1 & x_p & y_p & z_p \end{vmatrix} \end{aligned}\right\} \tag{10.7}$$

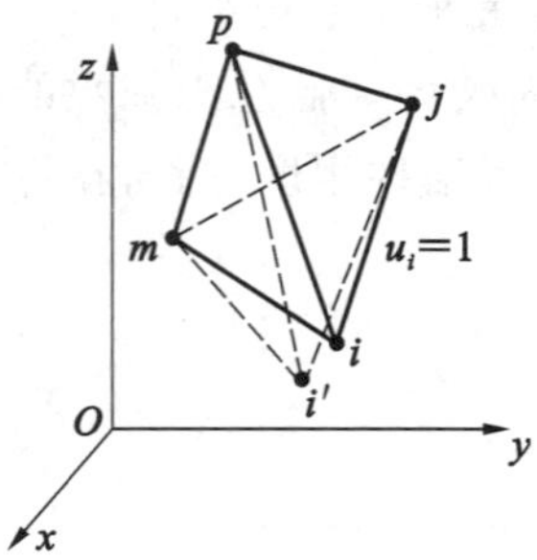

图 10.3　形函数

V 是四面体 $ijpm$ 的体积。为了使四面体的体积不为负值，单元节点编号 i、j、m、p 必须依照一定的顺序。在右手坐标系中，当按照 $i \to j \to m$ 的方向盘转动时，右手螺旋应向 p 的方向前进。

形函数 $N_k(k=i,j,m,p)$ 是单元位移函数的基函数，它的几何意义是明显的，如图 10.3 所示，当 $u_i=1$、$v_i=w_i=u_j=\cdots=w_p=0$ 时，单元位移函数 $u=N_i(x,y,z)$，故 $N_i=(x_i,y_i,z_i)=1$。于

是形函数 N_k 的节点值是：

$$N_k=(x_l,y_l,z_l)=\begin{cases}0 & (\text{当}\ k\neq l)\\ 1 & (\text{当}\ k=l)\end{cases}\quad (k,l=i,j,m,p) \tag{10.8}$$

由于 N_k 是线性函数，显然，在四面体的棱线 ij、im、ip、jm、jp、mp 的中点上，(N_i，N_j，N_m，N_p)分别取值$\left(\frac{1}{2},\frac{1}{2},0,0\right)$、$\left(\frac{1}{2},0,\frac{1}{2},0\right)$、$\left(\frac{1}{2},0,0,\frac{1}{2}\right)$、$\left(0,\frac{1}{2},\frac{1}{2},0\right)$、$\left(0,\frac{1}{2},0,\frac{1}{2}\right)$、$\left(0,0,\frac{1}{2},\frac{1}{2}\right)$。

单元位移函数的表达式(10.5)可用矩阵表示为

$$\boldsymbol{f}=\begin{bmatrix}u\\v\\w\end{bmatrix}=\begin{bmatrix}N_iu_i+N_ju_j+N_mu_m+N_pu_p\\N_iv_i+N_jv_j+N_mv_m+N_pv_p\\N_iw_i+N_jw_j+N_mw_m+N_pw_p\end{bmatrix}$$

还可以简写为

$$\boldsymbol{f}=\boldsymbol{N}\boldsymbol{\delta}^{e} \tag{10.9}$$

式中

$$\boldsymbol{N}=\begin{bmatrix}N_i&0&0&N_j&0&0&N_m&0&0&N_p&0&0\\0&N_i&0&0&N_j&0&0&N_m&0&0&N_p&0\\0&0&N_i&0&0&N_j&0&0&N_m&0&0&N_p\end{bmatrix} \tag{10.10}$$

式(10.10)称为四面体单元的形态矩阵或形函数矩阵。

由弹性力学可知，式(10.4)中的 α_1、α_5、α_9 代表刚体移动项 u_0、v_0、w_0；α_2、α_7、α_{12} 代表常量正应变 ε_x、ε_y、ε_z，其余 6 个 α 反映了刚体转动 ω_x、ω_y、ω_z 和常量切应变 γ_{xy}、γ_{yz}、γ_{zx}。因此，单元位移函数中包含了刚体移动项和转动项，又包含了常量应变项。由于式(10.4)是坐标 x、y、z 的线性函数，故在两个相邻单元的共同边界平面上的变形是连续的。因此，式(10.4)的单元位移函数保证了有限元法解答收敛于精确解答。

10.2.2　单元应力矩阵和单元刚度矩阵

本节将利用几何方程、物理方程、虚功方程得到用节点位移表示单元的形变，从而表示单元的应力，再表示节点力，也就是建立单元应力矩阵和单元刚度矩阵。

利用几何方程式(10.1)，可由式(10.5)及式(10.6)得出用节点位移表示单元形变的表达式：

$$\boldsymbol{\varepsilon}=\boldsymbol{B}\boldsymbol{\delta}^{e} \tag{10.11}$$

式中　$\boldsymbol{B}$——几何矩阵，它可写成分块形式

$$\boldsymbol{B}=[\boldsymbol{B}_i\quad -\boldsymbol{B}_j\quad \boldsymbol{B}_m\quad -\boldsymbol{B}_p] \tag{10.12}$$

而子矩阵为

$$\boldsymbol{B}_i=\frac{1}{6V}\begin{bmatrix}b_i&0&0\\0&c_i&0\\0&0&d_i\\c_i&b_i&0\\0&d_i&c_i\\d_i&0&b_i\end{bmatrix}\quad (i,j,m,p) \tag{10.13}$$

由于矩阵 $\boldsymbol{B}$ 的元素都是常量，可见 $\boldsymbol{\varepsilon}$ 在单元内是常量。因此，这里所采用的 4 节点四面体单元，也称为空间问题的常应变单元。

将式(10.11)代入物理方程，就得到用节点位移表示的单元应力的表达式：

$$\boldsymbol{\sigma}=\boldsymbol{D}\boldsymbol{\varepsilon}=\boldsymbol{D}\boldsymbol{B}\boldsymbol{\delta}^{\mathrm{e}} \tag{10.14}$$

可见，在每一个单元中应力分量也是常量。当然，相邻单元一般具有不同的应力，因而在它们的公共边界上，应力并不连续。

将式(10.14)简写为

$$\boldsymbol{\sigma}=\boldsymbol{S}\boldsymbol{\delta}^{\mathrm{e}} \tag{10.15}$$

则有：

$$\boldsymbol{S}=\boldsymbol{D}\boldsymbol{B} \tag{10.16}$$

将弹性矩阵的表达式(10.2)及式(10.12)代入上式，即得四面体单元的应力矩阵，写成分块形式：

$$\boldsymbol{S}=[S_i \quad -S_j \quad S_{\mathrm{m}} \quad -S_{\mathrm{p}}] \tag{10.17}$$

其中子矩阵为

$$\boldsymbol{S}_i=\frac{E(1-\upsilon)}{6(1+\upsilon)(1-2\upsilon)V}\begin{bmatrix} b_i & \frac{\upsilon}{1-\upsilon}c_i & \frac{\upsilon}{1-\upsilon}d_i \\ \frac{\upsilon}{1-\upsilon}b_i & c_i & \frac{\upsilon}{1-\upsilon}d_i \\ \frac{\upsilon}{1-\upsilon}b_i & \frac{\upsilon}{1-\upsilon}c_i & d_i \\ \frac{1-2\upsilon}{2(1-\upsilon)}c_i & \frac{1-2\upsilon}{2(1-\upsilon)}b_i & 0 \\ 0 & \frac{1-2\upsilon}{2(1-\upsilon)}d_i & \frac{1-2\upsilon}{2(1-\upsilon)}c_i \\ \frac{1-2\upsilon}{2(1-\upsilon)}d_i & 0 & \frac{1-2\upsilon}{2(1-\upsilon)}b_i \end{bmatrix} \quad (i,j,m,p) \tag{10.18}$$

应用虚功方程，按照平面问题的类似推导，可得到空间问题的单元刚度矩阵为

$$\boldsymbol{K}^{\mathrm{e}}=\iiint_V \boldsymbol{B}^{\mathrm{T}}\boldsymbol{D}\boldsymbol{B}\,\mathrm{d}x\,\mathrm{d}y\,\mathrm{d}z \tag{10.19}$$

注意 $\boldsymbol{B}$ 及 $\boldsymbol{D}$ 中的元素都是常量，而 $\iiint_V \mathrm{d}x\,\mathrm{d}y\,\mathrm{d}z=V$，即可将式(10.19)简写为

$$\boldsymbol{K}^{\mathrm{e}}=\boldsymbol{B}^{\mathrm{T}}\boldsymbol{D}\boldsymbol{B}V \tag{10.20}$$

把单元刚度矩阵表示成按节点分块的形式：

$$\boldsymbol{K}^{\mathrm{e}}=\begin{bmatrix} K_{ii} & -K_{ij} & K_{i\mathrm{m}} & -K_{i\mathrm{p}} \\ -K_{ji} & K_{jj} & -K_{j\mathrm{m}} & K_{j\mathrm{p}} \\ K_{\mathrm{m}i} & -K_{\mathrm{m}j} & K_{\mathrm{mm}} & -K_{\mathrm{mp}} \\ -K_{\mathrm{p}i} & K_{\mathrm{p}j} & -K_{\mathrm{pm}} & K_{\mathrm{pp}} \end{bmatrix} \tag{10.21}$$

其中任一子块 $\boldsymbol{K}_{\mathrm{rs}}$ 由下式计算：

$$\boldsymbol{K}_{\mathrm{rs}}=\boldsymbol{B}_{\mathrm{r}}^{\mathrm{T}}\boldsymbol{D}\boldsymbol{B}_{\mathrm{s}}V=\frac{E(1-\upsilon)}{36V(1+\upsilon)(1-2\upsilon)}\begin{bmatrix} K_1 & K_4 & K_7 \\ K_2 & K_5 & K_8 \\ K_3 & K_6 & K_9 \end{bmatrix} \quad (r,s=i,j,m,p) \tag{10.22}$$

式中

$$\left.\begin{aligned}
K_1 &= b_r b_s + A_2(c_r c_s + d_r d_s)\\
K_2 &= A_1 c_r b_s + A_2 b_r c_s\\
K_3 &= A_1 d_r b_s + A_2 b_r d_s\\
K_4 &= A_1 b_r c_s + A_2 c_r b_s\\
K_5 &= c_r c_s + A_2(b_r b_s + d_r d_s)\\
K_6 &= A_1 d_r c_s + A_2 c_r d_s\\
K_7 &= A_1 b_r d_s + A_2 d_r b_s\\
K_8 &= A_1 c_r d_s + A_2 d_r c_s\\
K_9 &= d_r d_s + A_2(b_r b_s + c_r c_s)\\
A_1 &= \frac{\upsilon}{1-\upsilon}\\
A_2 &= \frac{1-2\upsilon}{2(1-\upsilon)}
\end{aligned}\right\} \tag{10.23}$$

10.2.3 等效节点荷载

通过采用与平面问题中相同的推导，可以得出空间问题中等效节点荷载的普遍公式。

对于集中荷载：

$$\boldsymbol{p} = [p_x \quad p_y \quad p_z]^T$$

仍然将得到普遍公式：

$$\boldsymbol{R}^e = \boldsymbol{N}^T \boldsymbol{p} \tag{10.24}$$

但这里的荷载列阵 $\boldsymbol{R}^e$ 是：

$$\boldsymbol{R}^e = [R_i^T \quad R_j^T \quad R_m^T \quad R_p^T]^T = [X_i \quad Y_i \quad Z_i \quad X_j \quad Y_j \quad Z_j \quad X_m \quad Y_m \quad Z_m \quad X_p \quad Y_p \quad Z_p]^T$$

对于分布体力：

$$\boldsymbol{p} = [X \quad Y \quad Z]^T$$

将得到：

$$\boldsymbol{R}^e = \iiint \boldsymbol{N}^T \boldsymbol{p}\, dx\, dy\, dz \tag{10.25}$$

例如，设单元 $ijmp$ 的密度为 ρ，试求自重的等效节点荷载。因为 $X=Y=0$、$Z=-\rho g$，故由式(10.25)可得 $X_i=X_j=X_m=X_p=Y_i=Y_j=Y_m=Y_p=0$ 以及有：

$$Z_i = -\frac{1}{4}\rho V g = -\frac{1}{4}W \quad (i, j, m, p)$$

注意单元的自重为 $W=\rho g V$，可见移置到每个节点的荷载均为 1/4 自重。

对于单元的某一边界面上的分布面力：

$$\overline{\boldsymbol{p}} = [\overline{X} \quad \overline{Y} \quad \overline{Z}]^T$$

将得到：

$$\boldsymbol{R}^e = \iint \boldsymbol{N}^T \overline{\boldsymbol{p}}\, dA \tag{10.26}$$

式中　dA——该边界面上的微分面积。

例如，由节点 i、j、m 所确定的三角形表面上作用着面力，呈线性分布，且在各节点处的强度设为

$$\boldsymbol{p}_i = [p_{xi} \quad p_{yi} \quad p_{zi}]^T \quad (i, j, m)$$

应用式(10.26)可得其等效节点荷载为

$$\boldsymbol{R}_p = [0 \quad 0 \quad 0]^T$$

$$\boldsymbol{R}_i = \frac{1}{6}\left(\boldsymbol{p}_i + \frac{1}{2}\boldsymbol{p}_j + \frac{1}{2}\boldsymbol{p}_m\right)A_{ijm} \quad (i,j,m) \tag{10.27}$$

式中　A_{ijm}——三角形 ijm 的面积。

10.3　高次四面体单元

10.3.1　四面体的体积坐标

类似三角形的面积坐标，在四面体单元上定义体积坐标 L_i、L_j、L_m、L_p，它们是：

$$L_i = \frac{V_i}{V} \quad (i,j,m,p) \tag{10.28}$$

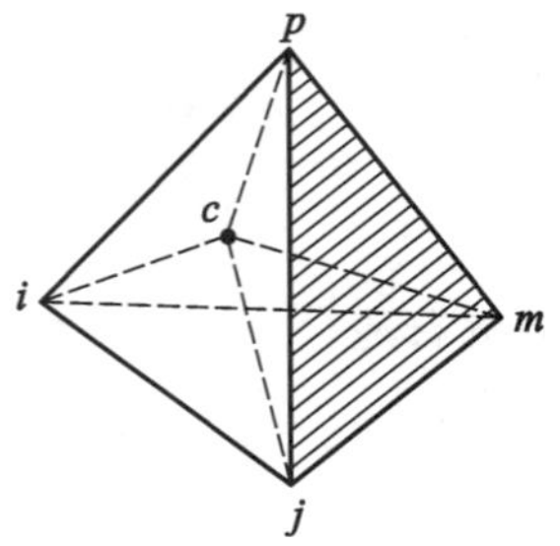

图 10.4　四面体单元体积坐标定义

式中　V_i、V_j、V_m、V_p——表示四面体 $cjmp$、$icmp$、$cijp$、$icjm$ 的体积（图 10.4）；

c——四面体内任一点。

根据式(10.28)可以写出 V_i 的行列式，即

$$V_i = \frac{1}{6}\begin{vmatrix} 1 & x & y & z \\ 1 & x_j & y_j & z_j \\ 1 & x_m & y_m & z_m \\ 1 & x_p & y_p & z_p \end{vmatrix} \tag{10.29}$$

式中，(x,y,z)是点 c 在直角坐标系中的坐标。

按第一行展开式(10.29)，由式(10.7)得到：

$$V_i = \frac{1}{6}(a_i + b_i x + c_i y + d_i z) \quad (i,m)$$

$$V_j = -\frac{1}{6}(a_j + b_j x + c_j y + d_j z) \quad (j,p)$$

因此，有：

$$\left.\begin{aligned} L_i &= \frac{1}{6V}(a_i + b_i x + c_i y + d_i z) \quad (i,m) \\ L_j &= -\frac{1}{6V}(a_j + b_j x + c_j y + d_j z) \quad (j,p) \end{aligned}\right\} \tag{10.30}$$

比较式(10.30)和式(10.6)可知，四面体的体积坐标公式与 4 节点四面体单元的形函数式是相同的，即

$$L_i = N_i \quad (i,j,m,p)$$

方程式(10.30)表述了直角坐标与体积坐标的变换关系，通过求逆，可以得到相反的变换式，即

$$\left.\begin{aligned} x &= L_i x_i + L_j x_j + L_m x_m + L_p x_p \\ y &= L_i y_i + L_j y_j + L_m y_m + L_p y_p \\ z &= L_i z_i + L_j z_j + L_m z_m + L_p z_p \end{aligned}\right\} \tag{10.31}$$

在体积坐标中进行单元分析，要用到关于微分和积分的坐标变换。对直角坐标的导数，不难由复合函数求导公式得到。

注意：

$$L_i + L_j + L_m + L_p = 1$$

10.3.2 10 节点 30 自由度四面体单元

为了提高有限单元法分析的精度，可以采用高次四面体单元。如果把四面体的各条棱中点也取为节点，且把这些节点位移分量作为待定的未知参数，那么在四面体单元上便构造了一个完全二次单元，即 10 节点 30 自由度四面体单元，如图 10.5 所示。角节点 i、j、m、p，棱中节点的编号采用 1、2、3、4、5、6。

用体积坐标 $L_i(i,j,m,p)$ 表示的单元位移函数为

$$\left.\begin{aligned} u(x,y,z) &= \sum_k N_k u_k \\ v(x,y,z) &= \sum_k N_k v_k \\ w(x,y,z) &= \sum_k N_k w_k \end{aligned}\right\} \quad (k=1,2,3,4,5,6,i,j,m,p) \tag{10.32}$$

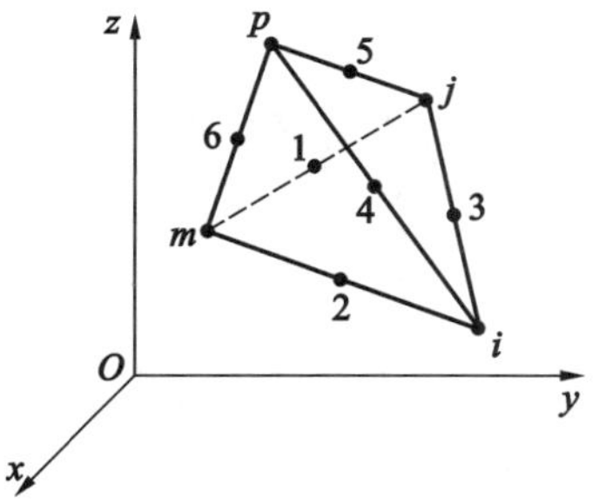

图 10.5 10 节点 30 自由度四面体单元

其中：

$$\left.\begin{aligned} N_i &= (2L_i - 1)L_i \quad (i,j,m,p) \\ N_1 &= 4L_j L_m \quad (1,2,3;i,j,m) \\ N_4 &= 4L_p L_i \quad (4,5,6;i,j,m) \end{aligned}\right\} \tag{10.33}$$

从式(10.30)、式(10.33)可以推断，形函数 $N_k(k=1,2,3,4,5,6,i,j,m,p)$是直角坐标的二次式。因此，10 节点 30 自由度四面体单元的位移函数是完全二次式。不难验证，利用式(10.32)求得的位移解答是收敛的。关于单元分析的公式推导，按 4 节点四面体单元分析的步骤进行，此处不再赘述。

10.3.3 4 节点 48 自由度四面体单元

如果除了位移分量 u、v、w 之外，再引进位移分量的 9 个一阶导数，即

$$\frac{\partial u}{\partial x},\frac{\partial u}{\partial y},\frac{\partial u}{\partial z},\frac{\partial v}{\partial x},\frac{\partial v}{\partial y},\frac{\partial v}{\partial z},\frac{\partial w}{\partial x},\frac{\partial w}{\partial y},\frac{\partial w}{\partial z}$$

作为节点参数，每个节点就有 12 个自由度。这样一来，在不增加节点数目的条件下，也能提高位移函数的次数，改善单元特性。

图 10.6(a)为一个 4 节点 48 自由度四面体单元，位移函数用体积坐标表示，它对于 L_i、L_j、L_m 及 L_p 应当是对称的，应能保证相邻单元位移的连续性，并应包含尽可能高次的完全多项式。一个完

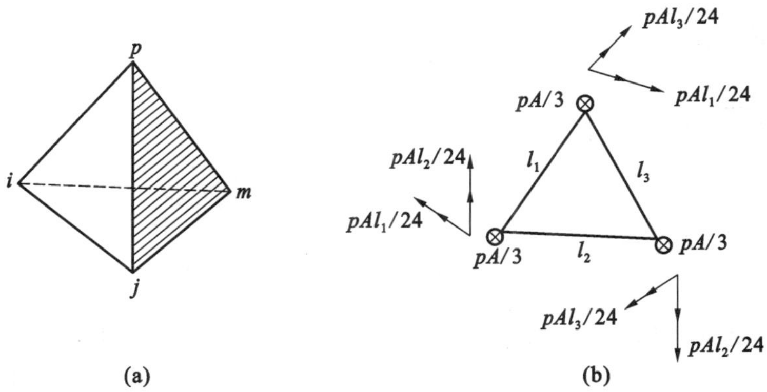

图 10.6 4 节点 48 自由度四面体单元

(a) 4 节点 48 自由度四面体单元；(b) 集中力和集中力矩作用示意图

全的二次多项式包含 10 项,所以还应含有 6 个三次项,今在位移函数中选用以下 16 项:

$$L_i, L_j, L_m, L_p, L_iL_j, L_iL_m, L_iL_p, L_jL_m, L_jL_p, L_mL_p$$

$$(L_i^2L_j - L_iL_j^2), (L_i^2L_m - L_iL_m^2), (L_i^2L_p - L_iL_p^2),$$

$$(L_j^2L_m - L_jL_m^2), (L_j^2L_p - L_jL_p^2), (L_m^2L_p - L_mL_p^2)$$

采用 4 节点四面体单元的相同方法,不难求出单元刚度矩阵。应用虚功方程,也可以把外荷载移置为节点荷载。在目前情况下,节点荷载矢量包括相应于节点移动的"力"和相应于节点转动的"力矩"。例如,考虑垂直作用于四面体的面积为 A 的表面上的均布荷载 p,相应的荷载矢量包括每个节点上的一个集中力$\dfrac{pA}{3}$和两个集中力矩$\dfrac{pAl_i}{24}$。力矩作用在图 10.6(b)所示的方向上,l_i 是与该力矩矢量垂直的棱的长度。

如果外荷载作用在与加载面平行的方向上,那么每个节点的荷载矢量是:

(1) 大小为$\dfrac{pA}{3}$的一个集中荷载。

(2) 垂直于该面的一个力矩矢量,其大小等于图 10.6(b)所示的两个力矩矢量的合力在外荷载作用方向上的分量。

(3) 两个方向相反的集中力所形成的力偶,这两个力作用在外荷载的方向上,相距单位距离。这两个力的大小等于图 10.6(b)所示两个力矩矢量的合力在与外荷载垂直方向上的分量。

10.4　六面体单元

10.4.1　8 节点六面体单元

如同在平面问题中采用矩形单元一样,在空间问题中也可以采用六面体单元。

图 10.7 所示是 8 节点六面体单元,局部坐标的原点取在单元的形心上,坐标轴的方向与直角坐标方向一致,局部坐标与直角坐标的关系式为

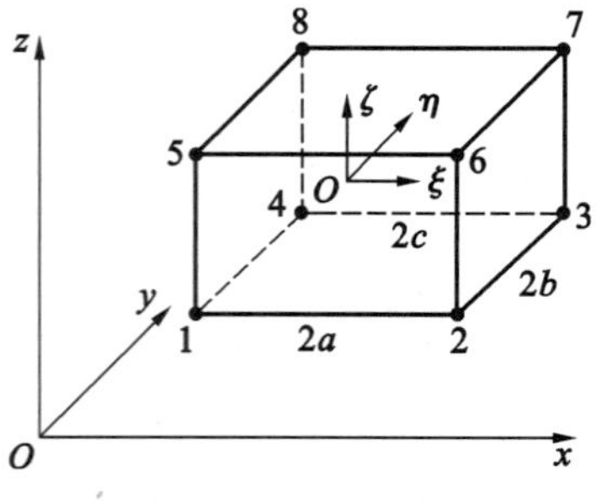

图 10.7　8 节点六面体单元

$$\left.\begin{aligned} \xi &= \frac{1}{a}(x - x_0) \\ x_0 &= \frac{x_1 + x_2}{2} \\ \eta &= \frac{1}{b}(y - y_0) \\ y_0 &= \frac{y_1 + y_4}{2} \\ \zeta &= \frac{1}{c}(z - z_0) \\ z_0 &= \frac{z_1 + z_5}{2} \end{aligned}\right\} \tag{10.34}$$

其中,$2a$、$2b$、$2c$ 分别表示六面体的边长,相对节点编号是 1、2、3、…、8。这样,节点 1～8 的局部坐标分别为(−1,−1,−1)、(1,−1,−1)、(1,1,−1)、(−1,1,−1)、(−1,−1,1)、(1,−1,1)、(1,1,1)、(−1,1,1)。

利用节点位移分量进行函数插值,在局部坐标系中构造单元位移函数为

$$\left.\begin{aligned} u &= \sum_{k=1}^{8} N_k u_k \\ v &= \sum_{k=1}^{8} N_k v_k \\ w &= \sum_{k=1}^{8} N_k w_k \end{aligned}\right\} \tag{10.35}$$

$$N_k(\xi,\eta,\zeta) = \frac{1}{8}(1+\xi_k\xi)(1+\eta_k\eta)(1+\zeta_k\zeta) \quad (k=1,2,3,\cdots,8) \tag{10.36}$$

其中，ξ_k、η_k、ζ_k 表示节点 k 的局部坐标，N_k 为形函数，其形函数矩阵为

$$\boldsymbol{N} = \begin{bmatrix} N_1 & 0 & 0 & N_2 & 0 & 0 & \cdots & N_8 & 0 & 0 \\ 0 & N_1 & 0 & 0 & N_2 & 0 & \cdots & 0 & N_8 & 0 \\ 0 & 0 & N_1 & 0 & 0 & N_2 & \cdots & 0 & 0 & N_8 \end{bmatrix} \tag{10.37}$$

几何矩阵为

$$\boldsymbol{B} = [B_1 \quad B_2 \quad B_3 \quad \cdots \quad B_8] \tag{10.38}$$

其中

$$\boldsymbol{B}_i = \begin{bmatrix} \dfrac{\partial N_i}{\partial x} & 0 & 0 & \dfrac{\partial N_i}{\partial y} & 0 & \dfrac{\partial N_i}{\partial z} \\ 0 & \dfrac{\partial N_i}{\partial y} & 0 & \dfrac{\partial N_i}{\partial x} & \dfrac{\partial N_i}{\partial z} & 0 \\ 0 & 0 & \dfrac{\partial N_i}{\partial z} & 0 & \dfrac{\partial N_i}{\partial y} & \dfrac{\partial N_i}{\partial x} \end{bmatrix}^{\mathrm{T}} \quad (i=1,2,3,\cdots,8) \tag{10.39}$$

而

$$\left.\begin{aligned} \frac{\partial N_i}{\partial x} &= \frac{\xi_i}{8a}(1+\eta_i\eta)(1+\zeta_i\zeta) \\ \frac{\partial N_i}{\partial y} &= \frac{\eta_i}{8b}(1+\zeta_i\zeta)(1+\xi_i\xi) \\ \frac{\partial N_i}{\partial z} &= \frac{\zeta_i}{8c}(1+\xi_i\xi)(1+\eta_i\eta) \end{aligned}\right\} \quad (i=1,2,3,\cdots,8) \tag{10.40}$$

将式(10.38)、式(10.2)代入空间问题有限元单元刚度矩阵计算的一般式(10.20)，可得：

$$\boldsymbol{K}^e = \begin{bmatrix} K_{11} & K_{12} & K_{13} & \cdots & K_{18} \\ K_{21} & K_{22} & K_{23} & \cdots & K_{28} \\ \vdots & \vdots & \vdots & & \vdots \\ K_{81} & K_{82} & K_{83} & \cdots & K_{88} \end{bmatrix} \tag{10.41}$$

其中，任一子块 $\boldsymbol{K}_{ij}$ 由下式计算：

$$\boldsymbol{K}_{ij} = \frac{E\upsilon}{16(1+\upsilon)(1-2\upsilon)} \begin{bmatrix} K_1 & K_4 & K_7 \\ K_2 & K_5 & K_8 \\ K_3 & K_6 & K_9 \end{bmatrix} \quad (i,j=1,2,3,\cdots,8) \tag{10.42}$$

式中

$$
\left.\begin{aligned}
K_1 &= (1-\upsilon)\frac{\xi_i\xi_j}{4a^2}\left(1+\frac{\eta_i\eta_j}{3}\right)\left(1+\frac{\zeta_i\zeta_j}{3}\right) \\
&\quad +\frac{1-2\upsilon}{2}\left[\frac{\eta_i\eta_j}{4b^2}\left(1+\frac{\xi_i\xi_j}{3}\right)\left(1+\frac{\zeta_i\zeta_j}{3}\right)+\frac{\zeta_i\zeta_j}{4c^2}\left(1+\frac{\zeta_i\zeta_j}{3}\right)\left(1+\frac{\eta_i\eta_j}{3}\right)\right] \\
K_2 &= \frac{1}{4ab}\left(1+\frac{\zeta_i\zeta_j}{3}\right)\left(\upsilon\eta_i\xi_j+\frac{1-2\upsilon}{2}\xi_i\eta_j\right) \\
K_3 &= \frac{1}{4ac}\left(1+\frac{\eta_i\eta_j}{3}\right)\left(\upsilon\zeta_i\xi_j+\frac{1-2\upsilon}{2}\xi_i\zeta_j\right) \\
K_4 &= \frac{1}{4ab}\left(1+\frac{\zeta_i\zeta_j}{3}\right)\left(\upsilon\xi_i\eta_j+\frac{1-2\upsilon}{2}\eta_i\xi_j\right) \\
K_5 &= (1-\upsilon)\frac{\eta_i\eta_j}{4b^2}\left(1+\frac{\xi_i\xi_j}{3}\right)\left(1+\frac{\zeta_i\zeta_j}{3}\right) \\
&\quad +\frac{1-2\upsilon}{2}\left[\frac{\xi_i\xi_j}{4a^2}\left(1+\frac{\eta_i\eta_j}{3}\right)\left(1+\frac{\zeta_i\zeta_j}{3}\right)+\frac{\zeta_i\zeta_j}{4c^2}\left(1+\frac{\xi_i\xi_j}{3}\right)\left(1+\frac{\eta_i\eta_j}{3}\right)\right] \\
K_6 &= \frac{1}{4bc}\left(1+\frac{\xi_i\xi_j}{3}\right)\left(\upsilon\zeta_i\eta_j+\frac{1-2\upsilon}{2}\eta_i\zeta_j\right) \\
K_7 &= \frac{1}{4ac}\left(1+\frac{\eta_i\eta_j}{3}\right)\left(\upsilon\xi_i\zeta_j+\frac{1-2\upsilon}{2}\zeta_i\xi_j\right) \\
K_8 &= \frac{1}{4bc}\left(1+\frac{\xi_i\xi_j}{3}\right)\left(\upsilon\eta_i\zeta_j+\frac{1-2\upsilon}{2}\zeta_i\eta_j\right) \\
K_9 &= (1-\upsilon)\frac{\zeta_i\zeta_j}{4c^2}\left(1+\frac{\xi_i\xi_j}{3}\right)\left(1+\frac{\eta_i\eta_j}{3}\right) \\
&\quad +\frac{1-2\upsilon}{2}\left[\frac{\xi_i\xi_j}{4a^2}\left(1+\frac{\eta_i\eta_j}{3}\right)\left(1+\frac{\zeta_i\zeta_j}{3}\right)+\frac{\eta_i\eta_j}{4b^2}\left(1+\frac{\xi_i\xi_j}{3}\right)\left(1+\frac{\zeta_i\zeta_j}{3}\right)\right]
\end{aligned}\right\} \tag{10.43}
$$

设均质六面体的重力是 W，坐标轴 ζ 垂直向上为正，则由重力转化成的单元等效节点荷载分量是：

$$
\left.\begin{aligned}
R_{i\zeta} &= -\frac{1}{8}W \\
R_{i\xi} &= R_{i\eta} = 0
\end{aligned}\right\} \quad (i=1,2,3,\cdots,8) \tag{10.44}
$$

如果在六面体单元的边界面 2367 上作用有双线性分布荷载，且荷载强度在节点 2、3、6、7 上分别是 p_2、p_3、p_6、p_7，则等效节点荷载为

$$
\left.\begin{aligned}
R_2 &= \frac{bc}{9}[4p_2+2(p_3+p_6)+p_7] \\
R_3 &= \frac{bc}{9}[4p_3+2(p_2+p_7)+p_6] \\
R_6 &= \frac{bc}{9}[4p_6+2(p_2+p_7)+p_3] \\
R_7 &= \frac{bc}{9}[4p_7+2(p_3+p_6)+p_2]
\end{aligned}\right\} \tag{10.45}
$$

10.4.2　20 节点 60 自由度六面体单元

图 10.8 所示是 20 节点六面体单元，除了以 8 个角点为节点外，在六面体的 12 个棱线的中点上各设一个棱中节点，节点编号如图 10.8 所示。

在局部坐标系中,构造的对应于每个节点的形函数是:

$$\left.\begin{aligned}
N_i &= \frac{1}{8}(1+\xi_i\xi)(1+\eta_i\eta)(1+\zeta_i\zeta)(\xi_i\xi+\eta_i\eta+\zeta_i\zeta-2) \quad (i=1,2,\cdots,8)\\
N_i &= \frac{1}{4}(1-\xi^2)(1+\eta_i\eta)(1+\zeta_i\zeta) \quad (i=9,10,11,12)\\
N_i &= \frac{1}{4}(1-\eta^2)(1+\zeta_i\zeta)(1+\xi_i\xi) \quad (i=13,14,15,16)\\
N_i &= \frac{1}{4}(1-\zeta^2)(1+\xi_i\xi)(1+\eta_i\eta) \quad (i=17,18,19,20)
\end{aligned}\right\} \tag{10.46}$$

单元位移函数是:

$$\left.\begin{aligned}
u &= \sum_{i=1}^{20} N_i u_i\\
v &= \sum_{i=1}^{20} N_i v_i\\
w &= \sum_{i=1}^{20} N_i w_i
\end{aligned}\right\} \tag{10.47}$$

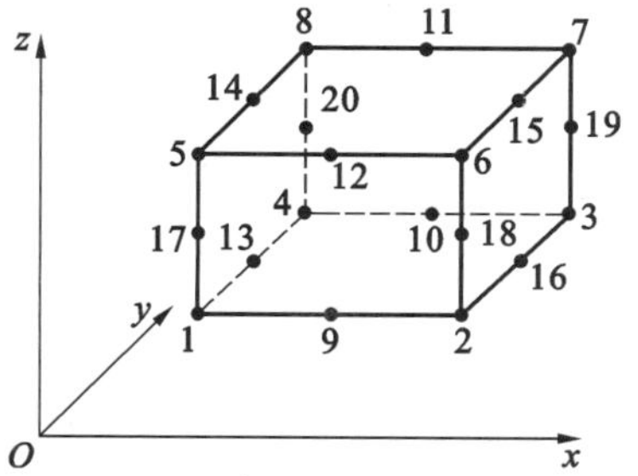

图 10.8　20 节点六面体单元

类似 8 节点六面体单元的推导,利用本节的单元位移函数可计算得到单元节点荷载分量、应力矩阵及单元刚度矩阵,这一过程读者可自行完成,这里不再赘述。

10.5　空间问题的等参元

用有限单元法进行三维弹性体的应力分析时,为了提高有限单元法的计算精度,使所划分的单元能够大小分级和适应复杂的曲面边界,经常使用等参元。空间问题等参元与平面问题等参元的基本概念是相同的,都是将形状规则的单元(母元)映射为形状不规则的单元(子元)。

10.5.1　六面体等参元

图 10.9(a)、图 10.9(b)所示为六面体等参元的映射。常用的六面体等参元的母元包括 8 节点立方体单元和 20 节点立方体单元等。

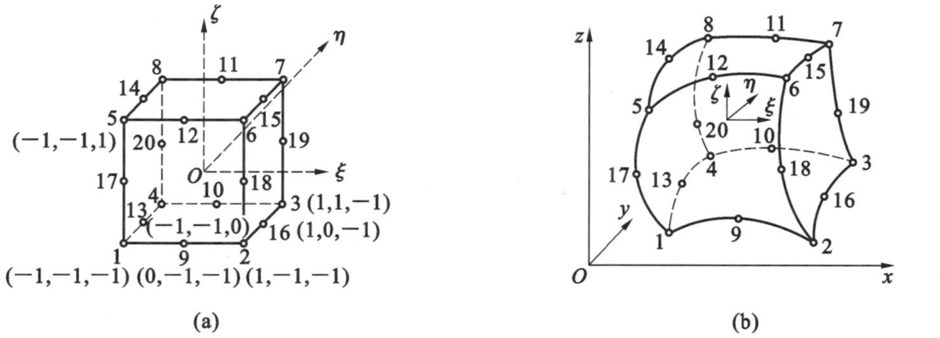

图 10.9　六面体单元的映射

(a) ξ,η,ζ 坐标空间的母元;(b) x,y,z 坐标空间的等参元

类似平面问题的等参元,空间六面体单元的母元到等参元的坐标变换为

$$
\left.\begin{aligned}
x &= \sum_{i=1}^{n} N_i(\xi,\eta,\zeta)x_i \\
y &= \sum_{i=1}^{n} N_i(\xi,\eta,\zeta)y_i \\
z &= \sum_{i=1}^{n} N_i(\xi,\eta,\zeta)z_i
\end{aligned}\right\} \tag{10.48}
$$

其中，n 为单元节点个数。这里(x,y,z)是等参元的整体坐标(直角坐标)，(ξ,η,ζ)是母元的直角坐标，又是等参元的局部坐标(曲线坐标)。(x_i,y_i,z_i)是等参元节点 i 的整体坐标。

等参元的位移模式为

$$
\left.\begin{aligned}
u &= \sum_{i=1}^{n} N_i(\xi,\eta,\zeta)u_i \\
v &= \sum_{i=1}^{n} N_i(\xi,\eta,\zeta)v_i \\
w &= \sum_{i=1}^{n} N_i(\xi,\eta,\zeta)w_i
\end{aligned}\right\} \tag{10.49}
$$

式中　u_i、v_i、w_i——节点 i 的位移。

单元的节点位移向量为

$$
\boldsymbol{\delta}^{\mathrm{e}} = [u_i \quad v_i \quad w_i \quad \cdots \quad u_{\mathrm{n}} \quad v_{\mathrm{n}} \quad w_{\mathrm{n}}]^{\mathrm{T}} \tag{10.50}
$$

单元的应变矩阵为

$$
\boldsymbol{\varepsilon} = \boldsymbol{B}\boldsymbol{\delta}^{\mathrm{e}} \tag{10.51}
$$

其中，几何矩阵 $\boldsymbol{B}$ 可写成：

$$
\boldsymbol{B} = [B_1 \quad B_2 \quad \cdots \quad B_{\mathrm{n}}] \tag{10.52}
$$

而

$$
\boldsymbol{B}_i = \begin{bmatrix}
\frac{\partial N_i}{\partial x} & 0 & 0 & \frac{\partial N_i}{\partial y} & 0 & \frac{\partial N_i}{\partial z} \\
0 & \frac{\partial N_i}{\partial y} & 0 & \frac{\partial N_i}{\partial x} & \frac{\partial N_i}{\partial z} & 0 \\
0 & 0 & \frac{\partial N_i}{\partial z} & 0 & \frac{\partial N_i}{\partial y} & \frac{\partial N_i}{\partial x}
\end{bmatrix}^{\mathrm{T}} \quad (i=1,2,\cdots,n) \tag{10.53}
$$

其中，偏导数$\frac{\partial N_i}{\partial x}$、$\frac{\partial N_i}{\partial y}$、$\frac{\partial N_i}{\partial z}$可按下式变换为$\frac{\partial N_i}{\partial \xi}$、$\frac{\partial N_i}{\partial \eta}$、$\frac{\partial N_i}{\partial \zeta}$：

$$
\begin{Bmatrix}
\frac{\partial N_i}{\partial x} \\
\frac{\partial N_i}{\partial y} \\
\frac{\partial N_i}{\partial z}
\end{Bmatrix} = \boldsymbol{J}^{-1}
\begin{Bmatrix}
\frac{\partial N_i}{\partial \xi} \\
\frac{\partial N_i}{\partial \eta} \\
\frac{\partial N_i}{\partial \zeta}
\end{Bmatrix} \tag{10.54}
$$

三维矩阵问题的雅可比矩阵 $\boldsymbol{J}$ 为

$$
\boldsymbol{J} = \begin{bmatrix}
\frac{\partial x}{\partial \xi} & \frac{\partial y}{\partial \xi} & \frac{\partial z}{\partial \xi} \\
\frac{\partial x}{\partial \eta} & \frac{\partial y}{\partial \eta} & \frac{\partial z}{\partial \eta} \\
\frac{\partial x}{\partial \zeta} & \frac{\partial y}{\partial \zeta} & \frac{\partial z}{\partial \zeta}
\end{bmatrix} \tag{10.55}
$$

单元体积内的积分可以表示为

$$\iiint F(x,y,z)\mathrm{d}x\mathrm{d}y\mathrm{d}z=\int_{-1}^{1}\int_{-1}^{1}\int_{-1}^{1}F^{*}(\xi,\eta,\zeta)|J|\mathrm{d}\xi\mathrm{d}\eta\mathrm{d}\zeta \tag{10.56}$$

在 $\xi=c$ 的面上，面积积分可表示为

$$\iint f(x,y,z)\mathrm{d}A=\int_{-1}^{1}\int_{-1}^{1}f^{*}(c,\eta,\zeta)\widetilde{A}\mathrm{d}\eta\mathrm{d}\zeta \tag{10.57}$$

其中

$$\widetilde{A}=\left[\left(\frac{\partial y}{\partial\eta}\frac{\partial z}{\partial\zeta}-\frac{\partial y}{\partial\zeta}\frac{\partial z}{\partial\eta}\right)^{2}+\left(\frac{\partial z}{\partial\eta}\frac{\partial x}{\partial\zeta}-\frac{\partial z}{\partial\zeta}\frac{\partial x}{\partial\eta}\right)^{2}+\left(\frac{\partial x}{\partial\eta}\frac{\partial y}{\partial\zeta}-\frac{\partial x}{\partial\zeta}\frac{\partial y}{\partial\eta}\right)^{2}\right]_{\zeta=c}^{\frac{1}{2}} \tag{10.58}$$

关于 η 和 ζ 常数的面上的面积积分可以通过轮换 ξ、η 和 ζ 得到。

单元的刚度矩阵为

$$\boldsymbol{K}^{\mathrm{e}}=\iiint\boldsymbol{B}^{\mathrm{T}}\boldsymbol{D}\boldsymbol{B}\mathrm{d}V=\int_{-1}^{1}\int_{-1}^{1}\int_{-1}^{1}\boldsymbol{B}^{\mathrm{T}}\boldsymbol{D}\boldsymbol{B}|J|\mathrm{d}\xi\mathrm{d}\eta\mathrm{d}\zeta \tag{10.59}$$

10.5.2 四面体等参元

图 10.10(a)、图 10.10(b)所示为空间四面体等参元的映射。常用的四面体等参元的母元包括 4 节点四面体单元和 10 节点四面体单元。

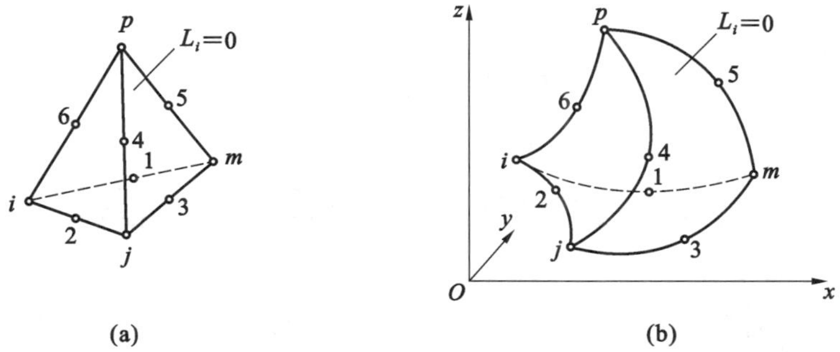

图 10.10 空间四面体单元的映射

(a) 体积坐标空间的母元；(b) x、y、z 坐标空间的等参元

对于 4 节点四面体单元，由母元到等参元的坐标变换为

$$\left.\begin{aligned}x&=N_ix_i+N_jx_j+N_{\mathrm{m}}x_{\mathrm{m}}+N_{\mathrm{p}}x_{\mathrm{p}}\\y&=N_iy_i+N_jy_j+N_{\mathrm{m}}y_{\mathrm{m}}+N_{\mathrm{p}}y_{\mathrm{p}}\\z&=N_iz_i+N_jz_j+N_{\mathrm{m}}z_{\mathrm{m}}+N_{\mathrm{p}}z_{\mathrm{p}}\end{aligned}\right\} \tag{10.60}$$

对于 10 节点四面体单元，由母元到等参元的坐标变换为

$$\left.\begin{aligned}x&=N_ix_i+N_jx_j+N_{\mathrm{m}}x_{\mathrm{m}}+N_{\mathrm{p}}x_{\mathrm{p}}+\sum_{l=1}^{6}N_lx_l\\y&=N_iy_i+N_jy_j+N_{\mathrm{m}}y_{\mathrm{m}}+N_{\mathrm{p}}y_{\mathrm{p}}+\sum_{l=1}^{6}N_ly_l\\z&=N_iz_i+N_jz_j+N_{\mathrm{m}}z_{\mathrm{m}}+N_{\mathrm{p}}z_{\mathrm{p}}+\sum_{l=1}^{6}N_lz_l\end{aligned}\right\} \tag{10.61}$$

其他列式过程与六面体等参元是相似的，作如下变换后，式(10.50)至式(10.55)也可通用于四面体单元，只是形函数的下标有所不同。令

$$\left.\begin{aligned}\xi&=L_i\\ \eta&=L_j\\ \zeta&=L_{\mathrm{m}}\\ 1-\xi-\eta-\zeta&=L_{\mathrm{p}}\end{aligned}\right\}\tag{10.62}$$

则有：

$$\left.\begin{aligned}\frac{\partial}{\partial\xi}&=\frac{\partial}{\partial L_i}-\frac{\partial}{\partial L_{\mathrm{p}}}\\ \frac{\partial}{\partial\eta}&=\frac{\partial}{\partial L_j}-\frac{\partial}{\partial L_{\mathrm{p}}}\\ \frac{\partial}{\partial\zeta}&=\frac{\partial}{\partial L_{\mathrm{m}}}-\frac{\partial}{\partial L_{\mathrm{p}}}\end{aligned}\right\}\tag{10.63}$$

同时，积分表达式的积分上下限应根据体积坐标的特点做必要的修改。

$$\iiint F(x,y,z)\mathrm{d}x\mathrm{d}y\mathrm{d}z=\int_0^1\int_0^{1-L_i}\int_0^{1-L_i-L_j}F^*(L_i,L_j,L_{\mathrm{m}})\,|J|\,\mathrm{d}L_i\mathrm{d}L_j\mathrm{d}L_{\mathrm{m}}\tag{10.64}$$

式(10.57)变为(设 $L_i=0$)

$$\iint f(x,y,z)\mathrm{d}A=\int_0^1\int_0^{1-L_j}f^*(0,L_j,L_{\mathrm{m}})\widetilde{A}\,\mathrm{d}L_i\mathrm{d}L_j\tag{10.65}$$

单元刚度矩阵可表示为

$$\boldsymbol{K}^{\mathrm{e}}=\int_0^1\int_0^{1-L_i}\int_0^{1-L_i-L_j}\boldsymbol{B}^{\mathrm{T}}\boldsymbol{D}\boldsymbol{B}\,|\,J\,|\,\mathrm{d}L_i\mathrm{d}L_j\mathrm{d}L_{\mathrm{m}}\tag{10.66}$$

10.6　各种空间单元的比较与选择

在本章的讨论中，一般的空间单元主要包括 4 节点 12 自由度四面体单元(T12 单元)、10 节点 30 自由度四面体单元(T30 单元)、4 节点 48 自由度四面体单元(T48 单元)以及 8 节点 24 自由度六面体单元(H24 单元)、20 节点 60 自由度六面体单元(H60 单元)。

图 10.11(b)画出了用几种不同的空间单元(T12 单元、T48 单元、H24 单元)计算一个悬臂梁弯曲问题[图 10.11(a)]的结果。

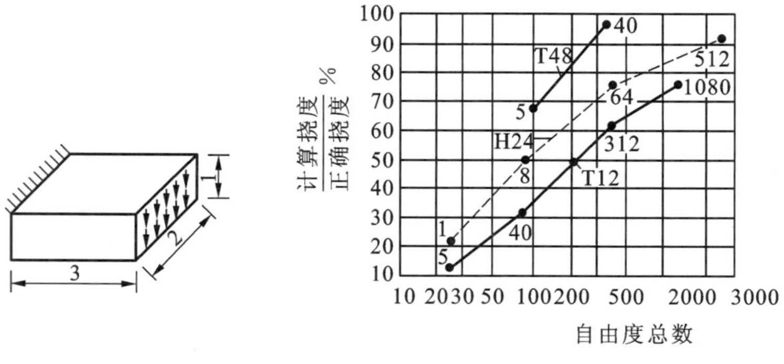

(a)　　(b)

图 10.11　空间单元计算结果比较

(a) 悬臂梁弯曲问题；(b) 不同单元形式的计算结果

由此可见，高次单元的精度优于简单单元，相同节点自由度的六面体单元的精度优于四面体单元。在采用简单的 4 节点 12 自由度四面体单元(T12 单元)分析空间应力问题时，由于单元应力是常量，不易适应变化的应力场，必须采用密集的网格、大量的单元，才能得到较好的计算精度，否则，计算精度很差；T48 单元是效果比较好的四面体单元，其单元应变是二次函数，计算精度较高，每个节点采用了 12 个参数，与其他四面体相比，结构计算时总的单元数目减少了，节点数目也减少了，整体刚度矩阵的带宽也随之减小了。与其他四面体单元一样，它能适应复杂的几何外形。而六面体单元由于体形过于规则，不容易与实际工程结构的复杂外形相贴合，在应用上受到一定的限制。

在本章的讨论中，等参数曲面单元主要包括 4 节点 12 自由度四面体等参元（I12 单元）、10 节点 30 自由度四面体等参元（I30 单元）以及 8 节点 24 自由度六面体等参元（I24 单元）、20 节点 60 自由度六面体等参元（I60 单元）。一般认为，等参元均具有较高的计算精度，也能适应复杂的几何形状。

表 10.1 列出了一般空间单元及各种等参曲面单元，按照图 10.12(a)及图 10.12(b)所示的网格进行计算所得到的悬臂梁及简支板的应力、挠度的部分结果。

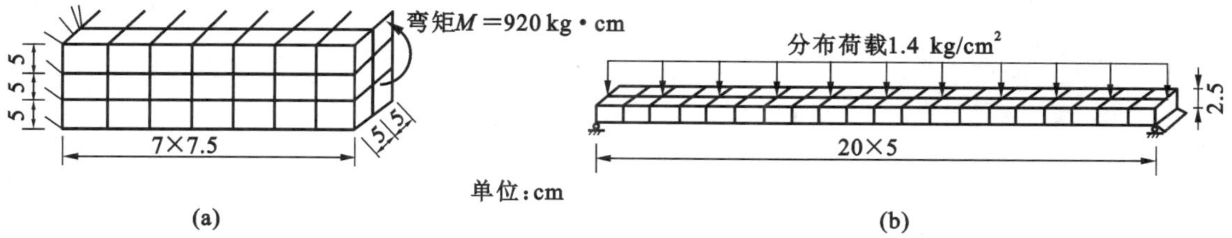

图 10.12 网格简图

(a) 悬臂梁；(b) 简支板

表 10.1 悬臂梁及简支板的部分计算结果

节点数	单元编号	说明	短悬臂梁			简 支 板		
			最大应力/(kg/cm²)		最大挠度/(×10⁻⁴ cm)	最大应力/(kg/cm²)		最大挠度/cm
			σ_τ	σ_σ		σ_τ	σ_σ	
8 节点	5T12	由 5 个常应变单元组合	（未算）	（未算）	1.54	（未算）	（未算）	0.0786
	6T12	由 6 个常应变单元组合	1.056	0.084	1.39	（未算）	（未算）	0.0662
	I24	等参元	2.22	0.099	1.86	788	−338	0.236
20 节点	5T30	由 5 个线性应变单元组合	2.35	0	2.08	—	—	—
	I60	等参元	2.35	0	2.08	1690	1.74	0.616
梁理论			2.85	0	3.08	1690	0.70	0.616

由表可知，等参元 I60 对于两种结构的计算精度都很高，等参元 I24 对于悬臂梁的计算精度还算满意，对于简支板的计算精度比较差，5 个或 6 个常应变单元（T12）组合的单元 5T12 和 6T12 对两种结构的计算精度都很差。由 5 个线性应变单元组合的单元 5T30 的计算精度是比较好的，但它的表面是平面，不如等参元 I60 那样贴合结构的复杂外形。另外，等参元的刚度矩阵是各向同性的，而计算表明，由 5 个 T30 单元组合的正六面体单元的刚度矩阵却在三个方向略有差异。

从以上计算结果来看，在两种等参元中，似乎 I60 比较好，但表 10.1 是在网格相同的情况下用不同单元计算的。I60 单元虽然精度较高，但因单元复杂，消耗的计算时间也较大。

总之，对于空间问题，20 节点等参元 I60 可以较好地反映板弯曲作用，在厚度方向只要取一层单元就可以计算弯曲作用比较显著的结构，如拱坝、厚壁压力容器等。但对于内部切应力较显著的大体积结构，8 节点等参元 I24 可能更为有效。当存在应力集中现象时，四面体单元因可采用密集的网格以适应急剧变化的应力场，仍是值得考虑的一种形式。

本章小结

(1) 4 节点 12 自由度空间四面体单元、8 节点 24 自由度六面体单元是空间问题有限单元法的基础，也是本章介绍的重点内容。

(2) 本章介绍的高精度空间单元有两种类型。一种是通过增加单元内部节点数的高精度单元，如 10 节点 30 自由度四面体单元、20 节点 60 自由度六面体单元；另一种是通过增加单元节点自由度数目的高精度单元，如 4 节点 48 自由度四面体单元等。

(3) 为了适应实际结构的计算需要，本章介绍了各种形式的等参元(即四面体等参元、六面体等参元)，为空间问题的有限元计算提供了多种选择。

(4) 为了给读者更直观的概念，本章展示了用各种空间单元计算梁、板等结构的部分结果，以便加深对各种空间单元的了解。

思考题

10.1　空间单元大致分为哪几类？它们各自有什么优缺点？

10.2　高精度空间单元有哪几种类型？它们的作用是什么？其发展方向如何？

10.3　为什么在三角形单元中可以用面积坐标代替笛卡儿坐标？使用面积坐标有什么优点？是否可以在类似四面体单元中采用体积坐标？

10.4　通过本章的学习，在用有限单元法分析空间问题时，你可能会选用什么样的空间单元？为什么？

习题

10.1　空间直三棱柱单元如图 10.13 所示，试用插值方法构造单元的形函数。

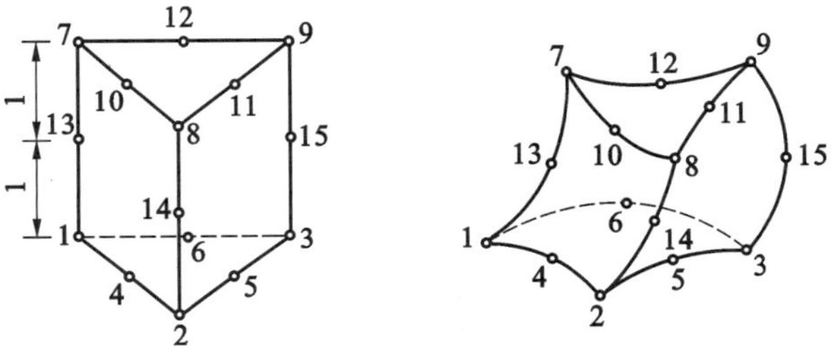

图 10.13　习题 10.1 图

10.2　试用内插的方法构造图 10.14 所示 20 节点曲六面体单元等参元的形函数。

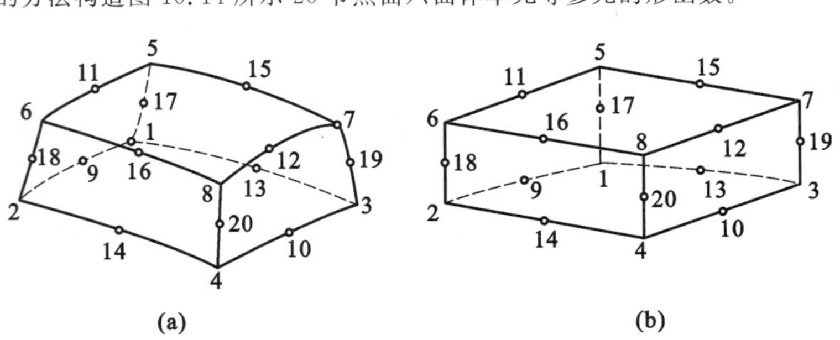

(a)　　(b)

图 10.14　习题 10.2 图

10.3　图 10.15 所示的 10 节点正六面体单元，当单元上 C 点受集中荷载$[p_x \quad p_y \quad p_z]^T$ 作用时，试求第 5 点和第 9 点的等效节点荷载。

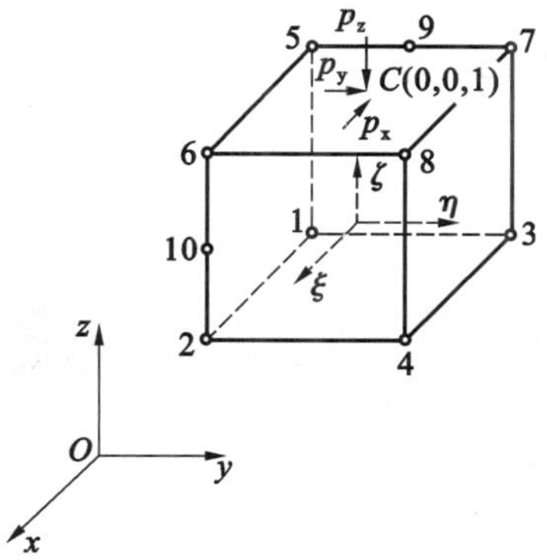

图 10.15　习题 10.3 图

10.4　已知实体梁长 $L=254$ mm，高 $H=25.4$ mm，宽 $B=30.5$ mm，弹性模量 $E=0.703\times10^4$ MPa，泊松比 $\upsilon=0.3$，一端固定，另一端承受剪力 $Q=3.63$ kN，试以自由端挠度及根部应力为依据，比较各种空间单元的计算精度。

11 板壳问题的有限元法

本章提要

本章叙述了薄板弯曲问题有限元法的矩形单元、三角形单元的计算原理与方法，给出了矩形薄板单元、三角形薄板单元结合相应平面应力单元计算板壳问题的基本过程；介绍了适用于薄板弯曲问题、平面应力问题及板壳结构等分析计算的程序。

11.1 引　　言

从第 10 章我们已经知道，有限单元法用于三维连续体，特别是它们的线性分析，已经发展得相当成熟。从原则上说，我们也可以利用三维实体单元分析板壳结构问题，并可以避免弹性力学引入的简化，但是这样做在实际分析中遇到了困难。这是因为在用实体单元对结构进行离散时，如果网格适应结构的几何特点，这时单元的厚度较其他方向的尺寸要小得多，则单元在不同方向的刚度系数相差过大，从而导致结构整体方程的病态或奇异，最后将使解丧失精度或根本失效。反之，为了避免上述问题的发生，保持单元在各个方向尺度相近，避免单元总数过分庞大，而使整个分析过程难以进行。

事实上，目前弹性力学板壳理论已较为成熟，且在工程应用中被证明行之有效。但由于在数学求解上的限制，只有少量几何形状、荷载及边界条件较简单的情况才能获得解析的结果。因此，自有限元产生开始，以弹性力学板壳理论为基础的板壳问题的有限元法得到了广泛的研究与应用，积累了丰富的文献资料和大量实例分析。本章介绍的是以经典板壳理论为基础的有限元板壳分析，为进一步深入学习打下基础。

11.2 矩形薄板单元分析

在本章板壳问题的有限元法中，板涉及的是薄板，壳则是用薄板弯曲及平面应力问题的组合分析来完成。因此，本章的板问题有限元分析，是以经典薄板理论为基础，经典薄板问题的基本方程需要引用，但均改用矩阵表示，如广义应变：

$$\mathscr{K}=\left[-\frac{\partial^2 w}{\partial x^2}\quad -\frac{\partial^2 w}{\partial y^2}\quad -2\frac{\partial^2 w}{\partial x\partial y}\right]^{\mathrm{T}} \tag{11.1}$$

$\mathscr{K}$中各个分量分别代表薄板弯曲后中面在 x 方向的曲率、y 方向的曲率以及在 x 和 y 方向的扭率。与之相应的薄板的广义内力是：

$$\boldsymbol{M}=[M_x \quad M_y \quad M_{xy}]^{\mathrm{T}} \tag{11.2}$$

其中，M_x、M_y 分别是垂直于 x 轴和垂直于 y 轴的截面上单位长度的弯矩，$M_{xy}(=M_{yx})$是垂直于 $x(y)$轴截面上单位长度的扭矩。

广义应力、应变关系是：

$$\boldsymbol{M}=\boldsymbol{D}\,\mathscr{K} \tag{11.3}$$

其中，弹性矩阵 $\boldsymbol{D}$，对于各向同性材料是：

$$\boldsymbol{D}=\frac{Et^3}{12(1-\upsilon^2)}\begin{bmatrix}1 & \upsilon & 0\\ \upsilon & 1 & 0\\ 0 & 0 & \dfrac{1-\upsilon}{2}\end{bmatrix} \tag{11.4}$$

11.2.1　单元位移函数

设薄板被离散成若干矩形单元的集合，单元的节点位移与节点力(正向)如图 11.1 所示。

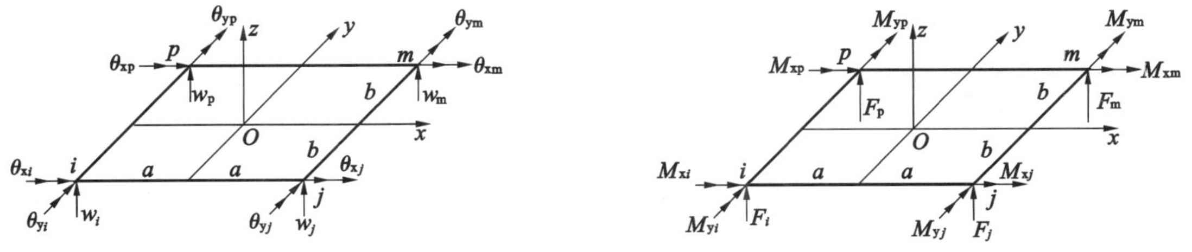

(a)　　　　(b)

图 11.1　矩形单元节点位移和节点力

(a) 薄板单元节点位移示意图；(b) 薄板单元节点力示意图

记单元的广义节点位移为

$$\boldsymbol{\delta}_i=\begin{bmatrix}w_i\\ \theta_{xi}\\ \theta_{yi}\end{bmatrix}=\begin{bmatrix}w_i\\ \left(\dfrac{\partial w}{\partial y}\right)_i\\ -\left(\dfrac{\partial w}{\partial x}\right)_i\end{bmatrix}\quad(i,j,m,p) \tag{11.5}$$

整个单元的位移由 4 个节点的位移来确定，即

$$\boldsymbol{\delta}^{e}=[\delta_i^{\mathrm{T}} \quad \delta_j^{\mathrm{T}} \quad \delta_m^{\mathrm{T}} \quad \delta_p^{\mathrm{T}}]^{\mathrm{T}} \tag{11.6}$$

相应的广义节点力及单元的广义节点力列阵分别为

$$\boldsymbol{F}_i=\begin{bmatrix}F_{Qi}\\ M_{xi}\\ M_{yi}\end{bmatrix}\quad(i,j,m,p) \tag{11.7}$$

$$\boldsymbol{F}_i=[F_i^{\mathrm{T}} \quad F_j^{\mathrm{T}} \quad F_m^{\mathrm{T}} \quad F_p^{\mathrm{T}}]^{\mathrm{T}} \tag{11.8}$$

因为单元节点位移参数(每节点的挠度和绕两坐标轴的转角)总计有 12 个，即该单元有 12 个自由度，所以从广义坐标法角度来说，位移模式可取为

$$\begin{aligned}w=&a_1+a_2x+a_3y+a_4x^2+a_5xy+a_6y^2+a_7x^3\\&+a_8x^2y+a_9xy^2+a_{10}y^3+a_{11}x^3y+a_{12}xy^3\end{aligned} \tag{11.9}$$

根据式(11.5)，分别对 x、y 求导数得：

$$\theta_x=\frac{\partial w}{\partial y}=a_3+a_5x+2a_6x+a_8x^2+2a_9xy+3a_{10}y^2+a_{11}x^3+3a_{12}xy^2 \tag{11.10}$$

$$\theta_y = -\frac{\partial w}{\partial x} = -(a_2 + 2a_4 x + a_5 y + 3a_7 x^2 + 2a_8 xy + a_9 y^2 + 3a_{11} x^2 y + a_{12} y^3) \quad (11.11)$$

利用式(11.9)、式(11.10)和式(11.11)及 4 个节点的位移条件即可确定全部待定常数 $a_1 \sim a_{12}$，将所得系数代回式(11.9)，整理后即可得到：

$$w = \boldsymbol{N}\boldsymbol{\delta}^e \quad (11.12)$$

其中，$\boldsymbol{N}$ 为 x、y 的函数，称为形函数。显然有：

$$\boldsymbol{N} = [N_i \quad N_{xi} \quad N_{yi} \quad N_j \quad N_{xj} \quad N_{yj} \quad N_m \quad N_{xm} \quad N_{ym} \quad N_p \quad N_{xp} \quad N_{yp}] \quad (11.13)$$

其中

$$\left.\begin{aligned}
[N_i \quad N_{xi} \quad N_{yi}] &= \frac{\xi_1\eta_1}{16}[\xi_1\eta_1 - \xi_2\eta_2 + 2\xi_1\xi_2 \\
&\quad + 2\eta_1\eta_2 \quad 2b\eta_1\eta_2 \quad -2a\xi_1\xi_2] \\
[N_j \quad N_{xj} \quad N_{yj}] &= \frac{\xi_2\eta_1}{16}[\xi_2\eta_1 - \xi_1\eta_2 + 2\xi_1\xi_2 \\
&\quad + 2\eta_1\eta_2 \quad 2b\eta_1\eta_2 \quad 2a\xi_1\xi_2] \\
[N_m \quad N_{xm} \quad N_{ym}] &= \frac{\xi_2\eta_2}{16}[\xi_2\eta_2 - \xi_1\eta_1 + 2\xi_1\xi_2 \\
&\quad + 2\eta_1\eta_2 \quad -2b\eta_1\eta_2 \quad 2a\xi_1\xi_2] \\
[N_p \quad N_{xp} \quad N_{yp}] &= \frac{\xi_1\eta_2}{16}[\xi_1\eta_2 - \xi_2\eta_1 + 2\xi_1\xi_2 \\
&\quad + 2\eta_1\eta_2 \quad -2b\eta_1\eta_2 \quad -2a\xi_1\xi_2]
\end{aligned}\right\} \quad (11.14)$$

式中

$$\left.\begin{aligned}
\xi_1 &= 1 - \frac{x}{a} \\
\xi_2 &= 1 + \frac{x}{a} \\
\eta_1 &= 1 - \frac{y}{b} \\
\eta_2 &= 1 + \frac{y}{b}
\end{aligned}\right\} \quad (11.15)$$

下面我们分析单元边界之间的位移连续性，从位移函数式(11.9)中可以看出它包含了常数项和全部的一次项(刚体运动)，以及完全的二次项(常应变)，因而满足完备性条件。同时我们也能证明位移函数 w 在元素边界上也是协调的，如在 y＝常量的边界上，将 y 坐标值代入式(11.9)，得到 w 是 x 的三次曲线，它的 4 个系数由边界上两端点的 w 和$\frac{\partial w}{\partial x}$值所唯一确定，因而证明挠度 w 在元素边界上的连续性。但在该边界上的法向导数$\frac{\partial w}{\partial y}$(即转角 $\theta_x = \frac{\partial w}{\partial y}$)却不是连续的，因为在此边界上$\frac{\partial w}{\partial y}$也是 x 的三次函数，而该边界上两端点的$\frac{\partial w}{\partial y}$值显然不足以确定该三次曲线，所以这个单元不是完全协调元，但由于它满足非完全协调元的收敛性准则，所以当单元划分不断缩小时，计算结果还是能收敛于精确解答。

11.2.2　非完全协调元的收敛性准则

艾恩斯(Irons)指出，对于不能完全满足协调元准则的单元来说，若对任意小片的几个单元集合施加与任一常应变状态相应的节点位移，如果能在无外荷载作用下满足节点平衡条件并且获得常应力状态，则称此单元能通过分片检验。而且已经证明，分片检验所要求的条件是保证非协调任意(二维、三维等)单元收敛性的充分条件。

对某种薄板单元位移模式，进行分片检验的具体步骤如下：

(1) 取某一单元小片，使在小片的边界上给出对应于完全二次多项式的边界条件；

(2) 按此位移模式进行(在无荷载作用下的)单元、整体分析，并在上述位移边界条件下求解；

(3) 若所求得的节点位移构造的小片上的挠度为完全二次多项式，则单元的位移模式通过分片检验。

当薄板程序不能解已知边界支承位移时，也可按如下步骤进行分片检验：

(1) 取某一单元小片，对小片的每一节点给以对应于完全二次多项式的节点位移；

(2) 每一单元按 $\boldsymbol{F}^e=\boldsymbol{K}^e\boldsymbol{\delta}^e$ 求单元节点力，式中 $\boldsymbol{K}^e$ 为对应所考察位移模式的单元刚度矩阵；

(3) 检验小片内部节点处是否均满足 $\sum_e \boldsymbol{F}_j^e=0$(交于 j 节点各单元节点力自平衡)，若条件成立，则单元位移模式能通过分片检验。

图 11.2 所示单元小片，取 $w=1+x+y+x^2+xy+y^2$，则有：

$$\theta_x=1+x+2y,\quad \theta_y=-1-2x-y$$

按上述式子给每节点以位移后，可求得：

$$\boldsymbol{F}_5^{(1)}=\begin{bmatrix}-0.26923\\0.25\\0.25\end{bmatrix}\qquad \boldsymbol{F}_5^{(2)}=\begin{bmatrix}0.26923\\0.25\\-0.25\end{bmatrix}$$

$$\boldsymbol{F}_5^{(3)}=\begin{bmatrix}0.26923\\-0.25\\0.25\end{bmatrix}\qquad \boldsymbol{F}_5^{(4)}=\begin{bmatrix}-0.26923\\-0.25\\-0.25\end{bmatrix}$$

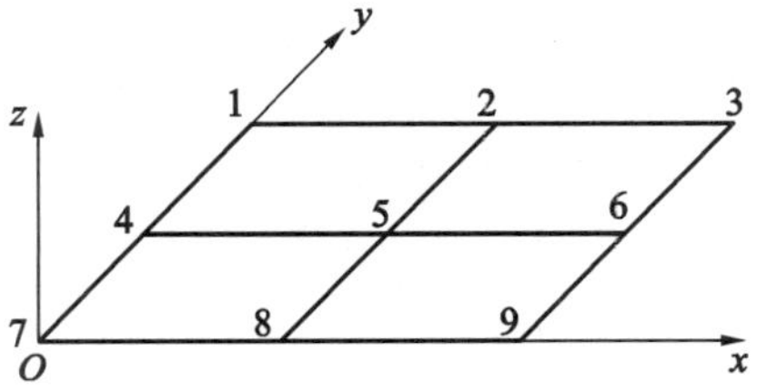

图 11.2　单元小片示意图

显然

$$\sum_{e=1}^{4}\boldsymbol{F}_5^e=0$$

这说明矩形 12 自由度的薄板单元的位移函数在上述网格划分形式下能通过分片检验。

11.2.3　单元刚度矩阵

将单元挠度计算式(11.12)代入式(11.1)，可得薄板的广义应变列向量为

$$\mathscr{K}=\boldsymbol{B}\boldsymbol{\delta}^e \tag{11.16}$$

式中，$\boldsymbol{B}$ 为几何矩阵，其形式为

$$\boldsymbol{B}=-\begin{bmatrix}\dfrac{\partial^2 N_i}{\partial x^2} & \dfrac{\partial^2 N_{xi}}{\partial x^2} & \dfrac{\partial^2 N_{yi}}{\partial x^2} & \cdots & \dfrac{\partial^2 N_{yp}}{\partial x^2}\\ \dfrac{\partial^2 N_i}{\partial y^2} & \dfrac{\partial^2 N_{xi}}{\partial y^2} & \dfrac{\partial^2 N_{yi}}{\partial y^2} & \cdots & \dfrac{\partial^2 N_{yp}}{\partial y^2}\\ 2\dfrac{\partial^2 N_i}{\partial x\partial y} & 2\dfrac{\partial^2 N_{xi}}{\partial x\partial y} & 2\dfrac{\partial^2 N_{yi}}{\partial x\partial y} & \cdots & 2\dfrac{\partial^2 N_{yp}}{\partial x\partial y}\end{bmatrix} \tag{11.17}$$

将式(11.16)代入式(11.3)，得到

$$\boldsymbol{M}=\boldsymbol{S}\boldsymbol{\delta}^e \tag{11.18}$$

其中，矩阵 $\boldsymbol{S}$ 称为内力矩阵或广义应力矩阵，其形式为

$$\boldsymbol{S}=\boldsymbol{BD}=[S_i\quad S_j\quad S_m\quad S_p] \tag{11.19}$$

将单元中 4 个节点坐标分别代入式(11.17)，求得 $\boldsymbol{B}$ 矩阵，再代入式(11.19)求得 $\boldsymbol{S}$ 矩阵。各节点处

内力矩阵的表达式为

$$
\boldsymbol{S}_i=\frac{Et^3}{48ab(1-\upsilon^2)}\times
$$

$$
\begin{bmatrix}
6\left(\frac{b}{a}+\upsilon\frac{a}{b}\right) & 8\upsilon a & -8b & -6\frac{b}{a} & 0 & -4b & 0 & 0 & 0 & -6\upsilon\frac{a}{b} & 4\upsilon a & 0\\
6\left(\frac{a}{b}+\upsilon\frac{b}{a}\right) & 8a & -8\upsilon b & -6\upsilon\frac{b}{a} & 0 & -4\upsilon b & 0 & 0 & 0 & -6\frac{b}{a} & 4a & 0\\
1-\upsilon & 2(1-\upsilon)b & -2(1-\upsilon)a & -(1-\upsilon) & -2(1-\upsilon)b & 0 & 1-\upsilon & 0 & 0 & -(1-\upsilon) & 0 & 2(1-\upsilon)a
\end{bmatrix}
$$

$$
\boldsymbol{S}_j=\frac{Et^3}{48ab(1-\upsilon^2)}\times
$$

$$
\begin{bmatrix}
-6\frac{b}{a} & 0 & 4b & 6\left(\frac{b}{a}+\upsilon\frac{a}{b}\right) & 8\upsilon a & 8b & -6\upsilon\frac{a}{b} & 4\upsilon a & 0 & 0 & 0 & 0\\
-6\upsilon\frac{b}{a} & 0 & 4\upsilon b & 6\left(\frac{a}{b}+\upsilon\frac{b}{a}\right) & 8a & 8\upsilon b & -6\frac{a}{b} & 4a & 0 & 0 & 0 & 0\\
1-\upsilon & 2(1-\upsilon)b & 0 & -(1-\upsilon) & -2(1-\upsilon)b & -2(1-\upsilon)a & 1-\upsilon & 0 & 2(1-\upsilon)a & -(1-\upsilon) & 0 & 0
\end{bmatrix}
$$

$$
\boldsymbol{S}_{\mathrm{m}}=\frac{Et^3}{48ab(1-\upsilon^2)}\times
$$

$$
\begin{bmatrix}
0 & 0 & 0 & -6\upsilon\frac{a}{b} & -4\upsilon a & 0 & 6\left(\frac{b}{a}+\upsilon\frac{a}{b}\right) & -8\upsilon a & 8b & 6\frac{b}{a} & 0 & 4b\\
0 & 0 & 0 & -6\frac{a}{b} & -4a & 0 & 6\left(\frac{a}{b}+\upsilon\frac{b}{a}\right) & -8a & 8\upsilon b & -6\upsilon\frac{b}{a} & 0 & 4\upsilon b\\
1-\upsilon & 0 & 0 & -(1-\upsilon) & 0 & -2(1-\upsilon)a & 1-\upsilon & -2(1-\upsilon)b & 2(1-\upsilon)a & -(1-\upsilon) & 2(1-\upsilon)b & 0
\end{bmatrix}
$$

$$
\boldsymbol{S}_{\mathrm{p}}=\frac{Et^3}{48ab(1-\upsilon^2)}\times
$$

$$
\begin{bmatrix}
-6\upsilon\frac{a}{b} & -4\upsilon a & 0 & 0 & 0 & 0 & -6\frac{b}{a} & 0 & -4b & 6\left(\frac{b}{a}+\upsilon\frac{a}{b}\right) & -8\upsilon a & -8b\\
-6\frac{a}{b} & -4a & 0 & 0 & 0 & 0 & -6\upsilon\frac{b}{a} & 0 & -4\upsilon b & 6\left(\frac{a}{b}+\upsilon\frac{b}{a}\right) & -8a & -8\upsilon b\\
1-\upsilon & 0 & -2(1-\upsilon)a & -(1-\upsilon) & 0 & 0 & 1-\upsilon & -2(1-\upsilon)b & 0 & -(1-\upsilon) & 2(1-\upsilon)b & -2(1-\upsilon)a
\end{bmatrix}
\tag{11.20}
$$

板单元刚度矩阵可以从虚功原理导出。使单元节点上产生任意虚位移$\boldsymbol{\delta}^{*e}$，则外力在该虚位移上所做的虚功等于广义应力 $\boldsymbol{M}$ 对相应的虚应变$\mathscr{K}^*$ 的虚应变能，即

$$
(\boldsymbol{\delta}^{*e})^{\mathrm{T}}\boldsymbol{F}^{e}=\iint\mathscr{K}^{*\mathrm{T}}\boldsymbol{M}\,\mathrm{d}x\,\mathrm{d}y \tag{11.21}
$$

将式(11.16)和式(11.3)代入上式，由于$\boldsymbol{\delta}^{*e}$ 的任意性，得到：

$$
\boldsymbol{F}^{e}=\boldsymbol{K}\boldsymbol{\delta}^{e} \tag{11.22}
$$

其中

$$
\boldsymbol{K}^{e}=\iint\boldsymbol{B}^{\mathrm{T}}\boldsymbol{D}\boldsymbol{B}\,\mathrm{d}x\,\mathrm{d}y \tag{11.23}
$$

式(11.23)即为单元刚度矩阵，以式(11.4)、式(11.17)代入上式并积分后得到单元刚度矩阵为

$$
\boldsymbol{K}^{e}=\frac{Et^3}{360(1-\upsilon^2)ab}\begin{bmatrix}
K_{ii} & K_{ij} & K_{i\mathrm{m}} & K_{i\mathrm{p}}\\
 & K_{jj} & K_{j\mathrm{m}} & K_{j\mathrm{p}}\\
\text{(对称)} & & K_{\mathrm{mm}} & K_{\mathrm{mp}}\\
 & & & K_{\mathrm{pp}}
\end{bmatrix} \tag{11.24}
$$

$$\boldsymbol{K}_{ii}=\begin{bmatrix}21-6\upsilon+\dfrac{30(a^4+b^4)}{a^2b^2} & 3(1+4\upsilon)b+\dfrac{30a^2}{b} & -3(1+4\upsilon)a-\dfrac{30b^2}{a}\\ (\text{对称}) & 8(1-\upsilon)b^2+40a^2 & -30\upsilon ab\\ & & 8(1-\upsilon)a^2+40b^2\end{bmatrix}$$

$$\boldsymbol{K}_{ji}=\begin{bmatrix}-21+6\upsilon+\dfrac{15(a^4-2b^4)}{a^2b^2} & -3(1+4\upsilon)b+\dfrac{15a^2}{b} & 3(1-\upsilon)a+\dfrac{30b^2}{a}\\ -3(1-\upsilon)b+\dfrac{15a^2}{b} & -8(1-\upsilon)b^2+20a^2 & 0\\ -3(1-\upsilon)a-\dfrac{30b^2}{a} & 0 & -2(1-\upsilon)a^2+20b^2\end{bmatrix}$$

$$\boldsymbol{K}_{mi}=\begin{bmatrix}21-6\upsilon-\dfrac{15(a^4+b^4)}{a^2b^2} & 3(1-\upsilon)b-\dfrac{15a^2}{b} & -3(1-\upsilon)a+\dfrac{30b^2}{a}\\ -3(1-\upsilon)b+\dfrac{15a^2}{b} & 2(1-\upsilon)b^2+10a^2 & 0\\ 3(1-\upsilon)a-\dfrac{15b^2}{a} & 0 & 2(1-\upsilon)a^2+10b^2\end{bmatrix}$$

$$\boldsymbol{K}_{pi}=\begin{bmatrix}-21+6\upsilon+\dfrac{15(b^4-2a^4)}{a^2b^2} & -3(1-\upsilon)b-\dfrac{30a^2}{b} & 3(1+4\upsilon)a-\dfrac{15b^2}{a}\\ 3(1-\upsilon)b+\dfrac{30a^2}{b} & -2(1-\upsilon)b^2+20a^2 & 0\\ 3(1+4\upsilon)a-\dfrac{15b^2}{a} & 0 & -8(1-\upsilon)a^2+20b^2\end{bmatrix}$$

$$\boldsymbol{K}_{jj}=\begin{bmatrix}21-6\upsilon+\dfrac{30(a^4+b^4)}{a^2b^2} & 3(1+4\upsilon)b+\dfrac{30a^2}{b} & 3(1+4\upsilon)a+\dfrac{30b^2}{a}\\ (\text{对称}) & 8(1-\upsilon)b^2+40a^2 & 30\upsilon ab\\ & & 8(1-\upsilon)a^2+40b^2\end{bmatrix}$$

$$\boldsymbol{K}_{mj}=\begin{bmatrix}-21+6\upsilon+\dfrac{15(b^4-2a^4)}{a^2b^2} & -3(1-\upsilon)b-\dfrac{30a^2}{b} & -3(1+4\upsilon)a+\dfrac{15b^2}{a}\\ 3(1-\upsilon)b+\dfrac{30a^2}{b} & -2(1-\upsilon)b^2+20a^2 & 0\\ -3(1+4\upsilon)a+\dfrac{15b^2}{a} & 0 & -8(1-\upsilon)a^2+20b^2\end{bmatrix}$$

$$\boldsymbol{K}_{pj}=\begin{bmatrix}21-6\upsilon-\dfrac{15(a^4+b^4)}{a^2b^2} & 3(1-\upsilon)b-\dfrac{15a^2}{b} & 3(1-\upsilon)a-\dfrac{15b^2}{a}\\ -3(1-\upsilon)b+\dfrac{15a^2}{b} & 2(1-\upsilon)b^2+10a^2 & 0\\ -3(1-\upsilon)a+\dfrac{15b^2}{a} & 0 & 2(1-\upsilon)a^2+10b^2\end{bmatrix}$$

$$
\boldsymbol{K}_{\mathrm{mm}}=\begin{bmatrix}
21-6\upsilon+\dfrac{30(a^4+b^4)}{a^2b^2} & -3(1+4\upsilon)b-\dfrac{30a^2}{b} & 3(1+4\upsilon)a+\dfrac{30b^2}{a}\\
(\text{对称}) & 8(1-\upsilon)b^2+40a^2 & -30\upsilon ab\\
 & & 8(1-\upsilon)a^2+40b^2
\end{bmatrix}
$$

$$
\boldsymbol{K}_{\mathrm{pm}}=\begin{bmatrix}
-21+6\upsilon+\dfrac{15(a^4-2b^4)}{a^2b^2} & 3(1+4\upsilon)b-\dfrac{15a^2}{b} & -3(1-\upsilon)a-\dfrac{30b^2}{a}\\
3(1+4\upsilon)b-\dfrac{15a^2}{b} & -8(1-\upsilon)b^2+20a^2 & 0\\
3(1-\upsilon)a+\dfrac{30b^2}{a} & 0 & -2(1-\upsilon)a^2+20b^2
\end{bmatrix}
$$

$$
\boldsymbol{K}_{\mathrm{pp}}=\begin{bmatrix}
21-6\upsilon+\dfrac{30(a^4+b^4)}{a^2b^2} & -3(1+4\upsilon)b-\dfrac{30a^2}{b} & -3(1+4\upsilon)a-\dfrac{30b^2}{a}\\
(\text{对称}) & 8(1-\upsilon)b^2+40a^2 & 30\upsilon ab\\
 & & 8(1-\upsilon)a^2+40b^2
\end{bmatrix}
$$

11.2.4　等效节点荷载

当板上受到分布荷载和节点荷载作用时，必须将它们以等效荷载的形式移置到单元节点上去。

(1) 分布荷载的移置

应用虚功原理把作用在板面上的分布荷载 $q(x,y)$ 等效为相应单元上的节点荷载。设单元节点的任意虚位移为 $\boldsymbol{\delta}^{*e}$，等效节点荷载为 $\boldsymbol{R}^e$，则等效节点荷载 $\boldsymbol{R}^e$ 在 $\boldsymbol{\delta}^{*e}$ 上所做的虚功应等于分布荷载 $q(x,y)$ 在相应的虚位移 w^* 上所做的虚功，即

$$
(\boldsymbol{\delta}^{*e})^{\mathrm{T}}\boldsymbol{R}^e=\iint (w^*)^{\mathrm{T}}q(x,y)\mathrm{d}x\mathrm{d}y \tag{11.25}
$$

将式(11.12)代入上式，由于虚位移的任意性，故得等效节点荷载为

$$
\boldsymbol{R}^e=\iint \boldsymbol{N}^{\mathrm{T}}q(x,y)\mathrm{d}x\mathrm{d}y \tag{11.26}
$$

其中，等效节点荷载 $\boldsymbol{R}^e$ 为

$$
\boldsymbol{R}^e=[R_i\quad R_{xi}\quad R_{yi}\quad R_j\quad R_{xj}\quad R_{yj}\quad R_{\mathrm{m}}\quad R_{\mathrm{xm}}\quad R_{\mathrm{ym}}\quad R_{\mathrm{p}}\quad R_{\mathrm{xp}}\quad R_{\mathrm{yp}}]^{\mathrm{T}} \tag{11.27}
$$

这里 R_i、R_{xi}、R_{yi} 分别为节点 i 处的等效法向荷载和绕 x、y 轴向的等效力矩荷载。

当板受到均布法向荷载 q_0 作用时，则单元节点荷载由式(11.26)可得：

$$
\boldsymbol{R}^e=q_0\int_{-a}^{a}\int_{-b}^{b}\boldsymbol{N}^{\mathrm{T}}\mathrm{d}x\mathrm{d}y=4q_0ab\times
$$

$$
\begin{bmatrix}\frac{1}{4} & \frac{b}{12} & -\frac{a}{12} & \frac{1}{4} & \frac{b}{12} & \frac{a}{12} & \frac{1}{4} & -\frac{b}{12} & \frac{a}{12} & \frac{1}{4} & -\frac{b}{12} & -\frac{a}{12}\end{bmatrix}^{\mathrm{T}} \tag{11.28}
$$

(2) 单元内集中荷载的移置

当在板面内 i 点有集中力 P 或力矩 M_x、M_y 作用时，一般可以取该点作为一个节点，此时只要在总荷载列阵 $\boldsymbol{F}$ 中相应于该外力作用点的位置上再附加此集中力或力矩即可。如果没有取 i 点作为节点，而设作用点 i 在元素内的坐标为(x_0,y_0)，则等效节点荷载不难得到，即

$$
\boldsymbol{R}^e=\boldsymbol{N}^{\mathrm{T}}\Big|_{\substack{x=x_0\\ y=y_0}}P \tag{11.29}
$$

若力 P 作用在元素的中心时，则得：

$$\boldsymbol{R}^{e}=P\begin{bmatrix}\frac{1}{4} & \frac{b}{8} & -\frac{a}{8} & \frac{1}{4} & \frac{b}{8} & \frac{a}{8} & \frac{1}{4} & -\frac{b}{8} & \frac{a}{8} & \frac{1}{4} & -\frac{b}{8} & -\frac{a}{8}\end{bmatrix}^{\mathrm{T}}$$

11.2.5　薄板弯曲问题中的位移边界条件

节点位移所应满足的边界条件如下：

固定边：$\begin{cases}\text{挠度等于 } 0\\ \text{切向转角等于 } 0\\ \text{法向转角等于 } 0\end{cases}$

简支边：$\begin{cases}\text{挠度等于 } 0\\ \text{切向转角等于 } 0\end{cases}$

对称面：法向转角等于 0

如果 x 等于常量的边界是简支边，而节点 i 在这个简支边上，则有：

$$w_i=0,\qquad \theta_{xi}=0$$

如果 y 等于常量的边界是简支边，而节点 i 在这个简支边上，则有：

$$w_i=0,\qquad \theta_{yi}=0$$

如果 x 等于常量或 y 等于常量的边界是固定边，而节点 i 在这个固定边上，则有：

$$w_i=0,\qquad \theta_{xi}=0,\qquad \theta_{yi}=0$$

在实际问题中，如果节点 i 是在 x＝常量或 y＝常量的一个支承梁上，而支承梁的弯曲刚度很大，就可以认为 $w_i=\theta_{xi}=0$ 或 $w_i=\theta_{yi}=0$。在这个支承梁为边梁的情况下，它就是一个所谓的简支边。如果节点 i 是在 x＝常量或 y＝常量的一个支承梁上，而这个支承梁的弯曲刚度和扭转刚度都很大，就可以认为 $w_i=\theta_{xi}=\theta_{yi}=0$。在这个支承梁为边梁的情况下，它就是一个所谓的固定边。

如果支承梁的弯曲刚度既不是很大又不是很小，则可按梁板组合结构进行分析。

以上关于节点位移约束条件的说明是一般性的，并非仅仅针对矩形薄板单元，而是普遍适用的。如果薄板的简支边并不平行于整体坐标系的坐标轴，则可采用弹簧单元使节点处有关转角为零的约束条件足够近似地得到满足。

11.3　三角形薄板单元分析

当薄板具有任意几何形状的边界时，采用三角形单元能较真实地接近边界形状。比较普遍采用的三角形薄板单元，就是具有 3 个节点的单元，如图 11.3 所示的三角形单元 ijm。

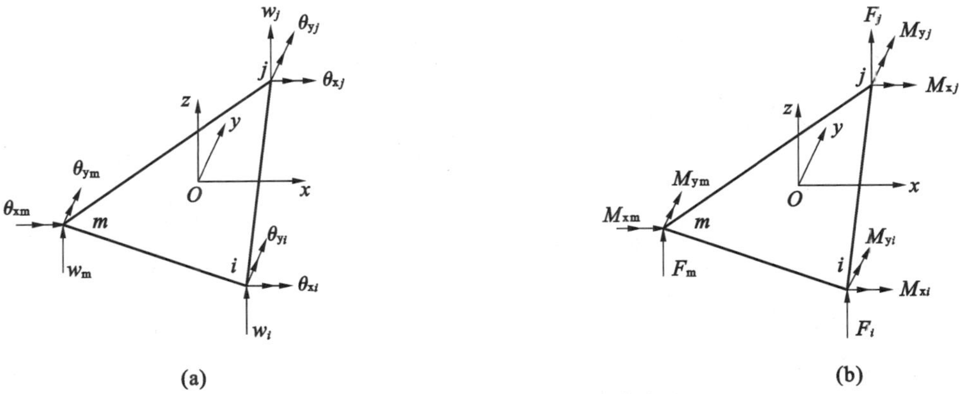

图 11.3　三角形单元节点位移和节点力

(a) 三角形单元节点位移示意图；(b) 三角形单元节点力示意图

该单元的节点位移分量列阵、节点分量列阵分别为

$$\boldsymbol{\delta}^{e}=[\delta_i^{T}\quad \delta_j^{T}\quad \delta_m^{T}]^{T}=[w_i\quad \theta_{xi}\quad \theta_{yi}\quad w_j\quad \theta_{xj}\quad \theta_{yj}\quad w_m\quad \theta_{xm}\quad \theta_{ym}]^{T} \tag{11.30a}$$

$$\boldsymbol{F}^{e}=[F_i^{T}\quad F_j^{T}\quad F_m^{T}]^{T}=[F_{Qi}\quad M_{xi}\quad M_{yi}\quad F_{Qj}\quad M_{xj}\quad M_{yj}\quad F_{Qm}\quad M_{xm}\quad M_{ym}]^{T} \tag{11.30b}$$

11.3.1 单元位移函数

在三角形单元上使用面积坐标，对假定单元位移函数带来了方便。因此，采用面积坐标，详见第 8 章。

把三角形薄板单元的位移函数，写成以节点为定点的插值函数，即

$$w=\boldsymbol{N}\boldsymbol{\delta}^{e} \tag{11.31}$$

其中，$\boldsymbol{N}$ 为形函数矩阵，即

$$\boldsymbol{N}=[N_i\quad N_{xi}\quad N_{yi}\quad N_j\quad N_{xj}\quad N_{yj}\quad N_m\quad N_{xm}\quad N_{ym}]^{T} \tag{11.32}$$

且有

$$\left.\begin{aligned}
&N_i=L_i+L_i^2L_j+L_i^2L_m-L_iL_j^2-L_iL_m^2\\
&N_{xi}=b_j\left(L_mL_i^2+\frac{1}{2}L_iL_jL_m\right)-b_m\left(L_i^2L_j+\frac{1}{2}L_iL_jL_m\right)\\
&N_{yi}=c_j\left(L_mL_i^2+\frac{1}{2}L_iL_jL_m\right)-c_m\left(L_i^2L_j+\frac{1}{2}L_iL_jL_m\right)
\end{aligned}\right\}\quad (i,j,m) \tag{11.33}$$

上述形函数并不能代表 x、y 的完全三次式，但它在节点处满足：

$$\left.\begin{aligned}
&w=w_i\\
&\frac{\partial w}{\partial y}=\theta_{xi}\\
&-\frac{\partial w}{\partial x}=\theta_{yi}
\end{aligned}\right\}\quad (i,j,m) \tag{11.34}$$

另外，也满足完备性条件，即位移函数中包含了所有可能的刚体位移项及常应变的完全二次项，但是它不满足协调性条件。因为在单元边界上 w 是三次变化，可由两端节点的 w、$\frac{\partial w}{\partial s}$ 值唯一确定，所以 w 是协调的。但是由于单元边界上$\frac{\partial w}{\partial n}$是二次变化，不能由两端节点的$\frac{\partial w}{\partial n}$值唯一确定，所以单元边界上$\frac{\partial w}{\partial n}$是不协调的。

艾恩斯(Irons)等已证明，如果单元网络是由三组等间距直线产生的(图 11.4)，则此种单元能够通过分片检验，有限元解能收敛于精确解答。

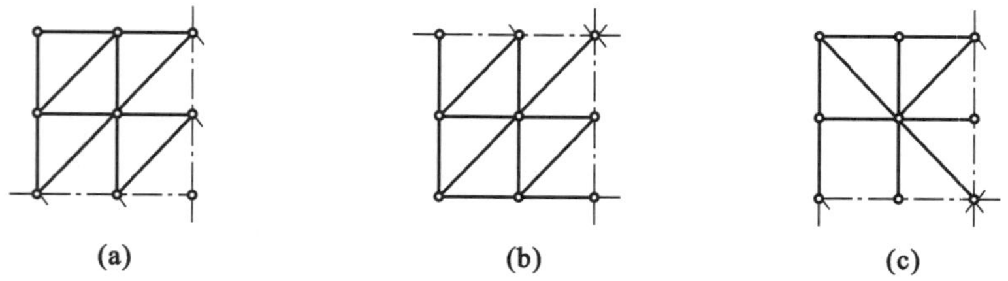

图 11.4 方板的三角形单元划分

11.3.2 单元刚度矩阵

类似矩形薄板单元的推导，可得三角形薄板单元广义应变与单元节点位移之间的关系式为

$$\mathscr{K}=\boldsymbol{B}\boldsymbol{\delta}^{e} \tag{11.35}$$

其中几何矩阵 $\boldsymbol{B}$ 为

$$\boldsymbol{B}=-\begin{bmatrix}\dfrac{\partial^2 N_i}{\partial x^2} & \dfrac{\partial^2 N_{xi}}{\partial x^2} & \dfrac{\partial^2 N_{yi}}{\partial x^2} & \cdots & \dfrac{\partial^2 N_{ym}}{\partial x^2}\\ \dfrac{\partial^2 N_i}{\partial y^2} & \dfrac{\partial^2 N_{xi}}{\partial y^2} & \dfrac{\partial^2 N_{yi}}{\partial y^2} & \cdots & \dfrac{\partial^2 N_{ym}}{\partial y^2}\\ 2\dfrac{\partial^2 N_i}{\partial x\partial y} & 2\dfrac{\partial^2 N_{xi}}{\partial x\partial y} & \dfrac{\partial^2 N_{yi}}{\partial x\partial y} & \cdots & 2\dfrac{\partial^2 N_{ym}}{\partial x\partial y}\end{bmatrix}_{3\times 9} \tag{11.36}$$

广义应力与单元节点位移之间的关系式为

$$\boldsymbol{M}=[M_x \quad M_y \quad M_{xy}]^{\mathrm{T}}=\boldsymbol{S}\boldsymbol{\delta}^{\mathrm{e}} \tag{11.37}$$

其中，$\boldsymbol{S}=\boldsymbol{BD}$ 为内力矩阵或广义应力矩阵，即

$$\boldsymbol{S}=\frac{1}{8\Delta^3}\boldsymbol{DACT} \tag{11.38}$$

其中，Δ 为三角形单元的面积，$\boldsymbol{D}$ 为三角形单元的弯曲弹性矩阵。其余矩阵的显式为

$$\boldsymbol{A}_{3\times 7}=\begin{bmatrix}2 & 0 & 0 & 6x & 2y & 0 & 0\\ 0 & 0 & 2 & 0 & 0 & 2x & 6y\\ 0 & 2 & 0 & 0 & 4x & 4y & 0\end{bmatrix} \tag{11.39}$$

$$\boldsymbol{T}_{6\times 9}=\begin{bmatrix}-\dfrac{c_i}{2\Delta} & 1 & 0 & -\dfrac{c_j}{2\Delta} & 0 & 0 & -\dfrac{c_m}{2\Delta} & 0 & 0\\ \dfrac{b_i}{2\Delta} & 0 & 1 & \dfrac{b_j}{2\Delta} & 0 & 0 & \dfrac{b_m}{2\Delta} & 0 & 0\\ -\dfrac{c_i}{2\Delta} & 0 & 0 & -\dfrac{c_j}{2\Delta} & 1 & 0 & -\dfrac{c_m}{2\Delta} & 0 & 0\\ \dfrac{b_i}{2\Delta} & 0 & 0 & \dfrac{b_j}{2\Delta} & 0 & 1 & \dfrac{b_m}{2\Delta} & 0 & 0\\ -\dfrac{c_i}{2\Delta} & 0 & 0 & -\dfrac{c_j}{2\Delta} & 0 & 0 & -\dfrac{c_m}{2\Delta} & 1 & 0\\ \dfrac{b_i}{2\Delta} & 0 & 0 & \dfrac{b_j}{2\Delta} & 0 & 0 & \dfrac{b_m}{2\Delta} & 0 & 1\end{bmatrix} \tag{11.40}$$

$$\boldsymbol{C}_{7\times 6}=[\boldsymbol{c}_1^i \quad \boldsymbol{c}_2^i \quad \boldsymbol{c}_1^j \quad \boldsymbol{c}_2^j \quad \boldsymbol{c}_1^m \quad \boldsymbol{c}_2^m] \tag{11.41}$$

又

$$\left.\begin{aligned}\boldsymbol{c}_1^i&=[c_{11}^i \quad c_{12}^i \quad c_{13}^i \quad c_{14}^i \quad c_{15}^i \quad c_{16}^i \quad c_{17}^i]^{\mathrm{T}}\\ \boldsymbol{c}_2^i&=[c_{21}^i \quad c_{22}^i \quad c_{23}^i \quad c_{24}^i \quad c_{25}^i \quad c_{26}^i \quad c_{27}^i]^{\mathrm{T}}\end{aligned}\right\}\quad (i,j,m\ \text{循环})$$

而

$$\left.\begin{aligned}c_{1l}^i&=U_l^i b_m-V_l^i b_i+E_l F^i\\ c_{2l}^i&=U_l^i c_m-V_l^i c_i+E_l G^i\end{aligned}\right\}\quad (i,j,m\ \text{循环})(l=1,2,\cdots,7)$$

$$\left.\begin{array}{ll}
U_1^i=\dfrac{2}{3}\Delta(b_i^2+2b_ib_j) & V_1^i=\dfrac{2}{3}\Delta(b_i^2+2b_ib_m) \\
U_2^i=\dfrac{4}{3}\Delta(b_ic_i+b_jc_j+b_ic_j) & V_2^i=\dfrac{4}{3}\Delta(b_ic_i+2b_mc_i+b_ic_m) \\
U_3^i=\dfrac{2}{3}\Delta(c_i^2+2c_ic_j) & V_3^i=\dfrac{2}{3}\Delta(c_i^2+2c_ic_m) \\
U_4^i=b_i^2b_j & V_4^i=b_i^2b_m \\
U_5^i=2b_ic_ib_j+b_i^2c_j & V_5^i=2b_ic_ib_m+b_i^2c_m \\
U_6^i=c_i^2b_j+2b_ic_ic_j & V_6^i=c_i^2b_m+2b_ic_ic_m \\
U_7^i=c_i^2c_j & V_7^i=c_i^2c_m \\
F^i=\dfrac{b_m-b_i}{2} & G^i=\dfrac{c_m-c_j}{2} \\
E_1=\dfrac{2}{3}\Delta(b_ib_j+b_jb_m+b_mb_i) & \\
E_2=\dfrac{2}{3}\Delta(c_ib_j+b_ic_j+c_jb_m+b_jc_m+c_mb_i+b_mc_i) & \\
E_3=\dfrac{2}{3}\Delta(c_ib_j+c_jc_m+c_mc_i) & E_4=b_ib_jb_m \\
E_5=c_ib_jb_m+c_jb_mb_i+c_mb_ib_j & \\
E_6=c_ic_jb_m+c_jc_mb_i+c_mc_ib_j & \\
E_7=c_ic_jc_m &
\end{array}\right\}(i,j,m)$$

同样，可得单元刚度矩阵为

$$\boldsymbol{K}^e=\iint\boldsymbol{B}^T\boldsymbol{D}\boldsymbol{B}\,dx\,dy=\frac{1}{64\Delta^5}\boldsymbol{T}^T\boldsymbol{C}^T\boldsymbol{I}\boldsymbol{C}\boldsymbol{T}\tag{11.42}$$

其中，矩阵 $\boldsymbol{T}$ 和 $\boldsymbol{C}$ 的显式已列出，而矩阵 $\boldsymbol{I}$ 的显式为

$$\boldsymbol{I}=\frac{Et^3}{3(1-\upsilon^2)}\times\begin{bmatrix}
1 & 0 & \upsilon & 0 & 0 & 0 & 0 \\
 & \dfrac{1-\upsilon}{2} & 0 & 0 & 0 & 0 & 0 \\
 & & 1 & 0 & 0 & 0 & 0 \\
 & & & 9I_1 & 3I_3 & 3\upsilon I_1 & 9\upsilon I_3 \\
 & (\text{对称}) & & & I_2+2(1-\upsilon)I_1 & (2-\upsilon)I_3 & 3\upsilon I_3 \\
 & & & & & I_1+2(1-\upsilon)I_3 & 3I_3 \\
 & & & & & & 9I_2
\end{bmatrix}\tag{11.43}$$

式中

$$\left.\begin{aligned}
I_1&=\frac{1}{12}(x_i^2+x_j^2+x_m^2)\\
I_2&=\frac{1}{12}(y_i^2+y_j^2+y_m^2)\\
I_3&=\frac{1}{12}(x_iy_i+x_jy_j+x_my_m)
\end{aligned}\right\}\tag{11.44}$$

11.3.3 等效节点荷载

与矩形薄板单元类似，三角形薄板单元的等效节点荷载也可分为法向集中荷载和法向均布荷载

两种情况。

当法向集中荷载作用在单元内任一点(x_0,y_0)时,等效节点荷载仍为

$$\boldsymbol{R}^{e}=\boldsymbol{N}^{T}\Big|_{\substack{x=x_0\\y=y_0}}\boldsymbol{P} \tag{11.45}$$

其中,$\boldsymbol{P}=P$,是 1×1 阶的列阵。

当单元上受法向均布荷载 q_0 作用时,设坐标原点是在三角形形心处,则有:

$$\begin{aligned}\boldsymbol{R}^{e}&=q_0\iint\boldsymbol{N}^{T}\mathrm{d}x\mathrm{d}y=q_0\iint[N_i\quad N_{xi}\quad N_{yi}\quad N_j\quad N_{xj}\quad N_{yj}\quad N_m\quad N_{xm}\quad N_{ym}]^{T}\mathrm{d}x\mathrm{d}y\\&=q_0\Delta\begin{bmatrix}\frac{1}{3} & -\frac{1}{8}y_i & \frac{1}{8}x_i & \frac{1}{3} & -\frac{1}{8}y_j & \frac{1}{8}x_j & \frac{1}{3} & -\frac{1}{8}y_m & \frac{1}{8}x_m\end{bmatrix}^{T}\end{aligned} \tag{11.46}$$

11.4 用矩形薄板单元计算薄壳问题

像曲线边界可用直边单元逼近那样,柱状单曲薄壳等结构可用矩形折板体系来近似。

由于薄壳中面为曲面,像拱一样,受荷载作用时将产生位于中面的薄膜力,还会产生弯曲变形的弯矩和扭矩等,即它们共同承受外荷载,彼此是互相影响的。但在用矩形平板单元集合体来代替单曲柱面薄壳的情况下,为简单计算,平板的面内变形与弯曲变形可认为是互不影响的,即板内变形和受力可看成平面应力和平板弯曲两状态的叠加,这是本章讨论的基本出发点。

11.4.1 局部坐标系下的单元刚度矩阵

在平面壳体单元变形和受力可看作两状态叠加的基本假定下,平面应力状态[图 11.5(a)]的单元刚度方程为

$$\boldsymbol{K}^{pe}\boldsymbol{\delta}^{pe}=\boldsymbol{F}^{pe} \tag{11.47}$$

式中,$\boldsymbol{\delta}^{pe}$、$\boldsymbol{F}^{pe}$ 分别为平面应力状态的单元节点位移列阵及单元节点力列阵,即

$$\left.\begin{aligned}\boldsymbol{\delta}^{pe}&=[\delta_i^{pT}\quad \delta_j^{pT}\quad \delta_m^{pT}\quad \delta_p^{pT}]^{T}\\ \delta_i^{pT}&=[u_i\quad v_i]\quad (i,j,m,p)\end{aligned}\right\} \tag{11.48}$$

$$\left.\begin{aligned}\boldsymbol{F}^{pe}&=[F_i^{pT}\quad F_j^{pT}\quad F_m^{pT}\quad F_p^{pT}]^{T}\\ F_i^{pT}&=[U_i\quad V_i]\quad (i,j,m,p)\end{aligned}\right\} \tag{11.49}$$

而 $\boldsymbol{K}^{pe}$ 为平面应力状态的单元刚度矩阵,即

$$\boldsymbol{K}^{pe}=\begin{bmatrix}K_{ii}^{p} & K_{ij}^{p} & K_{im}^{p} & K_{ip}^{p}\\ K_{ji}^{p} & K_{jj}^{p} & K_{jm}^{p} & K_{jp}^{p}\\ K_{mi}^{p} & K_{mj}^{p} & K_{mm}^{p} & K_{mp}^{p}\\ K_{pi}^{p} & K_{pj}^{p} & K_{pm}^{p} & K_{pp}^{p}\end{bmatrix} \tag{11.50}$$

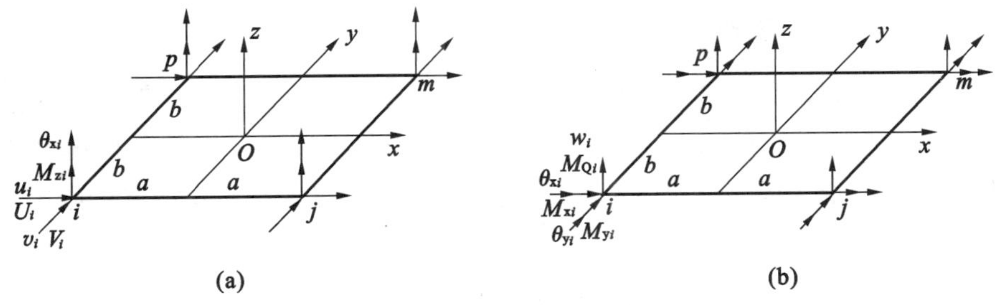

图 11.5 平面壳体单元

(a) 平面壳体单元位移示意图;(b) 平面壳体单元节点力示意图

对于平板弯曲状态[图 11.5(b)]，其单元刚度方程为

$$\boldsymbol{K}^{\mathrm{be}}\boldsymbol{\delta}^{\mathrm{be}}=\boldsymbol{F}^{\mathrm{be}} \tag{11.51}$$

式中，$\boldsymbol{\delta}^{\mathrm{be}}$、$\boldsymbol{F}^{\mathrm{be}}$ 分别为平板弯曲状态的单元节点位移。

平板弯曲状态单元节点位移列阵及单元节点力列阵为

$$\left.\begin{aligned}\boldsymbol{\delta}^{\mathrm{be}}&=[\delta_i^{\mathrm{bT}}\quad \delta_j^{\mathrm{bT}}\quad \delta_{\mathrm{m}}^{\mathrm{bT}}\quad \delta_{\mathrm{p}}^{\mathrm{bT}}]^{\mathrm{T}}\\ \delta_i^{\mathrm{bT}}&=[w_i\quad \theta_{\mathrm{x}i}\quad \theta_{\mathrm{y}i}]\end{aligned}\right\}\quad (i,j,m,p) \tag{11.52}$$

$$\left.\begin{aligned}\boldsymbol{F}^{\mathrm{be}}&=[F_i^{\mathrm{bT}}\quad F_j^{\mathrm{bT}}\quad F_{\mathrm{m}}^{\mathrm{bT}}\quad F_{\mathrm{p}}^{\mathrm{bT}}]^{\mathrm{T}}\\ F_i^{\mathrm{bT}}&=[F_{\mathrm{Q}i}\quad M_{\mathrm{x}i}\quad M_{\mathrm{y}i}]\end{aligned}\right\}\quad (i,j,m,p) \tag{11.53}$$

$\boldsymbol{K}^{\mathrm{be}}$ 为平板弯曲状态的单元刚度矩阵，即

$$\boldsymbol{K}^{\mathrm{be}}=\begin{bmatrix}K_{ii}^{\mathrm{b}} & K_{ij}^{\mathrm{b}} & K_{i\mathrm{m}}^{\mathrm{b}} & K_{i\mathrm{p}}^{\mathrm{b}}\\ K_{ji}^{\mathrm{b}} & K_{jj}^{\mathrm{b}} & K_{j\mathrm{m}}^{\mathrm{b}} & K_{j\mathrm{p}}^{\mathrm{b}}\\ K_{\mathrm{m}i}^{\mathrm{b}} & K_{\mathrm{m}j}^{\mathrm{b}} & K_{\mathrm{mm}}^{\mathrm{b}} & K_{\mathrm{mp}}^{\mathrm{b}}\\ K_{\mathrm{p}i}^{\mathrm{b}} & K_{\mathrm{p}j}^{\mathrm{b}} & K_{\mathrm{pm}}^{\mathrm{b}} & K_{\mathrm{pp}}^{\mathrm{b}}\end{bmatrix} \tag{11.54}$$

若记平面壳元的节点位移列阵及节点力列阵为

$$\boldsymbol{\delta}^{\mathrm{e}}=[\delta_i^{\mathrm{pT}}\quad \delta_i^{\mathrm{bT}}\quad \theta_{zi}\quad \delta_j^{\mathrm{pT}}\quad \delta_j^{\mathrm{bT}}\quad \theta_{zj}\quad \delta_{\mathrm{m}}^{\mathrm{pT}}\quad \delta_{\mathrm{m}}^{\mathrm{bT}}\quad \theta_{z\mathrm{m}}\quad \delta_{\mathrm{p}}^{\mathrm{pT}}\quad \delta_{\mathrm{p}}^{\mathrm{bT}}\quad \theta_{z\mathrm{p}}]^{\mathrm{T}} \tag{11.55}$$

$$\boldsymbol{F}^{\mathrm{e}}=[F_i^{\mathrm{pT}}\quad F_i^{\mathrm{bT}}\quad M_{zi}\quad F_j^{\mathrm{pT}}\quad F_j^{\mathrm{bT}}\quad M_{zj}\quad F_{\mathrm{m}}^{\mathrm{pT}}\quad F_{\mathrm{m}}^{\mathrm{bT}}\quad M_{z\mathrm{m}}\quad F_{\mathrm{p}}^{\mathrm{pT}}\quad F_{\mathrm{p}}^{\mathrm{bT}}\quad M_{z\mathrm{p}}]^{\mathrm{T}} \tag{11.56}$$

则由式(11.47)、式(11.51)可得平面壳元的单元刚度方程为

$$\boldsymbol{K}^{\mathrm{e}}\boldsymbol{\delta}^{\mathrm{e}}=\boldsymbol{F}^{\mathrm{e}} \tag{11.57}$$

式中　$\boldsymbol{K}^{\mathrm{e}}$——平面壳元的单元刚度矩阵：

$$\boldsymbol{K}^{\mathrm{e}}=\begin{bmatrix}
K_{ii}^{\mathrm{p}} & 0 & 0 & K_{ij}^{\mathrm{p}} & 0 & 0 & K_{i\mathrm{m}}^{\mathrm{p}} & 0 & 0 & K_{i\mathrm{p}}^{\mathrm{p}} & 0 & 0\\
0 & K_{ii}^{\mathrm{b}} & 0 & 0 & K_{ij}^{\mathrm{b}} & 0 & 0 & K_{i\mathrm{m}}^{\mathrm{b}} & 0 & 0 & K_{i\mathrm{p}}^{\mathrm{b}} & 0\\
0 & 0 & 0 & 0 & 0 & 0 & 0 & 0 & 0 & 0 & 0 & 0\\
K_{ji}^{\mathrm{p}} & 0 & 0 & K_{jj}^{\mathrm{p}} & 0 & 0 & K_{j\mathrm{m}}^{\mathrm{p}} & 0 & 0 & K_{j\mathrm{p}}^{\mathrm{p}} & 0 & 0\\
0 & K_{ji}^{\mathrm{b}} & 0 & 0 & K_{jj}^{\mathrm{b}} & 0 & 0 & K_{j\mathrm{m}}^{\mathrm{b}} & 0 & 0 & K_{j\mathrm{p}}^{\mathrm{b}} & 0\\
0 & 0 & 0 & 0 & 0 & 0 & 0 & 0 & 0 & 0 & 0 & 0\\
K_{\mathrm{m}i}^{\mathrm{p}} & 0 & 0 & K_{\mathrm{m}j}^{\mathrm{p}} & 0 & 0 & K_{\mathrm{mm}}^{\mathrm{p}} & 0 & 0 & K_{\mathrm{mp}}^{\mathrm{p}} & 0 & 0\\
0 & K_{\mathrm{m}i}^{\mathrm{b}} & 0 & 0 & K_{\mathrm{m}j}^{\mathrm{b}} & 0 & 0 & K_{\mathrm{mm}}^{\mathrm{b}} & 0 & 0 & K_{\mathrm{mp}}^{\mathrm{b}} & 0\\
0 & 0 & 0 & 0 & 0 & 0 & 0 & 0 & 0 & 0 & 0 & 0\\
K_{\mathrm{p}i}^{\mathrm{p}} & 0 & 0 & K_{\mathrm{p}j}^{\mathrm{p}} & 0 & 0 & K_{\mathrm{pm}}^{\mathrm{p}} & 0 & 0 & K_{\mathrm{pp}}^{\mathrm{p}} & 0 & 0\\
0 & K_{\mathrm{p}i}^{\mathrm{b}} & 0 & 0 & K_{\mathrm{p}j}^{\mathrm{b}} & 0 & 0 & K_{\mathrm{pm}}^{\mathrm{b}} & 0 & 0 & K_{\mathrm{pp}}^{\mathrm{b}} & 0\\
0 & 0 & 0 & 0 & 0 & 0 & 0 & 0 & 0 & 0 & 0 & 0
\end{bmatrix} \tag{11.58}$$

11.4.2　整体坐标系与局部坐标系

以上在分析单元的时候，为了简便，都以单元的中面为 xy 面，z 轴垂直于单元的中面。这个坐标系是各单元的局部坐标系。现在对于薄壳，为了不同平面内的单元在节点处集合，建立节点的平衡方程，就必须另确定一个统一的整体坐标系，并须将各单元在局部坐标系中的单元刚度矩阵转换到整体坐标系中去。

在下面，局部坐标系仍然采用 $Oxyz$ 坐标系，整体坐标则用 $\bar{O}\ \bar{x}\bar{y}\bar{z}$ 坐标系表示，在局部坐标系中，任一节点的位移及节点力仍然表示为

$$\boldsymbol{\delta}_i=[u_i\quad v_i\quad w_i\quad \theta_{\mathrm{x}i}\quad \theta_{\mathrm{y}i}\quad \theta_{zi}]^{\mathrm{T}}$$

$$\boldsymbol{F}_i=[U_i \quad V_i \quad F_{Qi} \quad M_{xi} \quad M_{yi} \quad M_{zi}]^{\mathrm{T}}$$

在整体坐标系中，该节点处的位移及节点力则表示为

$$\bar{\boldsymbol{\delta}}_i=[\bar{u}_i \quad \bar{v}_i \quad \bar{w}_i \quad \bar{\theta}_{xi} \quad \bar{\theta}_{yi} \quad \bar{\theta}_{zi}]^{\mathrm{T}}$$

$$\bar{\boldsymbol{F}}_i=[\bar{U}_i \quad \bar{V}_i \quad \bar{F}_{Qi} \quad \bar{M}_{xi} \quad \bar{M}_{yi} \quad \bar{M}_{zi}]^{\mathrm{T}}$$

节点位移及节点力在两个坐标系中的变换式可以写作：

$$\left.\begin{aligned}\boldsymbol{\delta}_i&=\boldsymbol{\lambda}\bar{\boldsymbol{\delta}}_i\\ \boldsymbol{F}_i\boldsymbol{\lambda}&=\bar{\boldsymbol{F}}_i\end{aligned}\right\} \tag{11.59}$$

其中

$$\boldsymbol{\lambda}=\begin{bmatrix}\lambda_{x\bar{x}} & \lambda_{x\bar{y}} & \lambda_{x\bar{z}} & 0 & 0 & 0\\ \lambda_{y\bar{x}} & \lambda_{y\bar{y}} & \lambda_{y\bar{z}} & 0 & 0 & 0\\ \lambda_{z\bar{x}} & \lambda_{z\bar{y}} & \lambda_{z\bar{z}} & 0 & 0 & 0\\ 0 & 0 & 0 & \lambda_{x\bar{x}} & \lambda_{x\bar{y}} & \lambda_{x\bar{z}}\\ 0 & 0 & 0 & \lambda_{y\bar{x}} & \lambda_{y\bar{y}} & \lambda_{y\bar{z}}\\ 0 & 0 & 0 & \lambda_{z\bar{x}} & \lambda_{z\bar{y}} & \lambda_{z\bar{z}}\end{bmatrix} \tag{11.60}$$

式中，$\lambda_{x\bar{x}}$ 为 x 轴与 $\bar{x}$ 轴的夹角余弦，其他 $\lambda_{x\bar{y}}$、$\lambda_{x\bar{z}}$、…可以此类推。

对于柱面薄壳，为了简便，可以把整体坐标系 $\bar{x}$ 轴放在柱面的母线方向，并使各个单元的局部坐标系的 x 轴沿着 $\bar{x}$ 轴方向(图 11.6)。这样，我们就有：

$$\lambda_{x\bar{x}}=1 \qquad \lambda_{x\bar{y}}=0 \qquad \lambda_{x\bar{z}}=0$$

$$\lambda_{y\bar{x}}=0 \qquad \lambda_{y\bar{y}}=\frac{\bar{y}_p-\bar{y}_i}{l_{pi}} \qquad \lambda_{y\bar{z}}=\frac{\bar{z}_p-\bar{z}_i}{l_{pi}}$$

$$\lambda_{z\bar{x}}=0 \qquad \lambda_{z\bar{y}}=\frac{\bar{z}_p-\bar{z}_i}{l_{pi}} \qquad \lambda_{z\bar{z}}=\frac{\bar{y}_p-\bar{y}_i}{l_{pi}}$$

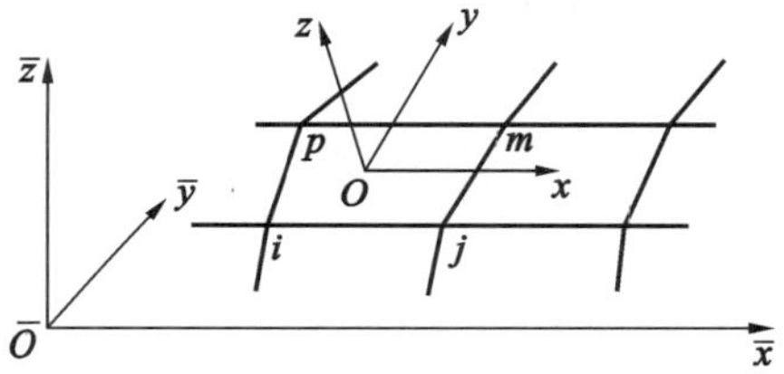

图 11.6 柱面壳元

式中 l_{pi}——pi 边的长度，即

$$l_{pi}=\sqrt{(\bar{z}_p-\bar{z}_i)^2+(\bar{y}_p-\bar{y}_i)^2}$$

现在，把整个单元在整体坐标中的节点位移和节点力分别用 $\bar{\boldsymbol{\delta}}^e$ 及 $\bar{\boldsymbol{F}}^e$ 表示。则由变换式(11.59)得：

$$\left.\begin{aligned}\boldsymbol{\delta}^e&=\boldsymbol{T}\bar{\boldsymbol{\delta}}^e\\ \boldsymbol{F}^e&=\boldsymbol{T}\bar{\boldsymbol{F}}^e\end{aligned}\right\} \tag{11.61}$$

其中，坐标转换矩阵 $\boldsymbol{T}$ 为

$$\boldsymbol{T}=\begin{bmatrix}\lambda & & & \\ & \lambda & & \\ & & \lambda & \\ & & & \lambda\end{bmatrix} \tag{11.62}$$

在局部坐标系中，已有关系式 $\boldsymbol{F}^e=\boldsymbol{K}^e\boldsymbol{\delta}^e$，代入式(11.61)中后一项可得：

$$\bar{\boldsymbol{F}}^e=\boldsymbol{T}^{-1}\boldsymbol{F}^e=\boldsymbol{T}^{-1}\boldsymbol{K}^e\boldsymbol{\delta}^e=\boldsymbol{T}^{-1}\boldsymbol{K}^e\boldsymbol{T}\bar{\boldsymbol{\delta}}^e \tag{11.63}$$

可以证明，$\boldsymbol{T}^{\mathrm{T}}\boldsymbol{T}=\boldsymbol{I}$，即矩阵 $\boldsymbol{T}$ 为正交矩阵，故 $\boldsymbol{T}^{-1}=\boldsymbol{T}^{\mathrm{T}}$，则式(11.63)可转换为

$$\bar{\boldsymbol{F}}^e=\bar{\boldsymbol{K}}^e\bar{\boldsymbol{\delta}}^e \tag{11.64}$$

式中，矩阵 $\bar{\boldsymbol{K}}^e$ 为整体坐标系下的单元刚度矩阵，即

$$\bar{\boldsymbol{K}}^e=\boldsymbol{T}^{\mathrm{T}}\boldsymbol{K}^e\boldsymbol{T} \tag{11.65}$$

为了在整体坐标系中建立节点的平衡方程，还需把局部坐标系中的荷载列阵转换到整体坐标系

中去。显然,我们可以利用与式(11.61)同样的变换式,即 $\boldsymbol{R}^{e}=\boldsymbol{T}\overline{\boldsymbol{R}}^{e}$,从而有:

$$\overline{\boldsymbol{R}}^{e}=\boldsymbol{T}^{-1}\boldsymbol{R}^{e}=\boldsymbol{T}^{\mathrm{T}}\boldsymbol{R}^{e} \tag{11.66}$$

其中

$$\boldsymbol{R}^{e}=[X_{i}^{e}\quad Y_{i}^{e}\quad Z_{i}^{e}\quad M_{xi}^{e}\quad M_{yi}^{e}\quad 0\quad \cdots\quad X_{p}^{e}\quad Y_{p}^{e}\quad Z_{p}^{e}\quad M_{xp}^{e}\quad M_{yp}^{e}\quad 0]^{\mathrm{T}}$$

$$\overline{\boldsymbol{R}}^{e}=[\overline{X}_{i}^{e}\quad \overline{Y}_{i}^{e}\quad \overline{Z}_{i}^{e}\quad \overline{M}_{xi}^{e}\quad \overline{M}_{yi}^{e}\quad 0\quad \cdots\quad \overline{X}_{p}^{e}\quad \overline{Y}_{p}^{e}\quad \overline{Z}_{p}^{e}\quad \overline{M}_{xp}^{e}\quad \overline{M}_{yp}^{e}\quad 0]^{\mathrm{T}}$$

11.4.3　用平面壳体单元进行壳体分析的步骤

(1) 离散化(手工或自动)并确定节点坐标

(2) 作局部坐标系下的单元分析

① 作平面应力单元分析;

② 作平面弯曲单元分析;

③ 组成平面壳体单元特性公式。

(3) 建立坐标转换矩阵 $\boldsymbol{T}$,并求整体坐标下的单元特性

(4) 按照“对号入座”规则形成整体结构刚度矩阵,从而建立整体结构的刚度方程

(5) 求解总刚度方程,得壳体结构的节点位移

(6) 计算各单元应力

① 形成单元整体坐标节点位移矩阵;

② 作坐标变换,求局部坐标下节点位移矩阵;

③ 求平面应力问题应力;

④ 按平面弯曲求应力;

⑤ 叠加③、④的应力结果;

⑥ 检查是否全部单元求毕,若没有则转①。

(7) 进行应力结果整理

(8) 输出有关结果(或自动绘图并输出)

11.5　用三角形薄板单元计算薄壳问题

对于一般的双曲薄壳以及具有斜边界或曲线边界的柱面薄壳,为了适应边界的形状,只能采用三角形薄板单元。采用三角形薄板单元时,单元的力学分析与矩形单元完全相同。对于平面应力状态,即采用第 8 章所述的三角形平面单元;对于弯扭应力状态,即采用 11.3 节所述的三角形薄板单元。将上述两种单元的刚度矩阵中的元素结合起来,即可得出组合应力状态下的三角形单元在局部坐标系中的刚度矩阵。

在用三角形薄板单元计算薄壳问题时,节点位移及节点力在局部坐标系、整体坐标系中的变换式仍然如式(11.59)和式(11.60)所示,但各个元素 λ 的计算比较复杂,下面简述 λ 的计算过程。

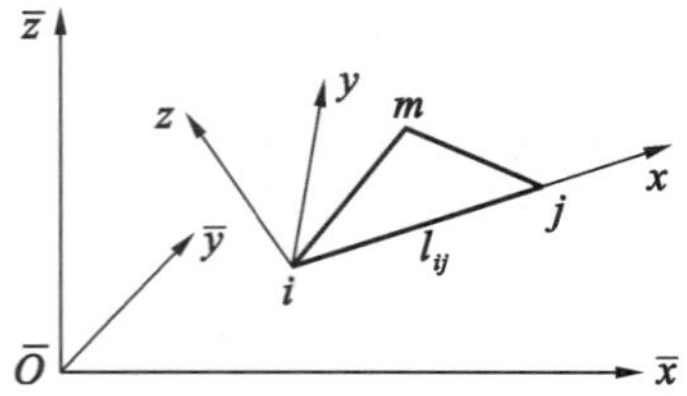

图 11.7　三角形单元

图 11.7 所示为一个三角形单元 ijm,其三节点的整体坐标为$(\bar{x}_i,\bar{y}_i,\bar{z}_i)$,$(\bar{x}_j,\bar{y}_j,\bar{z}_j)$,$(\bar{x}_m,\bar{y}_m,\bar{z}_m)$。为了简便,取节点 i 为局部坐标的原点,x 轴沿 ij 边,y 轴在三角形的平面内并垂直于 ij 边,z 轴垂直于三角形的平面(使 xyz 成为右手坐标系)。如果把 ij 边从 i 到 j 作为一个矢量$\boldsymbol{ij}$,则该矢量在整体坐标轴上的投影为

$$\left.\begin{aligned}\bar{x}_{ji}&=\bar{x}_j-\bar{x}_i\\ \bar{y}_{ji}&=\bar{y}_j-\bar{y}_i\\ \bar{z}_{ji}&=\bar{z}_j-\bar{z}_i\end{aligned}\right\}\tag{11.67}$$

而该矢量在整体坐标系中的方向余弦就是：

$$\left.\begin{aligned}\lambda_{\bar{x}x}&=\frac{\bar{x}_{ji}}{l_{ij}}\\ \lambda_{\bar{x}y}&=\frac{\bar{y}_{ji}}{l_{ij}}\\ \lambda_{\bar{x}z}&=\frac{\bar{z}_{ji}}{l_{ij}}\end{aligned}\right\}\tag{11.68}$$

其中 l_{ij} 为 ij 边的长度，即

$$l_{ij}=(\bar{x}_{ji}^2+\bar{y}_{ji}^2+\bar{z}_{ji}^2)^{\frac{1}{2}}$$

与上相似，如果把 im 边从 i 到 m 作为一个矢量$\boldsymbol{im}$，则它在整体坐标轴上的投影为

$$\left.\begin{aligned}\bar{x}_{mi}&=\bar{x}_m-\bar{x}_i\\ \bar{y}_{mi}&=\bar{y}_m-\bar{y}_i\\ \bar{z}_{mi}&=\bar{z}_m-\bar{z}_i\end{aligned}\right\}\tag{11.69}$$

根据矢量积的运算规则，$\boldsymbol{ij}\times\boldsymbol{im}$ 的投影可由式(11.67)、式(11.69)得出：

$$\bar{y}_{ji}\bar{z}_{mi}-\bar{z}_{ji}\bar{y}_{mi},\quad \bar{z}_{ji}\bar{x}_{mi}-\bar{x}_{ji}\bar{z}_{mi},\quad \bar{x}_{ji}\bar{y}_{mi}-\bar{y}_{ji}\bar{x}_{mi}$$

而$\boldsymbol{ij}\times\boldsymbol{im}$ 的模是三角形 ijm 面积的两倍，即

$$2\Delta=[(\bar{y}_{ji}\bar{z}_{mi}-\bar{z}_{ji}\bar{y}_{mi})^2+(\bar{z}_{ji}\bar{x}_{mi}-\bar{x}_{ji}\bar{z}_{mi})^2+(\bar{x}_{ji}\bar{y}_{mi}-\bar{y}_{ji}\bar{x}_{mi})^2]^{\frac{1}{2}}$$

由此可得该矢量积的方向余弦，亦即 z 轴的方向余弦：

$$\left.\begin{aligned}\lambda_{z\bar{x}}&=\frac{\bar{y}_{ji}\bar{z}_{mi}-\bar{z}_{ji}\bar{y}_{mi}}{2\Delta}\\ \lambda_{z\bar{y}}&=\frac{\bar{z}_{ji}\bar{x}_{mi}-\bar{x}_{ji}\bar{z}_{mi}}{2\Delta}\\ \lambda_{z\bar{z}}&=\frac{\bar{x}_{ji}\bar{y}_{mi}-\bar{y}_{ji}\bar{x}_{mi}}{2\Delta}\end{aligned}\right\}\tag{11.70}$$

为了求出 y 轴方向余弦，在 x、y、z 方向分别取单位矢量 $\bar{\boldsymbol{e}}_x$、$\bar{\boldsymbol{e}}_y$、$\bar{\boldsymbol{e}}_z$。显然，$\bar{\boldsymbol{e}}_z$ 的投影，即 $\bar{\boldsymbol{e}}_z$ 的方向余弦，为 $\lambda_{z\bar{x}}$、$\lambda_{z\bar{y}}$、$\lambda_{z\bar{z}}$；$\bar{\boldsymbol{e}}_x$ 的投影，即 $\bar{\boldsymbol{e}}_x$ 的方向余弦，将为 $\lambda_{x\bar{x}}$、$\lambda_{x\bar{y}}$、$\lambda_{x\bar{z}}$。但 $\bar{\boldsymbol{e}}_y=\bar{\boldsymbol{e}}_z\times\bar{\boldsymbol{e}}_x$，于是按矢量积的运算规则得出 $\bar{\boldsymbol{e}}_y$ 的投影，亦即 $\bar{\boldsymbol{e}}_y$ 或 y 轴方向的余弦：

$$\left.\begin{aligned}\lambda_{y\bar{x}}&=\lambda_{z\bar{y}}\lambda_{x\bar{z}}-\lambda_{z\bar{z}}\lambda_{x\bar{y}}\\ \lambda_{y\bar{y}}&=\lambda_{z\bar{z}}\lambda_{x\bar{x}}-\lambda_{z\bar{x}}\lambda_{x\bar{z}}\\ \lambda_{y\bar{z}}&=\lambda_{z\bar{x}}\lambda_{x\bar{y}}-\lambda_{z\bar{y}}\lambda_{x\bar{x}}\end{aligned}\right\}\tag{11.71}$$

于是，式(11.60)中的所有元素都已求得，可以建立坐标转换矩阵，即

$$\boldsymbol{T}=\begin{bmatrix}\lambda&0&0\\0&\lambda&0\\0&0&\lambda\end{bmatrix}\tag{11.72}$$

从而再进行类似矩形单元的推导，得到与矩形单元完全相同的三角形单元的单元刚度矩阵及荷载列阵的变换式。

对于一般工程结构，也可以把上述计算各个 λ 的方法稍加改变。将整体坐标系的 $\overline{xy}$ 面放在水平面内，并使各个单元的局部坐标轴 x 平行于 $\overline{xy}$ 面。首先用式(11.70)求出 z 轴的方向余弦，然后再计算 x 轴的方向余弦。因为 x 轴与 $\bar{z}$ 轴垂直，所以 x 轴的方向余弦为 $\lambda_{x\bar{x}}$ 和 $\lambda_{x\bar{y}}$。为了确定 $\lambda_{x\bar{x}}$ 和

$\lambda_{x\bar{y}}$，可利用如下的两个几何条件，一个是 x 轴的三个方向余弦的平方之和等于 1，即

$$\lambda_{x\bar{x}}^2+\lambda_{x\bar{y}}^2=1 \tag{11.73}$$

一个是 $\bar{e}_x$ 与 $\bar{e}_z$ 的数量积等于零，即

$$\lambda_{x\bar{x}}\lambda_{z\bar{x}}+\lambda_{x\bar{y}}\lambda_{z\bar{y}}=0 \tag{11.74}$$

由式(11.73)、式(11.74)可以解出 $\lambda_{x\bar{x}}$ 及 $\lambda_{x\bar{y}}$，最后再用式(11.71)求出 y 轴的方向余弦。

11.6　矩形板壳单元有限元分析程序

11.6.1　程序的功能

本程序采用 4 节点矩形单元，能计算弹性力学中的薄板弯曲问题、平面应力问题和板壳问题；能考虑自重和节点集中力两种荷载的作用。主要输出的内容包括：节点位移，结构的应力与内力。

11.6.2　输入次序及变量说明

(1) 当程序开始执行时，按屏幕提示，键入数据文件的名字。

(2) NX，NY，A，B，T，IR，E，V，Q。

NX——X 方向节点数

NY——Y 方向节点数

A——矩形单元的半长

B——矩形单元的半宽

T——板厚

IR——约束位移数

E——弹性模量

V——泊松比

Q——均布荷载

(3) 循环输入单元节点编号信息：ID(I,1)，ID(I,2)，ID(I,3)，ID(I,4)。I 为单元编号，ID(I,1)，ID(I,2)，ID(I,3)，ID(I,4)为单元 I 的节点编号(i,j,m,p)。

(4) 循环输入节点坐标：JZB(I,1)，JZB(I,2)，JZB(I,3)。I 为节点编号，JZB(I,1)，JZB(I,2)，JZB(I,3)分别为节点 I 的 x 坐标、y 坐标、z 坐标。

(5) 循环输入节点约束信息：JB(I,1)，JB(I,2)。I 为约束节点编号，JB(I,1)，JB(I,2)分别为约束节点编号、约束位移分量编号。

以上变量及数组需要从数据文件中按顺序读入，除此之外，程序中其他一些主要变量及数组说明如下：

JDW(NM,6)——节点定位向量

JEDW(24)——单元定位向量

PE(24)——局部坐标系下的等效节点力

ZG(N,BW)——结构刚度矩阵

RL(24,24)——由局部坐标系到整体坐标系的转换矩阵

GPE(24)——整体坐标系下的等效节点力

P(N)——荷载列向量及最终位移结果

SP(3,8)——平面问题应力矩阵

DW(3,3)——薄板弯曲问题弹性矩阵

BW(3,12)——薄板弯曲问题应变矩阵

SW(3,12)——薄板弯曲问题应力矩阵

LB(20)——转换矩阵

11.6.3 程序流程图及各子程序功能

程序流程图如图 11.8 所示。

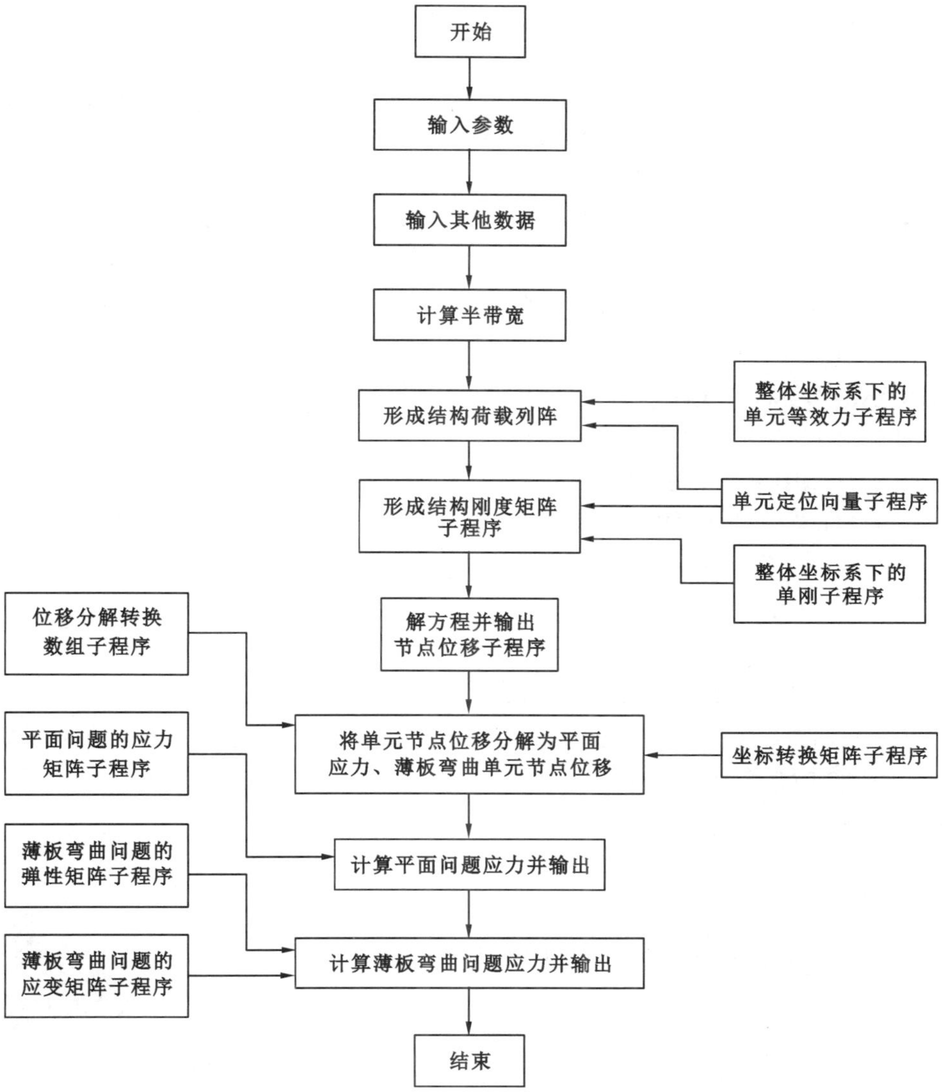

图 11.8 程序流程图

各子程序功能如下：

ZBZH(M)——形成单元的坐标转换矩阵 RL( )

DXL(A,B,Q,M)——形成局部坐标系单元等效力矩阵 PE( )

GDXL(M,A,B,Q)——形成整体坐标系下的单元等效力 GPE( )

DWXL(M)——形成单元定位向量 JEDW( )

DG(A,B,E,T,U)——形成局部坐标系单刚 DK( )

ZTDG(M,A,B,E,T,U)——形成总体坐标系下的单刚 ZDG( )

GBK(NE,N,NW,A,B,E,T,U)——形成总刚 ZG( )

BGSMT(N,NW)——高斯法解方程式(二维等带宽储存)

CLS(A,B,X,Y,E,U,SP)——计算平面应力问题单元应力矩阵

CLDF(E,T,U,DW)——计算薄板弯曲问题弹性矩阵

CLBF(A,B,X,Y,BW)——计算薄板弯曲问题应变矩阵

FLB(LB)——形成转换数组 LB

11.6.4 矩形板壳单元有限元程序清单及程序段说明

```
* ======================================
*                 主程序
* ======================================
      REAL DIMENSION(:,:),ALLOCATABLE::JZB,DK,ZDG,
    #ZG,RL,SP,SW,DW,BW,DSP
      REAL DIMENSION(:),ALLOCATABLE::PE,GPE,P,DP,TM,
    #ST1,ST2
      INTEGER,DIMENSION(:,:),ALLOCATABLE::ID,JB,JDW
      REAL E,T,V,Q
      INTEGER NX,NY,RP,LB(20),JEDW(24)
        OPEN(5,FILE='mPSHELL.DAT')
      OPEN(6,FILE='PSHELL.OUT')
        READ(5,*)NX,NY,A,B,T,IR,E,V,Q
        NE=(NX-1)*(NY-1)
        N=6*NX*NY-IR
        NM=NX*NY
    ALLOCATE(ID(NE,4),JZB(NM,3),DK(24,24),ZDG(24,24),JB(IR,2),
  #JDW(NM,6),RL(24,24),SP(3,8),DW(3,3),BW(3,12),SW(3,12),DSP(NM,6))
    ALLOCATE(PE(24),GPE(24),P(N),DP(24),TM(24),
  #ST1(3),ST2(3))
    READ(5,*)((ID(I,J),J=1,4),I=1,NE)
    READ(5,*)((JZB(I,J),J=1,3),I=1,NM)
    READ(5,*)((JB(I,J),J=1,2),I=1,IR)
* ======================================
*   形成节点定位向量
* ======================================
        KK=0
        DO 40 II=1,NX*NY
        DO 40 J=1,6
        DO 30 JJ=1,IR
          IF (JB(JJ,1).EQ.II.AND.JB(JJ,2).EQ.J) THEN
            KK=KK+1
            JDW(II,J)=0
            GOTO 40
          ENDIF
30  CONTINUE
```

```
      JDW(II,J)=6*(II-1)+J-KK
40    CONTINUE
* ======================================
* N:未知量个数;NW:半带宽
* ======================================
        NW=0
        RP=0
        DO 65 II=1,NE
          CALL DWXL(II,NE,NM,JEDW,JDW,ID)
          DO 75 J=1,24
            IF (JEDW(J).NE.0) THEN
              JP=JEDW(J)
            ELSE
              GOTO 75
            ENDIF
          DO 66 I=1,24
          IF (JEDW(I).NE.0) THEN
            IP=JEDW(I)
          ELSE
            GOTO 66
          ENDIF
          IF (IP.GT.JP) RP=IP-JP
        IF (NW.LT.RP) NW=RP
66      CONTINUE
75      CONTINUE
65      CONTINUE
        NW=NW+1
      ALLOCATE (ZG(N,NW))
* ======================================
*  形成右端荷载列向量
* ======================================
        DO 50 I=1,N
50      P(I)=0.0
        DO 60 II=1,NE
          CALL GDXL(II,A,B,Q,JZB,PE,NE,ID,RL,GPE,NM)
        CALL GDXL(II,NE,NM,JEDW,JDW,ID)
        DO 60 I=1,24
        IF(JEDW(I).NE.0) THEN
         P(JEDW(I))=P(JEDW(I))+GPE(I)
        ENDIF
60      CONTINUE
        CALL DG(A,B,E,T,V,DK)
```

```
      CALL GBK(A,B,E,T,V,NE,N,NW,JZB,ID,NM,ZG,JDW)
* =======================================
*   解方程输出位移
* =======================================
      CALL BGSMT(N,NW,ZG,P)
      WRITE(6,*)'有限元空间壳静力线性分析计算结果'
    WRITE(6,*)'以下为算出的位移:'
        WRITE(6,*)'NODES         u         v         w         seltx
    #          selty          seltxy'
      DO 70 I=1,NX*NY
        DO 80 J=1,6
        IF(JDW(I,J).EQ.0) THEN
          PE(J)=0.0
        ELSE
          PE(J)=P(JDW(I,J))
        ENDIF
80    CONTINUE
      WRITE(6,90)I,(PE(J),J=1,6)
90    FORMAT(1X,I4,2X,6(F10.4,2X))
70    CONTINUE
* =======================================
*       内力计算部分
* =======================================
      DO 1000 I=1,NX*NY
      DO 1000 J=1,6
1000  DSP(I,J)=0
      WRITE(6,*)'以下为算出的内力:'
      WRITE(6,*)'NODES      STx      STy      STxy      Mx
    &      My         Mxy'
      CALL FLB(LB)
* =======================================
* 计算并输出各单元的应力
* =======================================
      DO 110 II=1,NE
      CALL DWXL(II,NE,NM,JEDW,JDW,ID)
*   取出单元节点位移;
      DO 120 JJ=1,24
      IF(JEDW(JJ).EQ.0) THEN
        TM(JJ)=0
      ELSE
        TM(JJ)=P(JEDW(JJ))
      ENDIF
```

```
120  CONTINUE
*   转换为局部坐标系下的位移
      CALL ZBZH(NE,II,JZB,ID,RL,NM)
      DO 130 I=1,24
      DP(I)=0.0
      DO 130 J=1,24
      DP(I)=DP(I)+RL(I,J)*TM(J)
130  CONTINUE
*   改变对应关系:前8个元素为平面应力问题位移;后12个为薄板弯曲问题位移
      DO 140 K=1,20
140  TM(K)=DP(LB(K))
*   依次算出4个节点的力
      DO 190 IM=1,4
      GOTO (200,210,220,230) IM
*   Point 1:
200   X=-A
      Y=-B
      GOTO 240
*   Point 2:
210   X=A
      Y=-B
      GOTO 240
*   Point 3:
220   X=A
      Y=B
      GOTO 240
*   Point 4:
230   X=-A
      Y=B
*   计算平面应力问题应力
240   CALL CLS  (A,B,X,Y,E,V,SP)
      DO 150 I=1,3
      ST1(I)=0.0
      DO 150 J=1,8
150   ST1 (I)=ST1(I)+SP(I,J)*TM(J)
*   计算薄板弯曲问题应力
      CALL CLDF(E,T,V,DW)
      CALL CLBF(A,B,X,Y,BW)
      DO 170 I=1,3
      DO 170 J=1,12
      SW(I,J)=0.0
      DO 170 K=1,3
```

```
170   SW(I,J)=SW(I,J)+DW(I,K)*BW(K,J)
      DO 180 I=1,3
      ST2(I)=0.0
      DO 180 J=1,12
180   ST2(I)=ST2(I)+SW(I,J)*TM(8+J)
*   汇总节点力(相同节点的节点力累加)
      DO 300 I=1,3
      DSP(ID(II,IM),I)=ST1(I)+DSP(ID(II,IM),I)
300   DSP(ID(II,IM),I+3)=ST2(I)+DSP(ID(II,IM),I+3)
190   CONTINUE
110   CONTINUE
*   绕单元平均计算力
      DO 400 I=1,NX*NY
      DO 400 J=1,6
400   DSP(I,J)=DSP(I,J)/4
      DO J=1,6
      DSP(1,J)=DSP(1,J)*4
      DSP(NY,J)=DSP(NY,J)*4
      DSP(((NX-1)*NY+1),J)=DSP(((NX-1)*NY+1),J)*4
      DSP(NX*NY,J)=DSP(NX*NY,J)*4
      ENDDO
*    LEFT
      DO 500 I=2,NY-1
      DO 500 J=1,6
500   DSP(I,J)=DSP(I,J)*2
*    DOWN
      DO 600 I=NY+1,(NX-2)*NY+1,NY
      DO 600 J=1,6
600   DSP(I,J)=DSP(I,J)*2
*    TOP
      DO 700 I=NY*2,(NX-1)*NY,NY
      DO 700 J=1,6
700   DSP(I,J)=DSP(I,J)*2
*    BOTTOM
      DO 800 I=(NX-1)*NY+2,NY*NX-1
      DO 800 J=1,6
800   DSP(I,J)=DSP(I,J)*2
*   计算单位板宽的应力
      DO 1100 I=1,NX*NY
      DO 1100 J=1,2
1100  DSP(I,J)=DSP(I,J)*T
*   输出各结果
```

```
      DO 1200 I=1,NX*NY
1200  WRITE(6,900)I,(DSP(I,J),J=1,6)
900   FORMAT(1X,I3,6F12.5)
      END
* ==========================================
*
*                    子程序部分(共 12 个)
*
* ==========================================
*  子程序 1:形成单元的坐标转换矩阵 RL()
* ==========================================
      SUBROUTINE ZBZH(NE,M,JZB,ID,RL,NM)
      REAL JZB(NM,3),RL(24,24),LPI
      INTEGER M,ID(NE,4)
      DO 10 I=1,24
      DO 10 J=1,24
10    RL(I,J)=0.0
      ZI=JZB(ID(M,1),3)
      ZP=JZB(ID(M,4),3)
      YI=JZB(ID(M,1),2)
      YP=JZB(ID(M,4),2)
      LPI=SQRT((ZP-ZI)*(ZP-ZI)+(YP-YI)*(YP-YI))
      TMP1=(YP-YI)/LPI
      TMP2=(ZP-ZI)/LPI
      DO 20 I=2,23,3
      RL(I-1,I-1)=1
      RL(I,I)=TMP1
      RL(I+1,I+1)=TMP1
      RL(I,I+1)=TMP2
      RL(I+1,I)=-TMP2
20    CONTINUE
      END
* ==========================================
* 子程序 2:形成局部坐标系单元等效力矩阵 PE()
* (限于自重类荷载)
* ==========================================
        SUBROUTINE DXL(A,B,Q,M,JZB,NE,ID,PE,NM)
        REAL Q1,Q2,CSA,SNA,JZB(NM,3),PE(24)
      INTEGER ID(NE,4)
* ==========================================
* Q1:法向分荷载(用于薄板弯曲);Q2:面内分荷载(用于平面应力问题)
* ==========================================
```

```
      CSA=(JZB(ID(M,4),2)-JZB(ID(M,1),2))/(2*B)
      SNA=(JZB(ID(M,1),3)-JZB(ID(M,4),3))/(2*B)
      Q1=Q*CSA
      Q2=Q*SNA
      DO 10 I=1,24
10    PE(I)=0.0
      DO 20 I=2,20,6
20    PE(1)=Q2/4.0
      PE(3)=Q1*A*B
      PE(4)=B*PE(3)/3
      PE(5)=-A*PE(3)/3
      PE(9)=PE(3)
      PE(10)=PE(4)
      PE(11)=-PE(5)
      PE(15)=PE(3)
      PE(16)=-PE(4)
      PE(17)=-PE(5)
      PE(21)=PE(3)
      PE(22)=-PE(4)
      PE(23)=PE(5)
      END
* ======================================
* 子程序 3:形成整体坐标系下的单元等效力 GPE()
* ======================================
      SUBROUTINE GDXL(M,A,B,Q,JZB,PE,NE,ID,RL,GPE,NM)
      REAL A,B,Q,JZB(NM,3),PE(24),RL(24,24) ,GPE(24)
      INTEGER ID(NE,4)
      DO 10 I=1,24
10    GPE(I)=0.0
      CALL DXL(A,B,Q,M,JZB,NE,ID,PE,NM)
      CALL ZBZH(NE,M,JZB,ID,RL,NM)
      DO 20 I=1,24
      DO 20 J=1,24
20    GPE(I)=GPE(I)+RL(J,I)*PE(J)
      END
* ======================================
* 子程序 4:形成单元定位向量 JEDW()
* ======================================
      SUBROUTINE DWXL(M,NE,NM,JEDW,JDW,ID)
      INTEGER JEDW(24),ID(NE,4),JDW(NM,6)
      DO 10 I=1,4
      DO 10 J=1,6
```

```
      JEDW(6*(I-1)+J)=JDW(ID(M,I),J)
10    CONTINUE
      END
* ======================================
*  子程序 5:形成局部坐标系单刚 DK()
*  平面:1,2,7,8,13,14,19,20(number:8)
*  弯曲:3,4,5,9,10,11,15,16,17,21,22,23(number:12)
*  弯曲:(z 向)6,12,18,24(number:4)
* ======================================
      SUBROUTINE DG(A,B,E,T,V,DK)
      REAL DK(24,24)
      DO 5 I=1,24
      DO 5 J=1,24
      DK(I,J)=0.0
5     CONTINUE
* ======================================
*  消除奇异性
* ======================================
      DO 10 I=6,18,6
      DO 10 J=I+6,24,6
      DK(I,I)=4*A*B*T*E*0.0001
10    DK(I,J)=-DK(I,I)/3
      DK(24,24)=DK(18,18)
* ======================================
*  平面应力单元单刚
* ======================================
      D1=E*T/(A*B*(1-V*V))
      D2=(1-V)*A*A/2
      D3=(1-V)*B*B/2
      DK(1,1)=D1*(B*B+D2)/3
      DK(1,2)=A*B*D1*(1+V)/8
      DK(1,7)=-D1*(B*B-D2/2)/3
      DK(1,8)=-A*B*D1*(1-3*V)/8
      DK(1,13)=-DK(1,1)/2
      DK(1,14)=-DK(1,2)
      DK(1,19)=D1*(B*B-D2*2)/6
      DK(1,20)=-DK(1,8)
      DK(2,2)=D1*(A*A+D3)/3
      DK(2,7)=DK(1,20)
      DK(2,8)=D1*(A*A-D3*2)/6
      DK(2,13)=-DK(1,2)
      DK(2,14)=-DK(2,2)/2
```

```
      DK(2,19)=-DK(1,20)
      DK(2,20)=D1*(-A*A+D3/2)/3
      DK(7,7)=DK(1,1)
      DK(7,8)=DK(1,14)
      DK(7,13)=DK(1,19)
      DK(7,14)=-DK(1,20)
      DK(7,19)=DK(1,13)
      DK(7,20)=DK(1,2)
      DK(8,8)=DK(2,2)
      DK(8,13)=DK(2,7)
      DK(8,14)=DK(2,20)
      DK(8,19)=DK(1,2)
      DK(8,20)=DK(2,14)
      DK(13,13)=DK(1,1)
      DK(13,14)=DK(1,2)
      DK(13,19)=DK(1,7)
      DK(13,20)=DK(1,8)
      DK(14,14)=DK(2,2)
      DK(14,19)=DK(1,20)
      DK(14,20)=DK(2,8)
      DK(19,19)=DK(1,1)
      DK(19,20)=-DK(1,2)
      DK(20,20)=DK(2,2)
*  =====================================
*   薄板弯曲单刚
*  =====================================
      AA=A*A/(B*B)
      BB=1/AA
      CC=E*T**3/(360*A*B*(1-V*V))
      RK1=21-6*V+30*(BB+AA)
      RK2=8*(1-V)*B*B+40*A*A
      RK3=8*(1-V)*A*A+40*B*B
      RK4=3*B+12*V*B+30*A*A/B
      RK5=3*A+12*V*A+30*B*B/A
      RK6=30*V*A*B
      RK7=-21+6*V-30*BB+15*AA
      RK8=-RK2+60*A*A
      RK9=-2*A*A*(1-V)+20*B*B
      RK10=-3*B-12*V*B+15*A*A/B
      RK11=3*A*(1-V)+30*B*B/A
      RK12=21-6*V-15*(BB+AA)
      RK13=2*B*B*(1-V)+10*A*A
```

```
RK14=2*A*A*(1-V)+10*B*B
RK15=-3*B*(1-V)+15*A*A/B
RK16=-3*A*(1-V)+15*B*B/A
RK17=-21+6*V+15*BB-30*AA
RK18=-RK13+30*A*A
RK19=-RK3+60*B*B
RK20=-RK15+45*A*A/B
RK21=-3*A-12*V*A+15*B*B/A
DK(3,3)=RK1*CC
DK(4,4)=RK2*CC
DK(5,5)=RK3*CC
DK(9,9)=DK(3,3)
DK(10,10)=DK(4,4)
DK(11,11)=DK(5,5)
DK(15,15)=DK(3,3)
DK(16,16)=DK(4,4)
DK(17,17)=DK(5,5)
DK(21,21)=DK(3,3)
DK(22,22)=DK(4,4)
DK(23,23)=DK(5,5)
DK(3,4)=RK4*CC
DK(3,5)=-CC*RK5
DK(3,9)=RK7*CC
DK(3,10)=RK10*CC
DK(3,11)=-RK11*CC
DK(3,15)=RK12*CC
DK(3,16)=RK15*CC
DK(3,17)=-RK16*CC
DK(3,21)=RK17*CC
DK(3,22)=RK20*CC
DK(3,23)=-RK21*CC
DK(4,5)=-RK6*CC
DK(4,9)=RK10*CC
DK(4,10)=RK8*CC
DK(4,11)=0.0
DK(4,15)=-RK15*CC
DK(4,16)=RK13*CC
DK(4,17)=0.0
DK(4,21)=-RK20*CC
DK(4,22)=RK18*CC
DK(4,23)=0.0
DK(5,9)=RK11*CC
```

```
DK(5,10)=0.0
DK(5,11)=RK9 * CC
DK(5,15)=RK16 * CC
DK(5,16)=0.0
DK(5,17)=RK14 * CC
DK(5,21)=-RK21 * CC
DK(5,22)=0.0
DK(5,23)=RK19 * CC
DK(9,10)=RK4 * CC
DK(9,11)=RK5 * CC
DK(9,15)=RK17 * CC
DK(9,16)=RK20 * CC
DK(9,17)=RK21 * CC
DK(9,21)=RK12 * CC
DK(9,22)=RK15 * CC
DK(9,23)=RK16 * CC
DK(10,11)=RK6 * CC
DK(10,15)=-RK20 * CC
DK(10,16)=RK18 * CC
DK(10,17)=0.0
DK(10,21)=-RK15 * CC
DK(10,22)=RK13 * CC
DK(10,23)=0.0
DK(11,15)=RK21 * CC
DK(11,16)=0.0
DK(11,17)=RK19 * CC
DK(11,21)=-RK16 * CC
DK(11,22)=0.0
DK(11,23)=RK14 * CC
DK(15,16)=-RK4 * CC
DK(15,17)=RK5 * CC
DK(15,21)=RK7 * CC
DK(15,22)=-RK10 * CC
DK(15,23)=RK11 * CC
DK(16,17)=-RK6 * CC
DK(16,21)=-RK10 * CC
DK(16,22)=RK8 * CC
DK(16,23)=0.0
DK(17,21)=-RK11 * CC
DK(17,22)=0.0
DK(17,23)=RK9 * CC
DK(21,22)=-RK4 * CC
```

```
      DK(21,23)=-RK5*CC
      DK(22,23)=RK6*CC
      DO 20 I=1,23
      DO 20 J=I+1,24
20    DK(J,I)=DK(I,J)
      END
*=====================================================
*  子程序6:形成总体坐标系下的单刚ZDG()
*=====================================================
      SUBROUTINE ZTDG(A,B,E,T,V,M,NE,JZB,ID,ZDG,NM)
      REAL JZB(NM,3),RL(24,24),DK(24,24),ZDG(24,24)
      INTEGER ID(NE,4)
      CALL ZBZH(NE,M,JZB,ID,RL,NM)
      CALL DG(A,B,E,T,V,DK)
      DO 10 I=1,24
      DO 10 J=1,24
      ZDG(I,J)=0.0
      DO 10 K=1,24
      DO 10 K1=1,24
      ZDG(I,J)=ZDG(I,J)+RL(K,I)*DK(K,K1)*RL(K1,J)
10    CONTINUE
      END
*=====================================================
*  子程序7:形成总刚ZG()
*=====================================================
      SUBROUTINE GBK(A,B,E,T,V,NE,N,NW,JZB,ID,NM,ZG,JDW)
    REAL ZG(N,NW),JZB(NM,3),ZDG(24,24)
      INTEGER NE,N,NW,ID(NE,4),JEDW(24),JDW(NM,6)
    DO 10 I=1,N
      DO 10 J=1,NW
10    ZG(I,J)=0.0
      DO 20 II=1,NE
      CALL ZTDG(A,B,E,T,V,II,NE,JZB,ID,ZDG,NM)
      CALL DWXL(II,NE,NM,JEDW,JDW,ID)
      DO 20 I=1,24
      IF (JEDW(I).EQ.0)GOTO 20
      DO 30 J=1,24
      IF (JEDW(J).EQ.0)GOTO 30
      IF (JEDW(I).GT.JEDW(J))GOTO 30
      LM=JEDW(J)-JEDW(I)+1
      ZG(JEDW(I),LM)=ZG(JEDW(I),LM)+ZDG(I,J)
30    CONTINUE
```

```
20    CONTINUE
      END
* ========================================
*  子程序 8:高斯法解方程
* ========================================
      SUBROUTINE BGSMT(N,NW,ZG,P)
    REAL ZG(N,NW),P(N)
      NJ1=N-1
      DO 20 K=1,NJ1
      IF (N.GT.K+NW-1) IM=K+NW-1
      IF (N.LE.K+NW-1) IM=N
      K1=K+1
      DO 20 I=K1,IM
      L=I-K+1
      C=ZG(K,L)/ZG(K,1)
      IW=NW-L+1
      DO 10 J=1,IW
      M=J+I-K
10    ZG(I,J)=ZG(I,J)-C*ZG(K,M)
20    P(I)=P(I)-C*P(K)
      P(N)=P(N)/ZG(N,1)
      DO 40 I1=1,NJ1
      I=N-I1
      IF (NW.GT.N-I+1) JO=N-I+1
      IF (NW.LE.N-I+1) JO=NW
      DO 30 J=2,JO
      K=J+I-1
30    P(I)=P(I)-ZG(I,J)*P(K)
40    P(I)=P(I)/ZG(I,1)
      END
* ========================================
*  子程序 9:计算平面应力问题单元应力矩阵
* ========================================
      SUBROUTINE CLS (A,B,X,Y,E,V,SP)
      REAL SP (3,8)
      C=E/(4*A*B*(1-V*V))
      D=C*(1-V)/2
      SP(1,1)=-C*(B-Y)
      SP(1,2)=-C*V*(A-X)
      SP(1,3)=-SP(1,1)
      SP(1,4)=-C*V*(A+X)
      SP(1,5)=C*(B+Y)
```

```
      SP(1,6)=-SP(1,4)
      SP(1,7)=-SP(1,5)
      SP(1,8)=-SP(1,2)
      SP(2,1)=-C*(B-Y)*V
      SP(2,2)=-C*(A-X)
      SP(2,3)=-SP(2,1)
      SP(2,4)=-C*(A+X)
      SP(2,5)=C*(B+Y)*V
      SP(2,6)=-SP(2,4)
      SP(2,7)=-SP(2,5)
      SP(2,8)=-SP(2,2)
      SP(3,1)=-D*(A-X)
      SP(3,2)=-D*(B-Y)
      SP(3,3)=-D*(A+X)
      SP(3,4)=-SP(3,2)
      SP(3,5)=-SP(3,3)
      SP(3,6)=D*(B+Y)
      SP(3,7)=-SP(3,1)
      SP(3,8)=-SP(3,6)
      END
* ========================================
*  子程序10:计算薄板弯曲问题弹性矩阵
*=========================================
      SUBROUTINE CLDF(E,T,V,DW)
      REAL DW (3,3)
      DO 10 I=1,3
      DO 10 J=1,3
10    DW(I,J)=0.0
      DW(1,1)=E*T*T*T/(12.*(1.-V*V))
      DW(1,2)=V*DW(1,1)
      DW(2,1)=DW(1,2)
      DW(2,2)=DW(1,1)
      DW(3,3)=(1.-V)*DW(1,1)*.5
      END
* ========================================
*  子程序11:计算薄板弯曲问题应变矩阵
*=========================================
      SUBROUTINE CLBF (A,B,X,Y,BW)
      REAL BW (3,12)
      DO 10 I=1,3
      DO 10 J=1,12
10    BW(I,J)=0.0
```

```
      XA=X/A
      YB=Y/B
      BW(1,1)=-6*XA/(8*A*A)*(1-YB)
      BW(1,3)=-(1-3*XA)*(1-YB)/(4*A)
      BW(1,4)=-BW(1,1)
      BW(1,6)=(1+3*XA)*(1-YB)/(4*A)
      BW(1,7)=6*XA/(8*A*A)*(1+YB)
      BW(1,9)=(1+3*XA)*(1+YB)/(4*A)
      BW(1,10)=-BW(1,7)
      BW(1,12)=-(1-3*XA)*(1+YB)/(4*A)
      BW(2,1)=-6*YB/(8*B*B)*(1-XA)
      BW(2,2)=(1-XA)*(1-3*YB)/(4*B)
      BW(2,4)=-6*YB/(8*B*B)*(1+XA)
      BW(2,5)=(1+XA)*(1-3*YB)/(4*B)
      BW(2,7)=-BW(2,4)
      BW(2,8)=-(1+XA)*(1+3*YB)/(4*B)
      BW(2,10)=-BW(2,1)
      BW(2,11)=-(1-XA)*(1+3*YB)/(4*B)
      BW(3,1)=-(4-3*XA*XA-3*YB*YB)/(4*A*B)
      BW(3,2)=-(1+2*YB-3*YB*YB)/(4*A)
      BW(3,3)=(1+2*XA-3*XA*XA)/(4*B)
      BW(3,4)=-BW(3,1)
      BW(3,5)=-BW(3,2)
      BW(3,6)=(1-2*XA-3*XA*XA)/(4*B)
      BW(3,7)=BW(3,1)
      BW(3,8)=(1-2*YB-3*YB*YB)/(4*A)
      BW(3,9)=-BW(3,6)
      BW(3,10)=-BW(3,7)
      BW(3,11)=-BW(3,8)
      BW(3,12)=-BW(3,3)
      END
* ====================================
*   子程序 12:形成转换数组
* ====================================
      SUBROUTINE FLB (LB)
      INTEGER LB (20)
*    平面应力部分
      LB(1)=1
      LB(2)=2
      LB(3)=7
      LB(4)=8
      LB(5)=13
```

LB(6)=14
LB(7)=19
LB(8)=20
* 弯曲部分
LB(9)=3
LB(10)=4
LB(11)=5
LB(12)=9
LB(13)=10
LB(14)=11
LB(15)=15
LB(16)=16
LB(17)=17
LB(18)=21
LB(19)=22
LB(20)=23
END

11.6.5 程序考题

一圆柱面顶盖薄壳，其厚度为 $t=8$ cm，半径为 $R=8$ m，中心角为 80°，长度为 $L=15$ m。薄壳的两端$\left(\bar{x}=\pm\dfrac{L}{2}\right)$支承在隔板上作为简支边，纵向直边为自由边。弹性模量为 $E=2\times10^6$ t/m^2，泊松系数取 $\upsilon=0$，荷载为均匀分布的铅直荷载 0.4 t/m^2。由于对称，只计算该薄壳的四分之一。其有限元网格如图 11.9 所示，试计算该弹性体在各离散点的位移及内力。

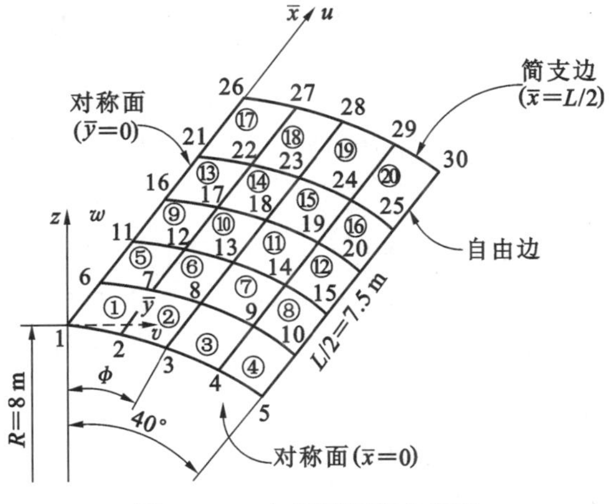

图 11.9 1/4 圆柱面顶盖薄壳

(1) 输入数据

6	5	7.500000E−01	6.972459E−01	8.000000E−02	
35	2000000.000000	0.000000E+00	−0.4		
1	6	7	2	2	7
8	3	3	8	9	4

4	9	10	5	6	11
12	7	7	12	13	8
8	13	14	9	9	14
15	10	11	16	17	12
12	17	18	13	13	18
19	14	14	19	20	15
16	21	22	17	17	22
23	18	18	23	24	19
19	24	25	20	21	26
27	22	22	27	28	23
23	28	29	24	24	29
30	25				

0.000000E+00	0.000000E+00	8.000000	0.000000E+00
1.389185	7.878462	0.000000E+00	2.736161
7.517541	0.000000E+00	4.000000	6.928203
0.000000E+00	5.142301	6.128356	1.500000
0.000000E+00	8.000000	1.500000	1.389185
7.878462	1.500000	2.736161	7.517541
1.500000	4.000000	6.928203	1.500000
5.142301	6.128356	3.000000	0.000000E+00
8.000000	3.000000	1.389185	7.878462
3.000000	2.736161	7.517541	3.000000
4.000000	6.928203	3.000000	5.142301
6.128356	4.500000	0.000000E+00	8.000000
4.500000	1.389185	7.878462	4.500000
2.736161	7.517541	4.500000	4.000000
6.928203	4.500000	5.142301	6.128356
6.000000	0.000000E+00	8.000000	6.000000
1.389185	7.878462	6.000000	2.736161
7.517541	6.000000	4.000000	6.928203
6.000000	5.142301	6.128356	7.500000
0.000000E+00	8.000000	7.500000	1.389185
7.878462	7.500000	2.736161	7.517541
7.500000	4.000000	6.928203	7.500000
5.142301	6.128356		

1	1	1	5	2	1
2	5	3	1	3	5
4	1	4	5	5	1

5	5	1	2	1	4
6	2	6	4	11	2
11	4	16	2	16	4
21	2	21	4	26	2
26	3	26	4	27	2
27	3	27	4	28	2
28	3	28	4	29	2
29	3	29	4	30	2
30	3	30	4		

(2) 输出结果

有限元空间静力线性分析计算结果

以下为算出的位移：

NODES	u	v	w	seltx	selty	seltxy
1	.0000	.0000	.0122	.0000	.0000	.0000
2	.0000	—.0007	.0044	—.0111	.0000	.0000
3	.0000	—.0064	—.0167	—.0197	.0000	.0003
4	.0000	—.0195	—.0448	—.0237	.0000	.0010
5	.0000	—.0387	—.0721	—.0239	.0000	.0021
6	.0001	.0000	.0116	.0000	.0008	.0002
7	.0000	—.0007	.0042	—.0105	.0003	.0003
8	—.0002	—.0061	—.0159	—.0188	—.0009	.0008
9	—.0001	—.0186	—.0426	—.0225	—.0022	.0018
10	.0007	—.0367	—.0684	—.0225	—.0037	.0030
11	.0001	.0000	.0099	.0000	.0015	.0003
12	—.0001	—.0006	.0036	—.0089	.0006	.0005
13	—.0004	—.0052	—.0136	—.0162	—.0019	.0013
14	—.0002	—.0160	—.0367	—.0195	—.0049	.0028
15	.0013	—.0318	—.0592	—.0196	—.0077	.0049
16	.0002	.0000	.0072	.0000	.0021	.0004
17	—.0001	—.0004	.0027	—.0065	.0008	.0006
18	—.0006	—.0038	—.0099	—.0119	—.0026	.0016
19	—.0003	—.0119	—.0272	—.0148	—.0071	.0038
20	.0018	—.0239	—.0442	—.0148	—.0113	.0069
21	.0002	.0000	.0036	.0000	.0026	.0005
22	—.0001	—.0002	.0013	—.0034	.0011	.0006
23	—.0007	—.0021	—.0053	—.0064	—.0031	.0018
24	—.0004	—.0065	—.0147	—.0081	—.0088	.0046
25	.0022	—.0131	—.0241	—.0081	—.0144	.0087

26	.0002	.0000	.0000	.0000	.0021	.0006
27	—.0001	.0000	.0000	.0000	.0006	.0007
28	—.0007	.0000	.0000	.0000	—.0038	.0021
29	—.0005	.0000	.0000	.0000	—.0100	.0053
30	.0023	.0000	.0000	.0000	—.0163	.0099

以下为算出的内力：

NODES	STx	STy	STxy	Mx	My	Mxy
1	6.13048	—4.22459	34.70032	.04583	.70970	.01602
2	—4.07532	—4.17396	46.34286	.01363	.64650	—.00429
3	—22.00277	—3.85438	8.94522	—.04832	.41485	—.01358
4	—13.09431	—2.57631	—169.71160	—.09490	.07259	—.02946
5	72.21407	—1.56719	—299.50340	—.14747	—.05698	—.03929
6	5.92342	—4.18573	—.75269	.04490	.67307	.00117
7	—3.82194	—4.01271	—3.63181	.01536	.61694	—.05780
8	—21.19015	—3.00621	—13.86293	—.06504	.39885	—.09360
9	—12.63994	—1.30109	—16.41422	—.16959	.04861	—.10879
10	69.38036	—.42945	—12.06738	—.25144	—.05058	—.11395
11	5.22634	—3.98814	—1.25227	.03772	.56612	.00122
12	—3.07493	—3.95402	—7.06667	.01269	.52923	—.11375
13	—18.45792	—3.42958	—26.97271	—.05764	.35875	—.19088
14	—11.83729	—1.99174	—33.26738	—.14830	.05389	—.21402
15	61.51362	—1.04422	—26.50146	—.25033	—.05360	—.21281
16	3.93462	—3.54403	1.45988	.03156	.40423	.00134
17	—2.01360	—3.60646	—8.38378	.01583	.38622	—.15660
18	—13.66371	—3.29506	—38.42036	—.03632	.28782	—.27523
19	—10.40728	—1.99160	—49.53593	—.12513	.05724	—.32028
20	48.23441	—1.06195	—39.89258	—.22357	—.05231	—.32200
21	2.11297	—4.34390	—2.57869	.01785	.20905	.00153
22	—.94766	—4.40365	—7.94991	.01102	.20302	—.18229
23	—7.25544	—4.27145	—47.07827	—.01629	.16572	—.33955
24	—6.59332	—2.94069	—63.20979	—.08493	.05487	—.42116
25	27.47986	—1.80187	—50.62323	—.19757	—.06256	—.42381
26	1.09302	.00000	—9.34911	—.08028	.00000	.00237
27	—.44942	.00000	—7.41404	—.07698	.00000	—.18932
28	—3.72178	.00000	—50.86520	—.07404	.00000	—.36300
29	—3.86108	.00000	—68.65179	—.06772	.00000	—.46711
30	14.97150	.00000	—53.59167	—.03178	.00000	—.46840

本 章 小 结

(1) 关于薄板问题的解析解在弹性理论中已介绍。本章介绍用有限元法来求解薄板问题，且仅介绍了矩形单元(R12板元)、三角形单元(T9板元)，当然，在薄板问题的有限元法中，各类单元很多，包括三角形单元、四边形单元、等参元等。矩形(R12)薄板弯曲单元是典型的非协调元，由于它能够通过分片检验，因此是收敛的，并且精度较好。

(2) 矩形平面壳体单元是由矩形双线性平面单元和矩形薄板弯曲单元按照一定的规则叠加而成的，三角形平面壳体单元同样是由三角形常量单元和三角形薄板弯曲单元按照一定的规则叠加而成的。这个规则就是平面内的位移不引起弯曲内力，弯曲变形不引起平面内力，彼此之间互不耦联。这是一种假设，而实际问题并非如此。

(3) 本章介绍的平面壳体单元，其实质是用折板体系代替原曲壳体系，如同用折杆代替曲杆一样，“以直代曲”也是一种近似。这种壳体单元只是在柱状单曲薄壳的计算时精度较好。

(4) 本章介绍的板壳问题有限单元法的程序适用范围较广，它能计算薄板弯曲问题、平面应力问题，更能计算板壳问题。

思 考 题

11.1　4节点12自由度薄板单元位移四次项为什么选 x^3y 和 xy^3，而没有选其他四次项？选用 x^4 和 y^4 将导致什么结果？

11.2　4节点12自由度薄板单元挠度和转角协调，法向转角不协调，所以称其为非协调元，如何证明结论是正确的？

11.3　在薄壳单元中，引入 θ_{zi} 的目的是便于坐标转换，但在集成总刚时，主对角线相应于 θ_{zi} 的元素可能是零，这将导致总刚度矩阵奇异，无法求解，什么情况下会产生上述情况？若产生这种情况将如何处理？

11.4　壳体单元有哪几种选择方法？

习　题

11.1　设矩形薄板用三角形单元划分(图11.10)，试比较哪一种三角形单元的划分方法比较好？为什么？

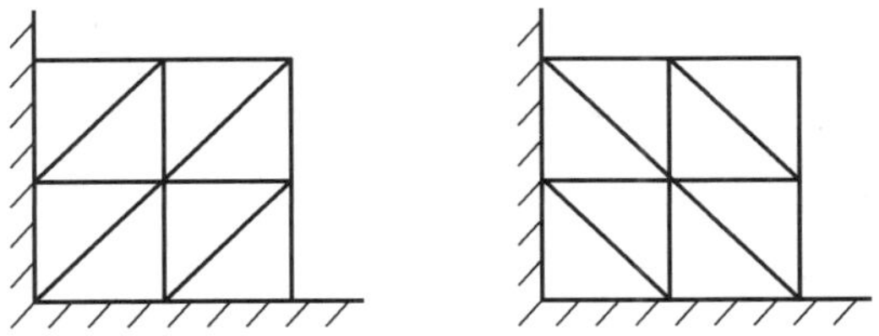

图11.10　习题11.1图

11.2　检查以下薄板弯曲问题位移函数的完备性：

(1) $w(x,y)=\alpha_1+\alpha_2x+\alpha_3y+\alpha_4x^2+\alpha_5xy+\alpha_6y^2+\alpha_7x^3+\alpha_8x^2y+\alpha_9y^3$

(2) $w(x,y)=(\alpha_1+\alpha_2x+\alpha_3x^2+\alpha_4x^3)(\beta_1+\beta_2y+\beta_3y^2+\beta_4y^3)$

(3) $w(x,y)=\alpha_1+\alpha_2x+\alpha_3y+\alpha_4x^2+\alpha_5xy+\alpha_6y^2+\alpha_7x^3+\alpha_8x^2y+\alpha_9xy^2$

11.3　设有正方形板(图11.11)，边长为 $l=4$ m，板厚0.1 m，弹性模量 $E=2\times10^6$ t/m²，泊松比 $\upsilon=1/6$，两对边简支，另两对边固定，取网格 2×2，求均匀分布荷载 q_0 及集中荷载 $P=2q_0a$ 作用下的节点位移(不计等效节点力矩荷载)。

11.4　四边固定的正方形薄板(图11.12)，边长为4 m，板厚为0.1 m，弹性模量 $E=2\times10^6$ t/m²，$\upsilon=1/6$，若在板中点还联结有弹性杆件支承，其杆长为4 m，弹性模量也为 E，截面面积为0.04 m²，当板上受均匀分布荷载 $q_0=0.6$ t/m² 作用时，试用 2×2 矩形薄板单元进行分析，并求出其中点 c 的挠度。

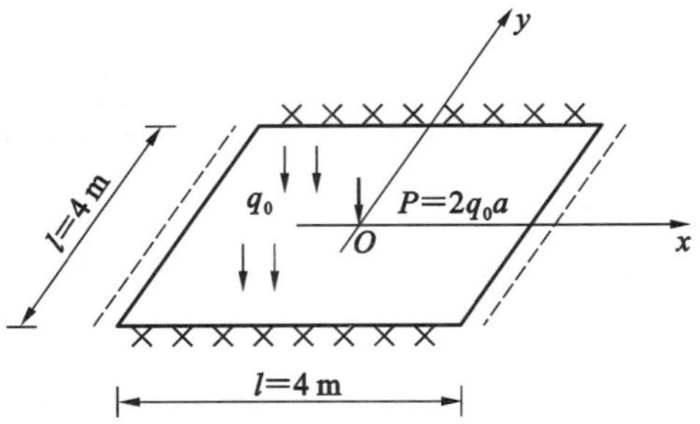

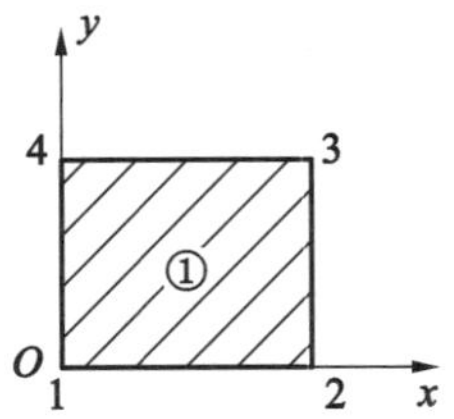

图 11.11　习题 11.3 图

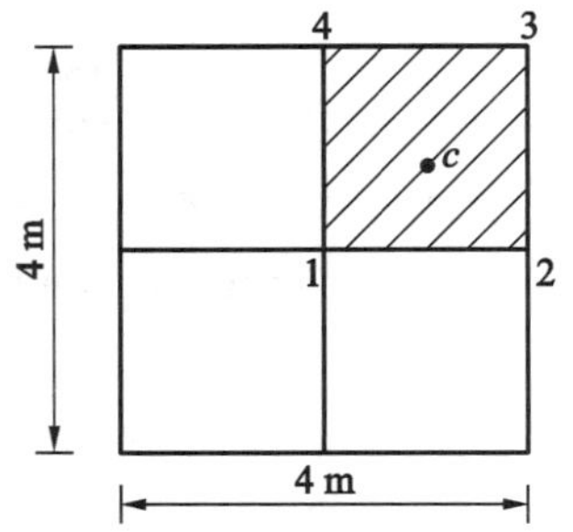

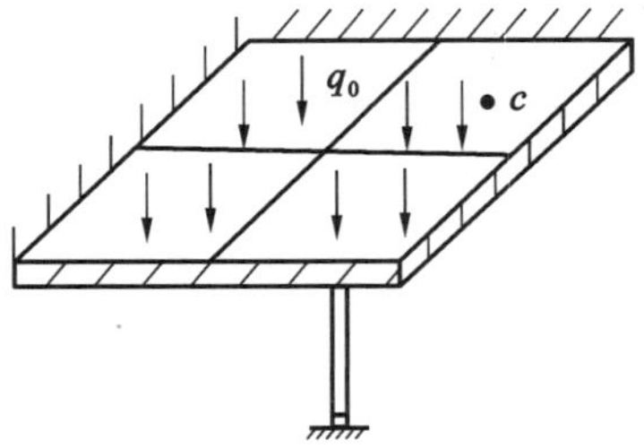

图 11.12　习题 11.4 图

11.5　应用本章的板壳分析程序计算薄板弯曲问题、平面应力问题时应如何准备数据文件？自拟算例进行考证。

附录1　ANSYS-CAE 仿真分析软件

在国际化的市场经济中，企业间的竞争日益激烈。为取得竞争优势，企业迫切需要以高质量、低成本的产品迅速占领市场。因此，企业界迫切需求高技术、高速度、低成本的设计方法。CAE（计算机辅助工程）技术的发展为企业实现这一目标提供了技术支持。用 CAD/CAE 交互反馈设计过程取代传统的设计过程，可使研发周期及成本降低 30%～50%。ANSYS 程序即是应此需求而发展起来的 CAE 仿真设计工具。

ANSYS 是 20 世纪 70 年代由 ANSYS 公司开发的工程分析软件。开发初期是为了应用于电力工业。ANSYS 的第一个版本与现在广泛应用于微机上的版本有很大的差别——仅提供热分析功能，而且只是一个批处理程序，只能在大型机上运行。在 20 世纪 70 年代早期，ANSYS 程序中加入了许多新的技术以及用户需要的东西，包括非线性、子结构以及更多的单元类型，使程序具有更强的通用性。随着计算机和矢量终端的发展，ANSYS 逐步成为计算机辅助工程中广泛应用的有限元程序。20 世纪 70 年代后期，ANSYS 加入了交互式操作方式，它大大简化了模型的生成和对计算结果的评价（前处理和后处理）。用户可以在进行分析之前使用交互式图形来验证模型的几何形状、材料属性和边界条件。在进行求解分析之后能够立即利用图形交互来检查计算结果。今天，ANSYS 的功能更加强大和完善，操作使用也更加方便。

ANSYS 公司是世界 CAE 行业最著名的公司之一，拥有全球最大的用户群。许多国际化大公司以 ANSYS 软件作为其设计分析标准，在 *FORTUNE* 杂志评选出的“Global Fortune 100”中，有 73 家企业是 ANSYS 的“集团”用户。

目前大多数分析软件只能模拟一种物理现象，而 ANSYS 却能模拟结构、热、流体、电、磁、声学、压电以及多种物理场间的耦合效应。多场耦合分析使计算机虚拟样机得以实现，在产品制作之前通过仿真得到其工作性能及各种指标，从而可部分甚至全部取代耗时且昂贵的物理样机，实现降低研发时间和成本的目标。ANSYS 软件可广泛用于核工业、铁道、石油化工、航空航天、机械制造、能源、汽车交通、国防军工、电子、土木工程、造船、生物医学、轻工、地矿、水利、日用家电等诸多工业及科学研究。

ANSYS 公司的 ANSYS 软件为设计界提供了从通用到专用的全线 CAE 解决方案。ANSYS 旗舰产品多物理场系列提供了涉及多学科、交叉学科的多物理场仿真工具；ANSYS/Design Space 产品系列为设计工程师提供了智能化的快速设计校验及优化工具。针对某些领域，ANSYS 还提供了专用软件包，包括板成型专用软件包、土木工程专用软件包、疲劳及耐久性专用软件包等。

ANSYS 成功的实例遍及世界工业的各个领域，从波音公司的 747 飞机到 Kid's Toys 公司的儿童滑梯，从 Motorola 公司的 Star/TAC 手机到壳牌润滑油油桶，从法国阿尔斯通公司的高速列车到 Wilson 公司的 INVEX 高尔夫球杆，以及三大汽车公司的各类汽车、FMC 公司的通心粉生产线、Black&Decker 公司的蒸汽电熨斗等，均是以 ANSYS 软件为工具而设计出的闻名全球的产品。

ANSYS 程序是一个功能强大、灵活的设计分析及优化软件包。该软件可浮动运行于从 PC 机、NT 工作站、UNIX 工作站至巨型机的各类计算机及操作系统中，数据文件在所有的产品系列和工作平台上均兼容；多物理场耦合的功能，允许在同一模型上进行各式各样的耦合计算，如热与结构耦合、磁结构耦合以及电-磁-流体-热耦合，在 PC 机上生成的模型同样可运行于巨型机上，这样就确保了所有的 ANSYS 用户的多领域多变工程问题的求解。

ANSYS 的主要技术特点：

(1) 唯一能实现多场及多场耦合分析的软件；

(2) 唯一实现前后处理、求解及多场分析统一数据库的一体化大型 FEA 软件；

(3) 唯一具有多物理场优化功能的 FEA 软件；

(4) 唯一具有中文界面的大型通用有限元软件；

(5) 强大的非线性分析功能；

(6) 多种求解器分别适用于不同的问题及不同的硬件配置；

(7) 支持异种、异构平台的网格浮动，在异种、异构平台上用户界面统一，数据文件全部兼容；

(8) 强大的并行计算功能支持分布式并行及共享内存式并行；

(9) 多种自动网格划分技术；

(10) 良好的用户开发环境。

附录 1.1　程序简述

附录 1.1.1　ANSYS 图形用户界面(GUI)

ANSYS 使用了基于 Motif 标准的易于理解的 GUI，其友好的用户界面及程序架构使其易学易用。通过 GUI 可方便地交互访问程序的各种功能、命令、用户手册和参考资料，并可一步步地完成整个分析；同时，该程序提供了完整的在线说明和状态途径的超文本帮助系统，以协助有经验的用户进行高级应用。ANSYS 开发了一套直观的菜单系统，为用户使用程序提供导航，用户输入数据或命令可通过鼠标或键盘完成，也可二者一起使用。在用户界面中，ANSYS 程序提供了四种通用方法输入命令：菜单、对话框、工具条、直接输入命令。另外，ANSYS 还提供了中英文两种界面，并专门为机械分析、模态分析、热分析定制了界面。

附录 1.1.2　图形

完全交互式图形是 ANSYS 程序中不可分割的组成部分，图形对于校验前处理数据和在后处理中检查求解结果都是非常重要的。ANSYS 的 Power Graphics 能够迅速完成 ANSYS 几何图形及计算结果的显示；如此快速是由于其几何图形是以对象而不是以需要重新组合的数据来存储的。Power Graphics 的显示特性保证了单元和等值线的显示，并且既可用于 P 单元也可用于 H 单元。Power Graphics 的显示特性加速了等值面的显示、断面/覆盖/Q-切片显示，以及在 Q-切片中的拓扑显示。

ANSYS 的图形功能包括：

在实体模型和有限元模型上的边界条件显示；

计算结果的彩色等值线显示；

随时间或模型中的一条轨迹而变化的结果图形；

通用显示操作(视图方向、变焦、缩放、旋转等)；

用于实体体素的橡皮筋技术；

多窗口显示；

隐藏线、剖面及透视显示；

软件实现的 Z-buffering(阴影光滑和加速显示)；

光源阴影图像；

边缘显示(为清晰起见,除掉内部单元轮廓线);
收缩显示(用于单元检查,相邻单元线相互分开);
变形比率控制显示(为更形象化,水平及垂直方向的比例可相互独立调整);
多图元组合显示(如叠加于实体模型上的单元);
多达 256 种颜色显示;
三维体内直观化显示,包括梯度显示、等值面、粒子流跟踪、立体切片等;
X-Y 数据曲线,包括多个相互独立的曲线显示,二维、三维显示,色彩、背景、栅格线,均可控制;
图形化操作历程状态显示,操作包括绘图、网格划分、数据列表和求解等;
用文本、尺寸标注、多边形、符号、饼图等图形显示以增强注解能力;
动画显示,包括变形动画、时间历程结果动画、Q-切片动画及等值面动画等;
按范围或类型对图元着色显示(包括单元、线、面、体、边界条件、屏幕和轮廓色彩及色彩索引等);
对单元、实体模型的图元、组元及等值面的透明指定;
管单元、肘形弯管单元、梁单元以及磁源的实际形状及横截面显示;
层单元的复合材料层和方向显示;
窗口背景的色彩选择;
显示说明可存于一文件中,以便以后调用;
所有图形均可生成各种公用的图形格式。

附录 1.1.3　处理器

ANSYS 按功能作用可分为若干个处理器,包括前处理器、求解器、后处理器、辅助处理器(如设计优化器)等。前处理器用于生成有限元模型,指定随后求解中所需的选择项;求解器用于施加荷载及边界条件,然后完成求解运算;后处理器用于获取并检查求解结果,以对模型作出评价,然后进行其他感兴趣的计算。

附录 1.1.4　数据库及文件格式

ANSYS 程序使用统一的集中式数据库来存储所有模型数据及求解结果,如附图 1.1 所示。模型数据通过前处理器写入数据库;荷载和求解结果通过求解器写入数据库;后处理结果通过后处理器

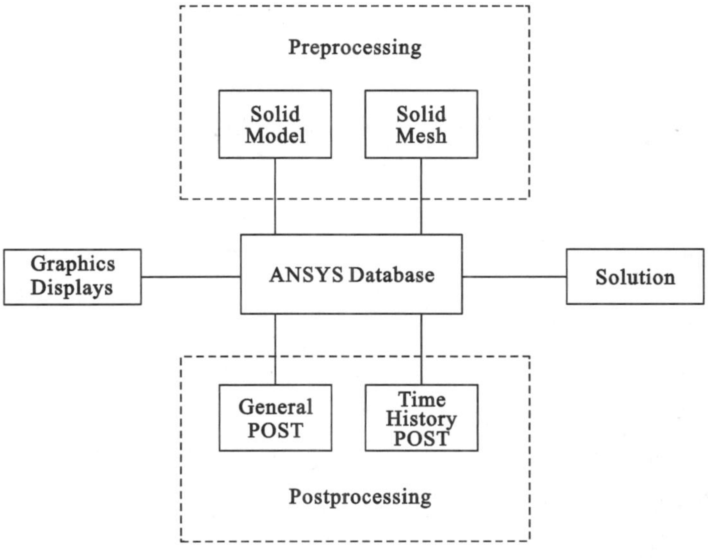

附图 1.1　统一的集中式数据库

写入数据库。数据一旦写入数据库中，即可为其他处理器所用。

ANSYS 数据文件包括数据库文件、计算结果文件、图形文件等。程序生成的文件或者是 ASCII 格式，或者是二进制格式。在缺省设置下，ANSYS 程序生成外部格式(IEEE 标准)的二进制文件，该格式允许在不同硬件系统中移置。例如，当某一用户在某一计算机系统中生成模型几何数据后，该数据可方便地传输给另一系统的另一个 ANSYS 用户。

附录 1.1.5　ANSYS 程序支持的硬件平台

ANSYS 程序支持的硬件平台有：

Intel PC；

HP；

SGI；

IBM；

SUN；

ALPHA；

CRAY。

附录 1.1.6　与 CAD 软件的接口

与 CAD 软件的接口有：

Unigraphics；

Pro/ENGINEER；

Catia；

I-Deas；

CADDS。

附录 1.1.7　支持的图形传递标准

支持的图形传递标准是：

SAT；

Parasolid；

STEP。

附录 1.2　前后处理

附录 1.2.1　前处理

前处理用于定义求解所需的数据。用户可选择坐标系统和单元类型、定义实常数和材料特性、建立实体模型并对其进行网格划分，控制节点和单元，以及定义耦合约束方程。通过运行一个统计模块，用户还可预测求解所需的文件大小及内存需求。

在 ANSYS 程序中，坐标系统用于定义空间几何结构的位置、节点自由度方向、材料特性方向以及改变图形的显示和列表。程序中可用的坐标系统有：笛卡儿坐标、柱坐标、球坐标、椭球坐标及环坐标。所有这些坐标均能在空间的任意位置和任意方向设置。用户在前处理阶段输入的数据将成为 ANSYS 集中数据库的一部分，该数据库由一系列表组成：坐标系表、单元类型表、材料特性表、关键点表、节点表以及荷载表等。一旦某个表中的数据被定义，该数据即可通过表项编码来引用。例如，用户定义了几个坐标系之后，就可通过简单地引用相应的坐标系编号（表项编号）来激活它们。另外，一套数据库控制命令可用于选择数据库的部分数据，以完成特定操作。基于一定标准，诸如几何位置、实体模型图元、单元类型、材料类型以及节点和单元编号等，用户可选择其所需的数据。虽然用户可输入与模型有关的多方面的信息，但在求解过程中，程序只使用特定分析所需的那部分数据。把模型划分成组元是选择模型数据的另一个便利方法。所谓组元，是指用户为了清晰或组织合乎逻辑而定义的几何图元组。为清楚显示一个复杂模型的各个部分，组元可以显示成不同颜色。

ANSYS程序提供了广泛的模型生成功能，用户可快捷建立实际工程系统的有限元模型。ANSYS提供了三种不同的建模方法：模型导入、实体建模及直接生成。

前处理功能包括：

(1) 实体建模

① 参数化建模；

② 体素库及布尔运算；

③ 拖拉、旋转、拷贝、蒙皮、倒角等。

(2) 多种自动网格划分工具，自动进行单元形态、求解精度检查及修正

① 自由/映射网格划分、智能网格划分、自适应网格划分；

② 复杂几何体 Sweep 扫掠网格生成；

③ 六面体向四面体过渡网格——金字塔形；

④ 边界层网格划分。

(3) 在几何模型或 FE 模型上加载

荷载包括点荷载、分布荷载、体荷载、函数荷载等。

(4) 可扩展的标准梁截面形状库。

附录1.2.2 后处理及图形显示

ANSYS后处理过程紧接在前处理和求解过程之后，通过友好的用户界面，可以很容易地获得计算结果并对其进行运算。交互式后处理过程中，图形可联机输出到显示设备上，也可脱机输出到绘图仪上。由于后处理阶段完全同ANSYS前处理和求解阶段集成在一起，故求解结果已存于数据库且能立即查看。

在求解阶段，分析结果写入ANSYS数据库文件，单个子步的结果作为数据集存储。每个数据集可用的数据量和类型由所完成的分析类型及求解阶段设置的选项来控制。对于某个分析的每一荷载步，用户可指定每个子步、最终子步，或最终子步和中间子步的组合写出数据集，用户同样可以选择写什么范围的数据组。

后处理访问数据集有两种方法：一是通用后处理器 POST1 检查整个模型或模型的某一部分中任意一个特定数据集的结果；二是用时间历程后处理器 POST26 跨多个数据集检查并选择出的部分模型的数据，如特定节点的位移或单元应力。当数据从结果文件读出后，数据存于ANSYS数据库。后处理中允许访问所有输入数据（几何模型、材料、荷载等）。使用交互访问可以很方便地进行数据库操作并立即提供结果图形和结果列表。

后处理功能包括：

计算报告自动生成及定制工具：自动生成符合要求格式的计算报告；

结果显示菜单：图形显示、抓图、结果列表；

图形：云图、等值线、矢量显示、粒子流迹显示、切片、透明及半透明显示、纹理；

钢筋混凝土单元可显示单元内的钢筋、开裂情况以及压碎部位；

梁、管、板、复合材料单元及结果按实际形状显示，显示横截面结果；
显示梁单元弯矩图；
显示优化灵敏度及优化变量曲线；
各种结果动画显示，可独立保存及重放；
3D 图形注释功能；
直接生成 BMP、JPG、VRML、WMF、EMF、PNG、PS、TIFF、HPGL 等格式的图形；
计算结果排序、检索、列表及再组合；
提供对计算结果的加、减、积分、微分等计算；
显示沿任意路径的结果曲线，并可进行沿路径的数学计算。

附录 1.3 求解

在前处理阶段完成建模后，可进入求解阶段获得分析结果。在 ANSYS 分析阶段，用户可以定义分析类型、分析选项、荷载数据和荷载步选项，然后开始有限元求解。

定义分析类型即指定求解该问题所用的控制方程，一般可用的分析范畴包括结构、热、电磁场、电场、静电、流体以及耦合场分析等。

每个分析范畴一般都包括几种特定的分析类型，如结构分析中的静态或动态分析等。用户可通过特定的分析选项进一步定义分析类型。

指定荷载数据和约束即定义模型的边界条件，荷载数据包括约束的自由度、点荷载、面荷载、体荷载以及惯性荷载。特定的荷载将随分析类型而变化。

每一荷载设置称为荷载步，而一个分析可包含一个或多个荷载步。给定荷载步的荷载值可由前一荷载步的荷载值渐变而来，也可跃变成新值。例如，后一种方法可用于瞬态分析中模拟冲击荷载。

荷载步选项可用于设置输出控制、收敛性控制及每一荷载步的通用荷载控制。例如，用户可定义每种荷载步的子荷载步数或其值是否渐变。

指定的约束可用于限定选定节点的自由度。例如，为进行结构分析，可恰当地约束沿某一固定边上节点的转角和位移。约束除了可在求解阶段定义外，还可于前处理阶段在实体或有限元模型上定义。在求解计算开始时，实体模型的自由度约束由程序自动地转换到有限元模型。求解阶段的其他特性可使用户改变材料特性和单元的特定数据，如厚度、重新激活和不激活单元(生与死选项)、指定主自由度(MDOF)以及定义间隙条件。完成对适当的求解准则的定义之后，就可进行求解计算。这是 ANSYS 计算的内核部分，它无须用户干涉，通常需要最多的计算机时间和最少的用户时间。

ANSYS 程序可自动地对节点和单元重新排序，以获得最高的计算效率。

ANSYS 提供了两个直接求解器：波前求解器、稀疏矩阵求解器，可计算出线性联立方程组的精确解。

ANSYS 提供了五个迭代求解器，适用于大而复杂的问题：
JCG 雅可比共轭梯度法；
JCGOUT 外存雅可比共轭梯度法；
ICCG 非完全乔列斯基共轭梯度法；
PCG 预制条件共轭梯度法；
PCGOUT 外存预制条件共轭梯度法。

对于求解场问题(包括声、传热以及电磁场问题)以及具有对称、稀疏、正定矩阵的其他大型问题，迭代求解器更为有效。

ANSYS 程序为模态分析提供了六个特征值求解器：

Subspace 子空间迭代法；

Block Lanczos 分块法；

Power Dynamics 法；

Reduced 凝聚法；

Unsymmetric 非对称法；

Damped 阻尼法。

ANSYS 程序为流体力学问题提供了专门的算法：

TDMA 三对角矩阵法；

CRM 共轭残差法；

PCRM 预条件共轭残差法；

PGMR 预条件广义最小残差法。

附录 1.4　ANSYS 多物理场分析功能

附录 1.4.1　结构分析

(1) 非线性静力

① 几何非线性：大变形、大应变、应力强化、旋转软化。

② 材料非线性：塑性、黏弹性、黏塑性、超弹性、多线性弹性、蠕变、肿胀等。

③ 接触非线性：面面/点面/点点接触、柔体/柔体刚体接触、热接触。

④ 单元非线性：死/活单元、钢筋混凝土单元、非线性阻尼/弹簧元、预紧力单元等。

⑤ 智能化的非线性求解控制专家系统。

(2) 结构动力分析

① 模态分析：模态循环对称、预应力模态、复模态等；

② 谐波响应分析；

③ 非线性瞬态动力响应分析；

④ 谱分析；

⑤ 随机振动分析；

⑥ 隐式、显式及显式—隐式—显式耦合求解。

(3) 运动学分析

ANSYS 程序的下列特点使它能处理发生大运动的结构：

① 结构单元承受大转动的能力；

② 代表旋转铰的三维单元；

③ 代表线性调节器的三维单元。

(4) 复合材料分析

ANSYS 的复合材料分析功能用以计算叠层板结构在外荷载或温度荷载作用下的线性、非线性的动静力学响应。

(5) 断裂力学分析

ANSYS 的断裂力学分析功能用以计算结构在特定荷载作用下材料中裂纹尖端的线性与非线性断裂参数：

三种基本断裂模型的应力强度因子 K_{I}、K_{II}、K_{III}；

J 积分，其能度量裂纹尖端附近奇异的应力与应变的强度；

能量释放率(G)，它反映裂纹张开或闭合时的功的大小。

(6) 屈曲分析

屈曲分析用于确定结构失稳的荷载和在特定的荷载下结构是否稳定。在 ANSYS 中，稳定性分析分为线性(特征值)屈曲分析和非线性屈曲分析两类。

(7) 疲劳分析

疲劳是结构物在一定的荷载水平范围内(小于极限静荷载)承受重复荷载而产生的一种现象。ANSYS 的疲劳分析功能参考 ASME 锅炉和压力容器的规范用以预测结构的疲劳寿命，详见疲劳分析专用模块 ANSYS-SAFE。

(8) 高度非线性瞬态动力分析(ANSYS/LS-DYNA)

① 全自动接触分析，四十多种接触类型；

② 任意拉格朗日-欧拉(ALE)分析；

③ 多物质欧拉、单物质欧拉；

④ 自适应网格、网格重划分、重启动；

⑤ 100 多种非线性材料模型；

⑥ 多物理场耦合分析：如结构、热、流体、声学；

⑦ 爆炸、非理想爆轰模拟，起爆效果及应力波的传播分析；

⑧ 侵彻/穿甲仿真，鸟撞击叶片包容性分析，跌落分析；

⑨ 失效分析，裂纹扩展分析；

⑩ 刚体运动、刚体-柔体运动分析；

⑪ 实时声场分析；

⑫ BEM 边界元方法，边界元、有限元耦合分析；

⑬ 顺质点流体动力(SPH)算法。

附录 1.4.2　温度场分析

温度场分析有：

① 稳态、瞬态温度场分析；

② 热传导、热对流、热辐射分析；

③ 相变分析；

④ 材料性质、边界条件随温度变化。

附录 1.4.3　流场分析

流场分析有：

① 定常/非定常分析；

② 层流/湍流分析；

③ 自由对流/强迫对流/混合对流分析；

④ 可压缩流/不可压缩流分析；

⑤ 亚音速/跨音速/超音速流动分析；

⑥ 任意拉格朗日-欧拉分析(ALE)；

⑦ 多组分流动分析(多达 6 组分)；

⑧ 牛顿流体与非牛顿流体分析；

⑨ 内流和外流分析；
⑩ 共轭传热及热辐射边界；
⑪ 分布阻尼和风扇模型；
⑫ 移动壁面及自由界面分析；
⑬ 求解过程中允许网格局部细分。

附录 1.4.4　电磁场分析

电磁场分析有：
① 2D、3D 静磁场分析，时变磁场分析，交变磁场分析；
② 静电场、交流电场分析；
③ 电路分析，电路、磁场耦合分析。
高频电磁场分析：
分析类型：模态分析、谐波分析；
边界：完全匹配层(PML)、阻抗(远场辐射边界、空气介质边界、电壁、导电媒质表面)；
激励：各类波导端口、平面波、电场、磁场、电流密度；
后处理：显示雷达散射截面、天线方向图、S 参数提取、远场处理；
应用：微波射频设计、辐射散射分析、电磁兼容/电磁干扰仿真。

附录 1.4.5　多场耦合分析

多场耦合分析：
① 热-结构分析；
② 磁-电分析；
③ 磁-结构分析；
④ 流体-热分析；
⑤ 流体-结构分析；
⑥ 热-电分析；
⑦ 电-磁-热-流体-结构分析；
⑧ 压电分析；
⑨ 声学分析。

附录 1.5　ANSYS 高级特性

附录 1.5.1　随机有限元分析

随机有限元分析有：
① 用于结构、热、流体、电磁及耦合场的线性/非线性分析；
② 材料、几何形状、边界条件可按概率分布输入；
③ 计算变形、应力等的概率分布；
④ 概率分析法，如蒙特卡罗法、响应面法；
⑤ 输出直方图、概率、敏度、散布图；
⑥ 支持分布式并行计算。

附录 1.5.2　优化设计及设计灵敏度分析

优化设计及设计灵敏度分析有：

① 单一物理场优化；

② 耦合场优化。

附录 1.5.3　子结构

ANSYS 通过把部分单元等效为一个独立单元(称为超单元,又称子结构),可大大节省求解的运算时间和提高建模效率。

附录 1.5.4　子模型

子模型允许把模型中的某一局部结构与其余部分分开,细致构造局部模型并重新划分粗细网格,从而进行更详细的分析,这个精细的局部模型称为子模型。利用子模型可以在不增加整个模型复杂性和计算量的前提下获得结构中特定区域更为准确的结果。

附录 1.5.5　二次开发功能

二次开发功能包括：

① 参数设计语言；

② 用户可编程特性；

③ 用户自定义界面语言；

④ 外部命令。

附录 1.6　ANSYS 专用模块

附录 1.6.1　ANSYS-SAFE

ANSYS-SAFE 是进行耐久性(即疲劳)分析的专用模块,用户界面友好,与有限元模型有数据接口。

ANSYS-SAFE 包括材料数据库、荷载组合、高级的多轴疲劳分析功能,能自动识别疲劳“热点”,对于给定的设计寿命,能够三维等值显示疲劳寿命和安全系数。

ANSYS-SAFE 能够对整个模型或者选择的区域进行再设计和假设分析,从而观察从非关键区域去掉金属材料的效果,以及增加“热点”位置的疲劳寿命。

可以快速研究温度效应、表面打磨影响、切口敏感性、几何变化效应、材料特性变化效应和单轴或多轴荷载组合历史的影响。

ANSYS-SAFE 提供的丰富的材料库允许用户轻易得到分析部件的材料特性,且可以通过修改现有的材料库形成自己的扩充库。

ANSYS-SAFE 可以迅速优化设计,降低材料成本,在计算机上对最终的设计进行验证,从而保证设计能够一次通过试验考核。

附录 1.6.2　ANSYS/CivilFEM

ANSYS 的土木工程专用包 ANSYS/CivilFEM 用来研究钢结构、钢筋混凝土及岩土结构的特性,如房屋建筑、桥梁、大坝、洞室与隧道、地下建筑物等的受力、变形、稳定性及地震响应等情况,从力学计算、组合分析及规范验算与设计方面提出了全面的解决方案,为建筑及岩土工程师提供了功能强大且方便易用的分析手段。

附录 1.6.3　Anspak

Anspak 是 ANSYS 专用于电子封装、结构及热分析的模块。软件可根据用户的输入自动建模,并自动生成网格。程序可进行非线性结构、热分析及热-结构耦合分析。在分析中还可利用子结构和子模型等高级分析技术。

附录 1.6.4　ANSYS/LINFLOW

ANSYS/LINFLOW 是用于研究复杂流固耦合问题的高效三维边界元流体动力学(CFD)模块,能处理线性定常及非定常无黏流动问题,与 ANSYS 结构动力学模块结合可以解决流体-结构耦合问题(如:声学和气弹等问题)。由于 LINFLOW 是建立在边界元基础上求解速度势方程式(是 N-S 方程的线性近似)的,所以只需对结构的表面划分边界元网格,计算速度较其他 CFD 程序有明显优势,对于符合其求解条件的问题可给出非常精确的结果。同时,LINFLOW 可以将边界元计算结果外推到全域的 3D 有限元网格上。LINFLOW 可以应用于:

① 固体表面压力分布;

② 水下结构振动;

③ 气弹颤振分析。

附录 1.6.5　跌落分析模块 DropTest

此模块主要可模拟物体在重力作用下运动与地面撞击及其结构的动态响应。用户只需建立跌落物体的模型,指定跌落方向、高度等必要参数,程序自动定义地面单元,建立接触关系,最大限度地简化操作。

其应用方面有:

① 电子产品:笔记本电脑、手机、CD 机等。

② 家用电器:电冰箱、电视、电吹风、微波炉等。

③ 工业设备:机箱机柜、油罐、压力容器等。

④ 军事装备:雷达、监测仪、通信系统、机载设备等。

⑤ 产品包装设计。

附录 1.6.6　板成型模块 DYNAFORM

板成型模块 DYNAFORM 是为模具设计工程师开发的分析软件。

工艺化的分析过程:具备完整的工艺概念;以冲压工艺为线索对板成型分析过程进行定义;克服了板成型分析软件走向工程应用前期的主要障碍。它以 LS-DYNA 为求解器,提供准确的模拟结果,囊括了所有有限元能够模拟的因素。

其特点如下:

① 可靠的 IGES 接口,读入 CAD 软件中设计的复杂曲面;

② 单元法向偏移技术,快速由凸/凹模模型生成凹/凸模模型;

③ 简单的参数定义,模具运动曲线,板料应力-应变曲线;

④ 方便快速生成拉延筋,程序自动预报拉延力;

⑤ 拉延模拟过程中对板料局部细分单元(adaptive);

⑥ 成型极限图(FLD)表征板料的成型性能;

⑦ 多工序加工；

⑧ 板料预弯；

⑨ 切边；

⑩ 回弹。

附录 2　ALGOR FEAS 有限元分析软件简介

目前，我国有限元结构分析软件市场主要以国外公司的大型商业有限元分析软件为主，如 MSC/Nastran、MSC/Patran、ANSYS、Abquas 和 Marc 等。这些大型软件尽管功能强大，但是价格昂贵，对计算机硬件要求高。美国 ALGOR 公司针对微机平台开发的有限元分析软件 ALGOR，以其分析功能齐全、使用操作简便和对硬件的要求低等特点，在从事结构分析的科技工作者中享有盛誉。

ALGOR 是美国 ALGOR 公司开发的面向微机的通用结构分析程序，是在著名的有限元分析软件 SAP 的基础上与可视化 CAD 系统 ViziCAD 结合发展起来的，功能齐全（涵盖静态、动态、弹性、塑性、应力分析、电磁场分析、热分析）、操作简便、对硬件要求低，目前该软件可以运行于从 DOS 到 Windows95/98 和 WindowsNT 等操作系统的微机平台。

结构分析程序（Structural Analysis Program，SAP）是由美国加利福尼亚州立大学伯克利分校的 K. J. Bathe 教授和 E. L. Wilson 教授首先开发研制的。它的第一个版本完成于 1970 年，是一个二维有限元分析程序。以后经过多次修改，其中最著名的版本是在 1970 年 9 月研制成功并发表的 SAP5，被公认为国际著名的大型线性静、动力结构分析有限元通用程序。SAP 系统在国际上享有盛誉，凡用 SAP 程序计算的结果可以得到国际的承认。此后 SAP 的研制者都转而研究其他项目，Wilson 教授则开始从事微机用有限元分析程序 SAP80 的研制工作。

1979 年，SAP 的第五个版本 SAP5 被引入我国，首先在 IBM370/138、西门子 7760 等大中型机上移植成功，在全国范围内的一些大、中型企业和科研、教学单位推广应用，取得了显著的社会效益和经济效益。这一成果在 1985 年获得国家科技进步奖二等奖。

1986 年，北京大学力学与工程科学系曲圣年、吴良芝、邓成光等教授将 SAP5 的全部功能移植到 IBM 微机上，定名为 SAP5P（取 Personal Computer 的含义），微机化给 SAP5 程序插上了翅膀，在中、小单位，偏远和交通不便地区，工程师的办公室里以及教师的授课中都得到了广泛应用。良好的售后服务和每年两次的培训，以及五次成功的全国学术交流会，使这一程序成为在我国引进最早、普及最广、用户最多、效益最大、声誉最好的程序之一。ALGOR 系统在我国已经广泛应用于机械工业、军工工业、电子工业、航天航空工业、石油化工工业、核工业，以及铁路、交通、水利、地质、探矿、建筑、医药等各个领域，解决了一系列静、动力分析计算的重要课题。

ALGOR 的主要单元类型有：

① 三维桁杆单元；

② 三维梁单元；

③ 平面膜单元；

④ 平面板单元；

⑤ 边界弹簧单元；

⑥ 空间块体单元；

⑦ 管道单元。

也可以任意组合，满足各种复杂结构的单元划分。

ALGOR 与其他有限元软件相比，有以下特点：

对微机的直接存取能力突破了 DOS 的 640 KB 的限制，从而使有限元的计算速度和解题规模有了质的飞跃。

设置了 ViziCAD 环境，在一定程度上实现了有限元计算的可视化，并提供了功能强大、操作简单的有限元网格生成工具。

具有与多种 CAD 系统、多种字处理系统和桌面办公系统连接的接口。可直接连接的系统有：

① AutoCAD；

② CV Personal Designer；

③ Anvil 1000；

④ Aldus Page Maker；

⑤ Word Prefect；

⑥ CADkey；

⑦ IGES；

⑧ Micro CADAM；

⑨ Microsoft Word；

⑩ Zeroz Ventura Publisher；

⑪ VersaCAD；

⑫ Triumph；

⑬ Mincro Station。

具有多种计算模型，其中包括：

① 一般结构的线性和非线性分析；

② 一般结构的动力分析；

③ 随机振动分析；

④ 间隙元分析；

⑤ 不可压缩黏性流体分析；

⑥ 复合材料薄板和厚板的静动力分析；

⑦ 板壳梁的屈曲分析；

⑧ 频率响应分析；

⑨ 稳态和瞬态场分析；

⑩ 管道系统分析。

完全交互式，运行各种模块时均采用人机对话，能分析大型课题，ALGOR 含有扩展内存的功能，若硬盘空间足够大，可达到 5～6 个自由度的规模。

ALGOR 软件的文件系统含有前后处理系统 ViziCAD，以及结构静动力分析、热传导分析、非线性分析、随机振动分析、梁板壳屈曲分析、复合材料静动力分析等程序。

其中，ViziCAD 系统包括以下模块：

① Super DrawⅡ(前处理，建立几何图形)；

② Super Surfh(前处理，通用曲面造型及网格划分)；

③ Bedit(前处理，添加梁元系统的几何边界条件和力的边界条件)；

④ Aedit(前处理，辅助专家系统，帮助用户建立模型文件)；

⑤ Dcoder(译码，把有限元模型的图像对应的二进制文件转为 ASCII 码)；

⑥ Super View(后处理，以图形显示计算结果)；

⑦ Splot(后处理，把图形绘制到绘图仪上)；

⑧ Pizazz(后处理，打印机输出 FEA 结果)。

ALGOR 软件中所包含的有限元计算程序有：

① SSAP0h：线性应力分析。

② SSAP0Ch：复合材料线性应力分析。

③ SSAP0gh：非线性应力分析。

④ SSAP1h：动力模态分析。

⑤ SSAP1Ch：复合材料动力模态分析。

⑥ SSAP2h：模态叠加法。

⑦ SSAP3h：响应谱分析。

⑧ SSAP4h：时程直接积分法。

⑨ SSAP5h：频率响应分析。

⑩ SSAP6h：梁的屈曲特征值分析。

⑪ SSAP6Sh：屈曲特征值分析。

⑫ SSAP7h：随机振动分析。

⑬ SSAP8h：荷载增量法。

⑭ SSAP9h：SSAP9 程序。

⑮ SSAP10h：线性热传导分析。

⑯ SSAP11h：瞬态热传导分析。

(1) ALGOR 软件的前、后处理

ALGOR 中的 ViziCAD 是一个专门用于有限元分析的 CAD 系统，它提供了强大的前、后处理功能。其主要功能归纳为：

用户可以用多种方法构造有限元计算模型，并可以从各个角度观察和检查构成的视图。此类功能主要由 ViziCAD 中的 Super Draw Ⅱ 和 Super View 模块完成。

把生成的有限元模型所对应的二进制编码文件自动转换为 ASCII 码，转换时，以人机对话方式输入材料参数、控制信息等供有限元分析，此功能由 Decoder 译码系统完成。

对计算结果进行图形和文字处理，使用户在 CAD 环境中形象地观察到计算结果。这个功能是由 Super View 实现的。

应用 Splot 模块把图形进行硬拷贝输出，即 Splot 模块把图形传递给绘图仪。

应用 Pizazz 模块可把图形从打印机输出。

应用 Ssurfh 模块可对样条曲面进行前处理。

应用 Bedith 模块可对梁系统进行前后处理。

在 ViziCAD 环境中，按 F1 键，随即可以得到 Help 信息。

ViziCAD 有三种输入方式：鼠标输入、数字化仪输入、基本键盘和扩展小键盘输入，应用时可任选以上三种方法。

(2) ALGOR 软件的典型功能

本节就 ALGOR 软件的分析功能、结构和初步使用做简要介绍。ALGOR 软件的分析功能有：

① 线性应力分析主要功能

线性应力分析(SSAP0)；

复合材料线性应力分析(SSAP0C)；

间隙单元线性应力分析(SSAP0G)；

复合材料和间隙单元线性应力分析(SSAP0GC)；

线性稳定性分析(SSAP6S)。

② 线性动力学分析主要功能

线性模态分析(SSAP1)；

复合材料模态分析(SSAP1C)；

时间历程分析(SSAP2)；

响应谱分析(SSAP3)；

线性瞬态应力分析(SSAP4)；

复合材料瞬态应力分析(SSAP4C)；

频率响应分析(SSAP5)；

随机振动分析(SSAP7)；

荷载作用下的模态分析(SSAP8S)。

③ 非线性动力分析主要功能

非线性模态分析(APAK1)；

非线性动力和应力分析(APAK4)。

④ 热传导分析主要功能

稳态热传导分析(SSAP10)；

瞬态热传导分析(SSAP11)。

⑤ 流体流动分析主要功能

二维稳态流动分析(FLOW01)；

二维非稳态流动分析(FLOW02)；

三维稳态流动分析(FLOW03)；

三维非稳态流动分析(FLOW04)。

⑥ 电场分析

⑦ 管道设计集成分析

⑧ 机械运动仿真主要功能

非线性机械运动仿真 Accupak/VE(apak4)。

⑨ CAD 接口 Houdini 主要功能

通过 IGES、SAT、PRT 等文件读取其他 CAD 软件的实体模型。

参 考 文 献

[1] 孙家驹,赵均海．弹性力学引论[M]. 西安:西北建筑工程学院内部教材,1990.

[2] 徐芝纶．弹性力学简明教程[M].2版．北京:高等教育出版社,1983.

[3] 王俊民．弹性力学学习方法解题指导[M]. 上海:同济大学出版社,2000.

[4] 杨桂通．弹性力学[M]. 北京:高等教育出版社,1998.

[5] S. P. 铁摩木辛柯,J. N. 古地尔．弹性理论[M]. 徐芝纶,译．北京:高等教育出版社,2013.

[6] 朱伯芳．有限单元法原理与应用[M].2版．北京:中国水利水电出版社,1998.

[7] 王勖成,邵敏．有限单元法基本原理和数值方法[M].2版．北京:清华大学出版社,1997.